高职高专制造大类"十二五"规划教材

# 机 械 制 造 基 础

## Jixie Zhizao Jichu

▲主　编　黎　震　吴安德

▲副主编　吴东平　陈　虎　谢燕琴　潘　艳

▲参　编　马　彦　吴铁军　蒋　晔　陈　鹏
　　　　　宋艳丽　蔡　菊　范有雄　孙帮华
　　　　　梁　辉　刘国良　李国斌　张　洲
　　　　　方立志　范　军　郭艳艳

U0231782

华中科技大学出版社
http://www.hustp.com
中国·武汉

# 内 容 简 介

本书是针对高职高专院校机电类专业的教学基本要求及高职高专教学技术基础课程综合化的趋势,结合教学改革、课程改革的经验而编写的教材。

本书主要包括工程材料与热处理、毛坯成形方法、公差配合与测量技术基础、机械加工基础、现代制造技术等五个部分,共二十一个项目的内容。

本书可作为高职高专院校机电类专业基础教材,也可作为有关院校相近专业的教材及相关岗位培训的教材。本书还可作为工程技术人员和自学人员的参考书。

**图书在版编目(CIP)数据**

机械制造基础/黎震,吴安德主编.—武汉:华中科技大学出版社,2011.11(2019.8重印)
ISBN 978-7-5609-7283-1

Ⅰ.①机… Ⅱ.① 黎… ② 吴… Ⅲ.①机械制造-高等职业教育-教材 Ⅳ.①TH

中国版本图书馆 CIP 数据核字(2011)第 166816 号

**机械制造基础** 黎 震 吴安德 主编

策划编辑:彭中军
责任编辑:彭中军
封面设计:范翠璇
责任校对:祝 菲
责任监印:张正林
出版发行:华中科技大学出版社(中国·武汉) 电话:(027)81321913
　　　　　武汉市东湖新技术开发区华工科技园 邮编:430223
录　排:武汉正风天下文化发展有限公司
印　刷:武汉市籍缘印刷厂
开　本:787 mm×1092 mm　1/16
印　张:23.25
字　数:580 千字
版　次:2019 年 8 月第 1 版第 4 次印刷
定　价:39.00 元

# 前 言 ⬅

制造技术是现代科学技术的重要组成部分。机械制造是现代科学技术和现代物质文明得以不断发展、创新的重要基础,许多专家都呼吁,在我国经济高速发展的今天,更要重视机械制造业的发展与技术的进步。机械制造技术是机电类专业学生知识结构中不可缺少的一部分。

为了适应职业教育和机电类专业人才培养模式改革的需要,满足新的人才培养目标对知识与能力结构的要求,编者根据近几年机电类专业高职高专教学的探索实践,将机电类专业的相同或相近的主干课程用课程综合化的方法压缩至机械理论基础、工艺基础、制造技术基础三部分之中。不同院校在使用时可按不同专业的要求进行取舍,各专业可另开设少量个性化的课程,这样既可以满足高职高专机电类各专业教学的需要,又可以减少课程数量、压缩理论教学课时数、保证实践环节的教学时间。本书是其中的工艺基础部分,结合高职高专院校中机电类专业课程体系和教学内容的改革情况,将金属工艺学、机械加工工艺、金属切削机床、先进制造技术等课程内容进行整合与优化,重构新的课程体系,针对高职高专生源状况,体现高职高专教学的特点。

本书的参考学时数为130学时,主要以成形工艺为主线,安排了工程材料、热处理、毛坯成形、公差与测量技术、切削加工及部分简单切削刀具、机床、机制工艺等内容,还单独安排了现代制造技术的内容。本书既有传统的机械制造工艺基础的知识,又有新技术、新知识的介绍。在编写中,不求对某一方面内容作全面深入的探讨,尽量从够用的原则出发组织内容,力求教材内容充实。书中的名词术语、计量单位、材料牌号,技术标准都采用现行的国家标准。

本书在编写过程中,得到江西工业工程职业技术学院、长沙职业技术学院、广州番禺职业技术学院、宁夏工商职业技术学院、辽阳职业技术学院、北京电子科技职业学院、东莞职业技术学院、随州职业技术学院、常州纺织服装职业技术学院、宜春学院、武汉交通职业学院、广东轻工职业技术学院、武汉软件工程职业学院、兰州职业技术学院、黄石职业技术学院、四川职业技术学院、武汉铁路职业技术学院等相关院校领导、教师的大力支持和多方帮助,在此一并表示衷心的感谢。

由于编者水平有限,编写的时间仓促,书中错误及不当之处在所难免,恳切希望广大读者给以批评指正。

编　者
2011 年 11 月

# 目 录 ⬅

# 绪　　论

"机械制造基础"是一门研究材料加工工艺的综合性技术学科。它是发展国民经济的重要基础学科之一。随着全球经济一体化进程的加快，我国的工业发展在面临越来越强的竞争和严峻挑战的同时，也获得了难得的机遇。

### 一、机械制造的一般概念

社会经济的发展有赖于科技进步，有赖于新技术、新工艺、新材料和新设备的广泛运用。机械制造业是否能够提供先进的设备，主要取决于机械制造业的发展水平。

机械制造一般指机器制造工艺过程的总称，主要包括将原材料转变为成品的各种劳动总和，包括生产技术准备、毛坯制造、零件加工、产品检测和装配等几个过程。

#### 1. 生产技术准备过程

机器投产前，最主要的一项技术准备工作是制定工艺规程。在此项技术工作中需要完成正确选择材料、购置标准件、预制刀具、夹具、模具、装配工具、准备热处理设备和检测仪器等。

#### 2. 毛坯制造过程

毛坯可通过多种方法获得，常用的毛坯制造方法有铸造、锻压、焊接和型材等。合理选择毛坯，能够显著提高生产率，并降低生产成本。

（1）铸造。铸造常用于制造结构复杂，特别是内腔复杂或大型零件毛坯。当生产批量很大时，铸造方法也用于制造一些小型或结构简单的零件毛坯。

（2）锻压。金属材料经锻压后，内部组织结构能得到改善，从而提高了力学性能，因此，常采用锻压加工获得主轴、连杆、重要齿轮等承受重载荷零件的毛坯。

（3）焊接。焊接工艺过程简单，随着焊接技术的提高，现代工程中的一些金属结构和零件普遍采用焊接成形。

（4）型材。圆棒料、板料、管料、角钢、槽钢、工字钢等均为型材。其中以圆棒料应用最广，用作螺钉、销钉、小型盘状零件和一般轴类零件的坯料，使用方便。板料、角钢、槽钢、工字钢等则普遍用于金属结构。

#### 3. 零件加工过程

金属切削加工是目前加工零件的主要方法。常用的加工设备有车床、钻床、镗床、刨床、铣床、磨床、专用机床、特种加工机床等。加工方法、机床设备和刀具的合理选用将直接影响生产质量和效率。例如，车床加工和磨床加工均可用于轴的精加工。一般情况下，车床的加工精度低于磨床，但在车床上通过采用高切削速度、小进给量也能达到较高的精度，但加工的生产率和经济效益明显低于磨床加工。

4. 产品检测和装配过程

由若干个零件组成的机器，其精度为各个零件精度的总体反映，必须掌握零件精度与总体精度之间的关系，采取合理的工艺措施，使用合适的机床和工装夹具，以保证每个零件的精度要求。

零件的每一个加工工序中，加工误差是不可避免的，如何检验这些误差，在哪些工序之后设定检验工序，采用何种量具等问题，都必须全面考虑，合理安排。除了几何形状和尺寸之外，还有表面质量和内部性能的检验。例如缺陷检验、力学性能检验和金相组织检验等。

装配过程必须严格遵守技术条件规定才能生产出合格产品。例如，零件清洗、装配顺序、装配方法、工具使用、接合面修磨、润滑剂施加及运转跑合，甚至油漆色泽和包装等，都不可掉以轻心。

## 二、机械零件工艺过程

### 1. 产品质量

机器制造依赖于完整的图纸(装配图、零件图)和各种技术文件及有关标准。机械制造过程中，尽管要考虑很多问题，但保证产品质量是前提。

零件是机械制造的基本单元。零件质量、装配质量与产品质量有很大关系，而零件质量又与材料性能，零件加工质量有关。因此，机械加工的首要任务就是要保证零件加工质量。

### 2. 工艺规程

生产中，直接改变原材料或毛坯的形状、尺寸和性能，使之成为产品的过程，称为工艺过程。铸造、锻压、焊接、切削加工、热处理等都属于工艺过程。把工艺过程合理化并编写成文件，如工艺卡片等，这类文件称为工艺规程。

零件的几何形状、尺寸、表面间相对位置和表面粗糙度，都有一定的技术要求，很多零件还有热处理要求。同一表面有时可用不同方法加工，有的要用几种方法顺序加工。根据零件的技术要求，选择各表面的合理加工方法、安排加工顺序、确定热处理方案、使零件在保证质量的前提下获得最佳经济效益，这就是工艺规程的基本内容。

实际生产中，不同的零件，由于其结构、形状和技术要求的不同，常需采用不同的加工方法，经过一系列加工过程才能完成。即使是同一个零件，由于生产条件不同，加工工艺也不尽相同，但在一定生产条件下，总有一种比较合理的工艺方案。因此，制定工艺规程时，要从工厂现有的生产设备和零件的生产批量出发，在保证产品质量的前提下，考虑提高生产率、降低成本和改善劳动条件等方面后，择优确定。

## 三、机械制造技术的发展简史

机械制造是在生产实践中发展起来的一门既古老又充满活力的学科。几千年来，我国人民在机械制造发展的历史上写下了许多光辉的篇章。

早在商代，我国就有了冶炼、铸造青铜的技术，这个时代被称为青铜器时代。1939 年在河南安阳出土了一个现存最大的商代青铜大鼎——司母戊大方鼎。鼎腹内有铭文，是商王为祭祀其母后而制的，现藏于中国历史博物馆。

春秋时期，中国就开始应用铸铁技术了，比欧洲要早 1 500 年，如吴王阖闾制造铁兵器，命干将铸剑，得雌雄两剑，雄名干将，雌名莫邪（莫邪是干将之妻，助夫铸剑）。由传说中的锋利情况，可以想象当时的技术之高超。

战国时期，中国人发明了"自然钢"的冶炼法，有了更先进的制剑技术，制剑长度超过 1 m。这些都说明那时已有了冶铸、锻造、锻焊和热处理等技术。中国古代对钢铁进行加工的主要成形方法是"锻"，最重要的热处理方法是"淬"。

中国铁器生产在西汉时期达到全盛时期。这时，农具及日用品多已用铁制造。到了公元 7 世纪，有了锡焊和银焊。到 8 世纪，有了手工操作车床。在明朝有了很多简单的切削加工设备，如铣、刨、钻、磨削等。清初，曾用马作动力，使用直径近两丈的嵌片铣刀，铣削天文仪的大铜环。

从商周、春秋战国到唐、宋、元、明，中国人民在冶炼技术和机械制造工艺方面走在世界前列。鸦片战争以后，中国受到帝国主义列强的侵略和国内反动统治阶级的压迫，变成一个半殖民地、半封建的社会，科学技术越来越落后。中华人民共和国成立以后，我国的机械制造业有了飞速发展，仅就机械制造而言，建立了飞机、汽车、轮船等生产基地。机械制造从运用普通机床迅猛发展为运用自动化机床、自动生产线、数控机床、机械加工中心、柔性制造系统、计算机集成制造系统、多级计算机控制的全自动化无人工厂等。今天的光辉成就，使人赞叹不已。但是我们也要看到差距，中国人民勤劳而有志气，要坚定信心，奋起直追，为赶超世界机械制造业的先进水平而奋发努力。

### 四、工程材料与机械制造技术的发展趋势

进入 21 世纪，现代科学技术飞跃发展。材料技术、能源技术、信息技术成为现代人类文明的三大支柱。现在，世界上已有传统材料数十万种，并且新材料的品种正以每年大约 5％的速度在增长。多种多样的金属材料、高分子材料、无机非金属材料和复合材料给社会生产和人们生活带来了巨大的变化。在工程材料的研究和应用方面，传统钢铁材料不断扩大品种规模，不断提高质量并降低成本，在冶炼、浇铸、加工和热处理等工艺上不断革新，出现了炉外精炼、连铸连轧、控制轧制等新工艺，微合金钢、低合金高强度钢、双相钢等新钢种不断涌现；在非铁金属及其合金方面，出现了高纯高韧铝合金、高温铝合金、高强高韧和高温钛合金，先进的镍基、铁基、铬基高温合金、难熔金属合金及稀有金属合金等；快速冷凝金属非晶和微晶材料、纳米金属材料、定向凝固柱晶和单晶合金等许多新型高性能金属材料和磁性材料、形状记忆合金等功能材料也层出不穷。

在机械加工工艺方面，各种特种加工和特种处理工艺方法也日益繁多。传统的机械制造工艺过程正在发生变化，如铸造、压力加工、焊接、热处理、胶接、切削加工、表面处理等生产环

节采用高效专用设备和先进工艺,普遍实行工艺专业化和机械生产自动化;为适应产品更新换代周期短、品种规格多样化的需要,高效柔性加工系统获得迅速发展;计算机集成制造系统把计算机辅助设计系统(CAD)、计算机辅助制造系统(CAM)与生产管理信息系统(MIS)综合成一个有机整体,实现了机械制造过程高度自动化,极大地提高了劳动生产率和社会经济效益。这是 21 世纪制造业的发展方向。

### 五、课程性质、特点和研究对象

机械制造基础是机制、机电类专业的一门重要的综合性的专业基础课。学习这门课程,不仅要使学生在常用工程材料、毛坯与零件成形方法、公差配合与技术测量、切削加工等方面获得必要的基础知识,更重要的是培养学生在工程材料和工艺设计方面具有解决实际问题的能力。

在教学计划中,本课程之前应修的课程主要有机械制图、机械基础及金工实习等。通过实习,学生初步熟悉了毛坯和零件的成形和加工方法、材料的使用、设备和工具的使用,并对主要工种具有一定的操作能力。这样,才能更好地学习本课程,并为学习有关后续课程及今后从事专业工作打下坚实的基础。

本课程研究的对象是工程材料和机械加工工艺过程中的基本知识。工程材料部分,以剖析铁碳合金的金相组织为基础,以介绍工程材料的性质和合理选材为重点。毛坯成形方法部分,以铸造,锻压和焊接工艺为基础,介绍毛坯件的结构设计知识,以合理选择毛坯的成形方法为重点。公差配合与测量技术部分,主要介绍公差配合的基本概念、合理选择、几何量测量技术的应用。切削加工部分,着眼于总结金工实习,把感性认识上升到理论高度,进而归纳成系统性知识,初步掌握机械制造工艺的全过程。

综上所述,本课程涉及工程材料、热处理、公差配合与技术测量和机械加工工艺等方面的主要内容。从高职高专教育培养目标和教学计划出发,在讲清工程材料的基础上,以成形工艺方法为主线,融多门课程于一体,具有内容精、容量大、综合性强的鲜明特点。

# 第一部分　工程材料与热处理

机电产品是由种类繁多、性能各异的工程材料通过加工制成的零件所构成的。

工程材料一般可分为金属材料、陶瓷材料、高分子材料和复合材料等几大类。其中金属材料是工程材料中应用最广泛的一类，它分为黑色金属和有色金属两种类型。

## 项目一　材料的力学性能

金属材料的性能是指用来表征材料在给定外界条件下的行为参量，通常包括使用性能和工艺性能。使用性能是指金属材料为了保证零件、工程构件或工具等的正常工作，材料所应具备的性能，包括力学、物理、化学等方面的性能，它决定金属材料的应用范围、安全可靠性和使用寿命等。工艺性能是指金属材料在被制成各种零件、构件和工具的过程中，材料适应各种冷、热加工的性能，主要包括铸造、锻压、焊接、切削加工、热处理等方面的性能，它决定材料是否易于加工或如何进行加工等。

本项目仅简单介绍金属材料的力学性能。

材料在外力作用下所表现的一些性能（如强度、硬度、韧度等），称为材料的力学性能，也称力学性能。它是设计零件、选择材料、验收和鉴定材料性能的重要依据之一。

### 1. 载荷

金属材料在加工和使用过程中都要承受不同形式外力的作用，这种外力称为载荷。根据载荷性质、零件受力情况可分为静载荷和动载荷两类。

（1）静载荷是指大小不变或变动缓慢的载荷，如机床床头箱对床身的压力、钢索的拉力等。

（2）动载荷包括冲击载荷和交变载荷，如空气锤锤杆所受的冲击力，齿轮、曲轴、弹簧等零件所承受的大小与方向是随时间而变化的载荷等。

### 2. 变形

当金属材料受到载荷作用时，它会引起零部件形状和尺寸的变化，这种变化称为变形，包括弹性变形和塑性变形，当变形超过某一限度时，就会导致断裂。

（1）弹性变形是指金属材料的变形随着载荷的作用而产生，随着载荷的去除而消失的现象。

（2）塑性变形是指金属材料的变形随着载荷的作用而产生，随着载荷的去除不能完全消除的变形。

3. 应力

无论何种固体材料,其内部原子之间都存在相互平衡的原子结合力。当材料受外力作用时,原来的平衡状态受到破坏,材料中任何一个小单元与其邻近的各小单元之间就诱发了新的力,称为内力。单位截面上的内力,称为应力。

当载荷性质、环境温度与介质等外在因素改变时,对材料力学性能的要求也不同。金属材料的力学性能主要是指强度、硬度、塑性和韧度等。

## 1.1 强度和塑性

### 1.1.1 强度

强度是指金属材料在静载荷作用下抵抗变形和断裂的能力。由于所受载荷的形式不同,金属材料的强度可分为抗拉强度、抗压强度、抗弯强度、抗扭强度、抗剪强度等,各种强度之间有一定的联系。一般情况下,多以静载荷作用下抗拉强度作为判别金属强度高低的基本指标。

抗拉强度是通过拉伸试验测定的。拉伸试验的方法是用静拉伸力对标准试样进行轴向拉伸,同时连续测量力和相应的伸长,直至断裂。根据测得的数据,即可求出有关的力学性能。

1. 拉伸试样

为了使金属材料的力学性能指标在测试时能排除因试样形状、尺寸的不同而造成的影响,并便于分析比较,试验时应先将被测金属材料制成标准试样。如图 1-1 所示为圆形拉伸试样。

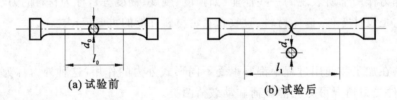

| (a)试验前 | (b)试验后 |

**图 1-1 圆形拉伸试样**

图 1-1 中,$d_0$ 是试样的直径,$l_0$ 是标距长度。根据标距长度与直径之间的关系,试样可分为长试样($l_0 = 10d_0$)和短试样($l_0 = 5d_0$)两种。

2. 力-伸长曲线

拉伸试验中记录的拉伸力与伸长的关系曲线称力-伸长曲线,也称拉伸图。图 1-2 是低碳钢的力-伸长曲线,图中:纵坐标表示力 $F$,单位为 N;横坐标表示绝对伸长 $\Delta l$,单位为 mm。由图可见,低碳钢在拉伸过程中,其载荷与变形关系有以下几个阶段。

(1) 弹性变形阶段($op$)。当载荷不超过 $F_p$ 时,拉伸曲线为直线,即试样的伸长量与载荷成正比,产生弹性变形。$F_p$ 为试样能恢复到原始形状和尺寸的最大拉力。

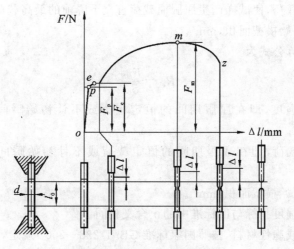

图 1-2　低碳钢力-伸长曲线

（2）塑性变形阶段（$pe$）。当载荷超过 $F_p$ 后，试样将进一步伸长，此时，若卸除载荷，试样的变形不能完全消失，而是保留一部分残余变形，试样开始产生塑性变形。

（3）屈服阶段（$em$）。当载荷达到 $F_e$ 时，拉伸曲线出现了水平或锯齿形线段，这表明在载荷基本不变的情况下，试样却继续变形，这种现象称为"屈服"。引起试样屈服的载荷称为屈服载荷。

（4）缩颈阶段（$mz$）。当载荷超过 $F_e$ 后，试样的伸长量与载荷以曲线关系上升，但曲线的斜率比 $op$ 段的斜率小，即载荷的增加量不大，而试样的伸长量却很大，这表明在超过 $F_e$ 后，试样已开始产生大量的塑性变形。当载荷继续增加到某一最大值 $F_m$ 时，试样的局部截面缩小，产生所谓的"缩颈"现象。由于试样局部截面的逐渐缩小，故载荷也逐渐降低，当达到拉伸曲线上 $z$ 点时，试样随即断裂。

在试样产生缩颈以前，由载荷所引起试样的伸长，基本上是沿着整个试样标距长度内发生的，属于均匀变形；缩颈后，试样的伸长主要发生在颈部的一段长度内，属于集中变形。

许多金属材料没有明显的屈服现象，有些脆性材料不仅没有屈服现象，而且也不产生"缩颈"现象，如铸铁等。

3. 强度指标

强度指标是用应力值来表示的，主要有屈服强度和抗拉强度。

（1）屈服强度。屈服强度是使材料产生屈服现象时的最小应力，屈服强度分为上屈服强度和下屈服强度，分别用 $R_{eH}$ 和 $R_{eL}$ 表示。

上屈服强度的计算公式为

$$R_{eH} = \frac{F_{eH}}{S_0} \tag{1-1}$$

式中：$R_{eH}$——上屈服强度，使试样产生屈服而载荷首次下降前的最高应力，MPa；

$F_{eH}$——上屈服载荷,使试样产生屈服而载荷首次下降前的最高载荷,N;

$S_0$——试样的原始横截面积,$mm^2$。

下屈服强度的计算公式为

$$R_{eL} = \frac{F_{eL}}{S_0} \tag{1-2}$$

式中:$R_{eL}$——下屈服强度,即在屈服期间的恒定应力或不计初始瞬间时效应时的最小应力,MPa;

　　　$F_{eL}$——下屈服载荷,即在屈服期间的恒定载荷或不计初始瞬间时效应时的最小载荷,N;

　　　$S_0$——试样的原始横截面积,$mm^2$。

一般常用的屈服强度指标与旧标准中的$\sigma_s$含义相同。

对于低塑性材料或脆性材料,按照国家标准 GB/T 228—2002 规定,可用规定残余延伸强度 $R_{r0.2}$ 表示。$R_{r0.2}$表示卸载后,试样的规定残余伸长率达到 0.2% 时所对应的应力,其计算公式为

$$R_{r0.2} = \frac{F_{r0.2}}{S_0} \tag{1-3}$$

式中:$R_{r0.2}$——规定残余延伸强度,MPa;

　　　$F_{r0.2}$——规定残余伸长率达到 0.2% 时所对应的载荷,N;

　　　$S_0$——试样的原始横截面积,$mm^2$。

屈服强度 $R_{eL}$ 和规定残余延伸强度 $R_{r0.2}$ 都是衡量金属材料塑性变形抗力的指标。机械零件在工作时,如果受力过大,则会因为过量塑性变形而失效。

(2)抗拉强度。试样断裂前能够承受的最大应力,称为抗拉强度,用 $R_m$ 表示,其计算公式为

$$R_m = \frac{F_m}{S_0} \tag{1-4}$$

式中:$R_m$——抗拉强度,MPa;

　　　$F_m$——试样断裂前所能承受的最大载荷,N;

　　　$S_0$——试样的原始横截面积,$mm^2$。

零件在工作过程中所承受的应力如果超过了抗拉强度,就会发生断裂。因此,在设计机械零件时,抗拉强度是重要的依据之一,同时,也是评定金属材料强度的重要指标。

### 1.1.2 塑性

金属发生塑性变形但不破坏的能力称为塑性。在拉伸时它们用断后伸长率和断面收缩率表示。

#### 1. 断后伸长率

断后伸长率是指试样拉伸断裂时的绝对伸长量与原始长度比值的百分率,用符号 $A$ 表

示,即

$$A=\frac{\Delta l}{l_0}\times100\%=\frac{l_1-l_0}{l_0}\times100\% \qquad (1-5)$$

式中:$A$——断后伸长率,%;

$l_0$——试样的原始标距长度,mm;

$l_1$——试样拉断时的标距长度,mm。

2. 断面收缩率

断面收缩率是指试样拉断后,试样断口处横截面积的缩减量与原始横截面积之比值的百分率,用符号 $Z$ 表示,即

$$Z=\frac{\Delta S}{S_0}\times100\%=\frac{S_0-S_1}{S_0}\times100\% \qquad (1-6)$$

式中:$Z$——断面收缩率,%;

$S_0$——试样的原始横截面积,mm$^2$;

$S_1$——试样断裂处的横截面积,mm$^2$。

必须说明,断后伸长率的大小与试样的尺寸有关。试样长短不同,测得的断后伸长率也是不同的。对于同一材料而言,短试样所得的断后伸长率要比长试样测得的断后伸长率大一些,两者不能直接进行比较。断面收缩率不受试样尺寸的影响,它能比较确切地反应金属材料的塑性。

$A$ 和 $Z$ 的数值越大时,材料的塑性越好。塑性好的金属材料易通过塑性变形加工成复杂的零件,例如:低碳钢的塑性较好,故可以进行锻压;普通铸铁的塑性差,因而不能进行锻压,只能进行铸造。另外,塑性好的材料在受力过大时,首先产生塑性变形,不会因稍有超载而突然断裂,这就增加了材料使用的安全可靠性。

## 1.2　硬度

硬度是指金属表面抵抗塑性变形和破坏的能力。它是金属材料的重要性能之一,也是检验机械零件质量的一项重要指标。由于测定硬度的试验设备比较简单,操作方便、迅速,又属无损检验,故在生产和科研中应用都十分广泛。

测定硬度的方法比较多,其中常用的硬度测定法是压入法,它是用一定的静载荷(压力)把压头压在金属表面上,然后通过测定压痕的面积或深度来确定其硬度。常用的硬度试验方法有布氏硬度、洛氏硬度和维氏硬度三种。

### 1.2.1　布氏硬度

1. 布氏硬度的测定原理

布氏硬度的测定原理是用一定大小的载荷 $F$,把直径为 $D$ 的淬火钢球或硬质合金球压入被测金属表面,保持一定时间后卸除载荷,用金属表面压痕的面积 $S$ 除载荷 $F$ 所得的商作为

布氏硬度值,如图 1-3(a)所示。

$$布氏硬度值 = \frac{F}{S} = 0.102 \times \frac{2F}{\pi D(D - \sqrt{D^2 - d^2})} \qquad (1-7)$$

式中:$D$—— 球体直径,mm;

$F$—— 载荷,N;

$d$—— 压痕平均直径,mm。

试验时,用读数显微镜测量出压痕的平均直径 $d$,如图 1-3(b)所示,经计算或查表,即可得出所测材料的布氏硬度值。

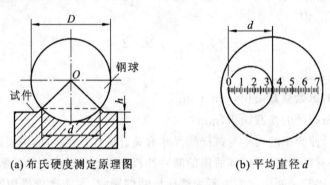

(a) 布氏硬度测定原理图          (b) 平均直径 $d$

**图 1-3  布氏硬度测量**

2. 布氏硬度值的表示方法

布氏硬度值的表示方法为 HBW,表示用硬质合金压头测量的布氏硬度值,用于测量布氏硬度值为 450 HBW～650 HBW 的材料。例如:600 HBW 表示用硬质合金压头测得的布氏硬度值为 600。

3. 布氏硬度的应用及优缺点

由于金属材料有硬有软、有厚有薄,如果采用一种标准的载荷 $F$ 和压球直径 $D$,就会出现以下现象。若对硬的材料合适,则对软的材料会发生压球陷入金属材料内的现象;若对厚的工件合适,则对薄的工作可能发生压穿的现象。

布氏硬度试验的优点是测定的数据准确、稳定,数据重复性强,常用于测定退火、正火、调质钢、铸铁及有色金属的硬度。其缺点是压痕较大,易损坏成品的表面,只适合毛坯和半成品的测定,另外,太薄的试样硬度不适合用这种方法测定。

### 1.2.2  洛氏硬度

当材料的硬度较高或试样较小时,需要用洛氏硬度计进行硬度测试。

1. 洛氏硬度的测定原理

洛氏硬度测量是用顶角为 120° 的金刚石圆锥或直径为 1.588 mm(1/16″)的淬火钢球作压

头,在初试验力 $F_0$ 及总试验力 $F$(初试验力 $F_0$ 与主试验力 $F_1$ 之和)分别作用下压入金属表面,然后卸除主试验力 $F_1$,在初试验力 $F_0$ 下测定残余压入深度,用深度的大小来表示材料的洛氏硬度值,并规定每压入 0.002 mm 为一个硬度单位。

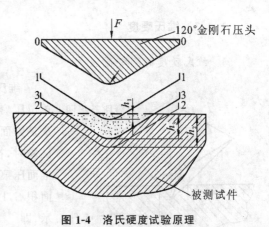

图 1-4　洛氏硬度试验原理

洛氏硬度试验原理如图 1-4 所示。图中0-0为金刚石压头没有和试样接触时的位置,1-1为压头在初载荷(100 N)作用下压入试样 $h_1$ 位置,2-2为压头在全部规定载荷(初载荷+主载荷)作用下压入 $h_2$ 位置,3-3为卸除主载荷保留初载荷后的位置 $h_3$。这样,压痕的深度 $h=h_3-h_1$,洛氏硬度的计算公式为

$$洛氏硬度值 = C - \frac{h}{0.002} \tag{1-8}$$

式中:$h$——压痕深度;

　　$C$——常数,当压头为淬火钢球时 $C=130$,当压头为金刚石圆锥时 $C=100$。

材料越硬,$h$ 便越小,所测得的洛氏硬度值越大。

2. 洛氏硬度值的表示方法

洛氏硬度值分别用三种硬度标尺 HBA、HBB、HBC 来进行测量,分别可以测量从软到硬较大范围的硬度,所加载荷根据被测材料本身硬度不同而作不同规定,其试验规范见表 1-1。洛淬火钢球压头适用于退火件、有色金属等较软材料的硬度测定;金刚石压头适用于淬火钢等较硬材料的硬度测定。

表 1-1　洛氏硬度试验规范

| 标尺符号 | 所用压头 | 总载荷/N | 测量范围 | 应用举例 |
|---|---|---|---|---|
| HRA | 金刚石圆锥 | 588.4 | 70～80 | 渗碳钢、硬质合金、淬火工具钢、浅层表面硬化钢等 |
| HRB | 1/16″ (φ1.588 mm)钢球 | 980.7 | 25～100 | 软钢、铜合金、铝合金、可锻铸铁 |
| HRC | 金刚石圆锥 | 1 471 | 20～67 | 淬火钢、调质钢、深层表面硬化钢 |

注:HRA、HRC 所用刻度盘满刻度为 100,HRB 为 130。

3. 洛氏硬度的应用及优缺点

洛氏硬度试验的优点是操作迅速、简便,可从表盘上直接读出硬度值,不必查表或计算,而且压痕小,可测量较薄工件的硬度。其缺点是精确性较差,硬度值重复性差,通常需要在材料的不同部位测试数次,取其平均值来代表材料的硬度。

### 1.2.3 维氏硬度

**1. 维氏硬度的测定原理**

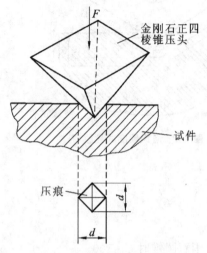

**图 1-5 维氏硬度试验原理**

维氏硬度的测定原理基本上和布氏硬度相似,也是以单位压痕面积的力作为硬度值计量。所不同的是,所用压头是锥面夹角为 136°的金刚石正四棱锥体,如图 1-5 所示。试验时,在载荷 F 作用下,在试样表面上压出一个正方形锥面压痕,测量压痕对角线的平均长度 d,借以计算压痕的面积 S,以 F/S 的数值来表示试样的硬度,用符号 HV 表示,即

$$维氏硬度值 = 0.102\frac{2F\sin\dfrac{136°}{2}}{d^2} = 0.189\,1\frac{F}{d^2} \quad (1-9)$$

式中:F——载荷,N;

d——压痕对角线的算术平均值,mm。

维氏硬度可根据所测得的 d 值从维氏硬度表中直接查出。由于维氏硬度所用的压头为正四棱锥,当载荷改变时,压痕的几何形状恒相似,所以,维氏硬度所用载荷可以随意选择(如 50 N、100 N、150 N、200 N 等)而所得到的硬度值是一样的。

**2. 维氏硬度值的表示方法**

在符号 HV 前方标出硬度值,在 HV 后面按载荷大小和保持载荷时间(10 s~15 s 不标出)的顺序用数字表示试验条件。例如:640 HV300 表示用 300 N 载荷保持 10 s~15 s 测定的维氏硬度为 640。640 HV300/20 表示用 300 N 载荷保持 20 s 测定的维氏硬度值为 640。

**3. 维氏硬度的应用及优缺点**

维氏硬度可测软、硬金属,尤其是极薄零件和渗碳层、渗氮层的硬度,它测得的压痕轮廓清晰,数值较准确,而且不存在布氏硬度试验那种载荷与压头直径的比例关系的约束,也不存在压头变形问题。但是其硬度值需要测量压痕对角线,然后经计算或查表才能获得,效率不如洛氏硬度试验的高,所以不宜用于成批零件的常规检验。

### 1.2.4 各种硬度之间的经验换算

布氏、洛氏、维氏三种硬度值没有直接的换算公式,但在一定的条件下根据试验结果可进行经验换算,如:金属材料的硬度值在 200 HBW~600 HBW 范围时,HRC≈1/10 HBW;当金属材料的硬度值小于 450 HBW 时,HBW≈HV。

## 1.3 冲击韧度

许多机械零件在工作中,往往要受到冲击载荷的作用,如活塞销、锤杆、冲模、锻模等零件。制造这些零件的材料,其性能不能单纯用静载荷作用下的指标来衡量,而必须考虑材料抵抗冲击载荷的能力。冲击载荷是指加载速度很快而作用时间很短的突发性载荷。

金属抵抗冲击载荷而不破坏的能力称为冲击韧度。目前常用一次摆锤冲击弯曲试验来测定金属材料的韧度,其试验方法如图 1-6 所示。

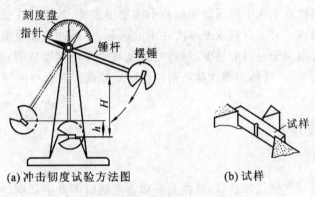

（a）冲击韧度试验方法图　　　（b）试样

**图 1-6　金属夏比摆锤冲击试验方法**

### 1. 冲击吸收能量

冲击吸收能量可通过一次摆锤冲击试验来测量。按 GB/T 229—2007《金属材料夏比摆锤冲击试验方法》规定,冲击试样的横截面积尺寸为 10 mm×10 mm,长度为 55 mm,试样的中部开有 V 形或 U 形缺口。试验时,把按规定制作的标准冲击试样的缺口(脆性材料不开缺口)背向摆锤方向放在冲击试验机上,如图 1-6(a)所示,将摆锤(质量为 m)扬起到规定高度 H,然后自由落下,将试样冲断。由于惯性,摆锤冲断试样后会继续上升到某一高度 h。根据功能原理可知摆锤冲断试样所消耗的功为冲击吸收能量,用 $K_V$(V 形缺口)或 $K_U$(U 形缺口)表示,单位为 J。计算公式为

$$K_V(K_U) = mg(H-h) \tag{1-10}$$

### 2. 冲击韧度的概念

冲击韧度是指冲击试样缺口底部单位横截面积上的冲击吸收能量,用 $\alpha_K$ 表示。

$K_V(K_U)$ 可从冲击试验机上直接读出。计算公式为

$$\alpha_K = \frac{K_V(K_U)}{S_0} \tag{1-11}$$

式中：$\alpha_K$——冲击韧度,J/cm²；

$K_V(K_U)$——冲击吸收能量,J；

$S_0$——试样缺口底部横截面积,cm²。

$\alpha_K$值越大,材料的冲击韧度越高,断口处则会发生较大的塑性变形,断口呈灰色纤维状;$\alpha_K$值越小,材料的冲击韧度越低,断口处无明显的塑性变形,断口具有金属光泽而较为平整。

一般来说,强度、塑性两者均好的材料,$\alpha_K$值也高。材料的冲击韧度除了取决于其化学成分和显微组织外,还与加载速度、温度、试样的表面质量(如缺口、表面粗糙度等)、材料的冶金质量等有关。加载速度越快,温度越低,表面及冶金质量越差,则$\alpha_K$值越低。

### 3. 小能量多次冲击的概念

在一次冲断条件下测得的冲击韧度值$\alpha_K$,对于判别材料抵抗大能量冲击能力,有一定的意义。而绝大多数机件在工作中所承受的多是小能量多次冲击,机件在使用过程中承受这种冲击有上万次或数万次。对于材料承受多次冲击的问题:如果冲击能量低、冲击次数较多时,材料的冲击韧度主要取决于材料的强度,材料的强度高则冲击韧度较高;如果冲击能量高时,则主要取决于材料的塑性,材料的塑性越高则冲击韧度较高。因此冲击韧度值$\alpha_K$一般只作设计和选材的参考。

## 1.4 疲劳强度

### 1. 疲劳现象

有许多机械零件(如齿轮、弹簧等)是在大小和方向随时间发生周期性变化的交变应力下工作的,零件工作时所承受的应力通常都低于材料的屈服强度。机件在这种交变载荷作用下经过长时间工作也会发生破坏,通常这种破坏现象称金属的疲劳。疲劳破坏是机械零件失效的主要原因之一,机械零件的失效有60%~70%属于疲劳破坏。

### 2. 疲劳断裂的原因

由于零件中存在缺陷,如裂纹、夹杂、刀痕等疲劳源,在循环应力作用下,疲劳源处产生疲劳裂纹,这种裂纹不断扩展,减小了零件的有效承截面积,当截面减小至不能承受外力时,零件即发生突然断裂。

### 3. 疲劳强度的概念

金属的疲劳是在交变载荷作用下,经过一定的循环周次之后出现的。金属材料抵抗交变载荷作用而不产生破坏的能力称为疲劳强度,用 $S$ 来表示。

如图 1-7 所示为某材料的疲劳曲线,横坐标表示循环周次 $N$,纵坐标表示交变应力 $\sigma$。从该曲线可以看出,材料承受的交变应力越大,疲劳破坏前能循环工作的周次越少;当循环交变应力减少到某一数值时,曲线接近水平,即表示当应力低于此值时,材料可经受无数次应力循环而不破坏,此应力值称为疲劳强度,用 $S$ 来表示。通常,对钢材来说,当循环次数 $N$ 达到 $10^7$ 周次

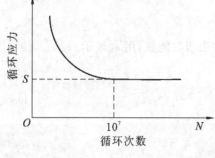

图 1-7 金属的疲劳曲线

时,曲线便出现水平线,所以我们把经受 $10^7$ 周次或更多周次而不破坏的最大应力定为疲劳强度。对于有色金属,一般则需规定应力循环次数在 $10^8$ 或更多周次,才能确定其疲劳强度。

4. 影响疲劳强度的因素

影响疲劳强度的因素很多,其中主要有应力、温度、材料的化学成分及显微组织、表面质量和残余应力等。

应该注意:上述力学性能指标,都是用小尺寸的光滑试样或标准试样,在规定性质的载荷作用下测得的。实践证明,它们不能直接代表材料制成零件后的性能。因为实际零件尺寸往往很大,尺寸增大后,材料中出现的缺陷(如孔洞、夹杂物、表面损伤等)的可能性也越大;而且,零件在实际工作中所受的载荷往往是复杂的,零件的形状、表面粗糙度值等也与试样差异很大。

## 习　题

1-1　什么是金属的力学性能? 根据载荷形式的不同,力学性能主要包括哪些指标?

1-2　什么是强度? 什么是塑性? 衡量这两种性能的指标有哪些? 各用什么符号表示?

1-3　低碳钢做成的 $d_0 = 10\text{ mm}$ 的圆形短试样经拉伸试验,得到如下数据:

$F_e = 21\ 000\text{ N}, F_m = 35\ 000\text{ N}, l_1 = 65\text{ mm}, d_1 = 6\text{ mm}$。试求低碳钢的 $R_{eL}$、$R_m$、$A$、$Z$。

1-4　选择下列材料的硬度测试方法:

(1) 调质钢;(2) 手用钢锯条;(3) 硬质合金刀片;(4) 灰铸铁件。

1-5　什么是冲击韧度? $AV(KU)$ 和 $\alpha_K$ 各代表什么?

1-6　什么是疲劳现象? 什么是疲劳强度?

金属材料最常见的是按照其最高价氧化物的颜色进行分类,分为黑色金属和有色金属两大类。

(1)黑色金属。黑色金属包括铁、铬、锰三种,但后两种在实际生产中很少单独使用,故黑色金属泛指铁或以铁为主而形成的物质,如钢和铁。

(2)有色金属。除黑色金属以外的其他金属称为有色金属,如铜、铝和镁等。

纯金属在实际生产中虽然得到了一定的应用,但是由于其强度低、价格高,因此在使用中受到限制。为了提高强度,实际生产中广泛使用的是合金。

本项目主要讲述金属的晶体结构与铁碳合金的性能及用途。

## 2.1 金属的晶体结构与结晶

不同的金属材料具有不同的力学性能,即使是同一种金属材料,在不同条件下其力学性能也是不一样的。金属材料这种性能上的差异,从本质上讲,是由其内部结构所决定的。

### 2.1.1 金属的结构与结晶

#### 1. 晶体与非晶体

在物质内部,凡是原子呈无规则堆积状况的,称为非晶体。例如普通玻璃、松香、树脂等都属于非晶体。相反,凡原子作有序、有规则排列的称为晶体,如图 2-1(a)所示。绝大多数金属和合金都属于金属晶体。

晶体与非晶体的差异主要为晶体都有规则的几何外形,而非晶体则不然;晶体具有固定的熔点,而非晶体的熔点是不定的;晶体具有各向异性,而非晶体则具有各向同性。

#### 2. 晶体结构的概念

(1)晶格与晶胞。晶体内部的原子是按一定的几何规律排列的,为了便于研究原子在空间排列的几何规律,把每个原子看成是一个点,这个点代表原子的振动中心,这样,金属的晶体结构就成为一个规则排列的空间点阵,把这些点用直线连接起来,就形成了一个空间格子,这种空间的网状结构,就称晶格,如图 2-1(b)所示。

晶格是由许多大小、形状相同的几何单元反复堆积而构成的,这种完整地反映晶格特征的最小几何单元称晶胞,如图 2-1(c)所示。由于晶胞能够完整地反映晶格中原子的排列规律,因此,在研究金属的晶体结构时,是以晶胞作为研究对象的。

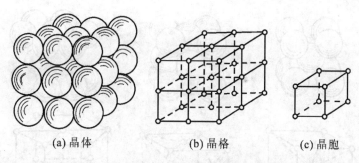

(a) 晶体　　　　　(b) 晶格　　　　　(c) 晶胞

**图 2-1　晶体中原子的排列与晶格示意图**

晶格中的点称晶格结点,结点代表原子在晶体中的平衡位置。原子在晶格结点上并不是固定不动的,而是以晶格结点为中心作高频振动,随着温度的升高,原子振动的幅度也就越大。

(2) 晶格常数。由于不同金属原子的半径是不一样的。在组成晶胞后,晶胞的大小和形状是不一样的,晶胞的大小可用晶胞的棱边长度来表示,而晶胞的形状可用棱边之间的夹角来表示。它们统称为晶格常数。

### 2.1.2　常见金属的晶体结构

晶格描述了金属晶体内部原子的排列规律,金属晶体结构的主要差别就在于晶格形式及晶格常数的不同。在已知的金属元素中,除少数具有复杂的晶体结构外,大多数金属具有简单的晶体结构,其中常见的有以下三种。

**1. 体心立方晶格**

体心立方晶格的晶胞是一个立方体,如图 2-2(a)所示,即在晶胞的中心和八个顶角各有一个原子,因每个顶角上的原子同属于周围八个晶胞所共有,所以,每个体心立方晶胞的原子数为 2,属于这类晶格的金属有 $\alpha$-铁、铬、钼、钨、钒等。这类金属的塑性较好。

**2. 面心立方晶格**

面心立方晶格的晶胞也是一个立方体,如图 2-2(b)所示,即在立方晶格的晶胞的八个顶角和六个面的中心有一个原子。因每个面中心的原子同属于两个晶胞所共有,故每个面心立方晶格的原子数为 4,属于这类晶格的金属有铝、铜、金、镍、$\gamma$-铁等。这类金属的塑性优于具有体心立方晶格的金属。

**3. 密排六方晶格**

密排六方晶格的晶胞是一个六棱柱体,如图 2-2(c)所示。原子位于两个底面的中心处和12 个顶点上,棱柱内部还包含着三个原子,其晶胞的实际原子数为 6,属于这类晶格的金属有镁、锌、铍等。这类金属通常较脆。

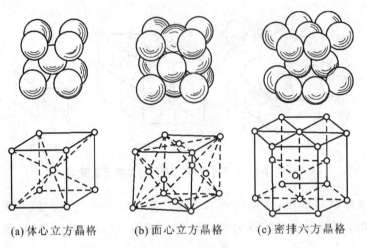

(a)体心立方晶格      (b)面心立方晶格      (c)密排六方晶格

图 2-2  常见晶格结构

金属的晶格类型不同，其性能必然存在差异。即使晶格类型相同的金属，由于各元素的原子直径和原子间距不同等原因，其性能也不相同。

### 2.1.3  金属的实际晶体结构

#### 1. 金属的多晶体结构

单晶体是指具有一致结晶位向的晶体，如图 2-3(a)所示，表现出各向异性。而实际的金属都是许多结晶位向不同的单晶体组成的聚合体，称为多晶体，如图 2-3(b)所示。每一个小单晶体称晶粒。晶粒与晶粒之间的界面称晶界。由于多晶体中各个晶粒的内部构造是相同的，只是排列的位向不同，而各个方向上原子分布的密度大致平均，故多晶体表现出各向同性，也称"伪无向性"。

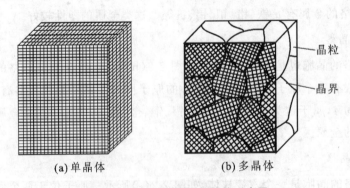

(a)单晶体            (b)多晶体

图 2-3  单晶体与多晶体结构示意图

**2. 金属的晶体缺陷**

实际金属不仅是多晶体,而且存在着各种各样的晶体缺陷。所谓晶体缺陷是指由于结晶条件或加工条件诸方面的影响,晶体内部的原子排列受到干扰而不规则的区域。实际金属晶体缺陷的存在对金属性能和组织转变均会产生很大影响。根据晶体缺陷的几何形态特征,一般将其分为以下三类。

(1) 点缺陷(空位和间隙原子)。点缺陷是指点状的,即在所有方向上的尺寸都很小的晶体缺陷。例如,结晶时,晶体上应被原子占据的结点未被原子占据,形成空位,如图 2-4(a)所示。也可能有的原子占据了原子之间的空隙,形成间隙原子,如图 2-4(b)所示。空位和间距原子都会造成点缺陷。

(2) 线缺陷(位错)。线缺陷是指在三维空间的两个方向上尺寸都很小的晶体缺陷。例如,图 2-5 所示晶体的 ABCD 面以上,多出了一个垂直方向的原子面 EFGH,即晶体的上下两部分出现错排现象。多余的原子面像刀刃插入晶体,在刃口附近形成线缺陷。这样的线缺陷通常称为刃型位错。

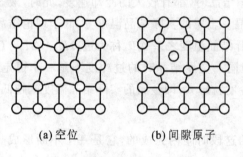

(a) 空位　　　　　(b) 间隙原子

**图 2-4　点缺陷**

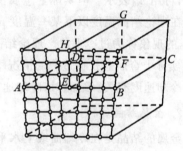

**图 2-5　刃型位错示意图**

(3) 面缺陷(晶界和亚晶界)。面缺陷是晶粒与晶粒之间的交界面。多晶体中,各晶粒之间的位向互不相同,多数相差达 $30°\sim40°$,当一个晶粒过渡到另一个晶粒时,必然会有一个原子排列无规则的过渡层。在实际金属晶体的晶粒内部,原子排列也不是完全理想的规则排列,而是存在着许多尺寸更小(边长 $10^{-4}$ cm$\sim10^{-6}$ cm)、位向差也更小(一般小于 $1°\sim2°$)的小晶块,它们相互嵌镶成一颗晶粒,这些小晶块称为亚晶粒(或亚结构、嵌镶块)。亚晶粒内部原子排列的位向是一致的,亚晶粒的交界面称为亚晶界。

由于在金属晶体内部存在着空位、间隙原子、位错、晶界和亚晶界等缺陷,都会造成晶格畸形,引起塑性变形抗力增加,从而使金属的强度增加。

### 2.1.4　金属的结晶

金属的结晶是指金属由液态转变为固态的过程,也就是原子由不规则排列的非晶体状态过渡到原子作规则排列的晶体状态的过程。金属的晶体结构是在结晶过程中逐步形成的,研究结晶的规律对于探索改善金属材料性能的途径具有重要意义。

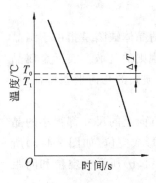

图 2-6　纯金属的冷却曲线

### 1. 冷却曲线与过冷现象

工业上使用的绝大多数金属材料都属于合金。但纯金属与合金的结晶过程基本上遵循同样的规律。为了由浅入深地讨论,下面先介绍纯金属的结晶。

纯金属的结晶都是在一定温度下进行的,它的结晶过程可用冷却曲线来描述。如图 2-6 所示的冷却曲线上有一个平台出现,这个平台所对应的温度就是纯金属进行结晶的温度。纯金属的结晶都是在恒定的温度下进行的。

在冷却曲线上出现平台的原因是由于结晶过程中有大量潜热放出,补偿了散失在空气中的热量,使温度并不随冷却时间的增长而下降,直到金属结晶终了后,由于不再有潜热释放,故温度又重新下降。

纯金属在无限缓慢的冷却条件下(即平衡条件下)结晶,所测得的结晶温度称为理论结晶温度,可用 $T_0$ 表示。但实际上金属由液态向固态结晶时,都有较大的冷却速度,此时,液态金属将在理论结晶温度以下某一温度 $T_1$ 才开始结晶。金属的实际结晶温度 $T_1$ 低于理论结晶温度 $T_0$ 的现象称为过冷现象。理论结晶温度与实际结晶温度之差 $\Delta T$,称为过冷度。$\Delta T = T_0 - T_1$。实际上金属总是在过冷的情况下结晶的,但同一金属结晶时的过冷度不是一个恒定值,它与冷却速度有关。结晶时,冷却速度越大,过冷度就越大,即金属的实际结晶温度就越低。

### 2. 金属结晶过程

金属的结晶是在冷却曲线上水平段所对应的这段时间内完成的,它是一个不断形成晶核和晶核不断长大的过程,如图 2-7 所示。

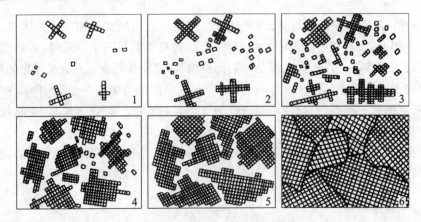

图 2-7　金属结晶过程示意图

（1）形核。当液态金属的温度下降到接近 $T_1$ 时,某些局部会有一些原子规则地排列起来,形成极细小的晶体,这些小晶体很不稳定,遇到热流和振动就会立即消失,时聚时散,此起彼伏。当低于理论结晶温度时,稍大一点的细小晶体,有了较好的稳定性,就有可能进一步长大成为结晶核心,称为晶核。

(2) 长大。晶核形成之后,会吸附其周围液态中的原子不断长大,晶核长大使液态金属的相对量逐步减少。刚开始,各个晶核自由生长,并且保持着规则的外形。当各个生长着的小晶体彼此接触后,接触处的生长过程自然停止,因此,小晶体的规则外形遭到破坏。最后,全部液态金属转变成晶体,结晶过程终止。纯金属的结晶过程如图 2-7 所示,图中 1、2、3、4、5、6 表示结晶过程的变化顺序。

由于不同方位形成的小晶体与其周围的晶体相互接触,使得小晶体的外形几乎都呈不规则的颗粒状。每个颗粒状的小晶体称为晶粒,晶粒与晶粒之间的界面称为晶界。一般纯金属就是由许多晶核长成的外形不规则的晶粒和晶界所组成的多晶体。

3. 金属结晶后的晶粒大小

金属结晶后的晶粒大小对其力学性能影响很大。晶粒大小对纯铁力学性能的影响见表 2-1。一般情况下,晶粒越细小,金属的强度、硬度越高,塑性、韧度越高。

表 2-1　晶粒大小对纯铁力学性能的影响

| 晶粒平均直径/mm | $R_{eL}$/MPa | $R_m$/MPa | $A$/% |
| --- | --- | --- | --- |
| 7.0 | 184 | 34 | 30.6 |
| 2.5 | 216 | 45 | 39.5 |
| 0.2 | 268 | 58 | 48.8 |
| 0.16 | 270 | 66 | 50.7 |

晶粒越细小,则晶界越多、越曲折,晶粒与晶粒之间相互咬合的机会就越多,越不利于裂纹的传播和发展,增强了彼此间的结合力。不仅使强度、硬度提高,而且塑性、韧度也越高。因此,细晶粒组织的综合力学性能好,生产中总是希望获得细晶组织。实际生产中,常采用增大过冷度 $\Delta T$、变质处理和附加振动等方法获得细晶组织。用细化晶粒强化金属的方法称为细晶强化,它是强化金属材料的基本途径之一。

(1) 增加过冷度。实践证明,增加结晶时的过冷度 $\Delta T$,能使晶核的形成速率 $N$ 增加,也能使晶核的长大速率 $v$ 增加。但是,形核速率 $N$ 要比长大速率 $v$ 大得多,如图 2-8 所示。因此,增加过冷度能获得细晶粒组织。

(2) 变质处理。对于液态金属,特别是对于数量多、体积大的液态金属来说,获得大的过冷度是

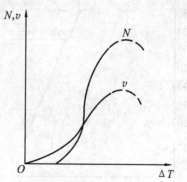

图 2-8　形核速率 $N$、长大速率 $v$ 与 $\Delta T$ 的关系

不容易办到的。为此,可在浇注前,向液态金属中加入少量的某种物质,以造成大量的人工晶核,从而使晶核数目大大增加,达到细化晶粒的目的,加入的这种物质称为变质剂。这种依附于这些固态杂质微粒的形核方式,称为非自发形核。通过非自发形核获得细晶粒组织的方法,称为变质处理,也称为孕育处理。

(3)附加振动。生产中还可以采用机械振动、超声波振动、电磁振动等方法,使熔融金属在铸型中产生运动,从而使得晶体在长大过程中不断被破碎,最终获得细晶粒组织。

### 2.1.5 金属的同素异晶转变

大多数金属在结晶完了之后晶格类型不再变化,但有些金属,如铁、锰、钛、钴等在结晶成固态后继续冷却时,其晶格类型还会发生一定的变化。

金属在固态下随温度的改变,由一种晶格类型转变为另一种晶格类型的变化,称为金属的同素异晶转变。由同素异晶转变所得到的不同晶格类型的晶体,称为同素异晶体。同一金属的同素异晶体按其稳定存在的温度,由低温到高温依次用希腊字母 $\alpha$、$\beta$、$\gamma$、$\delta$ 等表示。

铁是典型的具有同素异晶转变特性的金属。如图 2-9 所示为纯铁的冷却曲线,它表示了纯铁的结晶和同素异晶转变的过程。由图可见,液态纯铁在 1 538 ℃进行结晶,得到具有体心立方晶格的 $\delta$-Fe,继续冷却到 1 394 ℃时发生同素异晶转变,$\delta$-Fe 转变为面心立方晶格的 $\gamma$-Fe,再继续冷却到 912 ℃时又发生同素异晶转变,$\gamma$-Fe 转变为体心立方晶格的 $\alpha$-Fe,再继续冷却到室温后,晶格类型号不再发生变化。这些转变可用式子表示为

$$\delta\text{-Fe} \underset{\text{(体心立方晶格)}}{} \xrightarrow{1\,394\,℃} \gamma\text{-Fe} \underset{\text{(面心立方晶格)}}{} \xrightarrow{912\,℃} \alpha\text{-Fe} \underset{\text{(体心立方晶格)}}{}$$

金属的同素异晶转变是通过原子的重新排列来完成的,实际上是一个重结晶过程。因此,它遵循液态金属结晶的一般规律:有一定的转变温度,转变时需要过冷,有潜热放出,转变过程也是通过形核和晶核长大来完成的。但由于金属的同素异晶转变是在固态下发生的,故又具有其本身的特点。

(1)同素异晶转变比较容易过冷。一般液态金属结晶时的过冷度比较小(几度到几十度),固态转变的过冷度较大(可达几百度),这是因为固态下原子扩散比在液态中困难,转变容易滞后。

(2)同素异晶转变容易产生较大的内应力。由于晶格类型不同,原子排列方式不同,晶格类

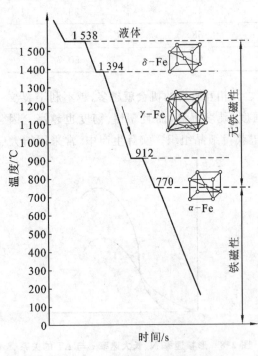

**图 2-9 纯铁的冷却曲线**

型的变化会引起金属体积的变化,例如 $\gamma$-Fe 转变为 $\alpha$-Fe 时,铁的体积膨胀约 $1\%$,从而产生较大的内应力。这也是钢在淬火时引起应力,导致工件变形和开裂的重要因素。

此外,纯铁在 770 ℃时发生磁性转变,在此温度以下,纯铁具有铁磁性,在 770 ℃以上则失去磁性。磁性转变时无晶格类型变化。

同素异晶转变是金属的一个重要性能,凡是具有同素异晶转变的金属及其合金,都可以用热处理的方法改变其性能,同素异晶转变也是金属材料性能多样化的主要原因。

## 2.2　合金的晶体结构、二元合金状态图

纯金属具有良好的导电性、导热性、塑性和金属光泽,在工业上具有一定的应用价值。但由于强度、硬度一般较低,远远不能满足生产实际的需要,而且冶炼困难,价格成本均较高,其使用受到很大限制。因此,实际生产中大量使用的金属材料主要是合金。

### 2.2.1　基本概念

(1) 合金。合金是指由两种或两种以上化学元素(其中至少有一种是金属元素)所组成的具有金属特性的物质。例如,黄铜是由铜与锌组成的合金,钢和铸铁是铁与碳组成的合金等。

(2) 组元。组成合金最简单的、最基本的、能够独立存在的物质称为合金的组元。给定组元可以按不同比例配制一系列不同成分的合金,构成一个合金系。在一个合金系内,组元可以是元素,也可以是稳定的化合物。

由两种组元构成的合金称为二元合金;由三种组元构成的合金称为三元合金;由三种以上组元构成的合金称为多元合金。

(3) 相与组织。在合金中,成分、结构及性能相同的组成部分称为相。相与相之间有明显的界面。数量、形状、大小和分布方式不同的各种相组成合金组织。

### 2.2.2　合金组织

合金的性能由组织决定,而组织由相组成。所以,在研究合金的组织、性能之前,必须先了解合金的相。根据构成合金各组元之间相互作用的不同,固态合金的相可分为固溶体和金属化合物两大类。

#### 1. 固溶体

合金在固态下,由于组元间相互溶解而形成的相称为固溶体,即在某一组元的晶格中溶入了其他组元的原子。在各组元中,晶格类型与固溶体相同的组元称为溶剂,其他组元称为溶质。固溶体是合金的一种基本相结构。

(1) 固溶体的类型。当溶质原子在溶剂晶格中不占据格点位置而是嵌于格点之间的空隙时,形成间隙固溶体,如图 2-10 左上角所示。间隙固溶体中的溶质元素多是原子半径较小的非金属元素,如碳、硼、氮等。因溶剂晶格的间隙有限,间隙固溶体只能是有限固溶体。

当溶质原子代替溶剂原子占据溶剂晶格的结点位置时,形成置换固溶体,如图 2-10 右下

角所示。置换固溶体中溶质与溶剂元素的原子半径相差越小,则溶解度越大。若溶剂元素与溶质元素在元素周期表中位置靠近,且晶格类型相同,往往可以按任意比例配制,都能相互溶解,从而形成无限固溶体。

(2) 固溶体的性能。溶质原子溶入溶剂晶格,将使晶格发生畸变,如图 2-11 所示。晶格畸变对金属的性能有重大的影响,它将使合金的强度、硬度提高,这种现象称为固溶强化,它是提高金属材料力学性能的重要途径之一。

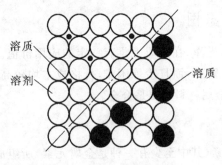

图 2-10　固溶体

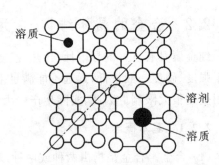

图 2-11　固溶强化

实践证明,在一般情况下,如果溶质的浓度适当,对固溶体的塑性影响较小,即固溶体不但强度、硬度比纯金属高,而且塑性仍然良好,韧度仍然较高。因此,实际使用的金属材料大多数是单相固溶体合金或以固溶体为基体的多相合金。

**2. 金属化合物**

合金的组元在固态下相互溶解的能力往往有限,当溶质含量超过在溶剂中的溶解度时,有些组元之间可发生相互作用而形成化合物。金属化合物是金属与金属或金属与非金属之间形成的具有金属特性的化合物相,是很多合金的另一种基本相结构。金属化合物通常具有不同于组元的复杂晶格结构。

例如,在铁碳合金中,碳的含量超过铁的溶解能力时,多余的碳与铁相互作用形成金属化合物 $Fe_3C$,其晶格结构如图 2-12 所示。它既不同于铁的晶格,也不同于碳的晶格,是复杂的斜方晶格。

金属化合物的熔点高、硬度高、脆性大,塑性、韧度几乎为零,故很少单独使用。

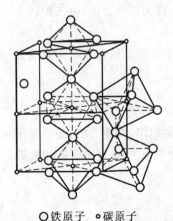

○铁原子　●碳原子

**图 2-12　$Fe_3C$ 的晶体结构**

当合金中含有金属化合物时,将使合金的强度、硬度和耐磨性提高,而塑性降低。因此,金属化合物是许多合金材料的重要强化相,与固溶体适当配合,可以提高合金的综合力学性能。

**3. 机械混合物**

在合金中,由两种或两种以上的相按一定的质量分数组成的物质称机械混合物。

在混合物中,各组成部分可以是纯金属、固溶体或金属化合物各自混合,也可以是它们之间的混合。混合物中的各相仍保持自己原有的晶格。在显微镜下可以明显地分辨出各组成部分的形态。

混合物的性能主要取决于各组成部分的性能,以及它们的形态、大小及数量。

### 2.2.3 合金的结晶

合金的结晶与纯金属的结晶有相似之处,但是,纯金属的结晶是在某一温度下进行(如铁为 1 538 ℃),而合金的结晶比纯金属复杂得多,必须建立合金相图才能表示清楚。合金相图就是表示合金结晶过程的简明图解,它是研究合金成分、温度和结晶组织结构之间变化规律的重要工具,利用相图可以正确制定热加工的工艺参数。

#### 1. 合金相图的建立

合金相图是通过实验方法建立的。首先在极缓慢冷却的条件下,作出该合金系中一系列不同成分合金的冷却曲线,并确定冷却曲线上的结晶转变温度(临界点),然后把这些临界点标在温度-成分坐标上,最后把坐标图上的各相应点连接起来,就可得出该合金的相图。

以铜、镍合金为例,用热分析法建立相图的步骤如下。

(1) 配制一系列不同成分的铜镍合金,如铜 100%;铜 80%,镍 20%;铜 60%,镍 40%;铜 40%,镍 60%;铜 20%,镍 80%;镍 100%等(均指质量分数)。

(2) 用热分析法测出上述各种不同成分合金的冷却曲线,如图 2-13(a)所示。找出冷却曲线上的各临界点。纯铜和纯镍的冷却曲线上都有一个平台,平台所对应的温度即结晶温度。结晶是在恒温下进行的,所以只有一个临界点。在其他四种不同成分铜镍合金的冷却曲线上,都有两个转折点,上转折点所对应的温度为结晶开始温度,即上临界点;下转折点所对应的温度为结晶结束温度,即下临界点。结晶过程是在上、下临界点之间的温度范围内完成的。

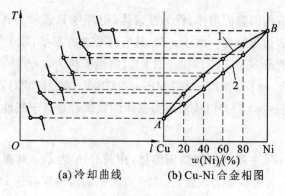

(a)冷却曲线　　(b) Cu-Ni 合金相图

**图 2-13　铜镍合金相图的建立**

（3）将各临界点描绘在温度—成分坐标系中。把意义相同的临界点用平滑的线条连接起来，构成 Cu-Ni 合金相图，如图 2-13（b）所示。上临界点连成的线条称为液相线；下临界点连成的线条称为固相线。

**2．二元合金结晶过程分析**

（1）匀晶合金。当两组元在液态和固态均能无限互溶时，所形成的合金称为二元匀晶合金，所构成的相图称为二元匀晶相图。如图 2-14 所示 Cu-Ni 合金相图属于匀晶相图。

（2）共晶合金。两组元在液态时无限互溶，在固态时有限互溶，并且发生共晶反应所构成的相图称为二元共晶相图。如图 2-15 所示 Pb-Sn 相图属于共晶相图。

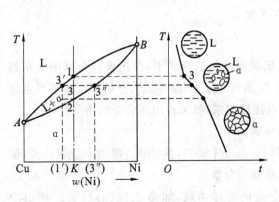

图 2-14　匀晶相图

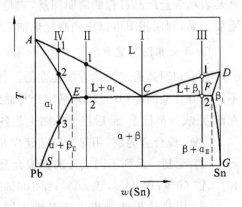

图 2-15　共晶相图

## 2.3　铁碳合金状态图

### 2.3.1　铁碳合金的基本组织

**1．铁素体（F）**

碳溶于 $\alpha$-Fe 中形成的间隙固溶体，称为铁素体，用符号 F 表示。其晶粒在显微镜下呈现均匀明亮、边界平缓的多边形特征。由于 $\alpha$-Fe 具有体心立方晶格，原子间隙较小，所以溶碳能力很小，在 727 ℃时溶碳最多为 $w(C)=0.0218\%$，室温下约为 $0.008\%$，铁素体的性能与纯铁相近，强度、硬度较低（$R_{eL}=180$ MPa～280 MPa，50 HBW～80 HBW），而塑性、韧度较高（$A=30\%～50\%$，$K_U=128$ J～160 J）。以铁素体为基体的铁碳合金适于塑性变形成形加工。

**2．奥氏体（A）**

奥氏体是碳溶于 $\gamma$-Fe 中形成的间隙固溶体，用符号 A 表示。其显微组织为边界比较平直的多边形晶粒。$\gamma$-Fe 的溶碳能力较强，在 727 ℃时碳的溶解度可达 $w(C)=0.77\%$，随着温度的升高，溶解度增加，到 1 148 ℃时达到最大，$w(C)=2.11\%$。奥氏体的强度、硬度较高（$R_m\approx400$ MPa，160 HBW～200 HBW），塑性、韧度也较高（$A=40\%～50\%$）。在生产中，钢材大多数要加热至高温奥氏体状态进行压力加工,因其塑性好而便于成形。

3. 渗碳体(Fe₃C)

铁与碳形成的金属化合物称为渗碳体,用符号 Fe₃C 表示。渗碳体 $w(C)=6.69\%$,是一种具有复杂晶格结构的化合物。渗碳体硬度很高(约 800 HV),脆性很大,几乎没有塑性,不能单独使用。通常以片状、粒状、网状、带状等形态分布于铁碳合金中,对铁碳合金的性能有着很大的影响。

通常把铁碳合金中的渗碳体分为:一次渗碳体 Fe₃C_Ⅰ(由液体中直接结晶出来的)、二次渗碳体 Fe₃C_Ⅱ(由奥氏体中析出)、三次渗碳体 Fe₃C_Ⅲ(由铁素体中析出)、共晶渗碳体 Fe₃C_共晶(共晶转变形成)、共析渗碳体 Fe₃C_共析(共析转变形成)。它们的来源和形态虽有所不同,但本质并无区别,其含碳量、晶体结构和本身性质完全相同。

4. 珠光体(P)

由铁素体和渗碳体组成的机械混合物称为珠光体,用符号 P 表示。其显微组织为铁素体与渗碳体层片相间。珠光体的平均含碳量 $w(C)=0.77\%$,力学性能介于渗碳体与铁素体之间,强度、硬度较高($Rm=770\ MPa$,180 HBW),具有一定塑性和韧度($A=20\%\sim35\%$,$K_U=24\ J\sim32\ J$),是一种综合力学性能较好的组织。

5. 莱氏体(L_d)

莱氏体是铁碳合金中的共晶混合物。其平均含碳量 $w(C)=4.3\%$,当 $w(C)=4.3\%$ 的铁碳合金从液态缓冷至 1 148 ℃时,将同时从液体中结晶出奥氏体和渗碳体的机械混合物,称为莱氏体,也称为高温莱氏体。高温莱氏体缓慢冷却至 727 ℃时,其中的奥氏体将转变为珠光体,形成了珠光体与渗碳体的机械混合物,称为低温莱氏体,用符号 L'_d 表示。莱氏体的性能与渗碳体相似,硬度很高,塑性极差,韧度极低。

### 2.3.2　简化后的 Fe-Fe₃C 相图

Fe-Fe₃C 相图是指在极其缓慢冷却的条件下,铁碳合金($w(C)<6.69\%$)的组织状态随温度变化的图解。实际研究和分析时,为了简明实用,常将图中左上角部分简化,即得到简化后的 Fe-Fe₃C 相图,如图 2-16 所示。

### 2.3.3　Fe-Fe₃C 相图分析

1. 坐标

Fe-Fe₃C 相图中纵坐标为温度,横坐标为成分(碳的质量分数)。横坐标的左端表示碳的质量分数为零,即 100% 的纯铁,右端 $w(C)=6.69\%$,即 100% 的 Fe₃C。横坐标上的任何一点,均表示一种成分的铁碳合金。

2. 特性点

相图中具有特殊意义的点称为特性点。简化 Fe-Fe₃C 相图中的各特性点见表 2-2。

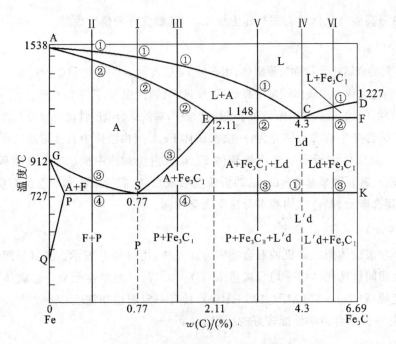

图 2-16　简化的 $Fe$-$Fe_3C$ 相图

表 2-2　简化的 $Fe$-$Fe_3C$ 相图中的特性点

| 特性点符号 | 温度/℃ | $w(C)/(\%)$ | 含　义 |
| --- | --- | --- | --- |
| $A$ | 1 538 | 0 | 纯铁的熔点(结晶) |
| $C$ | 1 148 | 4.3 | 共晶点,$L_C \rightleftharpoons L_d(A_E + Fe_3C)$ |
| $D$ | 1 227 | 6.69 | 渗碳体的熔点 |
| $E$ | 1 148 | 2.11 | 碳在 $\gamma$-$Fe$ 中的最大溶解度 |
| $G$ | 912 | 0 | 纯铁的同素异晶转变点,$\alpha$-$Fe \rightleftharpoons \gamma$-$Fe$ |
| $P$ | 727 | 0.021 8 | 碳在 $\alpha$-$Fe$ 中的最大溶解度 |
| $S$ | 727 | 0.77 | 共析点,$A_S \rightleftharpoons P(F_P + Fe_3C)$ |
| $Q$ | 600 | 0.008 | 碳在 $\alpha$-$Fe$ 中的溶解度 |

3. 特性线

相图中各不同成分的合金具有相同意义的临界点的连接线称为特性线。简化的 $Fe$-$Fe_3C$ 相图中各特性线的符号、位置和意义介绍如下。

(1) $ACD$ 线。液相线,在此线以上合金处于液体状态,用符号"L"表示。铁碳合金冷却到此线时开始结晶,在 $AC$ 线下从液相中结晶出奥氏体,在 $CD$ 线下从液体中结晶出渗碳体,称为一次渗碳体,用 $Fe_3C_I$ 表示。

(2) $AECF$ 线。固相线,液体合金冷却至此线全部结晶为固体,此线以下为固相区。

(3) $ECF$ 水平线。共晶线,在此线上的液态合金冷却时将发生共晶转变,其反应式为

$$L_{w_{C=4.3\%}} \underset{}{\overset{1\,148\,℃}{\rightleftharpoons}} (A_{w_{C=2.11\%}} + Fe_3C_{共晶}) = Ld$$

共晶转变是在恒温下进行的,其产物是奥氏体和渗碳体的机械混合物,称为莱氏体,用符号 Ld 表示。凡 $w(C)>2.11\%$ 的铁碳合金冷却至 1 148 ℃时,均将发生共晶转变而形成莱氏体。

(4) $PSK$ 水平线。共析线又称 $A_1$ 线。在这条线上,固态奥氏体将发生共析转变,其反应式为

$$A_{w_{C=0.77\%}} \underset{}{\overset{727\,℃}{\rightleftharpoons}} (F_{w_{C=0.021\,8\%}} + Fe_3C_{共析}) = P_{w_C} = 0.77\%$$

共析转变也是在恒温下进行的,反应产物是铁素体与渗碳体的机械混合物,称为珠光体,用符号 P 表示。凡是 $w(C)>0.021\,8\%$ 的铁碳合金冷却至 727 ℃,奥氏体必将发生共析转变而形成珠光体组织。

(5) $GS$ 线。$GS$ 线又称 $A_3$ 线,是 $w(C)<0.77\%$ 的铁碳合金冷却时,由奥氏体中开始析出铁素体的转变线。随着温度的下降,析出的铁素体量增多,奥氏体的含量减小。

(6) $ES$ 线。$ES$ 线又称 $A_{cm}$,是碳在奥氏体中的溶解度变化曲线。奥氏体在 1 148 ℃时的溶碳量为 $w(C)=2.11\%$,随着温度的下降,奥氏体的溶碳量逐渐减小,当温度为 727 ℃时,溶碳量成为 $w(C)=0.77\%$。因此,凡是 $w(C)>0.77\%$ 的铁碳合金,当温度由 1 148 ℃降到 727 ℃,均会由奥氏体中沿晶界析出渗碳体,这种渗碳体称为二次渗碳体,用符号 $Fe_3C_Ⅱ$ 表示。

(7) $PQ$ 线。碳在铁素体中的溶解度变化曲线,碳在铁素体中的溶解度在 727 ℃时达到最大 $w(C)=0.021\,8\%$,至 600 ℃时降为 $w(C)=0.008\%$。因此铁素体从 727 ℃冷却下来时,将会从铁素体中沿晶界析出渗碳体,称为三次渗碳体,用符号 $Fe_3C_Ⅲ$ 表示。由于 $Fe_3C_Ⅲ$ 数量极少,故一般在讨论中予以忽略。

### 2.3.4 铁碳合金的分类

铁碳合金相图中的各种合金,按含碳量和室温组织的不同,一般分为以下三类。

**1. 工业纯铁**

$w(C)<0.021\,8\%$,其显微组织为单相铁素体。

**2. 钢**

$w(C)=0.021\,8\% \sim 2.11\%$,其特点是高温固态组织为具有良好塑性的奥氏体,因而适宜于锻造。根据含碳量和室温组织不同,钢可分为三类。

(1) 亚共析钢:$0.021\,8\% \leqslant w(C)<0.77\%$,室温组织为铁素体+珠光体。

（2）共析钢：$w(C)=0.77\%$，室温组织为珠光体。

（3）过共析钢：$0.77\%<w(C)<2.11\%$，室温组织为珠光体＋渗碳体。

### 3. 白口铁

$w(C)=2.11\%\sim6.69\%$，其特点是液态结晶时都有共晶转变，因而有较好的铸造性能。根据含碳量和室温组织的不同，白口铁又分为三类。

（1）亚共晶白口铁：$2.11\%\leqslant w(C)<4.3\%$，显微组织为珠光体＋渗碳体＋莱氏体。

（2）共晶白口铁：$w(C)=4.3\%$，其显微组织为莱氏体。

（3）过共晶白口铁：$4.3\%<w(C)<6.69\%$，显微组织为莱氏体＋一次渗碳体。

### 2.3.5 典型铁碳合金的结晶过程

#### 1. 共析钢的结晶过程

图 2-16 中合金 Ⅰ 表示共析钢（$w(C)=0.77\%$），合金在 1 点以上为液体（L），当缓冷至稍低于 1 点温度时，开始从液体中结晶出奥氏体（A），奥氏体的数量随温度的下降而增多。温度降到 2 点时，液体全部结晶为奥氏体。2～S 点之间，合金是单一奥氏体相。继续缓冷至 S 点时，奥氏体发生共析转变，转变成珠光体（P）。727 ℃以下，珠光体基本上不发生变化。故室温下共析钢的组织为珠光体。共析钢的结晶过程如图 2-17 所示。

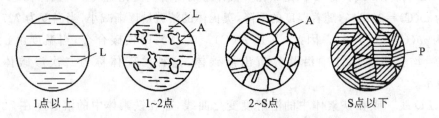

| 1点以上 | 1～2点 | 2～S点 | S点以下 |

图 2-17　共析钢结晶过程示意图

#### 2. 亚共析钢的结晶过程

图 2-16 中合金 Ⅱ 表示亚共析钢。合金在 1 点以上为液体。缓冷至稍低于 1 点，开始从液体中结晶出奥氏体，冷却到 2 点结晶终了。在 2～3 点区间，合金为单一的奥氏体组织，当冷却到与 GS 线相交的 3 点时，开始从奥氏体中析出铁素体，而剩余奥氏体量逐渐减少。由于铁素体的溶碳量很小，所以铁素体析出时，就会将多余的碳原子转移到奥氏体中，引起未转变的奥氏体的含碳量增加，沿着 GS 线变化。当温度降至 4 点（727 ℃）时，剩余奥氏体的含碳量增加到了 $w(C)=0.77\%$，具备了共析转变的条件，转变为珠光体。原铁素体不变保留在基体中。4 点以下不再发生组织变化。故亚共析钢的室温组织为铁素体＋珠光体。亚共析钢的结晶过程如图 2-18 所示。

必须指出，所有 $w(C)<0.77\%$ 的亚共析钢，缓冷后的室温组织都是由铁素体和珠光体组成。但是由于它们的含碳量不同，所以组织中铁素体和珠光体量也不同。随着合金

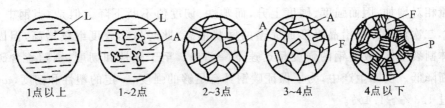

图 2-18　亚共析钢结晶过程示意图

中含碳量增多,组织中铁素体量减少,而珠光体量增多。当含碳量增加到共析成分时,组织全部是珠光体。

　　3. 过共析钢的结晶过程

　　如图 2-16 所示合金Ⅲ表示过共析钢。合金在 1 点以上为液体,当缓冷至稍低于 1 点后,开始从液体中结晶出奥氏体,直至 2 点结晶终了。在 2～3 点之间是含碳量为合金Ⅲ的奥氏体组织。缓冷至 3 点时,奥氏体中开始沿晶界析出渗碳体(即二次渗碳体)。随着温度的不断降低,由奥氏体中析出的二次渗碳体愈来愈多,而奥氏体中的含碳量不断减少,并沿着 ES 线变化。3～4 点之间的组织为奥氏体＋二次渗碳体。降至 4 点(727 ℃)时,奥氏体的成分达到了共析成分,于是这部分奥氏体发生共析反应,转变为珠光体。在 4 点以下,合金的组织不再发生变化。故室温组织为珠光体＋二次渗碳体。过共析钢结晶过程如图 2-19 所示。

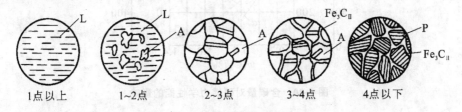

图 2-19　过共析钢结晶过程示意图

　　应当指出,凡是 $w(C)>0.77\%$ 的过共析钢,缓冷后的室温组织是由珠光体和二次渗碳体组成。只是随着合金中含碳量的增加,二次渗碳体愈来愈多,珠光体愈来愈少。当 $w(C)=2.11\%$ 时,二次渗碳体的数量达到最大值。

### 2.3.6　含碳量对铁碳合金平衡组织和性能的影响

　　随着含碳量的增加,合金的室温组织中不仅渗碳体的数量增加,其形式、分布也有变化,因此,合金力学性能也相应发生变化。

　　亚共析钢的组织是由铁素体和珠光体组成,随含碳量的增加,其组织中珠光体的数量随之增加,因而强度、硬度逐渐升高,塑性、韧度不断下降。过共析钢的组织是由珠光体和网状二次渗碳体组成,随含碳的增加,其组织中珠光体的数量不断减少,而网状二次渗碳体的数量相对增加,因而强度、硬度上升,而塑性、韧度值不断下降。但是,当钢中 $w(C)>$ 0.9%时,二次渗碳体将沿晶界形成完整的网状形态,此时虽然硬度继续增高,但因网状二次渗碳体割裂基体,故使钢的强度呈迅速下降趋势。至于塑性和韧度,则随着含碳量的增加而不断降低。实际生产中,为了保证碳钢具有足够的强度,一定的塑性和韧度, $w(C)$ 一般不应超过 1.3%～1.4%。

$w(C)>2.11$%的铁碳合金,基本上都已成了硬脆的渗碳体,强度很低,塑性和韧度随渗碳体相对量的增加呈迅速下降趋势。

含碳量对碳钢力学性能的影响如图 2-20 所示。

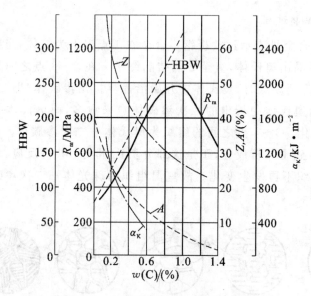

图 2-20　含碳量对碳钢力学性能的影响

### 2.3.7 Fe-Fe₃C 相图在工业中的应用

Fe-Fe₃C 相图从客观上反映了钢铁材料的组织随成分和温度变化的规律,因此在工程上为选材、用材及制订铸、锻、焊、热处理等热加工工艺提供了重要的理论依据,如图 2-21 所示。

**1. 在选材方面的应用**

由 Fe-Fe₃C 相图可见,铁碳合金中随着含碳量的不同,其平衡组织各不相同,从而导致其力学性能不同。因此,就可以根据零件的不同性能要求来合理地选择材料。例如,桥梁、船舶、车辆及各种建筑材料,需要塑性好、韧度高的材料,可选用低碳的亚共析钢( $w(C)=0.1$%～ 0.25%);对工作中承受冲击载荷和要求较高强度的各种机械零件,要求强度和韧度都比较高,可选用中碳的亚共析钢( $w(C)=0.25$%～0.6%);制造各种切削工具、模具及量具时,需要高

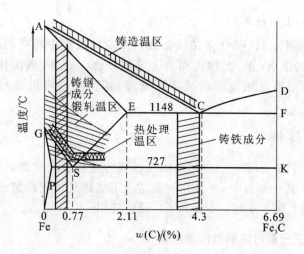

图 2-21 Fe-Fe₃C 相图与热加工工艺规范的关系

的硬度、耐磨性,可选用高碳的共析、过共析钢($w(C)=0.77\%\sim1.44\%$)。对于形状复杂的箱体、机器底座等可选用熔点低、流动性好的铸铁材料。

**2. 在铸造生产上的应用**

参照 Fe-Fe₃C 相图可以确定钢铁的浇注温度,通常浇注的温度应在液相线以上 50 ℃~60 ℃ 为宜。在所有成分的合金中,以共晶成分的白口铁和纯铁铸造工艺性能最好。这是因为它们的结晶温度区间最小(为零),故流动性好,分散缩孔小,可使缩孔集中在冒口内,得到质量好的致密铸件。因此,在铸造生产中接近共晶成分的铸铁得到了较为广泛的应用。此外,铸钢也是常用的一种铸造合金,其含碳量为 $w(C)=0.2\%\sim0.6\%$。由于其熔点高,结晶温度区间较大,故铸造工艺性能比铸铁差,常需经过热处理(退火或正火)后才能使用。铸钢主要用于制造一些形状复杂、强度和韧度要求较高的零件。

**3. 在锻压生产上的应用**

钢在室温时的组织为两相混合物,塑性较差,变形困难,只有将其加热到单相奥氏体状态,才具有较低的强度,较好的塑性和较小的变形抗力,易于锻压成型。因此,在进行锻压或热轧加工时,要把坯料加热到奥氏体状态。加热温度不宜过高,以免钢材氧化烧损严重。但变形的终止温度也不宜过低,过低的温度除了增加能量的消耗和设备的负担外,还会因塑性的降低而导致开裂。所以,各种碳钢较合适的锻轧加热温度范围是:变形开始温度为 1 150 ℃~1 200 ℃;变形终止温度为 750 ℃~850 ℃。

**4. 在焊接生产上的应用**

焊接时,由于局部区域(焊缝)被快速加热,故从焊缝到母材各处的温度是不同的。根据 Fe-Fe₃C 相图可知,温度不同,冷却后的组织性能就不同,为了获得均匀一致的组织性能,就需要通过焊后热处理来调整和改善。

**5. 在热处理生产上的应用**

从 Fe-Fe$_3$C 相图可知:铁碳合金在固态加热或冷却过程中均有相的变化,所以钢和铸铁可以进行有相变的退火、正火、淬火和回火等热处理。此外,奥氏体有溶解碳及其他合金元素的能力,而且溶解度随温度的提高而增加,这就是钢可以进行渗碳和其他化学热处理的缘故。

## 2.4 碳钢、铸铁

碳素钢(简称碳钢)是 $w(C) < 2.11\%$,而且以碳为主要合金元素的铁碳合金。由于其价格低廉,冶炼方便,工艺性能良好,并且在一般情况下能满足使用性能的要求,因而在机械制造、建筑、交通运输及其他工业部门中得到了广泛的应用。

### 2.4.1 常存杂质元素对碳钢性能的影响

碳钢中,碳是决定钢性能的主要元素。但是,钢中还含有少量的锰、硅、硫、磷等常见杂质元素,它们对钢的性能也有一定影响。

**1. 锰的影响**

锰是炼钢时加入锰铁脱氧而残留在钢中的。锰的脱氧能力较好,能清除钢中的 FeO,降低钢的脆性;锰还能与硫形成 MnS,以减轻硫的有害作用。所以锰是一种有益元素。但是,作为杂质存在时,其含量 $w(Mn)$ 一般小于 0.8%,对钢的性能影响不大。

**2. 硅的影响**

硅是炼钢时加入硅铁脱氧而残留在钢中的。硅的脱氧能力比锰强,在室温下硅能溶入铁素体,提高钢的强度和硬度。因此,硅也是有益元素,但作为杂质存在时,其含量 $w(Si)$,一般小于 0.4%,对钢的性能影响不大。

**3. 硫的影响**

硫是炼钢时由矿石和燃料带入钢中的。硫在钢中与铁形成化合物 FeS,FeS 与铁则形成低熔点(985 ℃)的共晶体分布在奥氏体晶界上。当钢材加热到 1 100 ℃~1 200 ℃进行锻压加工时,晶界上的共晶体已熔化,造成钢材在锻压加工过程中开裂,这种现象称为"热脆"。钢中加入锰,可以形成高熔点(1 620 ℃)的 MnS,MnS 呈粒状分布在晶粒内,且在高温下有一定塑性,从而避免热脆。因此,硫是有害元素,其含量 $w(S)$ 一般应严格控制在 0.03%~0.05%。

**4. 磷的影响**

磷是炼钢时由矿石带入钢中的。磷可全部溶于铁素体,产生强烈的固溶强化,使钢的强度、硬度增加,但塑性、韧度显著降低。这种脆化现象在低温时更为严重,故称为"冷脆"。其含量 $w(P)$ 须严格控制在 0.035%~0.045%以下。

但是,在硫、磷含量较多时,由于脆性较大,在切削加工过程中,切屑易于脆断而形成断裂切屑,改善了钢的切削加工性,这是硫、磷有利的一面。

### 2.4.2　碳钢的分类

碳钢的分类方法很多,常用的分类方法有以下几种。

**1. 按钢中碳的质量分数分类**

(1) 低碳钢:$w(C)<0.25\%$。

(2) 中碳钢:$0.25\%\leqslant w(C)\leqslant 0.60\%$。

(3) 高碳钢:$w(C)>0.60\%$。

**2. 按钢的冶金性质分类**

根据钢中有害杂质硫、磷含量多少可分为以下几种。

(1) 普通质量钢:$w(S)\leqslant 0.050\%$,$w(P)\leqslant 0.045\%$。

(2) 优质钢:$w(S)\leqslant 0.030\%$,$w(P)\leqslant 0.035\%$。

(3) 高级优质钢:$w(S)\leqslant 0.020\%$,$w(P)\leqslant 0.030\%$。

(4) 特级质量钢:$w(S)<0.015\%$,$w(P)<0.025\%$。

**3. 按用途分类**

(1) 碳素结构钢。这类钢主要用于制造各种工程构件(桥梁、船舶、建筑构件等)和机器零件(齿轮、轴、螺钉、螺栓、连杆等)。这类钢一般属于低碳钢和中碳钢。

(2) 碳素工具钢。这类钢主要用于制造各种刃具、量具、模具等。这类钢一般属于高碳钢。

(3) 特殊性能钢。这类钢是具有特殊性能的钢,如具有耐蚀性、耐热性、耐磨性能的钢。

### 2.4.3　碳钢的牌号与应用

**1. 碳素结构钢**

这类钢中碳的质量分数一般在 $0.06\%\sim 0.38\%$ 范围内,钢中有害杂质相对较多,但价格便宜,大多用于要求不高的机械零件和一般工程构件。通常轧制成钢板或各种型材(圆钢、方钢、工字钢、角钢、钢筋等)供应。

(1) 碳素结构钢的牌号。

碳素结构钢的牌号表示方法是由屈服点的字母 Q、屈服点数值、质量等级符号、脱氧方法等四个部分按顺序组成。例如 Q235AF 表示碳素结构钢中屈服强度为 235 MPa 的 A 级沸腾钢。

碳素结构钢的牌号、等级、主要成分、脱氧方法及力学性能见表 2-3 所示。

由表可见,Q195、Q215、Q235、Q225 为低碳钢,Q275 为中碳钢,其中 Q235 因碳的质量分数及力学性能居中,故最为常用。碳素结构钢的屈服强度 $R_{eL}$ 与伸长率 $A$ 均与钢材厚度有关,这是由于碳素结构钢一般都在热轧空冷状态供应,钢材厚度越小,冷却速度越大,得到的晶粒越细,故其 $R_{eL}$、$A$ 越高。中碳钢也可通过热处理进一步提高强度、硬度。

机械制造基础

表 2-3 碳素结构钢的牌号、等级、主要成分、脱氧方法及力学性能

| 牌号 | 等级 | 主要成分(质量分数)/(%) | | | | | 脱氧方法 | 力学性能 | | |
|------|------|------|------|------|------|------|------|------|------|------|
| | | C | Mn | Si | S | P | | $R_{eL}$ /MPa | $R_m$ /MPa | A /(%) |
| Q195 | | 0.06～0.12 | 0.25～0.50 | ≤0.30 | ≤0.050 | ≤0.045 | F、Z、b | 195 | 315～390 | 33 |
| Q215 | A | 0.09～0.15 | 0.25～0.55 | ≤0.30 | ≤0.050 | ≤0.045 | F、Z、b | 215 | 335～450 | 31 |
| | B | | | | ≤0.045 | | | | | |
| Q235 | A | 0.14～0.22 | 0.30～0.65 | ≤0.30 | ≤0.050 | ≤0.045 | F、Z、b | 235 | 375～460 | 26 |
| | B | 0.12～0.20 | 0.30～0.70 | | ≤0.045 | | | | | |
| | C | ≤0.18 | 0.35～0.80 | | ≤0.040 | ≤0.040 | Z、TZ | | | |
| | D | ≤0.17 | | | ≤0.035 | ≤0.035 | | | | |
| Q255 | A | 0.18～0.28 | 0.40～0.70 | ≤0.30 | ≤0.050 | ≤0.045 | Z | 255 | 410～550 | 24 |
| | B | | | | ≤0.045 | | | | | |
| Q275 | | 0.28～0.38 | 0.50～0.80 | ≤0.35 | ≤0.050 | ≤0.045 | Z | 275 | 490～630 | 20 |

(2)碳素结构钢的用途。

① Q195、Q215 钢塑性较好,通常轧制成薄板、钢筋供应市场,也可用于制作铆钉、螺钉、地脚螺栓、开口销及轻负荷的冲压零件和焊接结构件等。

② Q235、Q255 钢强度较高,是应用较多的碳素结构钢,可制作螺栓、螺母、销子、吊钩和不太重要的机械零件及建筑结构中的螺纹钢、型钢、钢筋等。质量较好的 Q235C 级和 D 级钢可作为重要焊接结构的材料。

③ Q275 钢强度高,可制作桥梁、建筑等工程上质量要求高的焊接结构件,也可部分代替优质碳素结构钢 25 钢、30 钢、35 钢使用,可制作摩擦离合器、主轴、制动钢带、吊钩等。

**2. 优质碳素结构钢**

这类钢因有害杂质较少,其强度、塑性、韧度均比碳素结构钢好,主要用于制造较重要的机械零件。

优质碳素结构钢的牌号用两位数字表示,如 08、10、45 等,数字表示钢中平均碳质量分数的万倍。如上述牌号分别表示其平均碳的质量分数为 0.08%、0.1%、0.45%。

优质碳素结构钢按其含锰量的不同,分为普通含锰量[$w(Mn)=0.25\%～0.8\%$]和较高含锰量[$w(Mn)=0.7\%～1.2\%$]两组。含锰量较高的一组在牌号数字后面加"Mn"字。若是沸腾钢,则在牌号数字后面加"F"字,如 15Mn、30Mn、45Mn、65Mn、08F、10F 等。

常用优质碳素结构钢的牌号、主要成分、力学性能及用途见表 2-4 所示。

表 2-4　优质碳素结构钢的牌号、主要成分、力学性能及用途

| 牌　号 | $w$(C)×100 | $R_{eL}$ | $R_m$ | $A_5$ | $Z$ | $\dfrac{\alpha_K}{J \cdot cm^{-2}}$ | HBW | | 用　途 |
|---|---|---|---|---|---|---|---|---|---|
| | | /MPa | | ×100 | | | 热轧 | 退火 | |
| | | 不小于 | | | | | 不大于 | | |
| 08F | 0.05～0.11 | 175 | 295 | 35 | 60 | — | 131 | — | 塑性好,焊接性好,宜制作冷冲压件、焊接件及一般螺钉、铆钉、垫圈、螺母、容器渗碳件(齿轮、小轴、凸轮、摩擦片等)等 |
| 08 | 0.05～0.12 | 195 | 325 | 33 | 60 | — | 131 | — | |
| 10F | 0.07～0.14 | 185 | 315 | 33 | 55 | — | 137 | — | |
| 10 | 0.07～0.14 | 205 | 335 | 31 | 55 | — | 137 | — | |
| 15F | 0.12～0.19 | 205 | 355 | 29 | 55 | — | 143 | — | |
| 15 | 0.12～0.19 | 225 | 375 | 27 | 55 | — | 143 | — | |
| 20 | 0.17～0.24 | 245 | 410 | 25 | 55 | — | 156 | — | |
| 25 | 0.22～0.30 | 275 | 450 | 23 | 50 | 90 | 170 | — | |
| 30 | 0.27～0.35 | 295 | 490 | 21 | 50 | 80 | 179 | — | 综合力学性能优良,宜制承受力较大的零件,如连杆、曲轴、主轴、活塞杆、齿轮 |
| 35 | 0.32～0.40 | 315 | 530 | 20 | 45 | 70 | 197 | — | |
| 40 | 0.37～0.45 | 335 | 570 | 19 | 45 | 60 | 217 | 187 | |
| 45 | 0.42～0.50 | 355 | 600 | 16 | 45 | 50 | 229 | 197 | |
| 50 | 0.47～0.55 | 375 | 630 | 14 | 40 | 40 | 241 | 207 | |
| 55 | 0.52～0.60 | 390 | 645 | 13 | 35 | | 255 | 217 | |
| 60 | 0.57～0.65 | 400 | 675 | 12 | 35 | | 225 | 229 | 屈服点高,硬度高,宜制弹性元件(如各种螺旋弹簧、板簧等)及耐磨零件、弹簧垫圈、轧辊等 |
| 65 | 0.62～0.70 | 410 | 695 | 10 | 30 | | 225 | 229 | |
| 70 | 0.67～0.75 | 420 | 715 | 9 | 30 | | 269 | 220 | |
| 75 | 0.72～0.80 | 880 | 1 080 | 7 | 20 | | 285 | 241 | |
| 80 | 0.77～0.85 | 930 | 1 080 | 6 | 30 | | 285 | 241 | |
| 85 | 0.82～0.90 | 980 | 1 130 | 6 | 30 | | 302 | 255 | |
| 15Mn | 0.12～0.19 | 245 | 410 | 26 | 55 | — | 163 | | 可制作渗碳零件,受磨损零件及较大尺寸的各种弹性元件等,或要求强度稍高的零件 |
| 20Mn | 0.17～0.24 | 275 | 450 | 24 | 50 | — | 197 | | |
| 25Mn | 0.22～0.30 | 295 | 490 | 22 | 50 | 90 | 207 | — | |
| 30Mn | 0.27～0.35 | 315 | 540 | 20 | 45 | 80 | 217 | 187 | |
| 35Mn | 0.32～0.40 | 335 | 560 | 18 | 45 | 70 | 229 | 197 | |
| 40Mn | 0.37～0.45 | 355 | 590 | 17 | 45 | 60 | 229 | 207 | |
| 45Mn | 0.42～0.50 | 375 | 620 | 15 | 40 | 50 | 241 | 217 | |
| 50Mn | 0.48～0.56 | 390 | 645 | 13 | 40 | 40 | 255 | 217 | |
| 60Mn | 0.57～0.65 | 410 | 695 | 11 | 35 | — | 266 | 229 | |
| 65Mn | 0.62～0.70 | 430 | 735 | 9 | 30 | — | 285 | 229 | |
| 70Mn | 0.67～0.75 | 450 | 785 | 8 | 30 | — | 285 | 229 | |

3. 碳素工具钢

碳素工具钢因含碳量比较高($w(C)=0.65\%\sim1.35\%$),硫、磷杂质含量较少,经淬火、低温回火后硬度比较高,耐磨性好,但塑性较低,主要用于制造各种低速切削刀具、量具和模具。

碳素工具钢按质量可分为优质和高级优质两类。为了不与优质碳素结构钢的牌号发生混淆,碳素工具钢的牌号由代号"T"("碳"字汉语拼音首字母)后加数字组成。数字表示钢中平均碳质量分数的千倍。如 T8 钢,表示平均碳的质量分数为 0.8% 的优质碳素工具钢。若是高级优质碳素工具钢,则在牌号末尾加字母"A",如 T12A,表示平均碳的质量分数为 1.2% 的高级优质碳素工具钢。

碳素工具钢的牌号、主要成分、性能及用途见表 2-5 所示。

表 2-5　碳素工具钢的牌号、主要成分、力学性能及用途

| 牌　号 | 主要成分 | | 退火后硬度(HBW)不大于 | 淬火温度/℃及冷却剂 | 淬火后硬度(HRC)不小于 | 用　途 |
|---|---|---|---|---|---|---|
| | $w(C)/(\%)$ | $w(Mn)/(\%)$ | | | | |
| T7 T7A | 0.65～0.74 | ≤0.40 | 187 | 800～820 水 | 62 | 用于承受冲击、要求韧度较高,但切削性能不太高的工具。如凿子、冲头、手锤、剪刀、木工工具、简单胶木模 |
| T8 T8A | 0.75～0.84 | | | 780～800 水 | | 用于承受冲击、要求硬度较高和耐磨性好的工具。如简单的模具、冲头、切削软金属刀具、木工铣刀、斧、圆锯片等 |
| T8Mn T8MnA | 0.8～0.9 | 0.40～0.60 | | | | 同上。因含 Mn 量高,淬透性较好,可制造断面较大的工具等 |
| T9 T9A | 0.85～0.94 | ≤0.40 | 192 | | | 用于要求韧度较高、硬度较高的工具。如冲头、凿岩工具、木工工具等 |
| T10 T10A | 0.95～1.04 | | 197 | 760～780 水 | | 用于不受剧烈冲击、有一定韧性及锋利刃口的各种工具。如车刀、刨刀、冲头、钻头、锥、手锯条、小尺寸冲模等 |
| T11 T11A | 1.05～1.14 | | | | | 同上。还可作刻锉刀的凿子、钻岩石的钻头等 |
| T12 T12A | 1.15～1.24 | | 207 | | | 用于不受冲击,要求高硬度、高耐磨的工具。如锉刀、刮刀、丝锥、精车刀、铰刀、锯片、量规等 |
| T13 T13A | 1.25～1.35 | | 217 | | | 同上。用于要求更耐磨的工具。如剃刀、刻字刀、拉丝工具等 |

4. 铸造碳钢

生产中有许多形状复杂、力学性能要求高的机械零件难以用锻压或切削加工的方法制造,通常采用铸造碳钢制造。由于铸造技术的进步,精密铸造的发展,铸钢件在组织、性能、精度等方面都已接近锻钢件,可在不经切削加工或只需少量切削加工后使用,能大量节约钢材和成

本,因此铸造碳钢得到了广泛应用。

铸钢中碳的质量分数一般在 $0.15\%\sim0.6\%$ 范围内。碳含量过高,则钢的塑性差,且铸造时易产生裂纹。铸造碳钢的最大缺点是熔化温度高、流动性差、收缩率大,而且在铸态时晶粒粗大。因此,铸钢件均需进行热处理。

铸造碳钢的牌号是用铸钢两字的汉语拼音的首字母"ZG"后面加两组数字组成,第一组数字代表屈服强度值,第二组数字代表抗拉强度值。例如 ZG270-500 表示屈服强度为 270 MPa、抗拉强度为 500 MPa 的铸造碳钢。

常用铸造碳钢的牌号、主要成分、力学性能及用途见表 2-6 所示。

表 2-6 铸造碳钢的牌号、主要成分、力学性能及用途

| 牌　号 | 主要成分 | | | 力学性能 | | | | | 用　途 |
|---|---|---|---|---|---|---|---|---|---|
| | $w(C)$/(%) | $w(Si)$/(%) | $w(Mn)$/(%) | $R_{eL}(R_{0.2})$/MPa | $R_m$/MPa | $A$/(%) | $Z$/(%) | $\alpha_k$/$\frac{J}{cm^2}$ | |
| | 不大于 | | | 不小于 | | | | | |
| ZG200—400 | 0.20 | 0.50 | 0.80 | 200 | 400 | 25 | 40 | 6 | 用于受力不大、要求韧度较高的各种机械零件,如机座、变速箱壳等 |
| ZG230—450 | 0.30 | 0.50 | 0.90 | 230 | 450 | 22 | 32 | 4.5 | 用于受力不大,要求韧度较高的各种机械零件,如砧座、外壳、轴承盖、底板、阀体、犁柱等 |
| ZG270—500 | 0.40 | 0.50 | 0.90 | 270 | 500 | 18 | 25 | 3.5 | 用途广泛。常用做轧钢机机架、轴承座、连杆、箱体、曲拐、缸体等 |
| ZG310—570 | 0.50 | 0.60 | 0.90 | 310 | 570 | 15 | 21 | 3 | 用于受力较大的耐磨零件,如大齿轮、齿轮圈、制动轮、辊子、棘轮等 |
| ZG340—640 | 0.60 | 0.60 | 0.90 | 340 | 640 | 10 | 18 | 2 | 用于承受重载荷、要求耐磨的零件,如起重机齿轮、轧辊、棘轮、联轴器等 |

### 2.4.4 铸铁

1. 概述

铸铁是指由铁、碳、硅组成的合金系的总称,在这些合金中,碳含量超过了在共晶温度时奥氏体中的饱和含碳量。从成分上看,铸铁与钢的主要区别在于铸铁比碳钢含有更高的碳和硅,同时

硫、磷等杂质元素含量也较高,一般铸铁中的 $w(C)=2.5\%\sim4.0\%$、$w(Si)=1.0\%\sim3.0\%$、$w(Mn)=0.3\%\sim1.2\%$、$w(S)\leqslant0.05\%\sim0.15\%$、$w(P)\leqslant0.05\%\sim1.0\%$。常用铸铁具有优良的铸造性能,生产工艺简便,成本低,所以应用广泛,通常,机器的 50%(以重量计)以上是铸铁件。

2. 铸铁的分类

铸铁中的碳除少量可熔于铁素体外,其余部分因结晶条件不同可以形成渗碳体或石墨。根据碳在铸铁中的存在形式,铸铁可分为以下三类。

(1) 灰口铸铁。碳全部或大部分以石墨存在于铸铁中,断口呈灰黑色,这类铸铁是工业上最常用的铸铁。根据灰口铸铁中石墨的存在形式不同,可分为灰铸铁、球墨铸铁、可锻铸铁、蠕墨铸铁四类,如图 2-22 所示。

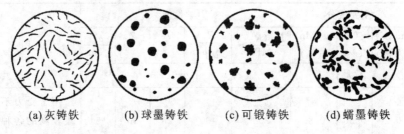

(a) 灰铸铁     (b) 球墨铸铁     (c) 可锻铸铁     (d) 蠕墨铸铁

**图 2-22 灰口铸铁组织示意图**

(2) 白口铸铁。碳主要以渗碳体存在,断口呈白亮色,其性能硬而脆,很难进行切削加工,故这种铸铁很少直接使用,但在某些特殊场合可使零件表面获得一定深度的白口层,这种铸铁称为"冷硬铸铁",它可用作表面要求高耐磨性的零件,如气门挺杆、球磨机磨球、轧辊等。

(3) 麻口铸铁。碳一部分以石墨存在,另一部分以渗碳体存在,断口呈黑白相间,这类铸铁的脆性较大,故很少使用。

3. 石墨在铸铁中的作用

铸铁的性能和使用价值与碳的存在形式有着密切联系。常用在铸铁中,碳主要以石墨的形式存在,石墨用符号"G"表示,其强度、硬度、塑性、韧度很低,硬度仅为 3 HBW~5 HBW,$R_{eL}$ 约为 20 MPa,伸长率 A 接近于零;石墨具有不太明显的金属性能(如导电性)。

常用铸铁的性能与其组织具有密切关系。常用铸铁的组织可以看成是由钢的基体与不同形状、数量、大小及分布的石墨组成,因而,铸铁的力学性能不如钢,铸铁中石墨的存在使力学性能下降,一般铸铁的抗拉强度、屈服点、塑性和韧度比钢低(但抗压强度与钢相当),且不能锻造。石墨的数量越多,越粗大,分布越不均匀,石墨的边缘部位越尖锐,铸铁力学性能越差。

但是,石墨的存在赋予铸铁许多钢所不及的优良性能,如良好的铸造性能、切削加工性能、良好的减振性和减磨性等,同时还有低的缺口敏感性。

4. 铸铁的石墨化及影响因素

(1) 石墨化过程。铸铁中石墨的形成过程称为石墨化。铸铁结晶时,石墨化若能充分或大部分进行,则能获得灰口铸铁;反之,将会得到白口铸铁。

铁碳合金结晶时,碳更容易形成渗碳体,但在具有足够扩散时间的条件下,碳也会以石墨析出。石墨还可通过渗碳体在高温下的分解获得。可见,渗碳体是一种亚稳定相,而石墨才是一种稳定的相。

铸铁结晶时的石墨化过程可分为三个阶段:第一个阶段为高温石墨化,是指从液相中析出的石墨,它包括液相线到共晶温度区间内析出的一次石墨($G_I$)和共晶反应时析出的石墨($G_{共晶}$)。第二阶段为中温石墨化,是指共晶和共析温度之间从奥氏体中析出的二次石墨($G_{II}$)。第三个阶段为低温度石墨化,是指共析转变及以后析出的石墨($G_{共析}$)等。

石墨化过程是原子的扩散过程。在实际生产中,上述三个阶段的石墨化过程不一定都能充分进行,其中第一阶段和第二个阶段石墨化时由于温度较高,碳原子的扩散能力强,石墨化容易进行;第三阶段石墨化时由于温度较低,碳原子的扩散能力较困难,石墨化较难进行。按第三阶段石墨化进行的程度不同,灰口铸铁的基体组织会出现以下三种类型:铁素体、铁素体+珠光体、珠光体。

除以上各阶段石墨化外,生产中将白口铸铁在高温下进行退火,也能使渗碳体分解获得石墨,这也是生产可锻铸铁的方法。

(2) 影响石墨化的因素。铸铁的石墨化主要与化学成分和冷却速度有关。

① 化学成分。碳和硅是强烈促进石墨化的元素,含碳量增加使石墨晶核数量增加,因而促进石墨化。硅原子容易与铁结合,溶于铁素体中,削弱了铁与碳的结合力,并使共晶点下降,也促进石墨化。铸铁中的碳与硅越多,石墨化程度越充分,越容易获得灰口铸铁组织,但碳和硅含量过高会导致石墨粗大、增多,降低力学性能。因此,适当提高铸铁中的碳和硅含量是控制铸铁组织的基本措施之一。

硫是强烈阻碍石墨化的元素,促使铸铁白口化。同时,硫还降低铁液的流动性并促进铸件高温开裂,使铸铁的铸造性能变差,因此,硫是有害元素,一般控制在 $w(S)<0.15\%$。

锰是阻碍石墨化的元素,但锰能与硫结合形成硫化锰,减弱了硫对石墨化的阻碍作用,所以,又能间接促进石墨化。

磷是微弱促进石墨化的元素,同时能提高铁液的流动性,但使铸铁的脆性增大,一般铸铁中的磷含量也应严格控制。

② 冷却速度。缓慢冷却时,碳原子扩散充分,易形成稳定的石墨,即有利于石墨化。铸造生产中,凡影响冷却速度的因素均对石墨化有影响。如铸件壁越厚,铸型材料的导热性越差,越有利于石墨化。

5. 灰铸铁

(1) 灰铸铁的成分、组织及性能。灰铸铁生产工艺简单,铸造性能优良,是生产中应用最广泛的一种铸铁,约占铸铁总量的80%。

灰铸铁的化学成分一般为 $w(C)=2.7\%\sim3.6\%$;$w(Si)=1.0\%\sim2.5\%$;$w(Mn)=0.5\%\sim$

$1.3\%; w(P) \leqslant 0.3\%; w(S) \leqslant 0.15\%$。

灰铸铁的组织特征是片状石墨分布于钢的基体上。由于化学成分和冷却速度的综合影响,灰铸铁的组织有以下三种:铁素体+片状石墨($F+G_{片}$);珠光体+铁素体+片状石墨($P+F+G_{片}$);珠光体+片状石墨($P+G_{片}$)。

灰铸铁的力学性能主要取决于石墨的形状、大小及分布状态,同时也与基体的组织有关。由于石墨的力学性能几乎为零,在铸铁中相当于孔洞和裂纹,破坏了基体的连续性,使基体的有效承载截面积减小,且片状石墨的端部容易造成应力集中,因此,灰铸铁的力学性能明显低于碳钢,也明显低于其他铸铁件。灰铸铁中的石墨数量越多、尺寸越大、分布越不均匀,对基体的割裂作用越强烈,其力学性能越差,生产时应尽量获得细小的石墨片。同时,灰铸铁的力学性能还与基体的组织有关,具有珠光体基体的灰铸铁强度较高。

灰铸铁的抗压强度比较高,为抗拉强度的3~4倍,故灰铸铁适宜制造承受简单压力的构件,如机床床身、底座、支柱等。

(2) 灰铸铁的孕育处理。在铸铁液中加入少量的孕育剂(一般加入铁液质量4%的硅铁或硅钙合金)以形成大量的结晶核心,获得极为细小的片状石墨和珠光体基体。经这样处理后的铸铁称为孕育铸铁。孕育铸铁的抗拉强度高于普通灰铸铁,同时,由于结晶时冷却速度对孕育铸铁的结晶影响较小,故铸件各个部位的组织较均匀,性能也趋于一致。孕育铸铁适用于制造性能要求较高、截面尺寸变化较大的大型铸件。

(3) 灰铸铁的牌号及应用。灰铸铁的牌号、力学性能及用途如表2-7所示。牌号中的"HT"是"灰铁"两字的第一个拼音字母,后面的数字表示最低抗拉强度,如HT200表示最低抗拉强度为200 MPa的灰铸铁。灰铸铁的强度与铸件的壁厚有关,同一牌号的铸铁,随壁厚的增加,强度和硬度下降。

表 2-7  常用灰铸铁的牌号、力学性能及用途

| 牌号 | 铸铁类别 | 铸件壁厚/mm | 铸件最小抗拉强度 $R_m$/MPa | 用　途 |
|---|---|---|---|---|
| HT100 | 铁素体灰铸铁 | 2.5~10 | 130 | 低载荷和不重要零件,如盖、外罩、手轮、支架、重锤等 |
| | | 10~20 | 100 | |
| | | 20~30 | 90 | |
| | | 30~50 | 80 | |
| HT150 | 珠光体+铁素体灰铸铁 | 2.5~10 | 175 | 承受中等应力(抗弯应力小于100 MPa)的零件,如支柱、底座、齿轮箱、工作台、刀架、端盖、阀体、管路附件及一般无工作条件要求的零件 |
| | | 10~20 | 145 | |
| | | 20~30 | 130 | |
| | | 30~50 | 120 | |

续表

| 牌号 | 铸铁类别 | 铸件壁厚/mm | 铸件最小抗拉强度 $R_m$/MPa | 用　途 |
|------|----------|-------------|------------------|--------|
| HT200 | 珠光体灰铸铁 | 2.5~10 | 220 | 承受较大应力（抗弯应力小于300 MPa）和较重要零件，如汽缸体、齿轮、机座、飞轮、床身、缸套、活塞、刹车轮、联轴器、齿轮箱、轴承座、液压缸等 |
| | | 10~20 | 195 | |
| | | 20~30 | 170 | |
| | | 30~50 | 160 | |
| HT250 | | 4.0~10 | 270 | |
| | | 10~20 | 240 | |
| | | 20~30 | 220 | |
| | | 30~50 | 200 | |
| HT300 | 孕育铸铁 | 10~20 | 290 | 承受高弯曲应力（小于500 MPa）及抗拉应力的重要零件，如齿轮、凸轮、车床卡盘、剪床和压力机的机身、床身、高压液压缸、滑阀壳体等 |
| | | 20~30 | 250 | |
| | | 30~50 | 230 | |
| HT350 | | 10~20 | 340 | |
| | | 20~30 | 290 | |
| | | 30~50 | 260 | |

6. 球墨铸铁

球墨铸铁是指铸铁液经过球化处理，使石墨全部或大部分呈球状分布的铸铁。

球化处理方法是在浇注前的铸铁液中，加入一定量的球化剂（镁或稀土镁合金）和促进石墨化的孕育剂（硅铁），以改变石墨的结晶条件，促使石墨形成球状。我国目前主要应用的球化剂是稀土镁合金。

(1) 球墨铸铁的化学成分、组织和性能。为保证获得数量较多、形状圆整、分布均匀的球状石墨，球墨铸铁中的碳和硅含量一般高于灰铸铁，其中 $w(C)=3.6\%\sim3.9\%$；$w(Si)=2.0\%\sim3.1\%$；$w(Mn)=0.6\%\sim0.8\%$，硫与磷应严格控制，一般 $w(S)\leqslant0.07\%$；$w(P)\leqslant0.1\%$。

球墨铸铁的组织是钢的基体上分布着球状石墨，铸态下基体是由铁素体和珠光体组成，通过热处理可获得以下不同基体的组织：铁素体球墨铸铁（F+G球）、铁素体+珠光体球墨铸铁（F+P+G球）、珠光体球墨铸铁（P+G球）、贝氏体球墨铸铁（B下+G球）等。

由于球状石墨边缘的应力集中小，对基体的割裂作用也较小，因此，能充分发挥基体的性能，球墨铸铁基体强度的利用率可达 $70\%\sim90\%$，而灰铸铁只有 $30\%\sim50\%$，所以，球墨铸铁的力学性能明显优于灰铸铁。球墨铸铁中的石墨球直径越小，形状越圆整，分布越均匀，则力学性能越好。球墨铸铁力学性能还与基体有关,珠光体、贝氏体球墨球铁具有高的强度、硬度,其抗拉强度、屈服点和疲劳强度可与钢相媲美,可用于制造柴油机曲轴、连杆、凸轮、齿轮、机床主轴、蜗杆、涡轮等。铁素体基体的球墨铸铁塑性和韧度较高,其伸长率可达18%,常用于制作受压阀门、机器底座、汽车后桥壳等。

因此,在生产中,球墨铸铁可用于代替钢制作力学性能要求高、受力复杂的重要零件,如齿轮、曲轴、凸轮轴、连杆等。

(2)球墨铸铁的牌号及应用。球墨铸铁的牌号、性能及应用见表2-8。牌号中"QT"是"球铁"拼音字母的首位,后面的两组数据分别为最低抗拉强度和最小伸长率,例QT600-3表示最低抗拉强度为600 MPa,最小伸长率为3%的球墨铸铁。

表 2-8　常用球墨铸铁的牌号、力学性能及用途

| 牌号 | $R_m$/MPa | $R_{0.2}$/MPa | A/(%) | HBW | 主要基体组织 | 用　　途 |
|------|-----------|---------------|-------|-----|------------|---------|
|      | 不小于 | | | | | |
| QT400-18 | 400 | 250 | 18 | 130~180 | 铁素体 | 汽车和拖拉机底盘零件、轮毂、电动机壳、闸瓦、联轴器、泵、阀体、法兰等 |
| QT400-15 | 400 | 250 | 15 | 130~180 | 铁素体 | |
| QT450-10 | 450 | 310 | 10 | 160~210 | 铁素体 | |
| QT500-7 | 500 | 320 | 7 | 170~230 | 铁素体+珠光体 | 电动机架、传动轴、直齿轮、链轮、罩壳、托架、连杆、摇臂、曲柄、离合器片等 |
| QT600-3 | 600 | 370 | 3 | 190~270 | 珠光体+铁素体 | |
| QT700-2 | 700 | 420 | 2 | 225~305 | 珠光体 | 汽车、拖拉机传动齿轮、曲轴、凸轮轴、缸体、缸套、转向节等 |
| QT800-2 | 800 | 480 | 2 | 245~335 | 珠光体或回火组织 | |
| QT900-2 | 900 | 600 | 2 | 280~360 | 贝氏体或回火马氏体 | |

注:表中牌号及力学性能均按单铸试块的规定。

### 7.可锻铸铁

(1)可锻铸铁的生产。可锻铸铁一般是先浇铸成白口铸铁,然后,通过高温石墨化退火,使渗碳体分解得到团絮状石墨。根据石墨化退火工艺不同,可分别获得铁素体基体可锻铸铁和珠光体基体可锻铸铁。

将白口铸铁加热至900 ℃~980 ℃经长时间保温,$Fe_3C$分解形成团絮状石墨,在缓慢冷却时奥氏体中将析出二次石墨,冷却至共析转变温度(770 ℃~720 ℃)时进入低温石墨化阶段。此时,若冷却速度十分缓慢,将使第三阶段石墨化充分进行,得到铁素体基体可锻铸铁。若冷速较快或在略低于共析温度范围作长时间等温,将获得珠光体基体的可锻铸铁。生产中,也可将铁素体可锻铸铁重新加热至共析转变温度以上保温一段时间,再以较快的速度冷却,以获得珠光体可锻铸铁。

(2)可锻铸铁的成分、组织及性能。为保证浇注后获得全部白口组织,可锻铸铁的含碳和

含硅量一般较低,$w(C)=2.2\%\sim2.8\%$;$w(Si)=1.0\%\sim1.8\%$;$w(Mn)=0.4\%\sim1.2\%$;一般要求 $w(S)\leqslant0.18\%$,$w(P)\leqslant0.2\%$。

可锻铸铁的组织为钢的基体上分布着团絮状石墨,根据石墨化退火工艺不同,有铁素体基体可锻铸铁和珠光体基体可锻铸铁。铁素体基体的可锻铸铁具有较好的塑性和韧度,珠光体基体的可锻铸铁具有较高的强度。由于团絮状石墨对基体的割裂作用较小,可锻铸铁的力学性能普遍比灰铸铁好,通常可锻铸铁具有较高的强度和韧度,它适宜于制造薄壁、形状复杂且要求有一定韧度的小型铸件,如水管接头,汽车后桥壳、轮毂、减速器壳、散热器进水管等。由于石墨化退火工艺复杂,生产率低,可锻铸铁的应用受到了限制,有时也采用球墨铸铁来代替。

(3)可锻铸铁的牌号及应用。可锻铸铁的牌号、力学性能及用途见表 2-9 所示。牌号中"KTH"表示铁素体可锻铸铁(以铁素体为基体)、"KTZ"表示珠光体可锻铸铁(以珠光体为基体),符号后的第一组数据为最低抗拉强度值,第二组数据为最小伸长率。例如,KTZ550-04 表示最低抗拉强度为 550 MPa,最小伸长率为 4%的珠光体可锻铸铁。

表 2-9 常用可锻铸铁的牌号、力学性能及用途

| 类 别 | 牌 号 | 试样直径 $d$/mm | $R_m$/MPa | $A$/(%) | 硬度 HBW | 用 途 |
|---|---|---|---|---|---|---|
| | | | 不小于 | | | |
| 铁素体可锻铸铁 | KTH300-06 | 12 或 15 | 300 | 6 | 不大于 150 | 弯头、三通管件、中低压阀门 |
| | KTH330-08 | | 330 | 8 | | 扳手、犁刀、犁柱、车轮壳等 |
| | KTH350-10 | | 350 | 10 | | 汽车、拖拉机前后轮壳、减速器壳、转向节壳、制动器、铁道零件 |
| | KTH370-12 | | 370 | 12 | | |
| 珠光体可锻铸铁 | KTZ450-06 | 12 或 15 | 450 | 6 | 150~200 | 载荷较高的耐磨零件,如曲轴、凸轮轴、连杆、齿轮、摇臂、活塞环、轴套、万向接头、棘轮、扳手、传动链条、矿车轮等 |
| | KTZ550-04 | | 550 | 4 | 180~230 | |
| | KTZ650-02 | | 650 | 2 | 210~260 | |
| | KTZ700-02 | | 700 | 2 | 240~290 | |

**8. 蠕墨铸铁**

蠕墨铸铁中的石墨呈蠕虫状,与灰铸铁中的片状石墨相比,蠕虫状石墨的端部圆滑,且分布较均匀,蠕墨铸铁生产需进行蠕化处理,即在铸铁液中加入适量的蠕化剂(稀土镁铁、稀土硅铁合金、稀土钙硅铁合金),促使石墨呈蠕虫状分布,同时加入孕育剂进行孕育处理。

蠕墨铸铁的力学性能介于灰铸铁与球墨铸铁之间,而铸造性能、减振性能、耐热疲劳性能优于球墨铸铁,与灰铸铁相近。蠕墨铸铁是一种新型铸铁,目前,已较广泛地应用于结构复杂、强度和热疲劳性能要求高的铸件,如大功率柴油机排气管、汽缸盖、钢锭模、阀体、汽车和拖拉机底盘零件、玻璃模具等。

常用蠕墨铸铁的牌号、性能及用途见表 2-10。牌号中"RuT"是"蠕铁"两字的拼音字首,后

面的数据为最低抗拉强度值。例如 RuT420 表示最低抗拉强度为 420 MPa 的蠕墨铸铁。

表 2-10　常用蠕墨铸铁的牌号、力学性能及用途

| 牌　号 | 基体类型 | $R_{\mathrm{m}}$ /MPa | $R_{\mathrm{eL}}$ /MPa | A /(%) | 硬度 /HBW | 用　途 |
|---|---|---|---|---|---|---|
| | | 不小于 | | | | |
| RuT420 | 珠光体 | 420 | 335 | 0.75 | 200～280 | 活塞环、制动盘、钢珠研磨盘、吸淤泵体等 |
| RuT380 | | 380 | 300 | 0.75 | 193～274 | |
| RuT340 | 珠光体 + 铁素体 | 340 | 270 | 1.0 | 170～249 | 重型机床件、大型齿轮箱体、盖、座、飞轮、起重机卷筒等 |
| RuT300 | 铁素体 + 珠光体 | 300 | 240 | 1.5 | 140～217 | 排气管、变速箱体、汽缸盖、液压件等 |
| RuT260 | 铁素体 | 260 | 195 | 3 | 121～197 | 增压机废气进气壳体、汽车底盘零件 |

习　　题

2-1　比较、区别下列名词:金属与合金,晶粒与晶胞,单晶体与多晶体。

2-2　液态金属发生结晶的必要条件是什么? 用哪些方法可获得细晶?

2-3　纯铁的同素异晶转变有何实际意义?

2-4　铁碳合金的基本组织及其力学性能如何?

2-5　简述 $w(\mathrm{C})=0.45\%$ 和 $w(\mathrm{C})=1.2\%$ 的铁碳合金的结晶过程。

2-6　把碳钢和白口铸铁都加热到高温(1 000 ℃～1 200 ℃)能否进行锻造? 为什么?

2-7　随着含碳量的增加,钢的力学性能有何变化? 为什么?

2-8　讨论由于管理混乱,错用钢材,会有什么问题:

(1) 把 20 钢当做 65 钢制成弹簧;

(2) 把 30 钢当做 T13 钢制成锉刀;

(3) 把 Q195 当做 45 钢制成齿轮。

2-9　机床的床身、床脚和箱体为什么大都采用灰铸铁铸造?

2-10　生产中出现下列不正常现象,应采取什么措施予以防止或改善?

(1)灰铸铁精密床身铸造后即进行切削,在切削加工后发现变形量超差;

(2)灰铸铁件薄壁处出现白口组织,造成切削加工困难。

2-11　下列说法是否正确? 为什么?

(1)可锻铸铁可锻造加工;

(2)白口铸铁硬度高,故可作刀具材料。

<h1>项目三 钢的热处理</h1>

钢的热处理是将固态钢材采用适当的方式进行加热、保温和冷却以获得所需组织结构与性能的工艺。热处理是改善钢材性能的重要工艺措施。它不仅可用于强化钢材,提高机械零件的使用性能,还可用于改善钢材的工艺性能。因此,热处理在机械制造中的应用极为广泛。本章主要介绍热处理的基本原理、常用热处理工艺方法及其应用。

热处理工艺方法很多,根据工艺类型、工艺名称和实现工艺的加热方法,将热处理工艺按两个层次进行分类。

(1) 整体热处理,主要包括退火、正火、淬火和回火等。

(2) 表面热处理,主要包括表面淬火、渗碳、渗氮、碳氮共渗等。

热处理的工艺要素是温度和时间。其工艺曲线如图 3-1 所示。任何热处理过程都是由加热、保温和冷却三个阶段组成的,其中保温是加热的继续。因此,要掌握钢的热处理原理,主要就是要掌握钢在加热和冷却时的组织转变规律。

## 3.1 钢在加热时的转变

由铁碳合金状态图可知,钢在平衡条件下的固态相变点分别为 $A_1$、$A_3$ 和 $A_{cm}$。实际加热和冷却条件下,钢发生固态相变时都有不同程度的过热度或过冷度。为了与平衡条件下的相变点相区别,通常将在加热时实际的相变点分别称为 $Ac_1$、$Ac_3$、$Ac_{cm}$,在冷却时实际的相变点分别称为 $A_{r1}$、$A_{r3}$、$A_{rcm}$,如图 3-2 所示。

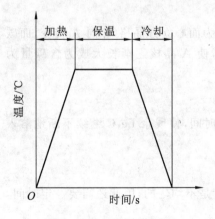

图 3-1 热处理工艺曲线

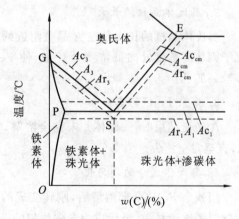

图 3-2 钢在加热和冷却时的相变点

### 3.1.1 奥氏体的形成过程

加热是热处理的第一道工序,其目的主要是使钢奥氏体化。下面以共析钢为例,研究钢在加热时的组织转变规律。

常温下共析钢的组织是珠光体。当珠光体被加热到 $A_{C_1}$ 时,就转变成含碳量为 $0.77\%$ 的奥氏体。这时,在珠光体的铁素体和渗碳体中,一方面,铁原子要重新排列成为面心立方晶格,另一方面,渗碳体中多余的碳原子向铁素体那里扩散。由于铁原子的移动和碳原子的扩散都有一定阻力,所以,由珠光体变成为奥氏体,不可能在一瞬间完成,而是有一个转变过程,这个过程称为奥氏体的形成过程。实验表明,奥氏体的形成过程也遵循金属结晶的一般规律,即通过形核和长大过程完成。其转变过程可归纳为四个阶段,如图 3-3 所示。

 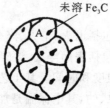 

(a) 奥氏体的形核　(b) 奥氏体晶核的长大　(c) 残余Fe₃C的溶解　(d) 奥氏体成分的均匀化

**图 3-3　共析钢奥氏体的形成过程**

1. 奥氏体的形核

当钢加热到 $A_{c_1}$ 以上温度时,珠光体处于不稳定状态,在铁素体和渗碳体两相界处形成奥氏体晶核(A 晶核)。这是由于相界面处的成分不均匀,原子排列比较紊乱,为奥氏体晶核的形成提供了结构与浓度条件,使奥氏体晶核优先在铁素体和渗碳体相界面上形成。

2. 奥氏体晶核的长大

奥氏体晶核的长大是在 A 晶核附近的铁原子陆续成为面心立方晶格,F 向 A 转变,而碳原子则从高浓度处向低浓度处扩散,使 $Fe_3C$ 溶于 A 中,使 A 晶核逐渐长大成为含碳量为 $0.77\%$ 的 A。

3. 残余 $Fe_3C$ 的溶解

A 转变结束时,渗碳体并未完全溶解,需要保温一段时间,使残余 $Fe_3C$ 继续不断地溶入A,直至完全消失。

4. 奥氏体成分的均匀化

当残余 $Fe_3C$ 全部溶解后,刚转变成的 A 晶粒含碳量是不均匀的,因此还需要一定时间,使碳原子继续扩散,最后成为含碳均匀的 A 晶粒。

钢中含碳量增加,铁素体和渗碳体总的相界面增大,加速奥氏体的形成;但过共析钢相界面较共析钢少,奥氏体化所需时间增多,故具有共析钢成分的碳钢,奥氏体形成速度快。

### 3.1.2　奥氏体晶粒的长大及控制

**1. 奥氏体晶粒的长大**

当珠光体向奥氏体转变刚完成时,由于奥氏体是在片状珠光体的两相(铁素体与渗碳体)界面上形核、晶核数量多,获得细小的奥氏体晶粒。随着加热温度升高或保温时间延长,奥氏体晶粒就长大,因为高温下原子扩散能力增强,通过大晶粒"吞并"小晶粒可以减少晶界表面积,从而使晶界表面能降低,奥氏体组织处于更稳定的状态。奥氏体晶粒的大小直接影响到热处理后的力学性能。加热时获得的奥氏体晶粒细小,则冷却后转变产物的晶粒也细小,其强度、塑性较好,韧度较高;反之,粗大的奥氏体晶粒冷却后转变的产物晶粒也粗大,其强度、塑性较差,特别是韧度显著降低。

**2. 奥氏体晶粒大小的控制**

(1) 加热温度和保温时间。加热温度越高,晶粒长大越快,奥氏体晶粒越粗大。因此,必须严格控制加热温度。当加热温度一定时,随着保温时间延长,晶粒不断长大,但长大速度越来越慢,不会无限长大下去,所以,延长保温时间的影响要比提高加热温度小得多。

(2) 加热速度。当加热温度一定时,加热速度越快,则过热度越大(奥氏体化的实际温度越高),形核率越高,因而奥氏体的起始晶粒越小;此外,加热速度越快,则加热时间越短,晶粒越来不及长大,所以快速短时加热是细化晶粒的重要手段之一。

(3) 加入 Al、Nb、V、Ti、Zr 等合金元素,合金元素一般都能阻碍奥氏体晶粒的长大,即能细化晶粒。

### 3.1.3　奥氏体晶粒度

晶粒度是表示晶粒大小的一种尺度。

常用的奥氏体晶粒度分为 10 级。1~4 级为粗晶粒,5~8 级为细晶粒,8 级以上为超细晶粒。

按照奥氏体形成过程和长大情况,奥氏体有三种不同概念的晶粒。

**1. 起始晶粒度**

钢被加热时,珠光体刚刚全部转变为奥氏体时的晶粒大小,称为起始晶粒度。它比较细小,但在继续加热或保温时,就要长大。

**2. 实际晶粒度**

钢在热处理和热加工条件下,实际获得的奥氏体晶粒大小,称为实际晶粒度。它的大小直接影响钢材的性能。一般它比起始晶粒度大,因为生产中都有升温和保温过程,使晶粒长大。

**3. 本质晶粒度**

本质晶粒度是指在规定的工艺条件下,奥氏体晶粒长大的倾向性,如图 3-4 所示。有些钢

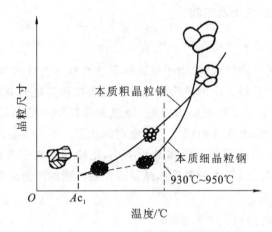

本质粗晶粒钢

本质细晶粒钢

930℃~950℃

晶粒尺寸

$O$    $Ac_1$      温度/℃

**图 3-4 钢的本质晶粒度示意图**

加热到临界点后,随着温度的升高,奥氏体晶粒迅速长大。这类钢称为本质粗晶钢。另一类钢在 930 ℃以下加热时,奥氏体实际晶粒长大很缓慢,保持了细晶,只有在加热到更高温度时,奥氏体晶粒才急剧长大,这类钢称为本质细晶粒钢。

## 3.2 钢在冷却时的转变

冷却方式直接影响着钢的相变。需要热处理的零件,加热以后的冷却方式有两种。

(1) 等温冷却。把加热到奥氏体的钢,先以较快的冷却速度过冷到 $A_1$ 线以下的一定温度,这时的奥氏体尚未转变,称为过冷奥氏体。然后保持此温度,使奥氏体在恒温下进行转变,转变结束后,再继续冷却到室温,称为等温冷却,用这种冷却方式研究钢在冷却过程中的组织转变较为方便。

(2) 连续冷却。把加热到奥氏体的钢,以某种速度连续冷却下来,使奥氏体在 $A_1$ 线以下的连续冷却过程中发生组织转变,称为连续冷却。钢在水中、油液中进行冷却,都属于连续冷却。连续冷却在生产中应用普遍。

### 3.2.1 奥氏体等温转变曲线的建立

以共析钢为例,把一些试样都加热到奥氏体状态,然后分别快速冷却到 $A_1$ 线以下不同温度,如 700 ℃、600 ℃、500 ℃、400 ℃、300 ℃、200 ℃等,并在恒温条件下,通过仪器和测量手段,测出奥氏体在不同温度下开始转变和转变结束的时间,转变的产物和性能,描绘在以温度、时间为坐标的图上,并把开始转变点和转变结束点连成线,就成为共析钢的过冷奥氏体等温转变曲线,如图 3-5 所示。

过冷奥氏体等温转变曲线形似字母"C",习惯上称为 C 曲线。从 C 曲线上可以了解到不同温度下转变的产物,供制定热处理工艺时参考。

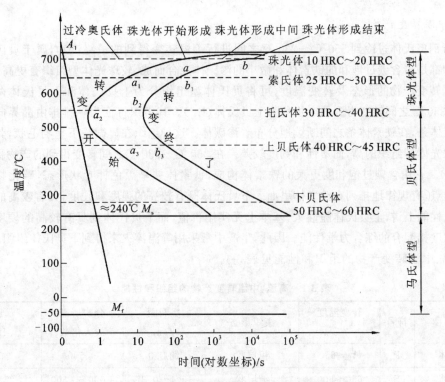

图 3-5 共析钢过冷奥氏体的等温转变曲线

### 3.2.2 共析钢过冷奥氏体等温转变的产物

从 C 曲线上可以看出:在不同温度下,奥氏体的转变产物和性能均不同。根据转变产物的组织、特征,可将奥氏体转变的产物分为三种类型。

#### 1. 高温转变产物

共析钢奥氏体过冷到 727 ℃～550 ℃之间进行等温转变得到的最终产物,其显微组织属于珠光体类型,都是由铁素体和渗碳体的层片状组织构成的机械混合物。过冷度越大,层片就越细,强度和硬度就越高。

过冷到 727 ℃～650 ℃之间得到的产物属于正常珠光体(P)。过冷到 650 ℃～600 ℃之间得到的产物属于细珠光体,称为索氏体(S),其层片状组织较珠光体细,故强度和硬度较高。过冷到 600 ℃～550 ℃之间,得到的产物属于极细珠光体,称为托氏体(T)。转变后得到的层片状组织更细,在一般金相显微镜下分辨不出层片形态,要用电子显微镜才能看清层片组织。其强度、硬度又有所提高。

珠光体、索氏体和托氏体都是由渗碳体和铁素体组成的机械混合物。它们之间的区别仅在于层片组织的粗细不同而已,所以统称为珠光体类型。

**2. 中温转变产物**

共析钢奥氏体过冷到 550 ℃～230 ℃ 之间进行等温转变得到的最终产物,属于贝氏体型组织。它们都是由含碳过饱和的铁素体和微小的渗碳体混合而成,较珠光体型组织有更高的硬度。

根据转变产物的形态及转变温度,可将贝氏体型组织分为上贝氏体和下贝氏体两种。在 550 ℃～350 ℃ 之间转变得到的产物称为上贝氏体($B_上$)。其组织特征为一排排由晶界向晶内生长的铁素体条,在铁素体条之间断续地分布着渗碳体。这种组织在显微镜下呈羽毛状,其强度和硬度比珠光体型组织的高,而塑性和韧度较差。在 350 ℃～230 ℃ 之间转变得到的产物称为下贝氏体($B_下$)。它由含碳过饱和度更大的铁素体构成,铁素体并呈黑色针叶状形态,碳化物呈非常细小的质点,有规律地排列在铁素体里面。下贝氏体既有较高的强度和硬度,又有较高的塑性和韧度。从性能上讲,上贝氏体脆性大,基本上无实用价值,而下贝氏体则具有较高的硬度、强度、塑性和韧度相配合的综合力学性能。因此,生产中常采用等温淬火来得到下贝氏体组织。

高温、中温转变产物的组织和性能见表 3-1。

表 3-1　高温、中温转变产物的组织和性能

| 组织名称 | 符号 | 转变温度 /℃ | 组织形态 | 层间距 /μm | 分辨所需 放大倍数 | 硬度 /HRC |
|---|---|---|---|---|---|---|
| 珠光体 | P | $A_1$～650 | 粗层状 | 约 0.3 | <500 | <25 |
| 索氏体 | S | 650～600 | 细层状 | 0.1～0.3 | 1 000～1 500 | 25～35 |
| 托氏体 | T | 600～550 | 极细针状 | 约 0.1 | 10 000～100 000 | 35～40 |
| 上贝氏体 | $B_上$ | 550～350 | 羽毛状 | — | >400 | 40～45 |
| 下贝氏体 | $B_下$ | 350～$M_s$ | 黑色针叶状 | — | >400 | 45～55 |

**3. 低温转变产物**

共析钢奥氏体过冷到 230 ℃($M_s$)以下,就转变为马氏体。此时,温度已低至使碳原子无法进行扩散,只有铁原子可在原子间进行小间距活动。当 $\gamma$-Fe 转变成 $\alpha$-Fe 后,碳原子只能保留在 $\alpha$-Fe 晶格中间,所以,马氏体实际上就是碳在 $\alpha$-Fe 中的过饱和固溶体,其特征是非扩散型的组织。

马氏体转变的另一特征是在奥氏体冷却到马氏体开始转变的温度 $M_s$ 时,立即形成一定量的马氏体。若在 $M_s$ 温度下保持恒温,就不会有新的马氏体形成;只有继续冷却,才会产生新的马氏体,而原有的马氏体并不长大。马氏体转变量与其转变温度有关,平衡后与时间无关。

马氏体转变的第三个特征是在 $M_s$ 点温度以下,每一个不同温度都有相应的马氏体量。温度愈低,马氏体量愈多,至 $M_f$ 点时,奥氏体转变为马氏体的过程才停止。

马氏体转变的第四个特征是具有不完全性。共析钢奥氏体冷却到室温时,还有 3%～6% 的奥氏体不能转变为马氏体。这部分奥氏体称为残余奥氏体。残余奥氏体可使钢的强度和硬度降低,但能减小淬火钢的变形。

为了消除残余奥氏体,可将淬火钢件放到摄氏零度以下的介质中继续冷却,使残余奥氏体

继续转变为马氏体。这种冷处理的温度取决于马氏体转变终了时的温度 $M_f$，一般冷处理温度为 $-50\ ℃\sim-80\ ℃$。

马氏体是碳在 $\alpha\text{-Fe}$ 中的过饱和固溶体，硬度和比容（即每个晶胞所占的体积）较大。奥氏体比容最小，马氏体比容最大，珠光体和贝氏体的比容处于两者之间。这种比容的差异，就引起了马氏体形成时的组织应力，使淬火工件产生脆性和变形。

马氏体的组织形态通常分为两类：板条状马氏体和针片状马氏体。板条状马氏体又称块状马氏体，其显微组织为一束束细长、板条状组织，一般在含碳量较低的淬火钢中出现。针片状马氏体又称为针状马氏体，其显微组织呈交叉的针叶状，一般在含碳量较高的淬火钢中出现。先形成的马氏体可横贯整个马氏体晶粒，但不穿过晶界。后形成的马氏体，成一定角度排列，但不穿过先形成的马氏体片。所以，越是后形成的马氏体片尺寸越小。马氏体的片状大小，对钢的硬度没有影响，但粗大的马氏体针叶会降低钢的韧度。奥氏体的晶粒愈细，淬火后所得到的马氏体针叶愈小，钢的韧度也就愈高。

马氏体的硬度和强度主要取决于马氏体中的含碳量，而马氏体中的含碳量与原来奥氏体中的含碳量相同。当奥氏体中的含碳量超过 $0.5\%$ 时，随含碳量的增加，淬火后钢中残余奥氏体的量增多，硬度就会有所下降。

针片状马氏体硬度高、脆性大；板条状马氏体不仅硬度、强度较高，且韧度较高、塑性也较好。近年来，在生产中日益广泛地采用低碳马氏体。

马氏体的电阻率比奥氏体和珠光体高，还具有强磁性和高矫顽力，所以，永久磁铁材料多为马氏体组织。

### 3.2.3 亚共析钢和过共析钢的等温转变曲线

亚共析钢和过共析钢的过冷奥氏体在转变为珠光体之前，要分别析出先析铁素体和先析渗碳体。因此，与共析钢相比，亚共析钢和过共析钢的等温转变曲线均多了一条先析相的析出线，如图 3-6 所示。同时 C 曲线位置也相对左移，说明亚共析钢和过共析钢的过冷奥氏体的稳定性比共析钢的差。

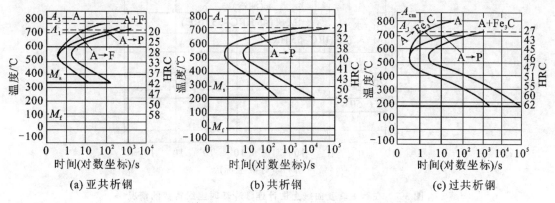

(a) 亚共析钢　　　　　　(b) 共析钢　　　　　　(c) 过共析钢

图 3-6　亚共析钢、共析钢和过共析钢等温转变曲线比较

### 3.2.4　奥氏体等温转变曲线的应用

在生产中,奥氏体的转变多是在连续冷却过程中进行的,而连续冷却的奥氏体转变曲线的测定比较困难,所以,一般连续冷却的热处理,常以等温转变 C 曲线作为依据来分析连续冷却的过程,如图 3-7 所示。冷却速度 $v_1$ 相当随炉冷却(退火)的速度,从与 C 曲线相交点的温度(在 727 ℃～650 ℃之间)可以估计出转变组织为珠光体。冷却速度 $v_2$ 相当于空冷(正火)的速度,根据和 C 曲线相交点的温度可估计出转变组织为索氏体。$v_3$ 相当于油冷的速度,它只与珠光体开始转变曲线相交,故只有一部分奥氏体转变为托氏体,而剩余的部分奥氏体随后在更低温度下转变为马氏体,结果得到托氏体与马氏体的混合组织。$v_4$ 相当于水冷的速度,它与 C 曲线不相交,奥氏体一直过冷到 $M_s$ 以下时转变为马氏体和少量残余奥氏体。$v_K$ 恰恰与 C 曲线鼻尖相切,它表示奥氏体在连续冷却过程中不分解为珠光体型组织,而转变为马氏体和少量残余奥氏体的最小冷却速度,$v_K$ 称为临界冷却速度。用奥氏体等温转变 C 曲线来分析连续冷却转变过程,只能近似地反映奥氏体转变的过程。

$v_K$ 的大小与 C 曲线的位置有关。除 $C_O$ 外,大多数合金元素能使 C 曲线位置右移而降低 $v_K$。

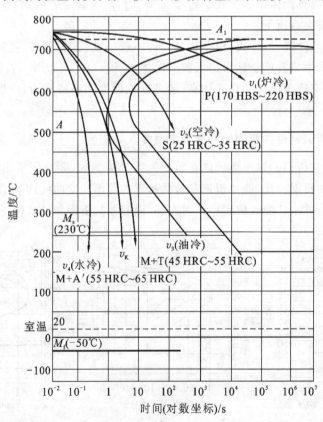

**图 3-7　在等温转变曲线上估计连续冷却时组织转变的情况**

含碳量低于 $0.77\%$ 时,含碳量越低,钢的 C 曲线位置越向左移,而 $v_K$ 就越大。所以,45 钢必须水冷才能获得马氏体,而低碳钢则因 $v_K$ 过高,工艺上无法实现而难以淬硬。

## 3.3　热处理工艺

### 3.3.1　钢的退火与正火

机械零件经过铸造、锻压、焊接等工艺后,会存在内应力、组织粗大、不均匀、偏析等缺陷。但经过适当的退火或正火处理,上述缺陷可以得到改善。因此,退火和正火常被用做预先热处理,以便为后面的加工或热处理做好准备。若对工件性能没有其他要求,例如一些箱体、焊接容器等,退火或正火就可作为最终热处理工艺。

**1. 退火**

退火是将工件加热到一定温度并保温,然后再缓慢冷却的一种热处理工艺。根据不同的目的,应采用不同的退火方法。常用的退火方法有普通退火、球化退火、再结晶退火、低温退火和扩散退火等。

(1)普通退火(完全退火)。普通退火主要用于亚共析钢,目的是细化晶粒、均匀组织、降低硬度、消除内应力,方法是先将钢加热到 $Ac_3$ 以上 $30\ ℃\sim50\ ℃$,保温一定时间,得到成分均匀晶粒细小的奥氏体,然后随炉或在石灰、沙子中缓慢冷却到室温,也可以在退火温度缓冷到 $500\ ℃\sim600\ ℃$ 时,将钢取出空冷。退火后得到接近平衡的组织,即铁素体＋珠光体。普通退火不能用于过共析钢,因缓冷时会沿晶界析出网状渗碳体,显著降低钢的塑性和韧度。

(2)球化退火(不完全退火)。球化退火主要用于共析钢与过共析钢,目的是消除内应力、降低硬度、提高韧度,使珠光体中的渗碳体球化,以便于切削加工,也使以后热处理加热时易于奥氏体化。方法是将钢加热到 $Ac_1$ 以上 $20\ ℃\sim30\ ℃$,保温一定时间后,缓慢冷却到室温。

亚共析钢不能采用这种退火方法。因为这种方法退火温度略高于 $Ac_1$,钢中只有珠光体组织通过重结晶得到改善,而铁素体得不到改善。不完全退火用于过共析钢,当加热到稍高于 $Ac_1$ 的温度时,其组织为细晶粒奥氏体＋未溶渗碳体。在保温过程中,未溶渗碳体聚集成小颗粒状,在随后缓冷或等温过程中,这些小颗粒状渗碳体成为结晶核心,通过碳原子的扩散,得到颗粒状渗碳体＋铁素体,称为球化珠光体。它的硬度低,可切削性好,淬火时不易变形和开裂,是制造刃具、模具、量具过程中不可缺少的预先热处理工序。

(3)再结晶退火。再结晶退火的目的是消除加工硬化,恢复塑性,主要用于经冷塑性加工如冷轧、冷冲、冷拔而发生加工硬化的钢件,其工艺是将冷塑性加工后的钢件加热到再结晶温度以上(一般为 $650\ ℃\sim700\ ℃$),保温后缓慢冷却。

(4)低温退火(去应力退火)。低温退火主要用于消除铸件、焊件中的内应力,稳定零件尺寸。其工艺是将零件毛坯缓慢加热到 $500\ ℃\sim650\ ℃$,经一定时间保温,然后缓慢冷却至室温或缓冷到 $300\ ℃\sim200\ ℃$ 后取出空冷。

由于加热温度不超过 $Ac_1$，所以，钢中组织不发生相变，而内应力却在加热和冷却过程中消除。

（5）均匀化退火（扩散退火）。均匀化退火的目的是消除钢的偏析，提高钢的质量，主要用于合金钢铸件，其工艺是将钢加热到 1 050 ℃～1 150 ℃，保温 10 h～20 h，然后缓慢冷却。

2．正火

正火是将钢件加热到 $Ac_3$ 或 $Ac_{cm}$ 以上 30 ℃～50 ℃，保温一定时间后，从炉中取出在空气中冷却，从而得到索氏体组织。

正火和普通退火属于同一类型的热处理工艺，都是将钢加热到奥氏体状态。所不同的是正火在空气中冷却，而退火是随炉冷却。由于在空气中冷却速度比随炉冷却快，冷却曲线将穿过 C 曲线的索氏体转变区域。亚共析钢正火后得到索氏体＋铁素体组织，其中，铁素体量较少；过共析钢可得到索氏体组织，并且消除了网状渗碳体。根据转变的组织可知，正火钢的强度和硬度比退火钢的高。

正火操作简单，生产周期短，可提高钢的力学性能，在生产中得到广泛应用，主要用于以下几方面。

（1）作为对力学性能要求不高零件的最终热处理。

（2）改善低碳钢的可切削性。低碳钢硬度低、韧度高，切削时不易断屑，容易产生"黏刀"，表面粗糙。正火后硬度增加，韧度下降，切削时易于断屑，工件表面粗糙度值降低。

（3）作为中碳钢的预备热处理。中碳钢正火后，组织均匀，晶粒细小，可改善切削性能，减小淬火时的变形、开裂倾向。用普通退火虽然也能达到这种目的，但效率低。

退火和正火工艺的加热温度范围与工艺曲线如图 3-8 所示。

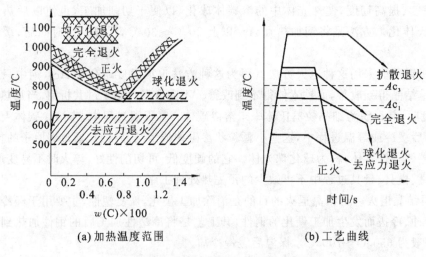

(a) 加热温度范围         (b) 工艺曲线

图 3-8 各种退火和正火的工艺示意图

### 3.3.2　钢的淬火与回火

1. 淬火

（1）淬火工艺。淬火工艺是将工件加热到相变温度以上，保温后进行迅速冷却。冷却速度应不低于钢的临界冷却速度，以使奥氏体在冷却过程中不发生分解，而到 $M_S$ 以下转变为马氏体。其主要目的是获得均匀细小的马氏体组织，再经过随后的回火处理，提高钢的力学性能。它是最常用的一种热处理，是决定产品质量的关键。操作时必须正确地确定加热温度、保温时间，选择加热和冷却介质。

① 淬火的加热。为了在淬火后能获得细而均匀的马氏体，必须在加热时得到细而均匀的奥氏体。如加热温度过高，就会形成粗大的奥氏体晶粒。这样，在淬火后就会得到脆性很大的粗针状马氏体组织，而且，在淬火时由于工件内外温差较大，还会产生很大的内应力，引起工件变形或开裂。如

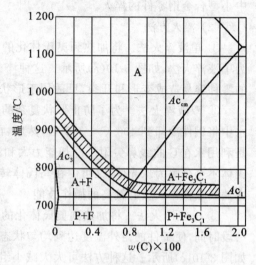

图 3-9　碳钢淬火的加热温度范围

加热温度不够，工件就不能淬硬。碳钢的淬火加热温度主要根据钢的临界点来确定，如图 3-9 所示。

亚共析钢的加热温度一般为 $Ac_3+(30\sim50)$ ℃，淬火后获得均匀的马氏体。如加热温度低于 $Ac_3$，则淬火后获得的组织中将出现铁素体，使硬度不足。过共析钢的加热温度一般为 $Ac_1+(30\sim50)$ ℃，淬火后获得马氏体和颗粒状的二次渗碳体。这种渗碳体会增加钢的耐磨性。若加热到 $Ac_{cm}$ 以上温度不仅会得粗大马氏体，脆性极大，而且，二次渗碳体会全部溶解，使奥氏体含碳量过高而增加了钢中的残余奥氏体量，使钢的硬度降低。

② 加热介质和保温时间。淬火加热通常在电炉、燃料炉、盐浴炉和铅浴炉中进行。工件在浴炉中加热，与工件接触的介质是溶盐或溶铅，表面氧化、脱碳较少，淬火后质量较高。工件在电炉或燃料炉中加热，与工件接触的介质是空气或燃气，表面氧化、脱碳较严重，但操作方便，电炉的温度易于控制，适于大件热处理。

保温时间也是影响淬火质量的因素，如保温时间太短，则奥氏体成分不均匀，甚至工件心部未热透，淬火后出现软点或淬不硬。如保温时间太长，则将助长氧化、脱碳和晶粒粗化。

保温时间的长短与加热介质、钢的成分、工件尺寸和形状、装炉量等有关。常用的计算工件装炉后达到淬火温度所需时间的方法是用每毫米厚度的加热时间乘上工件的有效厚度。有效厚度的加热时间如下。

在箱式炉中，碳钢：1 min/mm～1.3 min/mm；合金钢：1.5 min/mm～2 min/mm。

在盐浴炉中，碳钢：0.4 min/mm～0.5 min/mm；合金钢：0.5 min/mm～1 min/mm。

③ 常用的淬火冷却介质。常用的淬火介质是水和油,水在高温区冷却能力强,在 300 ℃～200 ℃区间冷却能力仍很强,因而造成较大的内应力,引起工件变形和开裂。目前,广泛采用盐水作为淬火介质,即在水中加入 10%的 NaCl。油的冷却能力比水弱,主要用于形状复杂的中小型合金钢零件的淬火。

(2) 淬火方法

① 单液淬火法。将加热到奥氏体化的钢,直接浸入水或油中,一直冷却到室温后取出,称为单液淬火法,如图 3-10(a)所示。这种淬火方法操作简单,易于掌握。其缺点是对形状复杂的零件容易造成变形和开裂,只适用于形状简单的零件。

② 双液淬火法。为了防止形状复杂的零件在低温范围内马氏体转变时发生裂纹,可先在水中将钢件冷却到 400 ℃～300 ℃,然后,再浸入油中继续冷却,如图 3-10(b)所示,这种方法是利用水在 C 曲线鼻尖附近冷却能力大和油在 300 ℃以下冷却能力小的特点。它既可保证奥氏体不会分解为珠光体,又可使在马氏体转变期间应力减小,从而防止了零件的开裂,但这种方法要求操作人员有较高的操作技能。

③ 分级淬火法。将加热到奥氏体化的钢,浸入温度在 $M_s$ 点附近的硝盐浴或碱浴中,保持一段时间,使工件的内外温度达到均匀状态,然后取出放在空气中冷却,使之发生马氏体转变,如图 3-10(c)所示。这种方法可大大减小组织应力、变形和开裂。但由于热浴的冷却能力比水和油都小,故只适用于截面较小且形状复杂的零件。

④ 等温淬火法。等温淬火法与分级淬火法类似,只是在 $M_s$ 点以上等温的时间更长一点,使过冷奥氏体等温转变为下贝氏体组织,然后取出空冷,如图 3-10(d)所示。这种方法获得的下贝氏体组织除具有较高的硬度外,还具有较高的韧度,通常不再进行回火。其缺点是等温时间长,生产率低,适用于截面较小、形状复杂的零件。

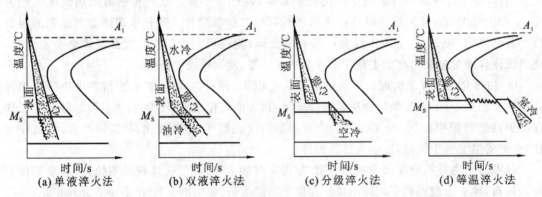

(a) 单液淬火法　　(b) 双液淬火法　　(c) 分级淬火法　　(d) 等温淬火法

**图 3-10　淬火冷却方法示意图**

⑤ 冷处理。把淬火后冷却到室温的钢继续冷却到零下温度,如 −70 ℃～−80 ℃,称为冷处理工艺。冷处理可使过冷奥氏体向马氏体的转变更加完全,减少残余奥氏体的数量,从而更加提高钢的硬度和耐磨性,并使尺寸稳定。冷处理的实质是淬火钢在零下温度的淬火,适用于 $M_f$ 温度位于 0 ℃以下的高碳钢和合金钢。

（3）钢的淬透性。钢的淬透性就是指钢在淬火后得到淬硬层深度的能力。所谓淬硬层深度，一般指由钢的表面到有 50% 马氏体组织处的深度。

淬火时，同一工件表面和心部的冷却速度是不相同的。表面冷却速度最大，愈到中心冷却速度愈小。表面的冷却速度大于 $v_K$ 获得马氏体组织，而心部则为非马氏体组织，这时工件未淬透。如工件截面较小，则它的表面和中心均获得马氏体组织，这时工件已淬透。

钢的淬透性，主要取决于其化学成分。除钴以外，所有溶入奥氏体中的合金元素都能提高钢的淬透性，如锰、铬、镍、钛、硅等，而硼的作用最大。绝大多数合金元素都能使 C 曲线向右移动，因而，使临界冷却速度 $v_K$ 减小。在截面尺寸和冷却速度相同的条件下，合金钢零件的淬硬层较深，淬透性较好。

如果钢的化学成分和截面尺寸相同，而在不同介质中冷却，则由于不同介质的冷却能力不同，导致零件的冷却速度不同，所以，其淬硬层深度也就不同。

如果钢的化学成分和冷却介质相同，则零件的截面尺寸愈大，其内部的热容量愈大，淬火时实际冷却速度就愈小，所得到的淬硬层深度也就愈小，甚至得不到淬硬层。

在机械设计中，钢材的淬透性极为重要。如用两种淬透性不同的钢材制成直径相同的轴类零件，经淬火和高温回火处理，则淬透性高的零件，其力学性能沿截面是均匀分布的。而淬透性低的零件，其心部的力学性能则较低。这种现象对大截面的零件更为突出。

在各种机器中，许多大截面并在动载荷下工作的零件，如锻模、连杆、拉力螺栓等，其整个截面上都要求具有高的力学性能，所以，应选用淬透性高的钢材。对于要求表面耐磨，工作时能承受冲击的零件，如冷冲模具，应选用淬透性较低的钢材，否则，会因整个截面淬透而太脆，以致不能使用。

在铸、锻、焊等热加工过程中，钢材的淬透性也是必须考虑的。如高淬透性的钢铸件，在浇注时铸模需预热，否则，不仅易产生裂纹，而且，会因这种铸件的硬度过高，不易进行切削加工。对高淬透性的锻、焊件，必须控制其冷却速度，如埋入砂中冷却，否则，也易产生裂纹和硬度过高而使切削加工困难。

需要指出，不要把钢的淬透性和淬硬性混淆起来。淬硬性是指正常淬火后马氏体获得的硬度的高低，它与钢中的含碳量有关。钢中含碳量愈高，淬硬性就愈好。

**2. 回火**

将淬火后获得马氏体组织的钢重新加热到 $Ac_1$ 以下的某一温度，经保温后缓慢冷到室温。这一热处理过程称为回火。

淬火钢不经过回火一般不能直接使用。因为淬火钢的组织是由淬火马氏体和残余奥氏体组成的，所以，它们是不稳定组织。马氏体又极脆，而且淬火工件中存在很大内应力，如不及时回火，就会使工件发生变形、开裂。此外，通过淬火和回火相配合，可以调整和改善钢的性能，以满足各种工件的不同性能要求。

（1）淬火钢的回火转变。以共析钢为例，淬火后钢的组织由马氏体和残余奥氏体组成，随回火温度的升高，淬火钢的组织发生以下几个阶段的变化。

① 马氏体的分解。淬火马氏体是含碳量过饱和的 $\alpha$ 固溶体，其晶格处于强烈的扭曲状态，是极不稳定的结晶组织。在室温下保持较长时间，或加热到 $100\ ℃\sim200\ ℃$ 范围内，淬火马氏体就分解出极细碳化物，使淬火马氏体中的含碳量降低，但仍为过饱和 $\alpha$ 固溶体。这个阶段形成的结晶组织是由粒状极细的碳化物与针叶状过饱和 $\alpha$ 固溶体组成的，这种组织称为回火马氏体。

② 残余奥氏体的分解。加热温度继续升高到 $200\ ℃\sim300\ ℃$，残余奥氏体转变的产物与过冷奥氏体转变的产物相同，均为下贝氏体。$\alpha$ 固溶体中含碳量仍会有 $0.15\%\sim0.2\%$。

③ 回火托氏体的形成。加热温度继续升高，碳从过饱和 $\alpha$ 固溶体内继续析出，极细碳化物逐渐转变为 $Fe_3C$。此过程直到 $400\ ℃$ 时才结束，钢的组织即由铁素体和细粒状渗碳体组成，称为回火托氏体。

④ 渗碳体的聚集长大和 $\alpha$ 相再结晶。温度超过 $400\ ℃$，铁素体晶体结构发生回复与再结晶。回火温度愈高，粒状渗碳体愈粗，钢的强度、硬度愈低，而韧度愈高。

（2）回火转变产物的组织与性能。淬火钢回火后的组织有如下几种。

① 回火马氏体。在 $250\ ℃$ 以下低温回火，可获得保持原有马氏体形态的过饱和 $\alpha$ 固溶体和极细碳化物构成的组织，称为回火马氏体。它具有高的硬度和耐磨性，而塑性较差、韧度较低。

② 回火托氏体。在 $350\ ℃\sim500\ ℃$ 范围内回火，碳原子几乎完全从马氏体晶格中析出，使组织成为铁素体和细颗粒状渗碳体的机械混合物，称为回火托氏体。它具有高的屈服极限和弹性。

③ 回火索氏体。在 $500\ ℃\sim650\ ℃$ 范围内回火，由于温度高，原子扩散能力增大，使渗碳体颗粒也增大，成为铁素体和较粗大粒状渗碳体的机械混合物，称为回火索氏体。它具有较高的综合力学性能。

40 钢力学性能与回火温度的关系如图 3-11 所示。

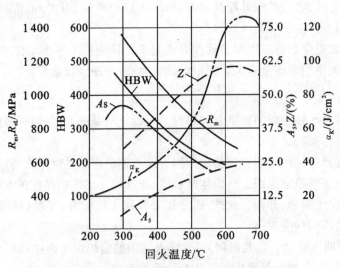

图 3-11　40 钢力学性能与回火温度的关系

（3）回火的分类和应用。根据回火温度的不同,钢的回火可分为以下三类。

① 低温回火（150 ℃～250 ℃）。低温回火的硬度可达 56～65 HRC,常用于要求高硬度及耐磨的各类高碳钢的工具、模具、滚动轴承及其他渗碳淬火和表面淬火的零件。

② 中温回火（350 ℃～500 ℃）。中温回火的硬度为 40～50 HRC,常用于要求强度较高的零件,如轴套、刀杆以及各种弹簧等。

③ 高温回火（500 ℃～650 ℃）。高温回火的硬度为 25～40 HRC,具有适当的强度与高塑性、韧度的综合力学性能。所以,淬火后的高温回火亦称调质处理,常用于受力复杂的重要零件,如连杆、轴类、齿轮、螺栓等。

## 3.4　钢的表面热处理

有些零件,如齿轮、曲轴、支承销、离合器等,既要求有高的硬度以耐摩擦,又要求有高的韧度以承受冲击。但一般的整体淬火方法,硬度与韧度不能同时提高,例如中碳钢或高碳钢经淬火＋低温回火,得到的硬度和耐磨性可合乎要求,但韧度则不合乎要求。若用低碳钢淬火＋低温回火,虽然低碳马氏体有较好的韧度,但耐磨性又相差甚多。而采用表面热处理,则能获得表面高硬度和心部高韧度的零件。

### 3.4.1　表面淬火

表面淬火的工艺特点是快速加热,使工件要求淬硬的表面迅速升至淬火温度,而心部仍保持 $Ac_1$ 以下温度,再迅速冷却,结果工件表面层被淬硬为马氏体组织,心部仍是原来的组织,保持了良好的韧度。再经过适当的低温回火,就能获得要求的性能。

根据加热方法不同,表面淬火方法可分为以下三种。

1. 火焰加热表面淬火法

利用氧—乙炔焰直接加热工件。氧—乙炔焰的温度可达 3 000 ℃,用这种火焰喷射工件表面,使之快速加热,达到淬火温度后,立即喷水淬火。淬火以后,进行必要的低温回火。这种淬火方法的淬硬层深度一般为 2 mm～6 mm。适宜表面淬火的钢有中碳钢或中碳合金钢,如45 钢、40 铬等。

火焰表面淬火法不需要特殊设备,成本低廉,操作简便,适用于单件小批生产、大型零件及修配工作。但是此法全凭经验操作,加热不慎,可能造成钢件过热,甚至烧毁,也可能因温度不足没有淬硬,且淬硬层深度也不易控制。

2. 感应加热表面淬火法

感应加热是一个能量转化过程,如工件中感应电流足够大,则产生的热量可使工件加热至相变温度以上。

金属是良好的导体,当导体内通过直流电流时,沿导体整个截面的电流密度是均匀分布的。当导体内有感应电流通过时,沿导体整个截面的电流密度的分布是不均匀的,在靠近导体表面部分的截面处,电流密度最大,而心部电流密度几乎为零。交流电流频率愈高,感应电流密度最大的表面层就愈薄。这种现象称为集肤效应。

由于集肤效应和工件本身有电阻,因此,工件表面能迅速被加热,而心部几乎未被加热。交变电流频率愈高,集肤效应就愈显著,加热层也就愈薄,因此,可选用不同的频率控制加热层厚度,从而控制不同的淬透层深度。

在生产中,根据所用电流频率的不同,可将感应加热表面淬火法分为以下三种,其分类及应用见表 3-2。

表 3-2 感应加热表面淬火的分类及用途

| 类别 | 常用频率/Hz | 淬硬层深度/mm | 用 途 |
|---|---|---|---|
| 高频感应加热 | 200 000~300 000 | 0.5~2 | 用于要求淬硬层较薄的中小型零件,如小模数齿轮、小轴等 |
| 中频感应加热 | 2 500~8 000 | 2~10 | 用于承受较大载荷和磨损的零件,如大模数齿轮、尺寸较大的凸轮等 |
| 工频感应加热 | 50 | 10~15 | 用于要求淬硬层深的大型零件和钢材的穿透加热,如轧辊、火车车轮等 |
| 超音频感应加热 | 20~40 | 2.5~3.5 | 用于模数为 3~6 的齿轮、花键轴、链轮等要求淬硬层沿轮廓分布的零件 |

(1)高频感应加热。电流频率为 100 kHz~500 kHz,我国目前主要采用电子管式高频发生装置,频率为 200 kHz~300 kHz,淬硬层深度为 0.5 mm~2 mm。高频感应加热主要用于淬硬层较浅的中小型零件加热,如中小型轴、小模数齿轮等。为提高高频淬火质量,零件的原始组织应力求均匀细小,因此,在高频淬火前应进行预备热处理即正火或调质处理。例如,需高频淬火的齿轮的工艺路线如下。

锻造→正火或退火→粗加工→调质→半精加工→高频淬火→低温回火→磨削

高频感应加热速度极快,只有几十秒。由于加热速度快、时间短、加热温度高,因此,钢的表面奥氏体化淬火温度应为 $Ac_3 + (80 \sim 150)$ ℃。虽然加热温度较高,但得到的奥氏体晶粒反而更均匀细小,因此,淬火后得到的马氏体硬度比普通淬火达到的硬度高 2 HRC~3 HRC。淬火后为了消除应力,应进行 100 ℃~150 ℃的低温回火。

(2)中频感应加热。电流频率为 500 Hz~10 000 Hz,常用频率为 2 500 Hz~8 000 Hz。中频加热装置常为中频发电机或可控硅中频发生器,淬硬层深度可达 2 mm~10 mm,主要用于要求表面淬硬层较深的零件,如尺寸较大的曲轴等。

(3)工频感应加热。电流频率为 50 Hz,设备为机械式工频加热装置,淬硬层深度可达 10 mm~15 mm。工频感应加热主要用于要求淬硬层深的大直径零件,如轧辊、火车车轮等。

感应加热表面淬火在生产中应用很广,主要优点是加热快,操作迅速,生产率高,晶粒细小,不易产生变形、氧化、脱碳,适于成批生产。但它不适于形状复杂的零件和单件生产。

3. 激光加热表面淬火法

激光加热表面淬火法是近年发展起来的表面强化新技术。它用激光扫描工件表面,用红外线将工件表面温度迅速加热到钢的临界点上,随着激光束的离开,工件表面的热量迅速向周围散开,可自行冷却淬火。

激光淬火的淬硬层深度一般为 0.3 mm~0.5 mm,可得到极细的马氏体组织。它适用于其他表面淬火方法难以做到的复杂形状如拐角、盲孔、深孔等工件的淬火。

### 3.4.2 化学热处理

经过表面淬火的工件,表面硬度并不很高,一般为 52 HRC~54 HRC,心部韧度也有限。若同时要求表面硬度和心部韧度都很高的工件,则应采用化学热处理。此外,机器零件还有各种物理、化学性能方面的特殊要求,也可用化学热处理得到满足。

化学热处理是把工件放在特定介质中加热和保温,使一种或几种元素渗入工件表面以改变表层的成分和组织,使工件表层与心部具有不同的力学性能或特殊的物理、化学性能。

根据渗入元素的不同,钢的化学热处理可分为渗碳、渗氮和渗其他元素等几种。无论是渗入哪种元素的热处理方法,其整个工艺过程都是由三个阶段组成的。第一阶段,介质在一定温度下发生分解,产生能渗入工件表面的某种元素的活性原子。第二阶段,活性原子被工件表面吸收。吸收方式有两种,即活性原子由钢的表面进入铁的晶格而形成固溶体或与钢中的某种元素形成化合物。第三阶段,活性原子由工件表面向内部扩散,形成一定厚度的渗层。加热温度越高,原子扩散就越快,渗层也就越厚。在温度确定后,渗层厚度主要由保温来控制。

1. 渗碳

钢的表面吸收碳原子的过程称为渗碳。渗碳的目的是使零件表面获得高硬度(58 HRC~64 HRC),心部获得较高的强度和韧度。零件渗碳层深度一般为 0.5 mm~2.0 mm。渗碳件采用低碳钢,通过渗碳,表面含碳量要求控制在 0.85%~1.1%。

所谓渗层的深度一般是指从工件表面至亚共析层深度一半处的距离。渗碳后的零件必须进行淬火与回火处理。

一般渗碳零件的工艺路线如下。

锻造→正火→粗加工→半精加工→渗碳→淬火＋低温回火→磨削

渗碳可以在气态的、固态的、液态的含碳介质中进行。含碳的介质称为渗碳剂。

(1) 气体渗碳法。气体渗碳主要是用甲烷、煤气、甲苯、煤油等渗碳剂在高温下分解出活性碳原子进行渗碳的。如图 3-12 所示,工件在密封炉中,加热至渗碳温度(900 ℃~930 ℃),并向炉内加入渗碳剂。渗碳速度为每小时渗 0.2 mm~0.25 mm。

(2) 固体渗碳法。固体渗碳剂主要是木炭,其次是少量碳酸盐(如 $BaCO_3$、$Na_2CO_3$ 等)。将混合均匀的渗碳剂与工件按图 3-13 所示的要求装入渗碳箱中,密封后放入炉中加热到 900 ℃~950 ℃,使其呈单相奥氏体状态,有较强的溶碳能力。在渗碳温度下,木炭与渗碳箱中的少量氧气生成 CO,再经分解便产生活性碳原子,从而被钢的表面吸收。随着保温时间的延长,碳原子向深层扩散。生产中一般按每小时渗 0.1 mm～0.15 mm 来控制渗碳时间。

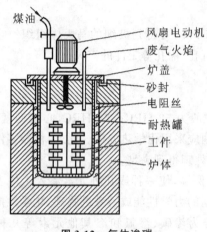

图 3-12　气体渗碳

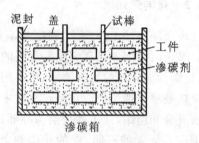

图 3-13　固体渗碳

(3) 液体渗碳法。因为有毒性气体产生,所以应用不广泛。

2. 氮化

氮化是使工件表面渗入氮原子。氮原子先溶入 $\alpha$ 铁中,饱和后则形成各种氮化物,使工件表面具有很高的硬度和耐磨性,并有良好的耐腐蚀性和疲劳强度。

目前,应用较广的是气体氮化法,把工件放在专门氮化的炉子里,加热到 500 ℃～600 ℃,同时通入氨气($NH_3$)。氨气加热到 450 ℃就分解出活性氮原子,扩散渗入工件表层,形成氮化层,经过 40 h～70 h,氮化层厚度才达到 0.4 mm～0.5 mm。然后,炉冷到 200 ℃以下,停止通入氨气,再出炉空冷。工件氮化后,表面硬度可达 850 HV～1 100 HV(相当于 67 HRC～72 HRC),不需要淬火,而且有良好的红硬性,即使在 600 ℃～650 ℃仍保持较高的硬度。它还具有较高的化学稳定性和耐腐蚀能力。

由于氮化的目的不同,所选用的钢种也有区别。为了得到高耐磨性和综合力学性能,要选用专用氮化钢,如38CrMoAlA、18CrNiW 等。要求提高疲劳强度时,可采用普通合金钢,要求耐腐蚀时,可采用普通低碳钢,并在 600 ℃～700 ℃进行较短时间氮化即可。

氮化处理的缺点是时间长,而且一般要用合金钢,因此成本高,故只用于机床中高速传动的精密齿轮、高精度镗床的镗杆和磨床的主轴等。

一般氮化零件的工艺路线如下。

锻造→退火→粗加工→调质→半精加工→去应力退火→磨削→氮化→精磨

3. 碳氮共渗

把碳和氮同时渗入零件表层的过程称为碳氮共渗,也称为氰化。根据处理的温度不同,可分为高温、中温及低温氰化。高温氰化时,碳的浓度比氮的浓度高,以渗碳为主;低温氰化时,氮的浓度比碳的浓度高,以渗氮为主。

高温气体氰化时,向炉内通入氨气并滴入煤油,或通入氨气与液化气(丙烷裂化)的混合气体。在高温下,它们同时分解出活性的碳原子和氮原子,共同渗入零件表面层内,从而形成氰化层。

工作负荷较大的零件要求氰化层较深。进行高温气体氰化,加热温度为 900 ℃～950 ℃。氰化时间依层深要求而定,通常,可得到的氰化层深度为 0.5 mm～2.0 mm。

工作负荷中等的零件采用中温氰化,加热温度为 800 ℃～870 ℃,氰化层深度为 0.2 mm～0.5 mm。零件在中温氰化后应进行淬火和低温回火。淬火后得到含氮的高碳马氏体组织,硬度可达 60 HRC～65 HRC,耐磨性高,但脆性大。

低温氰化主要用于提高各种高速钢刀具及高铬钢模具的耐磨性,以延长其使用寿命。低温氰化温度为 450 ℃～550 ℃,时间为 1 h～2.5 h,氰化层深度为 0.03 mm～0.05 mm,硬度可达 68 HRC～72 HRC,使用寿命可提高 1.5～2 倍。

4. 其他化学热处理方法

(1) 渗铝。钢的表面渗入铝的过程称为渗铝。渗铝的目的是使钢的表面具有高的抗氧化性能,渗铝的零件在 800 ℃～900 ℃ 高温下仍不氧化。渗铝方法是将零件装在铁箱内,周围塞满 49% 的铝铁($FeAl_3$)、49% 的氧化铝($Al_2O_3$)及 2% 的氯化氨($NH_4Cl$)的混合粉末,置于 950 ℃～1 000 ℃ 温度下加热 4 h～16 h,然后随炉冷却,即可得到深度为 0.5 mm～1.0 mm 的渗铝层。

(2) 渗铬。钢的表面渗入铬的过程称为渗铬。渗铬的目的是增加零件的耐蚀性。碳钢渗铬后,可得到高的硬度和耐磨性。渗铬方法是将零件装在铁箱中,周围填满由铬铁粉、镁砂、氯化氨和耐火黏土组成的渗铬剂,置于 1 100 ℃～1 150 ℃ 温度下保温 10 h～15 h。

其他化学热处理方法还有渗硅、渗硼、渗硫等。渗硅可增加钢的耐蚀性,渗硼可增加钢的耐热性,渗硫可增加钢的耐磨性。

# 习　题

3-1　热处理加热时的奥氏体晶粒大小与哪些因素有关? 为什么说奥氏体晶粒大小直接影响钢材热处理冷却后的组织和性能?

3-2　过冷奥氏体在不同温度等温转变时,可获得哪些转变产物? 试列表比较它们的组织和性能。

3-3　什么是 $v_k$? 它在热处理生产有何意义? 其主要影响因素有哪些?

3-4　正火与退火相比有何异同? 什么条件下正火可代替退火?

3-5　为什么通常情况下亚共析钢锻件采用完全退火,而过共析钢锻件采用球化退火?

3-6　下面的几种说法是否正确? 为什么?

(1) 过冷奥氏体的冷却速度越快,钢冷却后的硬度越高。

(2) 钢中合金元素越多,则淬火后硬度就越高。

(3) 本质细晶粒钢加热后的实际晶粒一定比本质粗晶粒钢的细。

(4) 淬火钢回火后的性能主要取决于回火时的冷却速度。

(5) 为了改善碳素工具钢的切削加工性,其预先热处理应采用完全退火。

(6) 淬透性好的钢,其淬硬性也一定好。

3-7 同一钢材,当调质后和正火后的硬度相同时,两者在组织上和性能上是否相同?为什么?

3-8 确定下列工件的热处理方法:

(1) 用 60 钢丝热成形的弹簧;

(2) 用 45 钢制造的轴,心部要求有良好的综合力学性能,轴颈处要求硬而耐磨;

(3) 用 T12 钢制造的锉刀,要求硬度为 60 HRC~65 HRC;

3-9 45 钢经调质处理后,硬度为 240 HBW,若再进行 180 ℃回火,能否使其硬度提高?为什么?45 钢经淬火、低温回火后,若再进行 560 ℃高温回火,能否使其硬度降低?为什么?

3-10 现有一批螺钉,原定由 35 钢制成,要求其头部热处理后硬度为 35 HRC~40 HRC。现材料中混入了 T10 钢和 10 钢。问由 T10 钢和 10 钢制成的螺钉,若仍按 35 钢热处理(淬火、回火)时,能否达到要求?为什么?

3-11 为什么机床主轴、齿轮等中碳钢零件常采用感应加热表面淬火,而汽车变速轴、变速齿轮等低碳钢或低碳合金钢零件常采用渗碳淬火作为最终热处理?

在冶炼碳钢时有目的地加入一种或几种合金元素所得到的具有特定性能的钢,称为合金钢。合金钢具有较高的力学性能、工艺性能或化学、物理性能。

碳钢成本低,能满足许多生产上的需要,通过热处理还能改善其性能,所以用途广泛。现代工业的不断发展,对金属材料提出了越来越高的要求。有的要求高的力学性能,如高强度、高韧度;有的要求良好的化学性能,如耐热性、抗氧化性、耐腐蚀性;有的要求良好的物理性能,如高磁性、无磁性;有的要求良好的工艺性能,如良好的切削性能等。而碳钢往往不能满足这些要求。

碳钢的性能较差,主要表现在以下几个方面。

(1) 淬透性差。碳钢在水中淬火时,临界淬透直径为 15 mm～20 mm,直径大于 25 mm 时,心部淬不透。

(2) 强度低。使工程结构或机器零件尺寸增大,造成设备粗大而笨重。

(3) 高温强度低。碳钢在 200 ℃以上温度使用时,强度和硬度会大大下降。

(4) 不具有特殊性能,如不具有耐腐蚀性、高磁性等。

由于以上原因,生产上许多零件往往要求选用合金钢。但合金元素的加入使钢的冶炼、铸造、焊接及热处理工艺变得复杂了,成本也提高了。因此,在选用钢材时,若碳钢能满足性能要求,就不要选用合金钢。

在合金钢中常加入的合金元素有锰、硅、铬、镍、钼、钨、钒、钛、铝、硼等。

## 4.1　合金钢的分类和编号

### 4.1.1　分类

合金钢的种类繁多,分类方法有多种,常见的分类方法有如下几种。

1. 按用途分类

(1) 合金结构钢。这种钢指用于制造各种机械零件和工程结构的钢,主要包括低合金结构钢、合金渗碳钢、合金调质钢、合金弹簧钢、滚动轴承钢等。

(2) 合金工具钢。这种钢指用于制造各种工具的钢,主要包括合金刃具钢、合金模具钢和合金量具钢等。

(3) 特殊性能钢。这种钢指具有某种特殊物理或化学性能的钢,主要包括不锈钢、耐热钢、耐磨钢等。

2. 按合金元素的总含量分类

(1) 低合金钢。合金元素总含量 $w(\text{Me})<5\%$。

（2）中合金钢。$w(\mathrm{Me})=5\%\sim10\%$。

（3）高合金钢。$w(\mathrm{Me})>10\%$。

**3. 按正火后的组织分类**

将一定截面的试样（$\phi25\ \mathrm{mm}$），在静止空气中冷却后，按所得组织可分为珠光体钢、马氏体钢、奥氏体钢和铁素体钢等。

### 4.1.2　合金钢的编号

我国的合金钢牌号是按其碳含量、合金元素的种类及含量、质量级别等来编制的。

**1. 合金结构钢**

合金结构钢的牌号由三个部分组成，即"两位数字＋元素符号＋数字"。前面两位数字代表钢中平均碳的质量分数的万倍；元素符号代表钢中含的合金元素，其后面的数字表示该元素平均质量分数的百倍，当其平均质量分数 $w(\mathrm{Me})<1.5\%$ 时，一般只标出元素符号而不标数字，当其 $1.5\%\leqslant w(\mathrm{Me})<2.5\%$，$2.5\%\leqslant w(\mathrm{Me})<3.5\%$，$3.5\%\leqslant w(\mathrm{Me})<4.5\%$……时，则在元素符号后相应标出 2、3、4……例如 60Si2Mn 钢，表示平均 $w(\mathrm{C})=0.6\%$，平均 $w(\mathrm{Si})=2\%$，平均 $w(\mathrm{Me})<1.5\%$ 的合金结构钢，如为高级优质钢，则在钢号后面加符号"A"。

**2. 合金工具钢**

合金工具钢牌号的表示方法与合金结构钢相似，区别仅在于碳含量的表示方法不同。当平均 $w(\mathrm{C})<1\%$ 时，牌号前面用一位数字表示平均碳的质量分数的千倍，当平均 $w(\mathrm{C})\geqslant1\%$，牌号中不标碳含量。如 9SiCr 钢，表示平均 $w(\mathrm{C})=0.9\%$，合金元素 Si、Cr 的平均质量分数都小于 $1.5\%$ 的合金工具钢；Cr12MoV 钢表示平均 $w(\mathrm{C})>1\%$，$w(\mathrm{Cr})$ 约为 $12\%$，$w(\mathrm{Mo})$、$w(\mathrm{V})$ 小于 $1.5\%$ 的合金工具钢。高速钢不论其碳含量多少，在牌号中都不予标出，但当合金的其他成分相同，仅碳含量不同时，则在碳含量高的牌号前冠以"C"字，如 W6Mo5Cr4V2 和 CW6Mo5Cr4V2 钢，前者 $w(\mathrm{C})=0.8\%\sim0.9\%$，后者 $w(\mathrm{C})=0.95\%\sim1.05\%$，其余成分相同。

**3. 特殊性能钢**

特殊性能钢的牌号表示方法与合金工具钢的牌号表示方法基本相同，只是当其平均 $w(\mathrm{C})\leqslant0.03\%$ 和 $w(\mathrm{C})\leqslant0.08\%$ 时，则在牌号前分别冠以"00"及"0"。如 0Cr19Ni9 表示平均 $w(\mathrm{C})<0.08\%$，$w(\mathrm{Cr})=19\%$，$w(\mathrm{Ni})=9\%$ 的不锈钢。

**4. 滚动轴承钢**

高碳高铬轴承钢属于专用钢，为了表示其用途，在牌号前加以"G"（"滚"字的汉语拼音首字母），铬含量以其质量分数的千倍来表示，碳的含量不标出，其他合金元素的表示方法与合金结构钢相同。例如 GCr15SiMn 钢，表示平均 $w(\mathrm{Cr})=1.5\%$，$w(\mathrm{Si})$ 和 $w(\mathrm{Mn})$ 都小于 $1.5\%$ 的滚动轴承钢。

## 4.2　合金结构钢

合金结构钢是在碳素结构钢的基础上，适当地加入一种或几种合金元素而获得的钢。它用于制造重要的工程结构和机械零件,是用途最广、用量最大的一类合金钢。

根据用途和热处理方法等的不同,常用的合金结构钢有以下几种。

### 4.2.1　低合金高强度结构钢

低合金高强度结构钢又称低合金结构钢,低合金结构钢的成分特点是低碳($w(C)<$0.20%)、低合金(一般合金元素总量$w(Me)<3\%$)、以锰为主加元素,并辅加以钒、钛、铌、硅、铜、磷等,有时还加入微量稀土元素。锰、硅的主要作用是强化铁素体;钒、钛、铌等主要是细化晶粒,提高钢的强度、塑性和韧度;少量的铜和磷可以提高钢的耐腐蚀性;加入少量稀土元素主要是脱硫去气,消除有害杂质,进一步改善钢的性能。

低合高强度结构钢的性能特点如下。

(1)具有高的屈服强度与良好的塑性和韧度。其屈服强度比碳钢提高30%～50%以上,尤其是屈强比($R_{eL}/R_m$)提高得更明显。因此,用它来制作金属结构,可以减小截面,减轻重量,节约钢材。

(2)良好的焊接性。由于这类钢的含碳量低,合金元素少,塑性好,不易在焊缝区产生淬火组织及裂纹,且成分中的碳化物形成元素钒、钛、铌可抑制焊缝区的晶粒长大,故它的焊接性良好。

(3)较好的耐蚀性。加入铜、磷,提高了钢材抵抗海水、大气、土壤腐蚀的能力。

低合金高强度结构钢一般在热轧空冷状态下使用,其组织为铁素体和珠光体,被广泛用于桥梁、船舶、车辆、建筑等。

常用低合金高强度结构钢的牌号及性能参照 GB/T 1591—2008,见表 4-1,如:Q345 表示钢的屈服强度为 345 MPa,是我国发展最早、产量最大、各种性能配合较好、应用最广的钢材。

表 4-1　低合金高强度结构钢的力学性能

| 牌号 | 质量等级 | 拉伸试验 | | | | | | | | | | | |
|---|---|---|---|---|---|---|---|---|---|---|---|---|---|
| | | 以下公称厚度(直径,边长) 下屈服强度($R_{eL}$)/MPa | | | | | 以下公称厚度(直径,边长) 抗拉强度($R_m$)/MPa | | | | 断后伸长率($A$)/(%) 公称厚度(直径,边长) | | |
| | | ≤16 mm | 16 mm ～ 40 mm | 40 mm ～ 63 mm | 63 mm ～ 80 mm | 80 mm ～ 100 mm | ≤40 mm | 40 mm ～ 63 mm | 63 mm ～ 80 mm | 80 mm ～ 100 mm | ≤40 mm | 40 mm ～ 63 mm | 63 mm ～ 100 mm |
| Q345 | A | ≥345 | ≥335 | ≥325 | ≥315 | ≥305 | 470～630 | 470～630 | 470～630 | 470～630 | ≥20 | ≥19 | ≥19 |
| | B | | | | | | | | | | | | |
| | C | | | | | | | | | | | | |
| | D | | | | | | | | | | ≥21 | ≥20 | ≥20 |
| | E | | | | | | | | | | | | |

续表

| 牌号 | 质量等级 | 拉伸试验 | | | | | | | | | | | |
|---|---|---|---|---|---|---|---|---|---|---|---|---|---|
| | | 以下公称厚度(直径,边长) 下屈服强度($R_{eL}$)/MPa | | | | | 以下公称厚度(直径,边长) 抗拉强度($R_m$)/MPa | | | | 断后伸长率($A$)/(%) 公称厚度(直径,边长) | | |
| | | ≤16 mm | 16 mm ~ 40 mm | 40 mm ~ 63 mm | 63 mm ~ 80 mm | 80 mm ~ 100 mm | ≤40 mm | 40 mm ~ 63 mm | 63 mm ~ 80 mm | 80 mm ~ 100 mm | ≤40 mm | 40 mm ~ 63 mm | 63 mm ~ 100 mm |
| Q390 | A | ≥390 | ≥370 | ≥350 | ≥330 | ≥330 | 490~650 | 490~650 | 490~650 | 490~650 | ≥20 | ≥19 | ≥19 |
| | B | | | | | | | | | | | | |
| | C | | | | | | | | | | | | |
| | D | | | | | | | | | | | | |
| | E | | | | | | | | | | | | |
| Q420 | A | ≥420 | ≥400 | ≥380 | ≥360 | ≥360 | 520~680 | 520~680 | 520~680 | 520~680 | ≥19 | ≥18 | ≥18 |
| | B | | | | | | | | | | | | |
| | C | | | | | | | | | | | | |
| | D | | | | | | | | | | | | |
| | E | | | | | | | | | | | | |
| Q460 | C | ≥460 | ≥440 | ≥420 | ≥400 | ≥400 | 550~720 | 550~720 | 550~720 | 550~720 | ≥17 | ≥16 | ≥16 |
| | D | | | | | | | | | | | | |
| | E | | | | | | | | | | | | |
| Q500 | C | ≥500 | ≥480 | ≥470 | ≥450 | ≥440 | 610~770 | 600~760 | 590~750 | 540~730 | ≥17 | ≥17 | ≥17 |
| | D | | | | | | | | | | | | |
| | E | | | | | | | | | | | | |
| Q550 | C | ≥550 | ≥530 | ≥520 | ≥500 | ≥490 | 670~830 | 620~810 | 600~790 | 590~780 | ≥16 | ≥16 | ≥16 |
| | D | | | | | | | | | | | | |
| | E | | | | | | | | | | | | |
| Q620 | C | ≥620 | ≥600 | ≥590 | ≥570 | — | 710~880 | 690~880 | 670~860 | — | ≥15 | ≥15 | ≥15 |
| | D | | | | | | | | | | | | |
| | E | | | | | | | | | | | | |
| Q690 | C | ≥690 | ≥670 | ≥660 | ≥640 | — | 770~940 | 750~920 | 730~900 | — | ≥14 | ≥14 | ≥14 |
| | D | | | | | | | | | | | | |
| | E | | | | | | | | | | | | |

### 4.2.2 合金渗碳钢

渗碳钢通常是指经渗碳、淬火、低温回火后使用的钢。它主要用于制造表面承受强烈摩擦和磨损,同时承受动载荷,特别是冲击载荷的机器零件。这类零件都要求表面具有高的硬度和耐磨性,心部具有较高的强度和足够的韧度。

根据化学成分特点,渗碳钢可分为碳素渗碳钢和合金渗碳钢。碳素渗碳钢($w$(C)=0.10%～0.20%)由于淬透性低,仅能在表面获得高的硬度,而心部得不到强化,故只适用于较小的渗碳件。

合金渗碳钢的平均$w$(C)一般在0.1%～0.25%之间,以保证渗碳件心部有足够高的塑性与韧度。加入镍、锰、硼等合金元素,以提高钢的淬透性,使零件在渗碳淬火后表面和心部都能得到强化。加入钨、钼、钒、钛等碳化物形成元素,主要是为了防止高温渗碳时晶粒长大,起细化晶粒的作用。

合金渗碳钢的性能有如下特点。

(1)渗碳淬火后,渗碳层硬度高,具有优异的耐磨性和接触疲劳强度。

(2)渗碳件心部具有高的韧度和足够高的强度。

(3)具有良好的热处理工艺性能,在高的渗碳温度(900 ℃～950 ℃)下奥氏体晶粒不易长大,淬透性也较好。

合金渗碳钢的热处理,一般是渗碳后直接淬火和低温回火。热处理后渗碳层的组织由回火马氏体+粒状合金碳化物+少量残余奥氏体组成,表面硬度一般为58 HRC～64 HRC。心部组织与钢的淬透性及工件截面尺寸有关,完全淬透时为低碳回火马氏体,硬度为40 HRC～48 HRC;多数情况下,是由托氏体+回火马氏体+少量铁素体组成,硬度为25 HRC～40 HRC。

常用合金渗碳钢的牌号、热处理、力学性能及用途见表4-2。20CrMnTi是应用最广泛的合金渗碳钢,可用来制造汽车、拖拉机的变速齿轮。为了节约铬,常用20Mn2B或20MnVB等钢代替20CrMnTi。

表 4-2　常用合金渗碳钢的牌号、热处理、力学性能及用途

| 类别 | 牌号 | 热处理温度/℃ | | | 力学性能 | | | 用　途 |
|---|---|---|---|---|---|---|---|---|
| | | 渗碳 | 第一次淬火 | 回火 | $R_m$/MPa | $R_{eL}$/MPa | $A$/(%) | |
| 低淬透性 | 20Cr | 930 | 880 水、油冷 | 200 水、空冷 | ≥835 | ≥540 | ≥10 | 截面不大的机床变速箱齿轮、凸轮、滑阀、活塞、活塞环、联轴器等 |
| | 20Mn2 | 930 | 850 水、油冷 | 200 水、空冷 | ≥785 | ≥590 | ≥10 | 代替20Cr钢制造渗碳小齿轮、小轴、汽车变速箱操纵杆等 |
| | 20MnV | 930 | 880 水、油冷 | 200 水、空冷 | ≥785 | ≥590 | ≥10 | 活塞销、齿轮、锅炉、高压容器等焊接结构件 |

| 类别 | 牌号 | 热处理温度/℃ | | | 力学性能 | | | 用　　途 |
|---|---|---|---|---|---|---|---|---|
| | | 渗碳 | 第一次淬火 | 回火 | $R_m$ /MPa | $R_{eL}$ /MPa | $A$ /(%) | |
| 中淬透性 | 20CrMn | 930 | 850 油冷 | 200 水、空冷 | ≥930 | ≥735 | ≥10 | 截面不大、中高负荷的齿轮、轴、蜗杆、调速器的套筒等 |
| | 20CrMnTi | 930 | 880 油冷 | 200 水、空冷 | ≥1 080 | ≥835 | ≥10 | 截面直径为 30 mm 以下,承受调速、中或重负荷及冲击、摩擦的渗碳零件,如齿轮轴、爪行离合器等 |
| | 20MnTiB | 930 | 860 油冷 | 200 水、油冷 | ≥1 100 | ≥930 | ≥10 | 代替 20CrMnTi 钢制造汽车、拖拉机上的小截面、中等载荷的齿轮 |
| | 20SiMnVB | 930 | 900 油冷 | 200 水、油冷 | ≥1 175 | ≥980 | ≥10 | 可代替 20CrMnTi |
| 高淬透性 | 12Cr2Ni4A | 930 | 880 油冷 | 200 水、油冷 | ≥1 175 | ≥1 080 | ≥10 | 在高负荷下工作的齿轮、涡轮、蜗杆、转向轴等 |
| | 18Cr2Ni4WA | 930 | 950 空冷 | 200 水、油冷 | ≥1 175 | ≥835 | ≥10 | 大齿轮、曲轴、花键轴、涡轮等 |

### 4.2.3　合金调质钢

调质钢通常是指经调质处理后使用的钢,一般为中碳的优质碳素结构钢与合金结构钢。它主要用于制造承受多种载荷、受力复杂的零件,如机床主轴、连杆、汽车半轴、重要的螺栓和齿轮等。这类零件都要求具有高的强度和良好的塑性、韧度,即具有良好的综合力学性能。

合金调质钢的平均 $w(C)$ 一般在 0.25%～0.50% 之间。碳含量过低,不易淬硬,回火后达不到所需硬度;碳含量过高,则韧度不足。主加元素有铬、镍、锰、硅、硼等,以增加钢的淬透性,同时还强化铁素体。辅加元素有钼、钨、钒、钛等,主要是防止淬火加热产生过热现象,细化晶粒和提高回火稳定性,进一步改善钢的性能。因此,合金调质钢具有良好的淬透性、热处理工艺性及良好的综合力学性能。

合金调质钢的最终热处理一般为淬火后高温回火(即调质处理),组织为回火索氏体,具有高的综合力学性能。若零件表层要求有很高的耐磨性,可在调质后再进行表面淬火或化学热处理等。

40Cr 钢是典型的合金调质钢,其强度比 40 钢高 20%,并有良好的塑性和淬透性,因此,被广泛用于各类机械设备的主轴,汽车半轴、连杆及螺栓、齿轮等。

常用合金调质钢的牌号、热处理、力学性能及用途见表 4-3。

表 4-3　常用合金调质钢的牌号、热处理、力学性能及用途

| 类别 | 牌号 | 热处理温度/℃ | | 力学性能 | | | 用途 |
| | | 淬火 | 回火 | $R_m$/MPa | $R_{eL}$/MPa | $A$/(%) | |
|---|---|---|---|---|---|---|---|
| 低淬透性 | 40Cr | 850 油冷 | 520 水、油冷 | ≥980 | ≥785 | ≥9 | 中等载荷、中等转速机械零件,如汽车的转向节、后半轴、机床上的齿轮、轴、蜗杆等。表面淬火后制造耐磨零件,如套筒、芯轴、销子、连杆螺钉、进气阀等 |
| | 40CrB | 850 油冷 | 500 水、油冷 | ≥980 | ≥785 | ≥10 | 主要代替40Cr,如汽车的车轴、转向轴、花键轴及机床的主轴、齿轮等 |
| | 35SiMn | 900 油冷 | 570 水、油冷 | ≥885 | ≥735 | ≥15 | 中等负荷、中等转速零件,如传动齿轮、主轴、转轴、飞轮等,可代替40Cr |
| 中淬透性 | 40CrNi | 820 油冷 | 500 水、油冷 | ≥980 | ≥785 | ≥10 | 截面尺寸较大的轴、齿轮、连杆、曲轴、圆盘等 |
| | 42CrMn | 840 油冷 | 550 水、油冷 | ≥980 | ≥835 | ≥9 | 在高速及弯曲负荷下工作的轴、连杆等,在高速、高负荷且无强冲击负荷下工作的齿轮轴、离合器等 |
| | 42CrMo | 850 油冷 | 560 水、油冷 | ≥1 080 | ≥930 | ≥12 | 机车牵引用的大齿轮、增压器传动齿轮、发动机汽缸、负荷极大的连杆及弹簧类等 |
| | 38CrMoAlA | 940 油冷 | 740 水、油冷 | ≥980 | ≥835 | ≥14 | 镗杆、磨床主轴、自动车床主轴、精密丝杠、精密齿轮、高压阀杆、汽缸套等 |
| 高淬透性 | 40CrNiMo | 850 油冷 | 600 水、油冷 | ≥980 | ≥835 | ≥12 | 重型机械中高负荷的轴类、大直径的汽轮机轴、直升机的旋翼轴、齿轮喷气发动机的涡轮轴等 |
| | 40CrMnMo | 850 油冷 | 600 水、油冷 | ≥980 | ≥785 | ≥10 | 可代替40CrNiMo |

### 4.2.4　合金弹簧钢

　　弹簧钢是指用来制造各种弹簧和弹性元件的钢。弹簧是利用其在工作时产生的弹性变形来吸收能量,以缓和振动和冲击,或依靠弹性储存能量,以驱动机件完成规定的动作。因此,要求弹簧材料具有高的弹性极限,尤其要具有高的屈强比,高的疲劳强度及足够的塑性和韧度。

合金弹簧钢的平均 $w(C)$ 一般在 $0.45\%\sim0.70\%$ 之间,以保证高的弹性极限与疲劳强度。碳含量过高,塑性、韧度降低,疲劳强度也下降。加入的合金元素有硅、锰、铬、钒、钨等。硅、锰主要是提高淬透性和屈强比,可使屈强比($R_{eL}/R_m$)提高到接近于 1。但硅易使钢在加热时脱碳,锰使钢易于过热。加入铬、钒、钨等,可减少钢的脱碳和过热倾向,同时也可进一步提高弹性极限和屈强比,钒还能细化晶粒,提高韧度。

弹簧钢根据弹簧尺寸和成形方法的不同,其热处理方法也不同。

(1)热成形弹簧。当弹簧丝直径或钢板厚度大于 10 mm~15 mm 时,一般采用热成形。其热处理是在成形后进行淬火和中温回火,获得回火托氏体组织,具有高的弹性极限与疲劳强度,硬度为 40 HRC~45 HRC。

(2)冷成形弹簧。对于直径小于 8 mm~10 mm 的弹簧,一般采用冷拔钢丝冷卷而成。若弹簧钢丝是退火状态的,则冷卷成形后还需淬火和中温回火;若弹簧钢丝是铅浴索氏体化状态或油淬回火状态,则在冷卷成形后不需再进行淬火和回火处理,只需进行一次 200 ℃~300 ℃的去应力退火,以消除内应力,并使弹簧定形。

弹簧经热处理后,一般还要进行喷丸处理,使表面强化,并在表面产生残余压应力,以提高弹簧的疲劳强度和寿命。

60Si2Mn 钢是应用最广的合金弹簧钢,被广泛用于制造汽车、拖拉机上的板簧、螺旋弹簧以及安全阀用弹簧等。弹簧钢也可进行淬火及低温回火处理,用以制造高强度的耐磨件,如弹簧夹头、机床主轴等。常用合金弹簧钢的牌号、热处理、力学性能和用途见表 4-4。

**表 4-4 常用合金弹簧钢的牌号、热处理、力学性能及用途**

| 牌号 | 热处理温度/℃ | | 力学性能 | | | | 用 途 |
| | 淬火 | 回火 | $R_m$ /MPa | $R_{eL}$ /MPa | $A$ /(%) | $Z$ /(%) | |
|---|---|---|---|---|---|---|---|
| 65Mn | 840 油冷 | 540 | ≥1 050 | ≥850 | ≥8 | ≥30 | 各种小尺寸扁弹簧、圆弹簧,阀弹簧,制动器弹簧等 |
| 55Si2Mn | 870 油冷 | 480 | ≥1 300 | ≥1 200 | ≥6 | ≥30 | 汽车、拖拉机、机车上的板弹簧、螺旋弹簧、安全阀弹簧,以及 230 ℃ 以下使用的弹簧等 |
| 60SiMn | 870 油冷 | 460 | ≥1 300 | ≥1 250 | ≥5 | ≥25 | |
| 60Si2CrVA | 850 油冷 | 400 | ≥1 900 | ≥1 700 | ≥5 | ≥20 | 250 ℃ 以下工作的弹簧、油封弹簧、碟形弹簧等 |
| 50CrVA | 850 油冷 | 520 | ≥1 300 | ≥1 100 | ≥10 | ≥45 | 210 ℃ 以下工作的弹簧、气门弹簧、喷油嘴管、安全阀弹簧等 |
| 60CrMnBA | 850 油冷 | 500 | ≥1 250 | ≥1 100 | ≥9 | ≥20 | |
| 55SiMnMoV | 800~900 油冷 | 520~560 | ≥1 400 | ≥1 300 | ≥7 | ≥35 | 载重车、越野车用的弹簧 |

### 4.2.5 滚动轴承钢

滚动轴承钢是用来制造滚动轴承的滚动体(滚针、滚柱、滚珠)、内外套圈的专用钢。

滚动轴承在工作时,承受着高而集中的交变载荷;滚动体与内、外套圈之间是点接触或线接触,接触应力极大,还有滚动或滑动摩擦,易使轴承工作表面产生接触疲劳破坏与磨损,因而,要求滚动轴承材料具有高的硬度和耐磨性、高的疲劳强度、足够的韧性和一定的耐蚀性。目前,一般的滚动轴承钢是高碳铬钢,其平均$w(C)$为 0.95%～1.15%,以保证轴承钢具有高的强度、硬度和形成足够的碳化物以提高耐磨性。基本合金元素铬的作用是提高淬透性,并形成细小均匀分布的合金渗碳体,以提高钢的硬度、接触疲劳强度和耐磨性。在制造大型轴承时,为了进一步提高淬透性,还向钢中加入硅、锰等合金元素。

滚动轴承钢的热处理主要为球化退火、淬火和低温回火。球化退火为预先热处理,其目的是降低钢的硬度以利于切削加工,并为淬火作好组织上的准备。淬火和低温退火是决定轴承钢性能的最终热处理,获得的组织为极细的回火马氏体、细小而均匀分布的粒状碳化物和少量的残余奥氏体,硬度为 61 HRC～65 HRC。

对于精密轴承零件,为了保证尺寸的稳定性,可在淬火后进行一次冷处理,以减少残余奥氏体的量,然后低温回火、磨削加工,最后再进行一次人工时效,消除磨削产生的内应力,进一步稳定尺寸。

GCr15、GCr15SiMn 钢是应用最多的轴承钢。前者用做中、小型滚动轴承,后者用于较大型滚动轴承。常用滚动轴承钢的牌号、成分、热处理及用途见表 4-5。

表 4-5 常用滚动轴承钢的牌号、热处理及用途

| 牌号 | 热处理温度/℃ | | 回火后的硬度 HRC | 用 途 |
| --- | --- | --- | --- | --- |
| | 淬火 | 回火 | | |
| GCr9 | 810～830 | 150～170 | 62～66 | 10 mm～20 mm 的滚动体 |
| GCr15 | 825～845 | 150～170 | 62～66 | 壁厚小于 20 mm 的中小型套圈,直径小于 50 mm 的钢球 |
| GCr15SiMn | 820～840 | 150～170 | ≥62 | 壁厚小于 30 mm 的中大型套圈,直径为 50 mm～100 mm 的钢球 |
| GSiMnVRe | 780～810 | 150～170 | ≥62 | 可代替 GCr15SiMn |
| GSiMnMoV | 770～810 | 165～175 | ≥62 | 可代替 GCr15SiMn |

## 4.3 合金工具钢

碳素工具钢容易加工,价格便宜。但其热硬性差(温度高于 200 ℃时,硬度、耐磨性会显著降低),淬透性低,且容易变形和开裂。因此,尺寸大、精度高,形状复杂及工作温度较高的工

具、模具都采用合金工具钢制造。

合金工具钢按主要用途分为刃具钢、量具钢和模具钢三大类。但是,各类钢的实际使用界限并非绝对,可以交叉使用,如某些低合金刃具钢也可用于制造冷冲模或量具。

### 4.3.1 合金量具、刃具钢

合金刃具钢主要用来制造刀具,如车刀、铣刀、钻头、丝锥等。对刃具钢的性能要求是:高的硬度和耐磨性,高的热硬性,足够的强度、塑性和韧度。

1. 合金量具、刃具钢

合金量具、刃具钢是在碳素工具钢的基础上加入少量合金元素的钢。其 $w(C)=0.75\%\sim1.5\%$,以保证钢的淬硬性和形成合金碳化物的需要。加入的合金元素主要有硅、锰、铬、钨、钒等。其中硅、锰、铬的主要作用是提高钢的淬透性,增加钢的强度;钨和钒形成碳化物,细化晶粒并提高钢的硬度、耐磨性和热硬性。因此,合金工具钢的淬透性比碳素工具钢好,淬火冷却可在油中进行,使变形和开裂倾向减小。但由于合金元素的加入量不大,故钢的热硬性仍不太高,一般工作温度不得高于 300 ℃。9SiCr 是最常用的合金刃具钢,被广泛用来制造各种薄刃工具,如板牙、丝锥、铰刀等。

合金量具、刃具钢的热处理与碳素工具钢基本相同。刃具毛坯锻造后的预先热处理采用球化退火,切削加工后的最终热处理采用淬火和低温回火。最终热处理后的组织为细回火马氏体、粒状合金碳化物及少量的残余奥氏体,一般硬度可达 60 HRC~65 HRC。

常用合金量具刃具钢的牌号、主要成分、热处理、硬度及用途见表 4-6。

表 4-6 常用合金量具刃具钢的牌号、主要成分、热处理、硬度及用途

| 牌号 | 主要成分(质量分数)/(%) | | | | 热处理温度 /℃ | 硬度 /HRC | 用 途 |
| --- | --- | --- | --- | --- | --- | --- | --- |
| | C | Mn | Si | Cr | | | |
| 9SiCr | 0.85~0.95 | 0.30~0.60 | 1.20~1.60 | 0.95~1.25 | 830~860 油冷 | ≥62 | 冷冲模、铰刀、拉刀、板牙、丝锥、搓丝板等 |
| CrWMn | 0.85~0.95 | 0.80~1.10 | ≤0.4 | 0.90~1.20 | 820~840 油冷 | ≥62 | 要求淬火后变形小的刀具,如长丝锥、长铰刀、量具、形状复杂的冷冲模等 |
| 9Mn2V | 0.75~0.85 | 1.70~2.00 | ≤0.4 | — | 780~810 油冷 | ≥60 | 量具、块规、精密丝杠、丝锥、板牙等 |
| 9Cr2 | 0.85~0.95 | ≤0.4 | ≤0.4 | 1.30~1.70 | 820~850 油冷 | ≥62 | 尺寸较大的铰刀、车刀等刀具 |

2. 高速钢

用高速钢制作的刃具在使用时,能以比低合金刃具钢刀具更高的切削速度进行切削,因而,被称为高速钢。它的特点是热硬性高达 600 ℃,切削时能长时间保持刃口锋利,故又称为"锋钢",并且还具有高的强度、硬度和淬透性。淬火时,在空气中冷却即可得马氏体组织,因此,又俗称为"风钢"、"白钢"。

(1) 高速钢的成分特点。高速钢的含碳量较高,$w(C)$ 在 $0.75\% \sim 1.60\%$ 的范围内,并含有大量的碳化物形成元素钨、钼、铬、钒等。高的含碳量是为了在淬火后获得高碳马氏体,并保证形成足够的碳化物,从而保证其高硬度、高的耐磨性和良好的热硬性。

钨和钼的作用相似(质量分数为 1% 的钼相当于质量分数为 2% 的钨),都能提高钢的热硬性。含有大量钨或钼的马氏体具有很高的回火稳定性,在 500 ℃～600 ℃ 的回火温度下,因析出微细的特殊碳化物($W_2C$、$Mo_2C$)而产生二次硬化,使钢具有高的热硬性,同时还提高钢的耐磨性。

铬在高速钢淬火加热时,几乎全部溶入奥氏体中,增加了奥氏体的稳定性,从而显著提高钢的淬透性和回火稳定性。

钒是强碳化物形成元素,其碳化物 VC 非常稳定,极难溶解,硬度极大(可达 83 HRC～85 HRC),从而提高钢的硬度和耐磨性。未溶的 VC 能显著阻碍奥氏体长大。

(2) 常用的高速钢。常用的高速钢的种类很多,应用最多的有 W18Cr4V、W6 Mo5Cr4V2 和 W9 Mo3Cr4V 三种。W18Cr4V 是我国发展最早的高速钢,其特点是热硬性较高,过热敏感性较小,加工性好。W6 Mo5Cr4V2 钢是用钼代替一部分钨而发展起来的,其特点是具有良好的热塑性,碳化物分布较均匀,耐磨性和韧度也较好,正在逐步取代 W18Cr4V 钢。

W9 Mo3Cr4V 钢是近几年发展起来的通用型高速钢,具有上述两种钢的共同优点,比 W18Cr4V 钢的热塑性好,比 W6 Mo5Cr4V2 钢的脱碳倾向小,硬度高,因此,得到了愈来愈广泛的应用。常用高速钢的牌号、热处理、硬度及用途见表 4-7。

表 4-7　常用高速钢的牌号、热处理、硬度及用途

| 牌号 | 化学成分（质量分数）/（%） | | | 热处理温度/℃ | | 硬度/HRC | | 用　　途 |
|---|---|---|---|---|---|---|---|---|
| | C | W | Mo | 淬火 | 回火 | 回火后的硬度 | 热硬度 | |
| W18Cr4V (18－4－1) | 0.70～0.80 | 17.50～19.00 | ≤0.30 | 1 260～1 300 | 550～570 | 63～66 | 61.5～62 | 制造一般高速切削用车力、刨刀、钻头、铣刀等 |
| 95W18Cr4V | 0.90～1.00 | 17.50～19.00 | ≤0.30 | 1 260～1 280 | 570～580 | 67.5 | 64～65 | 切削不锈钢及其他硬或韧的材料时,可显著提高刀具的使用寿命和降低被加工工件粗糙度 |

续表

| 牌号 | 化学成分 (质量分数)/(%) | | | 热处理温度/℃ | | 硬度/HRC | | 用　　途 |
|---|---|---|---|---|---|---|---|---|
| | C | W | Mo | 淬火 | 回火 | 回火后的硬度 | 热硬度 | |
| W6Mo5Cr4V2 | 0.80～0.90 | 5.75～6.75 | 4.75～5.75 | 1 220～1 240 | 550～570 | 63～66 | 60～61 | 制造要求耐磨性和韧度很好配合的高速刀具,如丝锥、钻头等 |
| W6Mo5Cr4V3 | 1.10～1.25 | 5.75～6.75 | 4.75～5.75 | 1 200～1 240 | 550～570 | >65 | 64 | 制造要求耐磨性和热硬性较高、耐磨性和韧性配合较好的、形状复杂的刀具 |
| W12Cr4V4Mo | 1.25～1.40 | 11.50～13.00 | 0.90～1.20 | 1 240～1 270 | 550～570 | >65 | 64～64.5 | 制造形状简单的刀具或仅需很少磨削的刀具。其优点是硬度、热硬性高,耐磨性优越,使用寿命长;缺点是韧性有所降低 |
| W18Cr4VCo10 | 0.70～0.80 | 18.00～19.00 | — | 1 270～1 320 | 540～590 | 66～68 | 64 | 制造形状简单、截面较大的刀具,如直径大于 15 mm 的钻头及某些车刀;不适宜制造形状复杂的薄刃成形刀具或承受单位载荷较高的小截面刀具。用于加工难切削材料,如高温合金、不锈钢等 |
| W6Mo5Cr4V2Co8 | 0.80～0.90 | 5.50～6.70 | 4.80～6.20 | 1 220～1 260 | 540～590 | 64～66 | 64 | |
| W6Mo5Cr4V2Al | 1.10～1.20 | 5.75～6.75 | 4.50～5.50 | 1 220～1 250 | 550～570 | 67～69 | 65 | 加工一般材料时,使用寿命为 18－4－1 的两倍;切削难加工材料时,使用寿命接近钻高速钢 |

### 4.3.2　合金模具钢

根据工作条件的不同,模具钢可分为冷作模具钢和热作模具钢。

1. 冷作模具钢

冷作模具钢用于制造使金属在冷态下产生变形的模具,如冷冲模、冷挤压模、冷镦模、拉丝模等。这些模具在工作中要承受很大的压力、弯曲力、冲击力和强烈的摩擦。因此,冷作模具钢的性能要求与刃具钢相似,要求具有高的硬度(58 HRC～62 HRC)和耐磨性,足够的强度和韧度,同时,要求热处理变形小。

冷作模具钢的化学成分、热处理特点也基本上与刃具钢相似。其热处理一般也是球化退火、淬火和低温回火。

Cr12 型钢常用来制造大型模具,是最常用的冷作模具钢,牌号有 Cr12 和 Cr12MoV 等。

这类钢的成分特点是高碳高铬（$w(C)=1.45\%\sim2.3\%$、$w(Cr)=11\%\sim13\%$），具有高硬度、高强度和极高的耐磨性，并具有极好的淬透性（油淬直径达 200 mm），淬火变形小。但淬火后残余奥氏体量较多。

Cr12 型钢属于莱氏体钢，网状共晶碳化物的不均匀分布将使模具变脆。因此，要通过反复锻造来消除碳化物的不均匀性。锻造后应缓冷，然后进行预先热处理——球化退火，以消除锻造内应力、降低硬度，为后续工序做准备。

Cr12 型钢的最终热处理有两种方法。一种是低温淬火和低温回火法（一次硬化法），这种方法可使模具获得高硬度和高耐磨性，淬火变形小，一般承受较大载荷和形状复杂的模具采用此法处理；另一种热处理方法是高温淬火和高温（510 ℃～520 ℃）多次回火法（二次硬化法），这种方法能使模具获得高的热硬性和耐磨性，但韧度较差，一般承受强烈摩擦，在 400 ℃～450 ℃条件下工作的模具适用此法。Cr12 型钢经淬火及回火后的组织为回火马氏体、粒状碳化物和少量残余奥氏体。

常用 Cr12 型钢的牌号、热处理、性能及用途见表 4-8。

表 4-8　Cr12 型钢的牌号、热处理、性能及用途

| 钢　号 | 退火及硬度 | | 淬火及回火 | | 回火后硬度/HRC | 用　途 |
|---|---|---|---|---|---|---|
| | 温度/℃ | 硬度/HBW | 淬火温度/℃ | 回火温度/℃ | | |
| 1Cr12 | 850～870 | ≤269 | 950～980 油 | 180～220 | 60～62 | 用于耐磨性能高而不受冲击的模具，如冷冲模冲头、冷切剪刀、钻套、量规、冶金粉模、拉丝模、车刀、铰刀等 |
| | | | 1 050～1 080 油 | 510～520（三次） | 59～60 | |
| 1Cr12MoV | 850～870 | ≤255 | 980～1 030 油 | 160～180 | 61～63 | 用于截面较大，形状复杂，工作条件繁重的模具，如圆锯、搓丝板、切边模、滚边模、标准工具与量规等 |
| | | | 1 080～1 150 油 | 510～520（三次） | 60～62 | |

### 2. 热作模具钢

热作模具钢用于制造在受热状态下对金属进行变形加工的模具，如热锻模、热挤压模、压铸模等。这类模具在工作中除承受较大的冲击载荷、很大的压力、弯曲力外，还受到炽热金属在模腔中流动所产生的强烈摩擦力，同时还受到反复的加热和冷却。因此，要求热作模具钢应具有高的热硬性和高温耐磨性，良好的综合力学性能，高的热疲劳强度和较好的抗氧化能力，同时，还要求具有高的淬透性、导热性。

为了达到上述要求，热作模具钢一般是中碳合金钢，其 $w(C)=0.3\%\sim0.6\%$，以保证钢具有高强度、高韧度、较高的硬度（35 HRC～52 HRC）和较高的热疲劳强度。加入的合金元素有锰、铬、镍、钨、钼、钒等，主要是提高钢的淬透性、回火稳定性和热硬性，细化晶粒，同时还提高钢的强度和热疲劳强度。

热作模具钢的最终热处理与模具钢的种类和使用条件有关。热锻模具钢的最终热处理与调质钢相似,淬火后高温(550 ℃左右)回火,以获得回火索氏体和回火托氏体组织。热压模具钢的热处理是淬火后在略高于二次硬化峰值的温度(600 ℃左右)回火 2～3 次,获得的组织为回火马氏体和粒状碳化物,以保证模具的热硬性。

目前,制作热锻模的典型钢种有 5CrMnMo 和 5CrNiMo 钢;制作热压模的常用钢为 3Cr2W8V 钢。

常用热作模具钢的牌号、热处理、性能及用途见表 4-9。

表 4-9　常用热作模具钢的牌号、热处理、性能及用途

| 钢号 | 退火 | | 淬火 | | 回火 | | 用　途 |
|------|------|------|------|------|------|------|--------|
| | 温度/℃ | 硬度/HBW | 温度/℃ | 冷却介质 | 温度/℃ | 硬度/HRC | |
| 5CrNiMo | 830～860 | 197～241 | 830～860 | 油 | 530～550 | 39～43 | 用于形状复杂、冲击负荷重的各种大中型锤锻模(边长>400 mm) |
| 5CrMnMo | 820～850 | 197～241 | 820～850 | 油 | 560～580 | 35～39 | 用于中型锤锻模(边长≤30 mm～400 mm) |
| 4Cr5MoSiV | 840～900 | ≤235 | 1 000～1 010 | 空气 | 550 | 40～54 | 用于模锻锤锻模、热挤压模具(挤压铝、镁)、塑料模具、高速锤锻模、铝合金压铸模等 |
| 3Cr2W8V | 860～880 | 207～255 | 1 075～1 125 | 油 | 560～660 (三次) | 44～54 | 用于热挤压模(挤压铜、钢)、压铸模、热剪切刀 |
| 4Cr5W2VSi | 840～900 | ≤229 | 1 030～1 050 | 油或空气 | 580 (二次) | 45～50 | 用于寿命要求高的热锻模、高速锤用模具与冲头、热挤压模具及芯棒、有色金属压铸模等 |

## 4.4　特殊性能钢

特殊性能钢是指具有特殊物理、化学或力学性能的合金钢。其种类很多,在机械制造行业中应用较多的有不锈钢、耐热钢、耐磨钢等。

### 4.4.1　不锈钢

在自然环境或一定工业介质中具有耐蚀性的一类钢,称为不锈钢。按其化学成分的不同,不锈钢分为铬不锈钢、铬镍不锈钢和铬锰不锈钢等;按其组织特征,则可分为马氏体不锈钢、铁素体不锈钢、奥氏体不锈钢等。

#### 1. 马氏体不锈钢

这类钢的 $w(C)=0.1\%\sim0.4\%$，$w(Cr)=12\%\sim14\%$，属于铬不锈钢，最典型的是 Cr13 型不锈钢。马氏体不锈钢只在氧化性介质中耐腐蚀，在非氧化性介质中耐蚀性很低，而且，随钢中含碳量的增大，其强度、硬度及耐磨性提高，耐蚀性下降。

这类钢中碳含量较低的 1Cr13、2Cr13 钢，具有良好的抗大气、海水、蒸汽等介质腐蚀的能力，且有较好的塑性和韧度。因此，主要用于制造耐腐蚀的结构零件，如汽轮机叶片、水压机阀和医疗器械等。碳含量较高的 3Cr13、3Cr13Mo 钢，热处理后硬度可达 50 HRC 左右，强度也较高，因此，广泛用于制造防锈的医用手术工具及刃具、不锈钢轴承、弹簧等。

马氏体不锈钢的热处理与结构钢相似。用作高强零件时进行调质处理，如 1Cr13、2Cr13；用作弹性元件时进行淬火和中温回火处理；用作工具和刃具时进行淬火和低温回火处理。

#### 2. 铁素体不锈钢

常用铁素体不锈钢的 $w(C)<0.12\%$，$w(Cr)=12\%\sim30\%$，也属于铬不锈钢，典型钢种是 Cr17 型不锈钢。这类钢由于碳含量降低，铬含量又较高，使钢从室温加热到高温（960 ℃～1 100 ℃），其组织始终是单相铁素体。故其耐腐蚀性（如硝酸、氨水等）和抗氧化性（在 700 ℃以下）均较好。但其强度低，又不能用热处理强化，因此，主要用于要求较高耐腐蚀性而受力不大的构件，如化工设备中的容器、管道，食品工厂的设备等。

#### 3. 奥氏体不锈钢

奥氏体不锈钢是应用最广的不锈钢，典型钢种是 18-8 型不锈钢，属于铬镍不锈钢。这类钢含碳量很低（$w(C)<0.12\%$，$w(Cr)=17\%\sim19\%$，$w(Ni)=8\%\sim12\%$）。有时还向钢中加入钛、铌、钼等，以防晶界腐蚀。

奥氏体不锈钢在室温下为单相奥氏体组织，加热时没有相变发生，故不能用热处理强化，只能用加工硬化来提高钢的强度。

奥氏体不锈钢的性能特点是具有很好的塑性、韧度和焊接性，强度、硬度低、无磁性，耐腐蚀性和耐热性很好，但切削加工性较差，易黏刀和产生加工硬化。因此，这类钢广泛用于在强腐蚀介质（硝酸、磷酸及碱水溶液等）中工作的设备、管道、槽等，还广泛用于要求无磁性的仪表、仪器元件等。

奥氏体不锈钢的热处理主要是固溶处理。奥氏体不锈钢在退火状态下是奥氏体和少量的碳化物组织。为了获得单相奥氏体组织，提高钢的耐蚀性，并使钢软化，将钢加热到 1 100 ℃左右，使所有碳化物都溶入奥氏体，然后，水淬快冷至室温，即得单相奥氏体组织。这种处理方法称为固溶处理。对于含钛或铌的钢，在固溶处理后还应进行稳定化处理，以防晶界腐蚀的发生。

常用不锈钢的牌号、成分、热处理、力学性能及用途见表 4-11。

表 4-11　常用不锈钢的牌号、主要成分、热处理、力学性能及用途

| 类别 | 牌号 | 主要成分(质量分数)/(%) | | 热处理温度/℃ | 力学性能 | | | 用　途 |
|---|---|---|---|---|---|---|---|---|
| | | C | Cr | | $R_{eL}$/MPa | A/(%) | 硬度/HBW | |
| 奥氏体型 | 1Cr18Ni9 | ≤0.15 | 17.0~19.0 | 固溶处理1 010~1 150快冷 | ≥520 | ≥40 | ≤187 | 硝酸、化工、化肥等工业设备零件 |
| | 0Cr19Ni9N | ≤0.08 | 18.0~20.0 | 固溶处理1 010~1 050快冷 | ≥649 | ≥35 | ≤217 | 往 0Cr19Ni9 中加入氮,强度提高,塑性基本不降低,作为硝酸、化工等工业设备结构用强度零件 |
| 奥氏体型 | 00Cr18Ni10N | ≤0.03 | 17.0~19.0 | 1 010~1 150 | ≥549 | ≥40 | ≤217 | 化学、化肥及化纤工业用的耐蚀材料 |
| | 1Cr18Ni9Ti | ≤0.12 | 17.0~19.0 | 固溶处理1 000~1 100快冷 | ≥539 | ≥40 | ≤187 | 耐酸容器、管道及化工焊接件等 |
| | 0Cr18Ni11Nb | ≤0.08 | 17.0~19.0 | 固溶处理920~1 150快冷 | ≥520 | ≥40 | ≤187 | 铬镍钢焊芯、耐酸容器、抗磁仪表、医疗器械等 |
| 铁素体型 | 1Cr17 | ≤0.12 | 16.0~18.0 | 785~850空冷或缓冷 | ≥400 | ≥20 | ≤187 | 耐蚀性良好的通用钢种,用于建筑装潢、家用电器、家庭用具等 |
| | 00Cr30Mo2 | ≤0.01 | 28.5~32.0 | 900~1 050快冷 | ≥450 | ≥22 | ≤187 | 耐蚀性很好,制造苛性碱(碱金属氧化物)及有机酸设备 |
| 马氏体型 | 1Cr13 | ≤0.15 | 11.5~13.5 | 950~1 000油冷700~750回火 | ≥539 | ≥25 | ≤187 | 汽轮机叶片、水压机阀、螺栓、螺母等,以及承受冲击的结构零件 |
| | 2Cr13 | 0.16~0.25 | 12.0~14.0 | 920~980油冷600~750回火 | ≥588 | ≥16 | ≤187 | |
| | 3Cr13 | 0.26~0.40 | 12.0~14.0 | 920~980油冷600~750回火 | ≥735 | ≥12 | ≤217 | 硬度较高的耐蚀耐磨零件和工具,如热油泵轴、阀门、滚动轴承、医疗工具、量具、刀具等 |
| | 3Cr13Mo | 0.28~0.35 | 12.0~14.0 | 1 020~1 075油冷200~300回火 | — | — | — | |

#### 4.4.2 耐热钢

在高温下具有一定的热稳定性和热强性的钢称为耐热钢。按照性能,耐热钢可分为抗氧化钢和热强钢。抗氧化钢在高温下具有较好的抗氧化及抗其他介质腐蚀的性能;热强钢在高温时具有较高的强度和良好的抗氧化、抗腐蚀性能。按照组织类型,耐热钢可分为珠光体耐热钢、铁素体耐热钢、奥氏体耐热钢及马氏体耐热钢等。

**1. 珠光体耐热钢**

珠光体耐热钢是低合金耐热钢,钢中含的合金元素总量不超过 3%～5%,故耐热性不高,主要用于工作温度在 600 ℃以下,承受载荷不大的耐热零件,如锅炉钢管、汽轮机转子、耐热紧固件、石油热裂装置等。常用钢号有 15CrMo、12CrMoV、35CrMoV 等。这类钢一般在正火、回火状态下使用,组织为细珠光体或索氏体+部分铁素体。

**2. 铁素体耐热钢**

铁素体耐热钢的碳含量较低($w(C) \leqslant 0.20\%$)、铬含量高($w(Cr) \geqslant 11\%$),并含有一定量的硅、铝等,以提高钢的抗氧化能力,加入少量的氮,主要是提高钢的强度。故这类钢的抗氧化性能高(铬含量越高,抗氧化性越高),但高温强度仍较低,焊接性较差。因此,主要用于制造工作温度较高、受力不大的构件,如退火炉罩、吊挂、热交换器、喷嘴、渗碳箱等,常用钢有 0Cr13A1、2Cr25N 等,主要热处理是退火,其目的是消除钢在冷加工时产生的内应力。

**3. 马氏体耐热钢**

马氏体耐热钢含有大量的铬,并含有钼、钨、钒等合金元素,以提高钢的再结晶温度和形成稳定的碳化物,加入硅以提高钢的抗氧化能力和强度。故这类钢的抗氧化性、热强性均高,硬度和耐磨性良好,淬透性也很好。因此这类钢广泛用于制造工作温度在 650 ℃以下、承受较大载荷且要求耐磨的零件,如汽轮机叶片、汽车发动机的排气阀等。常用钢号有 1Cr13Mo、4Cr9Si2、1Cr12WMoV 等。马氏体耐热钢一般在调质状态下使用,组织为回火索氏体。

**4. 奥氏体耐热钢**

奥氏体耐热钢与奥氏体不锈钢一样,含有大量的铬和镍,以保证钢的抗氧化性和高温强度,并使组织稳定;加入钛、钼、钨等元素是为了形成弥散分布的碳化物,以进一步提高钢的高温强度。故这类钢的耐热性优于珠光体耐热钢和马氏体耐热钢,并具有很好的冷塑性变形性能和焊接性能,塑性、韧度也较好,但切削加工性较差。因此,这类钢广泛用于汽轮机、燃气轮机、航空、舰艇、电炉等工业部门。如加热炉管、炉内传送带、炉内支架、汽轮机叶片、轴、内燃机重负荷排气阀等。

常用钢号有 0Cr18Ni11Ti、4Cr14Ni14W2Mo 等。这类钢与奥氏体不锈钢一样,需经固溶处理才能使用。

若零件的工作温度超过 700 ℃,则应考虑选用镍基、铁基、钼基耐热合金及陶瓷合金等。

### 4.4.3 耐磨钢

耐磨钢是指在强大冲击和挤压条件下才能硬化的高锰钢，其典型钢种是 ZGMn13 型。它的主要成分为 $w(C)=0.9\%\sim1.45\%$，$w(Mn)=11\%\sim14\%$。这种钢极易产生加工硬化，使切削加工困难。因此，大多数高锰钢零件都是铸造成形的。

高锰钢的铸态组织为奥氏体和粗大的碳化物（沿晶界析出），力学性能低，尤其是韧度和耐磨性低。只有使高锰钢获得单相奥氏体组织，才能使钢在使用时显示出良好的耐磨性和韧度。使高锰钢获得单相奥氏体组织的方法是"水韧处理"，即将钢加热到 1 050 ℃～1 100 ℃保温，使碳化物全部溶入奥氏体，然后，在水中快冷以防止碳化物析出，使钢在室温下获得均匀单一的奥氏体组织。此时，钢的强度、硬度不高，塑性、韧度很好（$R_m\geqslant637\sim735$ MPa，硬度$\leqslant229$ HBW，$\alpha_K\geqslant147$ J/cm²，$A_5\geqslant20\%\sim35\%$）。当高锰钢零件在工作中受到强烈冲击或强大挤压力作用时，表面因塑性变形会产生强烈的加工硬化，而使表面硬度显著提高到 500 HBW～550 HBW，因而获得高的耐磨性，心部仍保持原来的高韧度状态。当旧表面磨损后，新露出的表面又可在冲击和摩擦作用下形成新的耐磨层。因此，这种钢具有很高的耐磨性和抗冲击能力。

但是，高锰钢在一般机器零件的工作条件下并不耐磨。因此，高锰钢主要用于制造车辆履带、破碎机颚板、球磨机衬板、挖掘机铲斗、铁路道岔、防弹钢板等。

## 习 题

4-1 低合金结构钢的性能有哪些特点？主要用途有哪些？

4-2 合金结构钢按其用途和热处理特点可分为哪几种？试说明它们的碳含量范围及主要用途。

4-3 试比较碳素工具钢、低合金工具钢和高速钢的热硬性，并说明高速钢热硬性高的主要原因。

4-4 用 Cr12 钢制造的冷冲模，其最终热处理方法有几种？各适用于什么条件下工作的模具？

4-5 解释下列现象：

（1）在砂轮上磨各种钢制刀具时，需经常用水冷却；

（2）用 ZGMn13 钢制造的零件，只有在强烈冲击或挤压条件下才耐磨。

4-6 为什么高锰耐磨钢具有较高的韧度却又特别耐磨？

# 项目五　有色金属

通常把铁及其合金称为黑色金属,除黑色金属以外的其他金属称为有色金属。有色金属的种类很多,由于冶炼较为困难,成本较高,故其产量和使用量远不如黑色金属多。但是,有色金属具有某些特殊的物理、化学性能,如镁、铝合金密度小;铜、银合金导电性好;钨、钼、铌合金耐高温性好等,使其成为现代工业中不可缺少的重要机械工程材料,广泛应用于机械制造、航空、航海、化工等行业。常用的有色金属有铝及铝合金、铜及铜合金、滑动轴承合金、硬质合金等。

## 5.1　铝及铝合金

在有色金属中,铝及铝合金是应用最广泛的金属材料,其独特的性能,使之成为现代工业中极其重要的结构材料。

### 5.1.1　工业纯铝

纯铝是银白色的轻金属,其密度小($2.7 \times 10^3$ kg/m$^3$)、熔点低(660 ℃),具有良好的导电和导热性(仅次于银、铜)。铝在空气中极易氧化,生成一层致密的 Al$_2$O$_3$ 薄膜,能有效地防止铝的进一步氧化,从而使铝在空气中具有良好的抗腐蚀能力。纯铝的塑性好($A=50\%$,$Z=80\%$),强度、硬度低($R_m=50$ MPa、硬度为 25 HBW~30 HBW),可以进行冷、热压力加工。用热处理不能让纯铝强化,冷变形是提高其强度的唯一手段,经冷变形加工硬化后,强度可提高到 $R_m=150$ MPa~200 MPa,但塑性会降低。

工业纯铝中 $\omega_{(Al)}=99.7\%\sim99.8\%$,杂质主要是铁和硅,工业纯铝的牌号是按其杂质含量来编制的。国家标准 GB/T 3190—2008 规定工业纯铝的代号为 1070A、1060、1050A 等,其对应的牌号为 L1、L2、L3。数字越大,杂质含量越高,纯度越低。

工业纯铝的主要用途是制作电线、电缆及耐腐蚀且强度要求不高的一些用品和器皿等。

### 5.1.2　常用铝合金

纯铝的强度很低,不适合作为结构零件的材料,但在纯铝中加入某些合金元素(如铜、镁、锌、锰等)形成铝合金后,可使其力学性能大大提高,而仍保持其密度小、耐腐蚀的优点。若再经过热处理,其强度还可进一步提高,在航空工业中得到广泛应用。

1. 铝合金的分类及热处理

(1) 铝合金的分类。根据铝合金的成分及生产工艺特点,可将铝合金分为变形铝合金和铸造铝合金两大类。

铝合金相图的一般类型如图 5-1 所示。成分位于 $D$ 点左边的合金,当加热到固溶线以上时,可获得均匀单相的固溶体,其塑性好,易进行锻压,称为变形铝合金。而成分在 $D$ 点右边的合金,由于共晶组织的存在,只适于铸造,称为铸造铝合金。

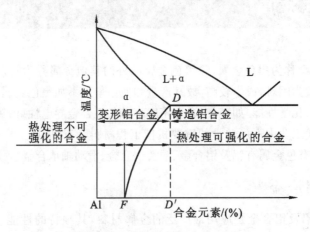

图 5-1 铝合金相图的一般类型

变形铝合金又分为两类:成分在 $F$ 点左边的合金,其固溶体的溶解度不随温度而变化,故不能用热处理方法强化,称为不能用热处理强化合金;成分在 $F$ 点右边的合金,其固溶体的溶解度随温度而变化,可用热处理方法强化,称为能用热处理强化合金。

(2) 铝合金的热处理。铝合金的热处理与钢不同,它是通过固溶——时效处理来改变合金力学性能的。

将能热处理强化的变形铝合金加热到某一温度,保温获得均匀一致的 $α$ 固溶体后,在水中急冷下来,使 $α$ 固溶体来不及发生反应。这样的热处理工艺称为铝合金的固溶处理。

经过固溶处理的铝合金,在常温下其 $α$ 固溶体处于不稳定的过饱和状态,具有析出第二相,过渡到稳定的非过饱和状态的趋向。由于不稳定固溶体在析出第二相过程中会导致晶格畸变,从而使合金的强度和硬度得到显著提高,而塑性则明显下降。这种力学性能在固溶处理后随时间而发生显著变化的现象称为"时效强化"或"时效"。

在室温下进行的时效称"自然时效",在加热条件下(100 ℃~200 ℃)进行的时效称"人工时效"。时效温度越高,则时效的过程越快,但强化的效果越差。

2. 变形铝合金

变形铝合金可由冶金厂加工成各种型材(如板、带、管线等)产品供应。常用的有四种:防锈铝合金、硬铝合金、超硬铝合金和锻造铝合金。

(1) 防锈铝合金。这种合金属于热处理不能强化的铝合金,主要有铝—锰系和铝—镁系合金。因其具有适中的强度、良好的塑性和抗蚀性,故称为防锈铝合金,主要用途是制造油罐、防锈蒙皮及各种容器等。

(2) 硬铝合金。这种合金属于铝—铜—镁系和铝—铜—锰系。这类铝合金经淬火和时效处理后可获得相当高的强度,故称为硬铝。由于其耐蚀性差,有些硬铝板材在表面包一层纯铝后使用。硬铝应用广泛,可轧成板材、管材和型材,以制造较高负荷下的铆接与焊接零件。

(3) 超硬铝合金。这种合金属于铝—铜—镁—锌系,是在硬铝的基础上再加锌而成,强度高于硬铝,故称为超硬铝合金,主要用于制造要求重量轻、受力较大的结构零件。

(4) 锻造铝合金。这种合金大多属于铝—铜—镁—硅系。这类合金由于具有优良的锻造工艺性能,故称为锻造铝合金,主要用来制造各种锻件和模锻件。

常用变形铝合金的化学成分、力学性能及用途见表5-1。

表 5-1　常用变形铝合金的化学成分、力学性能及用途

| 类别 | | 代号 | 化学成分/（%） | | | | | 材料状态 | 力学性能 | | | 用　途 |
| --- | --- | --- | --- | --- | --- | --- | --- | --- | --- | --- | --- | --- |
| | | | Cu | Mg | Mn | Zn | 其他 | | $R_m$/MPa | A/（%） | 硬度/HBW | |
| 不能热处理强化的合金 | 防锈铝 | 5A05 | 0.1 | 4.8~5.5 | 0.3~0.6 | 0.2 | — | M | 280 | 20 | 70 | 焊接油箱、油管、焊条、铆钉及中载零件及制品 |
| | | 3A21 | 0.2 | 0.05 | 1.0~1.6 | 0.1 | Ti:0.15 | M | 130 | 20 | 30 | 焊接油箱、油管、焊条、铆钉及轻载零件及制品 |
| 能热处理强化的合金 | 硬铝 | 2A01 | 2.2~3.0 | 0.2~0.5 | 0.2 | | Ti:0.15 | CZ | 300 | 24 | 70 | 工作温度不超过100℃的结构用中等强度铆钉 |
| | | 2A11 | 3.8~4.8 | 0.4 | 0.4~0.8 | 0.3 | Ni:0.10 Ti:0.15 | CZ | 420 | 15 | 100 | 中等强度的结构零件,如骨架模段的固定接头、支柱、螺旋桨叶片、局部镦粗零件、螺栓和铆钉 |
| | 超硬铝 | 7A04 | 1.4~2.0 | 1.8~2.8 | 0.2~0.6 | 5.0~7.0 | Cr:0.1~0.25 | CS | 600 | 12 | 150 | 结构中主要受力件,如飞机大梁、桁架、加强框、起落架 |
| | 锻铝 | 2B50 | 1.8~2.6 | 0.4~0.8 | 0.4~0.8 | 0.3 | Ni:0.10 Cr:0.01~0.2 Ti:0.02~0.1 | CS | 390 | 10 | 100 | 形状复杂的锻件,如压气机轮和风扇叶轮 |
| | | 2A70 | 1.9~2.5 | 1.4~1.8 | 0.2~0.3 | — | Ni:0.9~1.5 Ti:0.02~0.1 | CS | 440 | 12 | 120 | 可作为高温下工作的结构件 |

注:M——退火;CZ——淬火＋自然时效;CS——淬火＋人工时效。

按 GB/T 16474—1996《变形铝及铝合金牌号表示方法》的规定,我国变形铝及铝合金牌号采用国际四位数字体系牌号命名方法,用"四位数字"或"四位字符"表示变形铝及铝合金的牌号。化学成分已在国际组织注册命名的铝及铝合金采用"四位数字"体系牌号;未注册的铝及铝合金采用"四位字符"体系牌号。

"四位数字"体系牌号用四个阿拉伯数字表示。第一位数字表示组别:1×××表示纯铝,纯铝牌号中第二个数表示杂质含量的控制情况,最后两位数字表示铝质量百分数小数点后的两位数,例如 1060 表示铝的质量分数为 99.60%的纯铝;2×××、3×××…9×××分别表示变形铝合金中的主要元素分别为 Cu、Mn、Si、Mg、Mg+Si、Zn、其他元素,变形铝的第二位数表示铝合金的改型情况,如果第二位数为 0,则表示原始合金,1~9 表示改型合金(即该合金的化学成分在原始合金的基础上允许有一定的偏差),最后两位数字没有特殊的意义,仅用来识别同一组中的不同铝合金,如牌号 5056 表示主要合金元素为镁的 56 号原始铝合金。

"四位字符"体系牌号的第一、三、四位为阿拉伯数字,第二位为英文大写字母。其中第一、三、四位数字的意义与"四位数字"体系牌号表示法的规则相同,第二位字母表示纯铝或铝合金的改型情况,A 表示原始铝或铝合金,B~Y 表示原始合金的改型合金。例如 2A11 表示主要合金元素为 Cu 的 11 号原始铝合金。

**3. 铸造铝合金**

铸造铝合金因其成分接近共晶组织,塑性较差,一般只用于成形铸造。

常用铸造铝合金的化学成分、铸造方法、热处理、力学性能及用途见表 5-2。

表 5-2　常用铸造铝合金的主要成分、铸造方法、热处理、力学性能及用途

| 类别 | 代号 | 牌号 | 主要成分/(%) | | | | | 铸造方法 | 热处理 | 力学性能 | | | 用途 |
| | | | Si | Cu | Mg | 其他 | Al | | | $R_m$/MPa | $A$/(%) | 硬度/HBW | |
| 铝硅合金 | ZL101 | ZAlSi7Mg | 6.5~7.5 | — | 0.25~0.45 | — | 余量 | 金属型 | 淬火+不完全时效 | 202 | 2 | 60 | 形状复杂的零件,如飞机仪器零件、抽水机壳体等 |
| 铝铜合金 | L203 | ZAlCu4 | — | 4.0~5.0 | — | — | 余量 | 砂型 | 淬火+不完全时效 | 212 | 3 | 70 | 中等载荷、形状较简单的零件,如托架和工作温度不超过200 ℃并要求切削加工性能好的小零件 |

续表

| 类别 | 代号 | 牌号 | 主要成分/(%) | | | | | 铸造方法 | 热处理 | 力学性能 | | | 用　　途 |
|---|---|---|---|---|---|---|---|---|---|---|---|---|---|
| | | | Si | Cu | Mg | 其他 | Al | | | $R_m$/MPa | $A$/(%) | 硬度/HBW | |
| 铝镁合金 | ZL301 | ZAlMg10 | — | — | 9.5~11.0 | — | 余量 | 砂型 | 淬火＋自然时效 | 280 | 9 | 60 | 在大气或海水中工作的零件,承受大振动载荷,工作温度不超过 150 ℃的零件,如氨用泵体、船舶配件等 |
| 铝锌合金 | ZL401 | ZAlZn11Si7 | 6.0~8.0 | — | 0.1~0.3 | Zn:9.0~13.0 | 余量 | 砂型 | 人工时效 | 241 | 2 | 80 | 结构形状复杂的汽车、飞机仪器零件,工作温度不超过 200 ℃,也可制作日用品 |

注：1.不完全时效指时效温度低,或时间短;完全时效指时效温度约 180 ℃,时间较长。

2.ZL401 的性能是指经过自然时效 20 天或人工时效后的性能。

(1) 常用铸造铝合金按主要合金元素的不同可分为铝硅系、铝铜系、铝镁系和铝锌系等四类。铸造铝合金的代号用"ZL"加三位数字表示,其中"ZL"表示"铸铝";第一位数字表示合金类别:1 为铝硅系,2 为铝铜系,3 为铝镁系,4 为铝锌系;第二、三位数字表示合金的顺序号。铸造铝合金的牌号用"Z＋A1＋主要合金元素化学符号及其质量分数"表示,如 ZAl-Si12,表示 $w(Si)=12\%$ 的铸造铝合金。

① 铝硅系合金(硅铝明)。铝硅系合金是铸造铝合金中牌号最多、应用最广泛的一类。它具有良好的铸造性,可加入铜、镁、锰等元素使合金强化,并通过热处理进一步提高力学性能。这类合金可用作内燃机活塞、汽缸体、水冷的汽缸头、汽缸套、扇风机叶片、形状复杂的薄壁零件及电动机、仪表的外壳等。

② 铝铜系。铝铜合金强度较高,加入镍、锰更可提高耐热性,用于高强度或高温条件下工作的零件。

③ 铝镁系。铝镁合金有良好的耐蚀性,可作腐蚀条件下工作的铸件,如氨用泵体、泵盖及海轮配件等。

④ 铝锌系。铝锌合金有较高的强度,价格便宜,可用于制造医疗器械零件、仪表零件和日

用品等。

（2）铝合金的变质处理。铸造铝合金中一般有较多的共晶组织，这种组织很粗大，导致铸件的性能降低，为了提高铸件的性能，往往需要对其进行变质处理。变质处理是指在合金浇注前，向液态合金中加入占合金的质量分数为 $2\%\sim3\%$ 的变质剂（2/3 的氟化钠和 1/3 的氯化钠的混合物）以细化共晶组织，从而显著提高合金的强度和塑性（强度提高 $30\%\sim40\%$，伸长率提高 $1\%\sim2\%$）。

## 5.2　铜及铜合金

### 5.2.1　纯铜

纯铜呈玫瑰红色，表面形成氧化铜膜后，为紫红色，故俗称紫铜。由于纯铜是用电解方法提炼出来的，故又称电解铜。

1. 纯铜的性能

纯铜的熔点为 $1\,083\,℃$，密度为 $8.9\;g/cm^3$，具有面心立方晶格，没有同素异晶转变，无磁性。纯铜具有很高的导电性、导热性和耐腐蚀性（抗大气和海水腐蚀），在含 $CO_2$ 的湿空气中，其表面易生成碱性碳酸盐类的绿色薄膜[$CuCO_3 \cdot Cu(OH)_2$]，俗称铜绿。纯铜的抗拉强度不高（$R_m = 200\;N/mm^2 \sim 400\;N/mm^2$）。纯铜硬度很低，但塑性很好（$A = 45\% \sim 50\%$），容易进行热压力或冷压力加工。纯铜经冷塑性变形后，可提高其强度，但塑性有所下降。

2. 纯铜的种类及用途

纯铜产品按化学成分分为纯铜和无氧铜两类。纯铜中常含有铅、铋、氧、硫和磷等杂质元素，它们对铜的力学性能和工艺性能有很大的影响，尤其是铅和铋的危害最大。由于纯铜的强度低，不宜作为结构材料使用，而广泛地用于制造电线、电缆、铜管及作为冶炼铜合金的原料。

纯铜的代号是用"字母＋数字"组成，如 T1、T2 表示纯铜，Tu1、Tu2 表示无氧铜，数字越大表示杂质含量越高。

### 5.2.2　铜合金的分类

工业上广泛使用的是铜合金。按照合金的成分，铜合金可分为黄铜、白铜和青铜三类。

1. 黄铜

黄铜指以锌为主要添加元素的铜合金。普通黄铜是铜锌二元合金；在铜锌合金中又加入其他元素时称为特殊黄铜，如铅黄铜等。根据生产方法的不同，又可分为压力加工黄铜与铸造黄铜两类。

**2. 白铜**

白铜指以镍为主要添加元素的铜合金。普通白铜是铜镍二元合金;在铜镍合金中又加入其他元素时称为特殊白铜,如锌白铜等。

**3. 青铜**

青铜指除黄铜和白铜以外的铜合金。如铜和锡的合金称为锡青铜,铜和铝的合金称铝青铜,此外,还有铍青铜、硅青铜、锰青铜等。和黄铜、白铜一样,各种青铜中还可加入其他合金元素,以改善其性能。根据生产方法的不同,也分为压力加工青铜与铸造青铜两类。

### 5.2.3 黄铜(压力加工黄铜)

**1. 普通黄铜**

普通黄铜的色泽美观,对海水与大气有良好的耐腐蚀性,加工性能好,普通黄铜的耐蚀性优于钢铁材料。

普通黄铜的力学性能与化学成分之间的关系如图 5-2 所示。当锌的含量<39%时,锌能全部溶于铜中,并形成单相 α 固溶体(称 α 黄铜或单相黄铜),如图 5-3 所示。随着锌的含量增加,固溶强化效果明显增强,使黄铜的强度、硬度提高,同时还保持较好的塑性,故单相黄铜适合于冷变形加工。当锌的含量在 39%~45%时,黄铜的显微组织为 α+β 两相组织(称双相黄铜),如图 5-4 所示。由于 β 相的出现,在强度继续升高的同时,塑性有所下降,故双相黄铜适合于热变形加工。当锌的含量<45%时,因显微组织全部为脆性的 β 相,致使黄铜的强度和塑性都急剧下降,因此,在生产中已无实用价值。当锌的含量<7%(尤其是为 20%)时,并经冷变形加工后,因黄铜制品中存在残余应力,在潮湿的大气、海水,特别是在含有氨的介质中,容易产生因腐蚀而导致的自裂现象,这种现象一般可在冷变形后采用低温退火(250 ℃~300 ℃,1 h~3 h)予以防止。

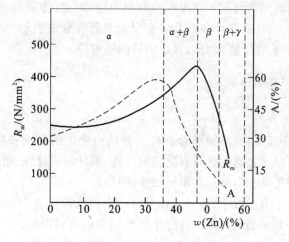

**图 5-2 黄铜的组织及力学性能与锌含量的关系**

图 5-3　单相黄铜显微组织

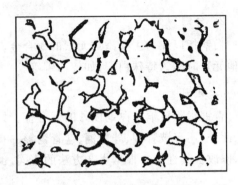

图 5-4　双相黄铜显微组织

普通黄铜的代号用"黄"字汉语拼音字首"H"加数字表示，数字表示铜的平均含量。如 H70 表示铜的平均含量为 70%，锌含量为 30% 的单相黄铜。常用的普通黄铜如下。

（1）H80。H80 属单相黄铜，呈美丽的金黄色，可用来做装饰材料，有"金色黄铜"之美称，其力学性能与冷、热压力加工性能较好，在大气和海水中具有较高的耐蚀性。

（2）H70。H70 属单相黄铜，强度高，塑性好，冷成型性能好，可用深冲压的方法制造弹壳、散热器、垫片等零件，故有"弹壳黄铜"之称。

（3）H62。H62 属双相黄铜，有较高的强度，热加工性能与切削性能好，故有"快削黄铜"之称。另外，还具有焊接性好、耐腐蚀、价格较便宜等优点。常用于制造散热器、油管、垫片、螺钉、弹簧等。

**2．特殊黄铜**

为了进一步提高黄铜的力学性能、工艺性能和化学性能，常在普通黄铜的基础上加入铅、铝、硅、锰、锡、镍等元素，分别形成铅黄铜、铝黄铜、硅黄铜等。

加入铅可以改善黄铜的切削加工性；加入硅能提高黄铜的强度和硬度；与铅配合能增加黄铜的耐磨性；锡能增加黄铜的强度和在海水中的耐蚀性，因此，锡黄铜有"海军黄铜"之称。特殊黄铜的代号用"H"加主元素符号和铜及各合金元素的含量来表示。如：HPb59-1 表示铜的平均含量为 59%，铅的平均含量为 1%，其余为锌的铅黄铜。

### 5.2.4　白铜（压力加工白铜）

**1．普通白铜**

通常把镍的含量小于 50% 的铜镍合金称为普通白铜。由于铜和镍的晶格类型相同，因此，在固态时能无限互溶。普通白铜具有优良的塑性、很好的耐蚀性、耐热性和特殊的电性能，因此，是制造精密机械零件和电器元件不可缺少的材料。

普通白铜的代号用"B＋数字"表示。B 是"白"字的汉语拼音字首，数字表示镍的平均含量，如 B19 表示镍的平均含量为 19%，铜的含量为 81% 的普通白铜。

**2. 特殊白铜**

特殊白铜是在普通白铜中加入锌、铝、铁、锰等元素而组成的。合金元素的加入是为了改善白铜的力学性能、工艺性能和电热性能及获得某些特殊性能。

特殊白铜的代号由"B+主加元素符号+数字"表示,数字依次表示镍和加入元素的平均含量,如 BMn3-12,表示平均镍的含量为 3%,锰的含量为 12% 的锰白铜。

### 5.2.5 青铜(压力加工青铜)

青铜是人类历史上应用最早的合金,因铜与锡的合金呈青黑色而得名。压力加工青铜的代号用"Q+主加元素符号+数字"表示,Q 是"青"字汉语拼音字首,主加元素符号表明为何种青铜,数字依次表示主加元素和其他加入元素平均含量,如 QSn10,即为锡的平均含量为 10% 的锡青铜。

**1. 锡青铜**

锡青铜是由铜和锡为主所组成的铜合金,具有良好的强度、硬度、耐蚀性和铸造性。如图 5-5 所示,锡的含量对锡青铜的力学性能的影响:当锡的含量在 5%～6% 以下时,锡溶于铜中形成 $\alpha$ 固溶体,合金的强度随着锡的含量增加而升高;当锡的含量超过 5%～6% 时,合金组织中出现脆性相,塑性急剧下降,但强度还继续升高;当锡的含量大于 20% 时,强度也显著下降。故工业用锡青铜的锡含量一般都在 3%～14% 之间。锡的含量小于 8% 的青铜具有较好的塑性和适宜的强度,适用于压力加工;而锡的含量大于 10% 的青铜由于塑性差,只适用铸造。

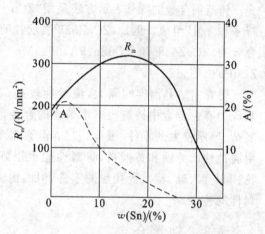

图 5-5　锡含量对锡青铜力学性能的影响

**2. 铝青铜**

铝青铜是以铝为主要合金元素的铜合金。其特点是价格便宜,色泽美观;与锡青铜和黄铜相比,铝青铜具有更高的强度,更好的耐腐蚀性和耐磨性,主要应用于海水或高温下工作的高强度耐磨零件,在青铜中应用最广泛。如 QAl9-4,即平均含铝量为 9%,其他元素含量为 4%,铜含量为 87% 的铝青铜。

**3. 铍青铜**

铍青铜是以铍为主要合金元素的铜合金,其综合性能很好,不仅有高的强度、硬度、弹性、耐磨性、耐蚀性和耐疲劳性,还有高的导电性、导热性、耐寒性、无铁磁性及撞击不产生火花的特性。铍青铜通过淬火和时效,其抗拉强度 $R_m$ 可达 1 176 N/mm²～1 470 N/mm²,硬度可达 350 HBW～400 HBW,远远超过其他所有的铜合金,甚至可与高强度钢相媲美。铍青铜在工业上主要用来制造重要用途的弹性元件、耐磨零件和其他重要零件,如钟表齿轮、弹簧、电接触器、电焊机电极、航海罗盘及在高温、高速下工作的轴承和轴套等。如 QBe2,即铍平均含量为2%的铍青铜。

铍是稀有金属,价格高昂,铍青铜的生产工艺较复杂,成本很高,而且有毒,因而在应用上受到了限制,但在铍青铜中加入钛元素,可减少铍的含量,降低成本,改善工艺性能。

**4. 硅青铜**

硅青铜是以硅为主要合金元素的铜合金。硅青铜具有很高的力学性能和耐腐蚀性能,良好的冷、热压力加工性能,常用于制作耐蚀、耐磨零件,还用于长距离架空的电话线和输电线等。如 QSi3-1,即硅平均含量为 3%,其他元素含量为 1% 的硅青铜。

除了上述几种青铜外,还有铅青铜、钛青铜等。

### 5.2.6 铸造铜合金

铸造铜合金的牌号表示方法是用"ZCu+主加元素符号+主加元素含量+其他加入元素符号和含量"组成。例如,ZCuZn38 表示锌的含量为 38% 的铸造铜锌合金。常用的铸造黄铜合金有 ZCuZn38 和 ZCuZn25A16Fe3Mn3 等。常用的铸造青铜合金有 ZCuSn10Zn2 和 ZCuPb30 等。

锡青铜结晶温度间隔大,流动性较差,不易形成集中性缩孔,而形成分散的微缩孔,使它成为有色合金中铸造收缩率最小的合金,适于铸造对外形及尺寸要求较严的铸件及形状复杂、壁厚较大的零件,因而,自古至今,锡青铜在制作艺术品中应用最广。由于锡青铜的耐腐蚀性比纯铜和黄铜高,耐磨性能也很好,因此,多用于制造耐磨零件(如轴瓦、轴套、涡轮)和与酸、碱、蒸汽等接触的零件,但因锡青铜的致密度较低,不宜用作要求高密度和高密封性的铸件。

## 5.3 轴承合金

轴承合金一般指滑动轴承合金(巴氏合金),用来制造滑动轴承轴瓦及其内衬的合金。滑动轴承是机床、汽车、拖拉机等机械上的重要零件之一,与滚动轴承相比,由于滑动轴承具有制造、修理和更换方便,与轴颈接触面积大,承受载荷均匀,工作平稳、无噪声等优点,所以应用很广。例如,磨床的主轴轴承、连杆轴承、发动机轴承等大多使用滑动轴承。

### 5.3.1 对轴承合金性能的要求

滑动轴承由轴承体和轴瓦组成,轴瓦直接与轴颈相接触,在转动时,轴瓦和轴之间存在不可避免的磨损,而轴是机器上重要和昂贵的部件,更换也比较困难,所以,最好使轴的磨损最小,而让轴瓦被磨损。为此,轴瓦材料应满足以下要求。

(1)具有足够的强度和塑性、韧性,以抵抗冲击和振动。

(2)具有适当的硬度,以减小轴的磨损。

（3）具有较小的摩擦系数和良好的磨合性（指轴和轴瓦在运转时互相配合的性能），并能保存润滑油，以保持正常的润滑。

（4）良好的导热性与耐蚀性。

（5）良好的工艺性（即指易于浇铸，易于和瓦底焊合）。

（6）成本低廉。

### 5.3.2 轴承合金的理想组织

轴承合金必须具有较理想的组织来保证获得以上性能。轴承合金理想的组织是在软的基体上分布着硬质点，或是在硬的基体上分布着软质点，这样，在轴承工作时，软的组成部分很快被磨损，下凹的区域可以储存润滑油，使表面形成连续的油膜；硬质点则凸出以支承轴颈，使轴承与轴颈的实际接触面积大为减少，减少轴承摩擦，使轴承具有良好的耐磨性；软基体有较好的磨合性与抗冲击、抗振动的能力，但这类组织的承载能力较低，属于此类组织的有锡基和铅基轴承合金，其理想组织如图 5-6 所示。在硬基体（其硬度低于轴颈硬度）上分布着软质点的组织，能承受较高的负荷，但磨合性较差，属于此类组织的有铜基和铝基等轴承合金。

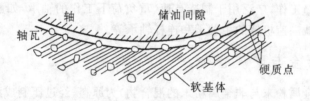

**图 5-6　轴与轴瓦的理想配合示意图**

### 5.3.3 常用的轴承合金

常用的轴承合金有锡基、铅基、铜基、铝基等。锡基与铅基轴承合金牌号的表示方法是"ZCh＋基体元素（锡或铅）符号＋主加元素（锑）符号＋主加元素含量＋辅加元素含量"，其中 Z、Ch 是"铸"、"承"两字的汉语拼音字首，表示铸造轴承合金的意思。例如：ZCh-SnSb11-6 表示平均锑的含量是 11％，铜的含量是 6％，其余是锡的铸造锡基轴承合金。

#### 1. 锡基轴承合金

锡基轴承合金是以锡为基，加入锑（Sb）、铜等元素组成的合金，锑能溶入锡中形成 α 固溶体，又能生成化合物（SnSb）。铜与锡也能生成化合物（$Cu_6Sn_5$）。如图 5-7 所示为锡基轴承合金的显微组织，图中暗色基体为 α 固溶体，作为软基体。白色方块为 SnSb 化合物，白色针状或星状的组织为化合物

**图 5-7　锡基轴承合金的显微组织**

$Cu_6Sn_5$，作为硬质点。

锡基轴承合金具有适中的硬度、低的摩擦系数、较好的塑性和较高韧度、优良的导热性和耐蚀性等优点，常用于制造重要的轴承，如制造汽轮机、发动机、压缩机等高速轴承。但由于锡是稀缺金属，成本较高，因此妨碍了它的广泛应用。

2. 铅基轴承合金

铅基轴承合金通常是以铅锑为基，加入锡、铜等元素组成的轴承合金。它的组织中软基体为共晶组织（$\alpha+\beta$），硬质点是白色方块状的 SnSb 化合物及白色针状的 $Cu_3Sn$ 化合物。铅基轴承合金的强度、硬度、韧度均低于锡基轴承合金，且摩擦系数较大，故只用于中等负荷的低速轴承，如汽车、拖拉机的曲轴轴承，电动机、空压机、减速器的轴承等。由于其价格便宜，因此，在可能的情况下，应尽量代替锡基轴承使用。

3. 铜基轴承合金

铜基轴承合金（铅青铜）是锡基轴承合金的代用品，如 ZCuPb30，表示铅的平均含量为 30％的铸造铅青铜。由于，铅和铜在固态是互不溶解的，因此，它的室温显微组织是 Cu＋Pb。Cu 为硬基体，颗粒状 Pb 为软质点，是一种硬基体加软质点类型的轴承合金，可以承受较大的压力。铅青铜具有良好的耐磨性、高的导热性（为锡基的六倍）、高的疲劳强度，并能在较高温度下（300 ℃～320 ℃）工作，广泛用于制造高速、重负荷下工作的轴承，如航空发动机、大功率汽轮机、柴油机等其他高速机器的主轴承和连杆轴承等。

## 5.4 粉末冶金与硬质合金

以金属粉末（或金属粉末与非金属粉末的混合物）为原料，经过压制成型及烧结，所制成的合金称为粉末合金，这种生产过程称为粉末冶金法。

### 5.4.1 粉末冶金工艺简介

粉末冶金工艺过程包括制粉、筛分与混合、压制成型、烧结及后处理等几个工序。

1. 制粉

制粉通常用以下几种方法将原料破碎成粉末：机械破碎法，如用球磨机粉碎金属原料；熔融金属的气流粉碎法，如用压缩空气流、蒸汽流或其他气流将熔融金属粉碎；氧化物还原法，如用固体或气体还原剂把金属氧化物还原成粉末；电解法，在金属盐的水溶剂中电解沉积金属粉末。

2. 筛分与混合

筛分与混合的目的是使粉料中的各组元均匀化。在各组元密度相差较大且均匀程度要求较高的情况下常用湿混，即在粉料中加入液体，以改善粉末的成型性和可塑性，如可在粉料中加汽油橡胶液或石蜡等增塑剂等，常用于硬质合金的生产。

3. 压制成型

成型的目的是将松散的粉料通过压制或其他方法制成具有一定形状、尺寸的压坯。常用的成型方法为模压成型,它是将混合均匀的粉末装入压模中,然后在压力机上压制成型。

4. 烧结

压坯只有通过烧结,使孔隙减少或消除,增大密度,才能成为"晶体结合体",从而具有一定的物理性能和力学性能。烧结是在保护性气氛(煤气、氢等)的高温炉或真空炉中进行的。

5. 后处理

烧结后的大部分制品即可直接使用,当要求密度、精度高时,可进行最后复压加工,称为精整;有的需经浸渍,如含油轴承;有的需要热处理和切削加工等。

### 5.4.2　粉末冶金的特点与应用

(1)粉末冶金法能生产多种具有特殊性能的金属材料。粉末冶金法能生产具有一定孔隙度的多孔材料产品,如过滤器、多孔含油轴承;耐磨的制动器与离合器;生产熔炼法不能生产的电接触材料;硬质合金、金刚石与金属组合材料;各种金属陶瓷磁性材料;生产钨、钼、钽、铌等难熔金属材料和高温金属陶瓷等。近年来,还用粉末冶金法生产高速钢,可以避免碳化物偏析,比熔炼高速钢性能好。

(2)用粉末冶金法制造机器零件是一种少切削、无切削的新工艺。过去,粉末冶金法主要用来制造各种衬套和轴套,现在逐渐发展到制造其他机械零件,如齿轮、凸轮、电视机零件、仪表零件及某些军械零件等。用粉末冶金法制造的机械零件,能大量减少切削工作量,节省机床,节约金属材料,并提高劳动生产率。

但是,应用粉末冶金法也有缺点,如制造原始粉末的成本高;压制时,所需单位压力很高,制品尺寸受到限制;压模的成本高;粉末的流动性差,不易制造形状十分复杂的零件;烧结后零件的韧度较差等。不过,这些问题随着粉末冶金技术的发展是不难解决的,随着粉末冶金锻造技术的发展,粉末冶金材料的韧度可以大大提高。

### 5.4.3　硬质合金

硬质合金是将难熔金属碳化物(碳化钨、碳化钛)粉末和黏结剂(主要是钴)混合,加压成型后烧结而成的一种粉末冶金材料。

1. 硬质合金的特点

(1)硬度高、热硬性高、耐磨性好。常温下最高硬度可达 93 HRA,相当于 81 HRC 左右,红硬性温度可达 900 ℃～1 000 ℃(高速钢的红硬性温度为 600 ℃～650 ℃),其切削速度比高速钢可提高 4～7 倍,刀具寿命可提高 5～80 倍,能够切削硬度高达 50 HRC 左右的硬质材料,因此,在高速切削的情况下,通常采用硬质合金刀具。

(2)抗压强度高。常温下工作时,无明显的塑性变形,抗压强度可达 6 000 N/mm²,900 ℃时抗弯强度可达到 1 000 N/mm² 左右。

(3)耐腐蚀性(抗大气、耐酸、耐碱)和抗氧化性好。

（4）线膨胀系数小，电导率和热导率与铁及铁合金相近。

由于硬质合金的硬度高、脆性大，不能进行机械加工，故常将其制成一定形状的刀片，镶焊在刀体上使用。

**2. 硬质合金的分类及牌号**

硬质合金可分为切削用硬质合金、模具用硬质合金、地质、矿山用硬质合金、耐磨零件用硬质合金等。

（1）切削用硬质合金。它主要用于制造车刀、铣刀、钻头、铰刀、镗刀等。

（2）模具用硬质合金。它主要用于制造拉延、冷冲和冷挤模具等。

（3）地质、矿山用硬质合金。它主要用于制造凿岩用的钎头等。

（4）耐磨零件用硬质合金。它主要用于制造耐磨零件，如精轧辊、顶尖、精密磨床的精密轴承等。

GB/T 18376《硬质合金牌号》分为三个部分，第 1 部分为切削工具用硬质合金牌号；第 2 部分为地质、矿山工具用硬质合金牌号；第 3 部分为耐磨零件用硬质合金牌号。

切削工具用硬质合金牌号按使用领域的不同分为 P、M、K、N、S、H 六类，各个类别为满足不同的使用要求，以及根据切削工具用硬质合金材料的耐磨性和韧度的不同，分成若干个组，用 01、10、20……两位数字表示组号。必要时，可在两个组号之间插入一个补充组号，用 05、15、25……数字表示。其类别和使用领域见表 5-3。

表 5-3　切削工具用硬质合金类别和使用领域

| 类　别 | 使　用　领　域 |
| --- | --- |
| P | 长切屑材料的加工，如钢、铸钢，长切削可锻铸铁等的加工 |
| M | 通用合金，用于不锈钢、铸钢、锰钢、可锻铸铁、合金钢、合金铸铁等的加工 |
| K | 短切屑材料的加工，如铸铁、冷硬铸铁、短切屑可锻铸铁、灰口铸铁等的加工 |
| N | 有色金属、非金属材料的加工，如铝、镁、塑料、木材等的加工 |
| S | 耐热和优质合金材料的加工，如耐热钢，含镍、钴、钛的各类合金材料的加工 |
| H | 硬切削材料的加工，如淬硬钢、冷硬铸铁等材料的加工 |

切削工具用硬质合金牌号由类别代码、分组号、细分号（需要时使用）组成。牌号表示规则如下。

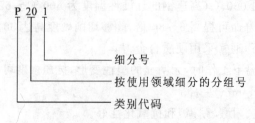

#### 5.4.4 切削用硬质合金各组别的基本成分及力学性能要求

切削用硬质合金各组别的基本成分及力学性能要求见表 5-4。

表 5-4 切削用硬质合金各组别的基本成分及力学性能

| 组别 | | 基本成分 | 力学性能 | | |
|---|---|---|---|---|---|
| 类别 | 分组号 | | 洛氏硬度 HRA,不小于 | 维氏硬度 HV,不小于 | 抗弯强度 $Ra$/MPa,不小于 |
| P | 01 | 以 TiC、WC 为基,以 Co(Ni+Mo、Ni+Co) 作黏结剂的合金/涂层合金 | 92.3 | 1 750 | 700 |
| | 10 | | 91.7 | 1 680 | 1 200 |
| | 20 | | 91.0 | 1 600 | 1 400 |
| | 30 | | 90.2 | 1 500 | 1 550 |
| | 40 | | 89.5 | 1 400 | 1 750 |
| M | 01 | 以 WC 为基,以 Co 作黏结剂,添加少量 TiC(TaC、NbC) 的合金/涂层合金 | 92.3 | 1 730 | 1 200 |
| | 10 | | 91.0 | 1 600 | 1 350 |
| | 20 | | 90.2 | 1 500 | 1 500 |
| | 30 | | 89.9 | 1 450 | 1 650 |
| | 40 | | 88.9 | 1 300 | 1 800 |
| K | 01 | 以 WC 为基,以 Co 作黏结剂,或添加少量 TaC、NbC 的合金/涂层合金 | 92.3 | 1 750 | 1 350 |
| | 10 | | 91.7 | 1 680 | 1 460 |
| | 20 | | 91.0 | 1 600 | 1 550 |
| | 30 | | 89.5 | 1 400 | 1 650 |
| | 40 | | 88.5 | 1 250 | 1 800 |
| N | 01 | 以 WC 为基,以 Co 作黏结剂,或添加少量 TaC、NbC 或 CtC 的合金/涂层合金 | 92.3 | 1 750 | 1 450 |
| | 10 | | 91.7 | 1 680 | 1 560 |
| | 20 | | 91.0 | 1 600 | 1 650 |
| | 30 | | 90.0 | 1 450 | 1 700 |

续表

| 组别 | | 基本成分 | 力学性能 | | |
|---|---|---|---|---|---|
| 类别 | 分组号 | | 洛氏硬度 HRA，不小于 | 维氏硬度 HV，不小于 | 抗弯强度 $Ra/MPa$，不小于 |
| S | 01 | 以 WC 为基，以 Co 作黏结剂，或添加少量 TaC、NbC 或 TiC 的合金/涂层合金 | 92.3 | 1 730 | 1 500 |
| | 10 | | 91.5 | 1 650 | 1 580 |
| | 20 | | 91.0 | 1 600 | 1 650 |
| | 30 | | 90.5 | 1 550 | 1 750 |
| H | 01 | 以 WC 为基，以 Co 作黏结剂，或添加少量 TaC、NbC 或 TiC 的合金/涂层合金 | 92.3 | 1 730 | 1 000 |
| | 10 | | 91.7 | 1 680 | 1 300 |
| | 20 | | 91.0 | 1 600 | 1 650 |
| | 30 | | 90.5 | 1 520 | 1 500 |

注：1. 洛氏硬度和维氏硬度中任选一项。

2. 以上数据为非涂层硬质合金要求，涂层产品可按对应的维氏硬度下降 30～50。

# 习　题

5-1　用二元合金相图说明热处理能强化的变形铝合金，热处理不能强化的变形铝合金和铸造铝合金的相构成与区别。

5-2　铝合金的热处理机理与碳钢有什么区别？什么是固溶处理、自然时效和人工时效？

5-3　变形铝合金分哪几类？其性能和用途是什么？

5-4　铸造铝合金分哪几类？其性能和用途是什么？

5-5　常用铜合金分为哪几类？各有何特点？

5-6　对滑动轴承有什么性能要求？常用滑动轴承合金有哪些？

5-7　常用硬质合金有哪几种？其性能特点和用途是什么？

## 项目六　非金属材料

目前,机械工程上应用的非金属材料有工程塑料、合成橡胶、工业陶瓷、复合材料、合成胶粘剂等。其中,前两种属于高分子合成材料,工业陶瓷是无机非金属材料,复合材料是用适当的工艺方法将两种或多种性质不同的材料复合而成的新材料。胶粘剂是一种靠界面作用产生的粘合力将各种材料牢固地胶结在一起的物质。

长期以来,机械工程材料一直是以金属材料为主的,其中又以黑色金属为主。这是由于金属材料具有许多优良的性能,例如强度高、热稳定性好、导电导热性好等。但是金属材料也存在一些缺点,如难以满足比重小、耐腐蚀、电绝缘等方面的要求。20世纪以来,高分子合成材料、工业陶瓷和复合材料等的出现与迅猛发展,使机械工程材料领域空前扩大。

### 6.1　工程塑料的特性、分类与应用

工程塑料是一类范围很大、应用很广的高分子合成材料,成分相当复杂,它是以各种各样的树脂为基础,加入改善性能的各种添加剂,在一定温度与压力下塑压成型或固化交联而形成的。

#### 6.1.1　塑料的性能

作为非金属材料主体的工程塑料应用很广,这与下列性能是分不开的。

1. 按材料单位重量计算的强度较高

塑料的密度一般为 $1\,000\,\mathrm{kg/m^3}\sim1\,500\,\mathrm{kg/m^3}$,远比钢、铜、铝等为小,因而,按材料单位重量计算的强度较高,适用于制造有单位功率自重指标要求的运输机械。

2. 对酸、碱等介质的抗腐蚀能力强

这种性能使塑料适用于某些化工机械零件和在腐蚀介质中工作的其他零件。

3. 电绝缘性好

塑料与陶瓷一样,都是理想的绝缘材料。

4. 成型工艺性好

大多数工程塑料均可用注塑的方法成型,与同类型的金属零件相比,其生产率高,成本低。

5. 耐磨性、吸振性均佳

工程塑料可以在有液摩擦和干摩擦条件下工作,这种性能对难以采用人工润滑的摩擦副是很可贵的。另外,工程塑料的异物埋设性和就范性,对于工作时常有磨粒或杂质进入摩擦表面的摩擦副也大有裨益,而且吸振性好,可以降低机械振动,减小噪声。

工程塑料的缺点主要是强度和硬度不及金属材料高、耐热性和导热性差、胀缩变形大、易老化等,这些缺点使它的应用受到一定限制。

### 6.1.2 塑料的分类

塑料种类繁多,常用的就有六十多种,一般采用下列两种分类方法。

**1. 按树脂的性质分类**

根据树脂在加热和冷却时所表现的性质,可将塑料分为热固性塑料和热塑性塑料。

热固性塑料大多以缩聚树脂为基础。这种塑料在加热加压条件下会发生化学反应,经过一定时间即固化为坚硬的制品,固化后不溶于任何溶剂,也不会再熔化(温度过高时则发生分解)。酚醛塑料、氨基塑料、环氧树脂和有机硅塑料等均属此类。热固性塑料质地硬脆,具有一定耐冲击能力,电绝缘性好,常用于制作电器上的绝缘零件,如酚醛胶木电器开关等。

热塑性塑料主要由聚合树脂制成。此类塑料受热软化,冷却变硬,再受热又可软化、再冷却再变硬,可多次重复,因而,可再生和再加工。聚乙烯、聚氯乙烯、聚丙烯、聚酰胺(即尼龙)、ABS、聚甲醛、聚碳酸酯、聚苯乙烯等均属此类。常用于制作各种工程用品,例如化工管道、仪表壳和各种机械零件等。

**2. 按塑料的应用范围分类**

按应用范围,可将塑料分为通用塑料和工程塑料。

通用塑料包括聚乙烯、聚氯乙烯、聚苯乙烯、聚丙烯、酚醛塑料和氨基塑料等,此类塑料产量大、用途广、价格低。它们的产量占塑料总产量的75%以上,通常制成管材、棒材、板料及薄膜等或者塑压成日常生活用品。

工程塑料包括ABS、尼龙、聚碳酸酯、聚甲醛等。此类塑料的强度大、耐高温、耐腐蚀,具有类似金属的性能,广泛用于机械、仪表、电子工业、医疗行业等。由于通用塑料可以改性,其应用范围不断扩大,通用塑料与工程塑料的界限已很难划分。

### 6.1.3 常用塑料的性能与用途

常用热固性塑料的性能和用途见表6-1;常用热塑性塑料的性能和用途见表6-2。

**表 6-1　常用热固性塑料的性能和用途**

| 名　　称 | 性　　能 | 用　　途 |
|---|---|---|
| 酚醛树脂、电木(PF) | 负载能力强,尺寸稳定性高,耐热性好,热导率低,电绝缘性能好,耐弱酸、弱碱及绝大部分有机溶剂 | 一般机械零件,电绝缘件,耐腐蚀件,一般高、低压电器制件,插头,插座,罩壳,齿轮,滑轮 |
| 脲醛树脂、电玉(UF) | 半透明如玉,电绝缘性和耐电弧性优良;抗压强度高,变形小;硬度高,耐磨性好;耐多种有机溶剂和油脂;阻燃 | 一般机械零件,绝缘件,装饰件,仪表壳;耐热、耐水食具;电插头,开关,手柄 |

续表

| 名　　称 | 性　　能 | 用　　途 |
|---|---|---|
| 环氧树脂(EP) | 良好的胶结能力,有"万能胶"之称;电性能、耐化学腐蚀性和力学性能均好;耐热性差 | 电子元件和线圈的灌封和固定,印制板,塑料模,纤维增强塑料,胶黏剂 |
| 硅树脂(SI) | 耐热性好,电阻和介质强度高,防潮性强,抗辐射,耐臭氧 | 电气、电子元件和线圈的灌封和固定,印制板涂层,耐热件,绝缘件,绝缘清漆,胶黏剂 |
| 聚氨酯(PUR) | 耐磨,韧性好、承载能力高,耐低温、不脆裂、耐氧、臭氧和油,抗辐射,易燃 | 密封件,传动带,隔热、隔音及防振材料,耐磨材料,齿轮,电气绝缘件,电线电缆护套,实心轮胎 |

表 6-2　常用热塑性塑料的性能和用途

| 名　　称 | 性　　能 | 用　　途 |
|---|---|---|
| 苯乙烯-丁二烯-丙烯腈三元共聚体(ABS) | 具有较高机械强度和冲击韧性,尺寸稳定,易成型且易机械加工,表面可镀铬 | 轻负荷传动件,仪表外壳,汽车工业上的方向盘,加热器等 |
| 聚乙烯(PE) | 具有耐酸碱、耐寒性,化学稳定性好,吸水性极小,机械强度不高 | 化工抗腐蚀管道,民用管道,吹塑薄膜,食品包装等 |
| 聚甲醛(POM) | 具有较高机械强度,综合性能好,热稳定性差,易燃,易老化 | 轴承,齿轮,管接头,化工容器,仪表外壳等 |
| 聚酰胺、尼龙(PA) | 具有良好电气性能及力学性能,有自润滑性,吸水性大 | 电子仪器中的零件,轴承,齿轮,泵叶轮,输油管等 |
| 氯化聚醚(CPT) | 具有良好的耐酸碱抗蚀能力,易加工,尺寸稳定性好 | 耐蚀零件,泵阀门,化工管道,精密机械零件等 |
| 聚苯乙烯(PS) | 具有一定机械强度,化学稳定性好,耐热性较低,较脆 | 仪表外壳,汽车灯罩,酸槽,光学仪表零件,透镜等 |
| 聚甲基丙烯酸甲酯、有机玻璃(PMMA) | 具有较高机械强度,化学稳定性好,透光性好,耐热性较低,质地较脆 | 有一定透明度及强度的零件,光学镜片,透明管道,汽车车灯罩等 |
| 聚丙烯(PP) | 具有一定机械强度,密度小,耐热性好,低温脆性大,不耐磨 | 电工、电信材料,一般机械头或传动件等 |
| 聚碳酸酯(PC) | 具有较好的抗冲击性能,弹性模量高,耐蚀耐磨,高温下易开裂 | 齿轮、齿条、凸轮、轴承、输油管,酸性蓄电池槽等 |

## 6.2 复合材料的特性、分类与应用

复合材料是指用人工的方法将一种或几种材料均匀地与另一种材料结合而成的多相材料。在其组成相中一类为基体材料,起黏结作用;另一类为增强材料,起提高强度或韧度的作用。

复合材料最大的特点是能根据人们的要求来设计材料,来改善材料的使用性能,克服单一材料的某些缺点,充分发挥各组成材料的最佳特性,到达取长补短,有效地利用材料。

### 6.2.1 复合材料的分类

**1. 按基体材料划分**

按基体材料划分,复合材料可分为非金属和金属基体两类。目前大量研究和使用的是以高分子材料为基体的复合材料。

**2. 按复合形式划分**

按复合形式划分,复合材料可分为纤维增强、层叠和颗粒复合材料等。其中纤维增强复合材料发展速度快、应用最广。

**3. 按性能划分**

按性能划分,复合材料可分为结构复合材料和功能复合材料等。结构复合材料主要用于制造结构件,目前已大量研究和应用;功能复合材料是指具有某些物理功能和效应的复合材料。

### 6.2.2 纤维增强复合材料的性能

**1. 比强度和比模量高**

纤维增强复合材料的比强度和比模量普遍大于钢,例如碳纤维和环氧树脂组成的复合材料,比强度是钢的 7 倍,比模量是钢的 4 倍。这一性能对于宇航、交通运输及高速运转的零件十分重要。

**2. 抗疲劳性能好**

大多数金属的疲劳强度是抗拉强度的 $40\% \sim 50\%$,而碳纤维增强的复合材料可高达 $70\% \sim 80\%$,其他纤维增强的复合材料也高于金属。

**3. 减振性能好**

纤维与基体的界面具有吸振能力,振动波在此会很快衰减。

**4. 高温性能好**

一般铝合金在 400 ℃时其弹性模量大幅度下降,强度也显著下降;而碳纤维或硼纤维增强的铝合金复合材料,在上述温度下,强度和弹性模量基本不变。

**5. 化学稳定性好**

基体选用耐腐蚀性好的树脂,纤维选用强度高的,其复合材料就具有很好的耐腐蚀性。

**6. 成形工艺简单**

复合材料构件可整体成形、也可模具一次成形,节省原材料和工时。

此外,纤维增强复合材料还存在一些缺点,如抗冲击性能差、不同方向上的力学性能存在较大的差异、成本高等。

### 6.2.3　常用的复合材料

常用复合材料的名称、性能及用途见表 6-3。

**表 6-3　常用复合材料的名称、性能及用途**

| 种类 | 名称 | 性　能 | 用　途 |
|---|---|---|---|
| 纤维增强复合材料 | 玻璃纤维增强塑料（玻璃钢） | 热塑性玻璃钢:与未增强的塑料相比,具有更高的强度和韧度和抗蠕变的能力,其中以尼龙的增强效果最好,聚碳酸酯、聚乙烯、聚丙烯的增强效果较好 | 轴承、轴承座、齿轮、仪表盘、电器的外壳等 |
| | | 热固性玻璃钢:强度高、比强度高、耐蚀性好、绝缘性能好、成形性好、价格低,但弹性模量低、刚度差、耐热性差、易老化和蠕变 | 主要用于制作要求自重轻的受力构件,如直升机的旋翼、汽车车身、氧气瓶。也可用于耐腐蚀的结构件,如轻型船体、耐海水腐蚀的结构件、耐蚀容器、管道、阀门等 |
| | 碳纤维增强塑料 | 保持了玻璃钢的许多优点,强度和刚度超过玻璃钢,碳纤维-环氧复合材料的强度和刚度接近于高强度钢。此外,还具有耐蚀性、耐热性、减摩性和耐疲劳性 | 飞机机身、螺旋桨、涡轮叶片、连杆、齿轮、活塞、密封环、轴承、容器、管道等 |
| 层叠复合材料 | 夹层结构复合材料 | 由两层薄而强的面板、中间夹一层轻而弱的芯子组成,比重小,刚度好、绝热、隔音、绝缘 | 飞机上的天线罩隔板、机翼、火车车厢、运输容器等 |
| | 塑料-金属多层复合材料 | 例 SF 型三层复合材料,表面层是塑料(自润滑材料)、中间层是多孔性的青铜,基体是钢,自润滑性好、耐磨性好、承载能力和热导性比单一塑料大幅提高,热膨胀系数降低 75% | 无润滑条件下的各种轴承 |
| 合颗料粒复合材料 | 金属陶瓷 | 陶瓷微粒分散于金属基体中,具有高硬度、高耐磨性、耐高温、耐腐蚀、膨胀系数小 | 工具材料 |

由两种或两种以上物理、化学性质不同的物质,经人工合成的材料称为复合材料。它不仅具有各组成材料的优点,而且还获得单一材料无法具备的优越的综合性能。

日常所见的人工复合材料很多,如钢筋混凝土就是用钢筋与石子、沙子、水泥等制成的复合材料,轮胎是由人造纤维与橡胶复合而成的材料。

## 6.3 其他非金属材料简介

### 6.3.1 橡胶材料

橡胶也是以高分子化合物为基础的材料,它具有高弹性和蓄能作用,常用作弹性材料、密封材料和减震材料。

**1. 橡胶的组成**

橡胶由以下几种材料组成。

(1)生胶。未经硫化的橡胶称为生胶。它是橡胶的主要成分,对橡胶性能起决定性作用。但单纯的生胶,高温时发粘,低温时性脆,因而,需加入各种配制剂并经硫化制成工业用橡胶材料。

(2)硫化剂。硫化剂的作用类似热固性树脂中的固化剂,它能使线型结构的橡胶分子相互交联成网状结构,从而提高橡胶的弹性和强度。常用的硫化剂为硫黄。

(3)软化剂。软化剂旨在增加橡胶的塑性,降低其硬度。常用的软化剂有凡士林、硬脂酸等油类和脂类。

(4)填充剂。填充剂旨在增加橡胶制品的强度,降低成本,主要采用粉状和织物填充剂。

此外,还有补强剂、防老剂、发泡剂及着色剂等。

**2. 橡胶的分类**

常用橡胶有以下两大类。

(1)天然橡胶。天然橡胶是以橡胶树上流出的胶乳经过凝固、干燥、加工等工序制成的。主要用于制造轮胎及不要求耐油、耐热的胶带、胶管等。

(2)合成橡胶。合成橡胶种类很多,用量最大的是丁苯橡胶。它有较好的耐磨性、耐热性和耐老化性、且较天然橡胶质地匀、价格低。缺点是生胶强度差、粘接性不好、成型困难、硫化速度慢、制成的轮胎使用时发热量大、弹性差,但是,它可以与天然橡胶以任意比例混用,从而可以取长补短,普遍用于制造汽车轮胎、胶带、胶管等。

氯丁橡胶具有耐油、耐溶剂、耐氧化、耐酸、耐碱、不易燃烧等性能,常用于制造输油胶管、采矿用运输带、胶管等。主要缺点是耐寒性差、密度较大。

此外,氯丁橡胶还有气密性高、可用于制造轮胎内胎的丁基橡胶,耐油性优良的丁腈橡胶和耐腐蚀的氟橡胶等。

### 6.3.2 工业陶瓷与其他非金属材料

**1. 陶瓷**

陶瓷是一种无机非金属材料,同金属材料、高分子材料一起被称为三大固体材料。陶瓷材料是多晶固体材料,结构比金属复杂得多,具有硬度高、耐高温、耐腐蚀和电绝缘等优良性能,其缺点是强度低、脆性大。陶瓷生产工艺一般包括坯料制造、成型和烧结三个阶段。

常用工业陶瓷有以下几类。

(1)普通陶瓷。普通陶瓷为黏土类陶瓷,是用量最大的一类陶瓷。除日用外,工业上主要用于绝缘的电瓷、耐酸碱的化学瓷。

(2)氧化铝陶瓷。它以 $Al_2O_3$ 为主要成分,较普通陶瓷的机械强度高,但脆性大,可用于制造热电偶绝缘套、内燃机火花塞、拉丝模的切削刀具等。

(3)氮化硅陶瓷。氮化硅陶瓷的抗震性特别好,可作为耐蚀水泵密封环、热电偶套、高温轴承材料等。

**2. 胶粘剂**

胶粘剂是一种靠界面作用产生的粘合力将各种相同或不同材料牢固地胶结在一起的物质,生产复合材料时常用到它。

胶接作为一种新型的连接工艺,与焊接、铆接相比,有应力分布均匀、接头平整光滑、质量轻、能胶接不同种类的材料、具有密封作用、能防止不同金属间的电化学腐蚀、胶接工艺简便、省工、成本低等优点。主要问题是某些金属材料的胶接强度还达不到母材的强度;胶粘剂老化导致接头强度下降及耐热性差等。

## 习　题

6-1　塑料有哪些特性?

6-2　什么是热固性塑料和热塑性塑料?试说明其应用?

6-3　简述橡胶的分类、特点及应用。

6-4　简述陶瓷的分类、特点及应用。

6-5　什么是复合材料?有何特点?简述其分类及用途。

机械零件和工具使用的材料种类繁多,因此,如何合理地选择材料,就成为一项重要的工作。每个机械零件或工具不仅要符合一定的外形和尺寸,更重要的是,要根据零件或工具的工作环境、应力状态和载荷性质等因素,选用合适的材料和热处理工艺,以保证零件或工具的正常工作。若材料选用不当或热处理不合理,有时会造成零件的成本较高或加工困难;有时,可能使机械不能正常运转或使设备的寿命缩短,甚至引起机械设备损坏和人身事故。因而,选用什么材料,采用什么热处理方法,对于产品开发、加工制造、服役功能等关系极大,是直接影响企业经济效益的重要环节。

## 7.1 零件和工具的选材原则

选用材料最主要的依据是保证零件或工具正常地工作,使它不易发生失效。所谓失效,就是指零件或工具失去正常工作所具有的效能。零件或工具的失效可能是刚一开始工作就发生,但大多是使用了一段时间后发生。事实上,零件或工具的失效是必然的,但要尽可能保证零件或工具的正常使用时间。零件或工具的失效,不要仅理解为破坏或断裂,它还有着更广泛的含义,失效的主要形式有变形、断裂和表面损伤等。

### 7.1.1 选材原则

选材时,必须考虑其使用性、工艺性及经济性,一般应遵循以下三条原则。

(1) 材料性能应满足使用要求。选材时,首先要考虑零件在使用中安全可靠、经久耐用。这就需要知道这个零件的功用、受力状况及具体工作条件,只有这样才能合理地选用材料。

(2) 材料应有良好的工艺性能。工艺性是指材料是否容易加工成形的性能,包括铸造性、锻压性、可焊性、切削性等。良好的工艺性能不仅可以保证零件的质量,而且有利于提高生产率,降低生产成本。一般说来,在铸造时要求流动性好、收缩性小;锻造时要求塑性好、变形抗力要小;在切削加工时,切削阻力要小,硬度不能太高;热处理时,要求淬透性好、变形开裂、氧化脱碳倾向要小等。

(3) 材料的经济性。在满足前两条原则的前提下,要力求节约,防止浪费,做好废旧利用,能用铸铁的不用钢材,能用碳钢的不用合金钢,能用低合金钢的不用高合金钢,能用国产钢的不用进口钢,有库存钢能用就不要外购,并充分考虑"以铸代锻"、"以铁代钢"的可能性。

材料的经济性一方面反映在原材料的价格上,另一方面反映在工艺成本上。选材时,还应考虑工厂的生产特点、设备条件、技术水平等现实情况,在确保满足零件主要要求的前提下,兼顾其余要求,综合考虑进行选材。

### 7.1.2　选材方法

选材要抓住主要矛盾。大多数零件都是在多种应力条件下进行工作的,而每个零件的受力状况又因零件的工作条件不同而不一样。选材的基本方法是:在选材时善于抓主要矛盾(即最主要的、起决定性作用的性能要求)作为选材的主要依据,并兼顾其他的性能要求。以下介绍生产中最常见的选材方法。

(1) 以综合力学性能为主的选材。一般轴、杆、套类零件在工作时,往往同时承受静、动载荷的作用,这类零件同时要求有较高的强度和较好的韧度,可根据零件受力的大小选择中碳钢或合金调质钢(如 45、40Cr、40 MnB 等)进行正火或调质处理。

(2) 以疲劳强度为主的选材。在各种交变应力和冲击载荷作用下,由于疲劳破坏造成断裂,是最常见的破坏形式,疲劳破坏的最大应力比抗拉强度小得多,有时甚至低于屈服强度,如各种弹簧的破坏,几乎都是疲劳破坏。实践证明,材料抗拉强度越大,疲劳强度就越大。在强度相同的条件下,回火组织比正火、退火组织具有较高的疲劳强度,一般选用中高碳钢及其合金钢(如 60、65、60Si2Mn),采用淬火及中温回火处理,以提高疲劳强度。

(3) 以磨损为主的选材。各种刀具、量具、钻套、顶尖等在工作中是受力较小而磨损大,要求硬而耐磨,常用高碳钢和合金工具钢(如 T10、9CrSi)制造,经淬火及低温回火处理,获得高硬度的回火马氏体组织,以满足耐磨要求。

对一些磨损大而又承受较大冲击载荷的零件(如采煤机组和运输机减速箱齿轮),常用低碳钢或合金渗碳钢(如 15、20Cr、20 MnVB、20CrMnTi)进行渗碳淬火再经低温回火处理,以获得中心韧度高表面硬而耐磨的零件。

## 7.2　热处理的技术条件及工序位置

### 7.2.1　热处理的技术条件

设计者应根据零件的性能要求,在图纸上标明材料牌号,并相应注明热处理的技术条件,其内容包括最后热处理方法及热处理应达到的力学性能指标等,供热处理生产和检验时用。

一般在图纸上都以硬度作为热处理技术条件,对于渗碳零件则还应标注渗碳层的深度,较重要的零件应根据设计要求,注明热处理名称、热处理后的强度、硬度、塑性和韧度,有时还要标注热处理规范,甚至金相组织要求。

在图纸上标注热处理技术条件时,可用文字简要说明,也可用热处理工艺及标准方法来标注。在标注硬度范围时,其波动范围一般是洛氏硬度值为 5 左右,布氏硬度值为 30~40。

### 7.2.2　热处理工序的合理安排

根据热处理目的和工序作用的不同,热处理可分预备热处理和最终热处理。

1. 预备热处理的工序位置

(1) 退火和正火。退火和正火通常作为预备热处理工序,一般安排在毛坯生产之后,切削加工之前。对于精密零件，为了消除切削加工的残余应力，在切削加工工序之间还应安排去应力退火。其工艺路线：毛坯生产（铸、锻、焊、冲压等）→退火（正火）→机械加工。

（2）调质处理。这种热处理为以后表面淬火和为易变形的精密零件的淬火做准备，亦可作为最终热处理。调质工序一般安排在粗加工之后，精加工或半精加工之前，一般的工艺路线：下料→锻造→正火（退火）→机械粗加工（留余量）→调质→机械精加工。

在实际生产中，灰铸铁件、铸钢件和某些钢轧件及钢锻件经退火、正火或调质后往往不再进行最终热处理，这时，上述热处理也就是最终热处理。

### 2. 最终热处理的工序位置

这类热处理包括各种淬火、回火和化学热处理等，零件经这类热处理后硬度较高，除磨削外，不适宜其他切削加工，一般均安排在半精加工之后，磨削之前。

（1）零件整体淬火。与表面淬火的工序安排基本相同。淬火件的变形、氧化、脱碳层应在磨削中除去，故需留磨削余量（直径 200 mm 以下、长度 1 000 mm 以下的淬火件，磨削余量一般为 0.35 mm～0.75 mm）。至于表面淬火件，为了提高心部力学性能及获得细马氏体的表层组织，常需进行正火或调质处理。由于表面淬火零件变形小，所留磨削余量要比整体淬火零件少。

整体淬火零件工艺路线：下料→锻造→退火（正火）→机械粗（半精）加工→淬火、回火→磨削。

感应加热表面淬火零件工艺路线：下料→锻造→退火（正火）→机械粗加工→调质→机械半精加工→感应表面淬火、回火→磨削。

（2）渗碳的工序位置。渗碳分整体渗碳与局部渗碳两种。当零件局部不进行渗碳时，应在图纸上予以注明，该部位可镀铜以防止渗碳，或采取多留余量的方法，待零件渗碳后淬火之前再去掉该处渗碳层。渗碳零件的工艺路线如下。

下料→锻造→正火→机械加工→局部镀铜

↓

渗碳……→淬火、低温回火……→精加工（磨削）

└→去除不渗碳部分→┘

（3）氮化处理的工序位置。氮化处理温度低、变形小，氮化层硬而薄，因而，其工序应尽量靠后，一般氮化后只需研磨或精磨。因切削加工时产生残余应力常引起氮化零件变形，故在氮化前常进行去应力退火。又因氮化层薄而脆，心部必须有较高的强度才能承受载荷，故一般应先进行调质，使其形成细密、均匀的回火索氏体，以提高心部力学性能与氮化层质量。

氮化零件的工艺路线：下料→锻造→退火→机械（粗）加工→调质→机械（精）加工→去应力退火→粗磨→氮化→精磨或研磨。

对需精磨的氮化零件，精磨时直径余量应留 0.10 mm～0.15 mm；对需研磨的氮化零件，则只留 0.05 mm 余量。对不需要氮化的部位应镀锡（或镀铜）保护，也可留除 1 mm 余量，待氮化后再磨去。

对于精密零件，可进行时效处理以消除应力、稳定尺寸和减少变形，时效处理一般安排在粗磨和精磨之间。对精度要求很高的零件,可进行多次时效处理。

## 7.3　典型零件和工具的选材及热处理

### 7.3.1　齿轮类

齿轮是机器中传递动力、变速和改变方向的重要零件。和其他传动件相比,齿轮具有传动效率高、结构紧凑、速比稳定、传动平衡、寿命长等优点,因此,生产中应用十分广泛。

1. 对齿轮材料的性能要求

(1) 齿轮工作时,齿面相对滚动和滑动,相互作用着很大的接触应力,长此下去,齿面会出现点状剥落,即所谓接触疲劳。对这种破坏形式,应从提高齿面硬度来防止,可根据接触应力的大小对齿轮材料提出一定的硬度要求,提高硬度的同时也改善了耐磨性。

(2) 齿部承受很大的交变弯曲应力,尤其是需要正、反转的齿轮,齿根部易发生疲劳断裂。对这类损坏形式,应从提高材料弯曲疲劳强度来防止。因此,提高材料的抗拉强度就能满足要求。

(3) 齿轮在启动、换挡及啮合不均匀时,都会发生很大的冲击力,有可能出现断齿现象,所以,要求齿轮材料有足够的韧度。

此外,齿轮加工比较复杂,生产批量较大,所以,在选用材料时还要考虑到应具有良好的切削加工性和热处理工艺性。

2. 常用齿轮材料的选择和热处理

常用齿轮按其材料及热处理方法不同可分为三类。

(1) 调质类齿轮。这类齿轮多用中碳钢(如 45 钢)及中碳合金钢(如 40Cr、40 MnB)经调质处理制成。调质后硬度一般为 220 HBW~250 HBW,如果硬度再高则难以切削加工。由于硬度不高,磨损快,又不能承受较高的接触应力,所以,调质类齿轮多用于低速、轻载荷的场合。其工艺路线:下料→锻造→退火(或正火)→粗车→调质→齿形加工。

(2) 表面淬火类齿轮。这类齿轮多用中碳钢(如 45 钢)及中碳合金钢(如 40Cr、40 MnB)经调质后再进行淬火处理。由于表面淬火提高了表面硬度,表面淬火类齿轮具有较好的抗疲劳能力和耐磨性,多用于高速、重载荷的场合。其工艺路线:下料→锻造→退火(或正火)→粗车→调质→精车及齿形加工→表面淬火→回火→磨齿。

这类齿轮表面淬火后硬化层分布对齿轮承受载荷能力影响较大。

对小模数(m<2.5)齿轮,高频淬火后,往往是全齿淬透,轮齿抵抗冲击能力差,易从齿根部折断。对大模数(m>4.5)齿轮,高频淬火后,往往是根部淬不硬,因此,弯曲疲劳能力较差。

(3) 渗碳淬火类齿轮。这类齿轮一般采用低碳钢(如 15 钢、20 钢)及低碳合金钢(如 20Cr、20CrMnTi)经渗碳淬火制得。渗碳淬火比表面淬火工艺要复杂得多,而且变形大,但齿轮经渗碳后齿面含碳量高,淬火后硬度较高,因此,抗接触应力及耐磨性都较好,淬硬层又沿齿廓均匀分布,抗冲击性能也好。矿山机械中一些冲击大、载荷重的齿轮都采用渗碳淬火处理。其工艺路线:下料→锻造→正火→切削加工→渗碳→淬火→低温回火→磨齿。

生产中,根据齿轮工作时的受力情况,分析其对齿轮材料的性能要求,然后选择相应的材料,并确定其热处理方法。

如图 7-1 所示,为某采煤机组截割部齿轮,属于中速、重载、受冲击的重要传动齿轮,工作条件差,要求齿部有高的耐磨性和弯曲疲劳强度,心部有较高的强度和韧度,因此选用 20CrMnTi 钢进行渗碳、淬火处理。热处理技术要求:渗碳深度为 1.0 mm～1.4 mm,齿面硬度为 58 HRC～62 HRC。工艺路线:下料→锻造→正火→切削加工→渗碳→淬火→低温回火→磨齿。

正火的目的是消除锻造应力、细化晶粒、均匀组织,使同一批毛坯具有相同的硬度,便于切削加工;渗碳是为了提高齿面含碳量,以便在淬火后得到很高的齿面硬度,提高齿轮的耐磨性和抗压强度;渗碳后一般采用高频淬火,使齿部得到均匀的表面硬化层,使齿面硬而耐磨,而心部具有较高的强度和韧度;低温回火是为了消除内应力。齿轮的热处理工艺曲线如图 7-2 所示。

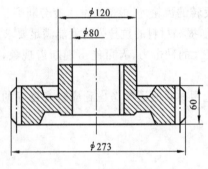

图 7-1　齿轮简图

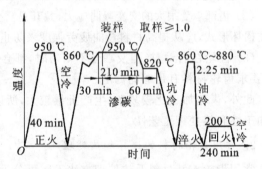

图 7-2　热处理工艺曲线

### 7.3.2　轴类零件

轴的用途是支持机器中的旋转零件(如齿轮、链轮等)构成旋转中心,传递动力。轴质量的高低,直接影响机器的精度和使用寿命,所以,合理选择材料和采用正确的热处理方法是满足设计要求、延长使用寿命的重要保证。

1. 对轴类零件的性能要求

(1) 一般轴类零件在工作中受到弯曲、扭转及冲击等不同载荷,当弯曲载荷很大而转速又很高时,还承受着疲劳应力作用,故要求轴类零件材料具有足够的强度、韧度及耐疲劳能力。

(2) 各种轴的轴颈部分受着不同的摩擦,其摩擦程度与轴承种类有关。

在滑动轴承中,轴颈与轴瓦直接摩擦,所以,要求很高的耐磨性,随着转速的提高,对耐磨性的要求也提高。

如果是滚动轴承,摩擦转移给轴承套圈和滚珠,轴颈部分并不需要较高的耐磨性,但为了改善装配工艺和保证装配精度,通常要求轴颈淬硬至 40 HRC～45 HRC。

(3) 对于经常装卸的配件接触面(如内锥孔、外锥面),为防止表面划伤而影响配合,一般要求硬度在 45 HRC 以上。

**2.轴类零件的材料选择和热处理**

常用轴类零件的选材及热处理可分三种情况。

(1) 一般,不重要的轴类零件可用 Q235A、Q275 制造,不进行热处理。

(2) 要求综合力学性能好的轴,可选用 45 钢或 40Cr。其中,在滚动轴承内运转的轴,不要求具有很高的耐磨性,可进行正火或调质处理;如果在滑动轴承内运转,则要求轴颈表面有较高的硬度和耐磨性,可在调质后再进行表面淬火,其工艺路线:下料→锻造→正火→车削→调质→表面淬火及回火→磨削。

一些直径较小的轴可直接用圆钢车削,无须锻造和正火。

(3) 一些高转速、重载荷、大冲击的轴,要求高强度、高韧度好和很高的疲劳强度,可选用合金渗碳钢(如 20CrMnTi、20 MnVB)进行渗碳淬火,其工艺路线:下料→锻造→正火→车削→渗碳→淬火及回火→粗磨→时效→精磨。

根据轴的工作特点和对材料的性能要求,选择相应的材料并确定其热处理方法。如图 7-3 所示为矿用刮板运输机减速器从动轴简图,矿用刮板运输机减速器从动轴转速较高,承受载荷大,且受到冲击外力作用,要求有高的强度和冲击韧度,即要求有良好的综合力学性能,花键部分要求有高的硬度,以保证足够的耐磨性,因此,选用 40 MnVB 进行调质处理,花键部分进行高频表面淬火处理。

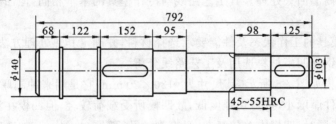

**图 7-3　减速器从动轴简图**

热处理技术要求:调质后硬度为 277 HBW～302 HBW;花键齿面硬度为 45 HRC～55 HRC。其工艺路线:下料→锻造→正火→粗车→调质→半精车→表面淬火→磨削。

热处理工艺曲线如图 7-4 所示。

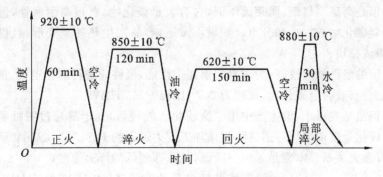

**图 7-4　减速器从动轴热处理工艺曲线图**

正火目的是为了细化晶粒,改善锻件组织;调质处理可以获得良好的综合力学性能;表面淬火是为了使花键表面获得高硬度和耐磨性。表面淬火采用高频加热至880 ℃后水冷,自回火。

### 7.3.3 模具、刃具类

模具根据其工作状态分为冷作模具和热作模具:冷作模具如冷镦模、冷挤模等;热作模具如热锻模、热冲模、压铸模等。刃具分为手工刃具和机加工刃具。

1．冷作模具的选材及热处理

冷作模具应有高的耐磨性、一定的硬度和硬化层深度、足够的强度和韧度,常用碳素工具钢(如 T8A、T10A)及合金工具钢(如 9CrSi、CrWMn、Cr12 MoV)经淬火及低温回火处理制得。其工艺路线:下料→锻造→球化退火→机加工成形→淬火→低温回火→精加工(钳工修整及装配)。

2．热作模具的选材和热处理

热作模具是在热态下使金属变形的工具,应具有一定的高温强度、良好的冲击韧度和淬透性、足够的耐热疲劳性能和抗氧化能力。常用合金工具钢(如 5CrNiMo、5CrMnMo 和 3Cr2W8)经淬火及高温回火处理。其工艺路线与冷作模具的基本相同,但回火温度较高(一般在 450 ℃以上)。

生产中,根据模具的工作状态及性能要求选择材料,并确定其热处理方法。

［例］ 冲制硅钢片凹模材料选用及工艺路线分析。

冲制硅钢片凹模如图 7-5 所示,其尺寸为 $\phi130\times20$ mm,它是用来冲制厚 0.30 mm 硅钢片的模具。由于冲制件厚度小,抗剪切强度低,故凹模所受载荷较轻,但凹模在淬火时变形超差,无法用磨削法修正,同时,凹模内腔较复杂,且有螺纹孔,壁厚也不均匀,如选碳素工具钢,淬火变形与开裂倾向较大;如选用 CrWMn 钢,它虽属微变形钢,淬火变形小,但碳化物偏析较严重,磨削时易产生磨削裂纹。因热处理技术要求硬度为 58 HRC～62 HRC,高耐磨性,热处理变形尽量小,故选用 Cr12MoV 钢。其工艺路线:下料→锻造→球化退火→机械粗加工→消除应力退火→机械精加工→淬火、低温回火→磨削及电火花加工成型→试模。

Cr12MoV 钢是高碳高铬钢,属莱氏体钢,含有大量碳化物,有很高耐磨性,但它需要通过锻造加工,来改善碳化物的大小和分布。如果不锻造,容易产生热处理变形,且模具在工作过程中也容易崩刃或掉块。

Cr12MoV 钢的锻件硬度较高,为改善切削加工性能,锻件应进行球化退火,退火后的组织为索氏体基体上分布着合金碳化物,硬度为 207 HBW～255 HBW。

Cr12MoV 钢虽然变形小,但生产中用一次硬化法处理后,变形易超过图纸要求。为减少变形,可在一次硬化处理前增加一道消除机械加工应力退火的工序。Cr12MoV 钢的组织与性能和淬火温度有很大关系。本例是采用一次硬化法,即较低的淬火温度(1 020 ℃～1 040 ℃),并用低温回火(200 ℃～220 ℃),这种方法的特点是硬度较高(58 HRC～62 HRC),淬火变形

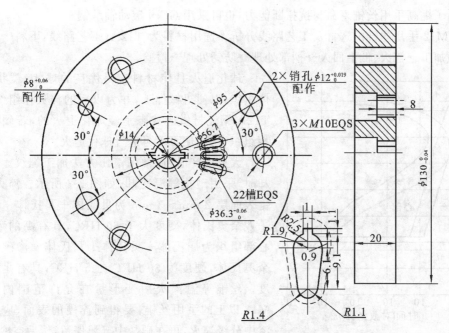

图 7-5 Cr12MoV 钢冲制硅钢片凹模

较小。

此外,为了减少凹模淬火时变形与开裂的倾向,淬火加热时,在 500 ℃~550 ℃预热,以消除热应力与机械加工应力,并将螺孔用耐火泥堵住。

**3. 刃具——手用丝锥**

(1) 工作条件、失效形式及性能要求。手用丝锥是加工金属零件内孔螺纹的刃具,如图 7-6 所示。因它属于手动攻丝,故承受载荷较小,切削速度很低,失效形式主要是磨损及扭断,因此,齿刃部要求高硬度和高耐磨性以抵抗磨损,而心部和柄部要有足够强度与韧度以抵抗扭断。

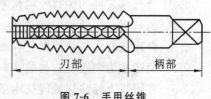

图 7-6 手用丝锥

(2) 选用材料。手用丝锥的齿刃部硬度为 59 HRC~63 HRC,心部和柄部硬度为 30 HRC~45 HRC,因此,选用碳含量较高的钢,使淬火后获得高硬度,并形成较多的碳化物以提高耐磨性。不过,手用丝锥对红硬性、淬透性要求较低,承受载荷很小,因此,常选用含碳量为 1.0%~1.2% 的碳素工具钢。另外,考虑到提高丝锥的韧度及减少淬火时开裂的倾向,应选用硫、磷杂质含量极小的高级优质碳素工具钢。

为了使丝锥齿刃部具有高硬度,而心部具有足够韧度,且考虑到螺纹齿刃部很薄,淬火后又不再磨削,要求淬火变形尽量小,故可采用等温淬火或分级淬火。

选用碳素工具钢制造手用丝锥,原材料成本低,热、冷加工容易,可节省合金钢,因此,使用广泛。为了提高手用丝锥寿命与抗扭断能力,也可采用 GCr9 滚动轴承钢。

(3) M12 手用丝锥的选材及工艺路线分析。选用材料为 T12A,工艺路线:下料→球化退火→机械加工→淬火、低温回火→柄部处理→防锈处理→检验。

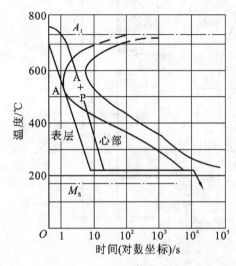

图 7-7　手用丝锥淬火冷却曲线

球化退火是使材料获得优良的球状(粒状)珠光体组织,以便机械加工,并为以后的淬火作组织准备。T12A 钢轧材供应状态是经球化退火的,若硬度和金相组织合格,便可不再进行球化退火。

大量生产时,通常用滚压方法加工螺纹。淬火冷却时,采用硝盐等温冷却,如图 7-7 所示。淬火后,丝锥表面层 2 mm～3 mm 为贝氏体＋马氏体＋渗碳体＋残余奥氏体,硬度大于 60 HRC,具有高的耐磨性,心部组织为屈氏体＋贝氏体＋马氏体＋渗碳体＋残余奥氏体,硬度为 30 HRC～45 HRC,具有足够的韧度。丝锥等温淬火后变形量在允许范围内。对于 M12 以上的手用丝锥,要得到淬硬的表面,应先在碱浴中分级淬火,再在硝盐中等温停留,然后空冷。

丝锥柄部因硬度要求较低,故采用浸入 600 ℃硝盐炉中快速回火处理。

# 习　题

7-1　什么是零件的失效? 机械零件有哪些常见的失效形式?

7-2　机械零件失效的原因是什么? 分析零件失效的目的是什么?

7-3　合理选材的一般原则是什么? 简述你对这些原则的理解?

7-4　简述按力学性能选材的步骤和应注意的问题。

7-5　在图样上标注热处理技术条件时,为何一般只标出硬度值? 标定硬度值的允许波动范围是多少?

7-6　最终热处理包括哪些? 它们的工序位置一般怎样安排?

7-7　写出表面淬火零件、渗碳零件的工艺路线。

7-8　为什么汽车变速齿轮多选用渗碳钢制造,而机床变速箱齿轮多选用调质钢制造?

7-9　现有低碳钢齿轮和中碳钢齿轮各一个,要求齿面具有高的硬度和耐磨性,问应分别进行怎样的热处理? 并比较热处理后,它们在组织与性能上的差别?

# 第二部分　毛坯成形方法

　　不同的产品具有不同的使用性能,组成这些产品的毛坯、零件的形状和要求也不同,因此,零件毛坯的制造方法也就不同。

　　本部分主要阐述铸造、锻压和焊接三种基本的热加工成形方法的原理、工艺过程、工艺特点和毛坯件生产、毛坯结构设计等方面内容。着重对工艺规程的内容和编制程序进行介绍,加深对毛坯生产的全过程的了解。最后一个项目介绍毛坯选择的基本原则和典型零件毛坯的选择方法,是前述内容的综合和应用。

## 项目八　铸造

　　将熔融的金属液浇注到铸型中,待其凝固、冷却后,获得一定形状、尺寸的零件或零件毛坯的成形方法,称为铸造。由于是利用液态金属的流动能力来成形,因而,成形方法适于制造形状复杂,特别是有复杂内腔的零件毛坯。铸造获得的毛坯或零件称为铸件。铸件一般需经切削加工后才能使用。铸造的两大基本要素是熔融金属和铸型。

　　铸造是历史最为悠久的一种金属成形方法,直到今天,它仍然是机械零件毛坯生产的主要方法。例如,在普通机床中,铸件的质量比达到 60%～80%;在重型机械、矿山机械、水力发电设备中,达到 60% 以上,在汽车中达到 20%～30%。本项目主要介绍铸造成形的工艺理论基础,各种铸造方法,特别是砂型铸造的工艺要点等基础知识。

## 8.1　铸造工艺基础

### 8.1.1　铸造的特点

　　铸造的实质是液态金属成形,因而,铸造具有以下特点。

　　(1) 成形方便且适应性强。铸造成形方法对工件的尺寸形状几乎没有任何限制。铸件的材料可以是铸铁、铸钢、铸造铝合金、铸造铜合金等各种金属材料,也可以是高分子材料和陶瓷材料;铸件的尺寸可大可小,铸件的形状可简单可复杂。因此,形状复杂或大型机械零件一般采用铸造方法初步成形。在各种批量的生产中,铸造都是重要的成形方法。

　　(2) 成本较低。由于铸造成形方便,铸件毛坯与零件形状相近,能节省金属材料和切削加工工时;铸造原材料来源广泛,可以利用废料、废件等,节约国家资源;铸造设备通常比较简单,投资较少,成本较低。

（3）铸件尺寸精度不高，表面较粗糙。

（4）铸件的组织性能较差。一般条件下，铸件晶粒粗大（铸态组织），成分不均匀，力学性能较差。因此，常用来制造受力不大或承受静载荷的机械零件毛坯，如箱体、床身、支架等。

### 8.1.2  铸造的分类

按照铸造的工艺方法分类，一般将铸造分成砂型铸造和特种铸造两大类。

（1）砂型铸造。当直接形成铸型的原材料主要为型砂，且液态金属完全靠重力充满整个铸型型腔时，这种铸造方法称为砂型铸造。

砂型铸造一般可分为手工砂型铸造和机器砂型铸造。前者主要适用于单件、小批生产及复杂和大型铸件的生产，后者主要适用于成批大量生产。

（2）特种铸造。凡不同于砂型铸造的所有铸造方法，统称为特种铸造，如金属型铸造、压力铸造、离心铸造、熔模铸造、低压铸造等。

## 8.2  砂型铸造

### 8.2.1  砂型铸造的工艺过程

砂型铸造是以砂为主要造型材料制备铸型的一种铸造工艺方法。砂型铸造应用十分广泛，目前，90％以上的铸件是用砂型铸造方法生产的。如图 8-1 所示为齿轮毛坯的砂型铸造。

砂型铸造工艺过程主要由以下几个部分组成：① 造砂型；② 造型芯；③ 砂型及型芯的烘干；④ 合箱；⑤ 熔炼金属；⑥ 浇注；⑦ 落砂和清理；⑧ 检验。砂型铸造的工艺过程流程图如图

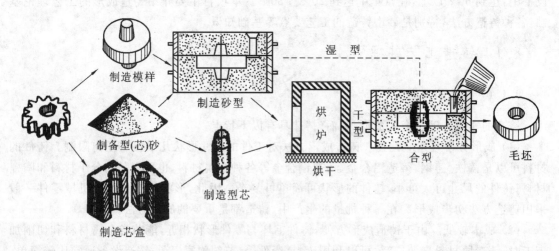

**图 8-1  齿轮毛坯的砂型铸造示意图**

8-2 所示。但需注意,有时对某个具体的铸造工艺过程来说并不一定包括上述全部内容,如铸件无内壁时,无需制芯,湿型铸造时,砂型无需烘干等。

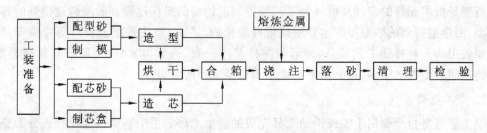

**图 8-2 砂型铸造的工艺过程流程图**

造型工艺是指铸型的制作方法和过程,是砂型铸造工艺过程中最重要的组成部分。它包括制造砂型(简称造型)、制造型芯(简称制芯),以及浇注系统、冒口、排气口的制作和合箱。

### 8.2.2 造型材料

制造铸型用的材料称为造型材料,主要指型砂和芯砂。它由砂、黏结剂和附加物等组成。造型材料应具备的性能有以下几点。

1) 可塑性

型砂在外力作用下可塑造成形,当外力消除后仍能保持外力作用时的形状,这种性能称为可塑性。可塑性好,易于成形,能获得型腔清晰的铸型,从而保证铸件具有精确的轮廓尺寸。

2) 强度

型砂承受外力作用而不易破坏的性能称为强度。铸型必须具有足够的强度,这样,在浇注时才能承受金属溶液的冲击和压力,不致发生变形和毁坏,如冲砂、塌箱等,从而防止铸件产生夹砂、砂眼等缺陷。

3) 耐火性

型砂在高温液态金属作用下不软化、不熔融烧结及不黏附在铸件表面上的性能称为耐火性。耐火性差会造成铸件表面粘砂,增加清理和切削加工的困难,严重时,还会使铸件报废。

4) 透气性

型砂在紧实后能使气体通过的能力称透气性。当金属溶液浇入铸型后,在高温作用下,砂型中将产生大量气体,金属溶液内部也会分离出气体。如果透气性差,部分气体就留在金属溶液内不能排除,铸件中便会产生气孔等缺陷。

5) 退让性

型砂冷却收缩时,砂型和型芯的体积可以被压缩的性能称为退让性。退让性差时,铸件收缩困难,会使铸件产生内应力,从而发生变形或裂纹等缺陷,严重时,甚至会使铸件断裂。

### 8.2.3 造型方法

造型是指用配好的型砂及模样等工艺装备制造铸型的操作过程。砂型铸造得到的铸型又称砂型,由造型得到的砂型型腔主要形成铸件的轮廓、芯头、浇注系统及冒口等。模样是造型中需要使用的一种特殊工艺装备,外形与零件基本一致,一般由木材、金属或其他材料制成。砂型铸造的造型方法很多,可分为手工造型和机器造型两大类。

#### 1. 手工造型

手工造型是指全部用手工或手动工具完成的造型工序。手工造型按起模特点分为整模造型、挖砂造型、分模造型、活块造型、三箱造型等方法,如图 8-3 所示。常用的手工造型方法的特点和适用范围见表 8-1。

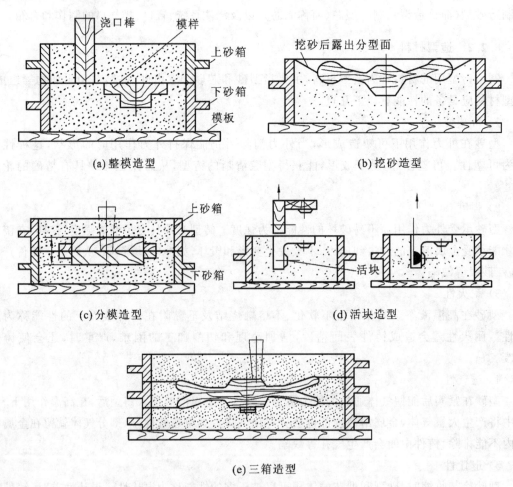

(a) 整模造型　　　　　　　　　　　　(b) 挖砂造型

(c) 分模造型　　　　　　　　　　　　(d) 活块造型

(e) 三箱造型

图 8-3　常用的手工造型方法示意图

表 8-1　常用的手工造型方法的特点和适用范围

| 名　　称 | 特　　点 | 适 用 范 围 |
|---|---|---|
| 整模造型 | 模样为整体,分型面为平面,型腔全部在一个砂箱内,不会产生错型缺陷 | 最大截面在端部且为平面的铸件 |
| 挖砂造型 | 整体模,分型面为曲面,造下型后,将妨碍起模的型砂挖去然后千上型 | 单件小批生产,分型面不平的铸件 |
| 分模造型 | 将模样沿最大截面分开,型腔位于上、下铸型内 | 最大截面在中部的铸件 |
| 活块造型 | 铸件上有妨碍起模的小凸台,制作模样时,将这部分做成活动的,拔出模样主体部分后,取出活块 | 单件、小批生产,带有凸台,难以起模的铸件 |
| 三箱造型 | 铸型由上、下型构成,中箱高度要与铸件两分型面间距相适应 | 单件小批生产,中间截面小,两端截面大的铸件 |

　　手工造型方法比较灵活,适应性强,生产准备时间短;但生产率低、劳动强度大,铸件质量较差。因此,手工造型多用于单件小批量生产。在大批量生产中,普遍采用机器造型方法。

　　2. 机器造型

　　机器造型是现代铸造生产的基本方式,主要是用机械来完成紧砂和脱模两工序的操作。常见的振压式造型机如图 8-4 所示,通过填砂、振实、压实和起模等步骤完成造型工作。显然,机器造型必须使用模板造型。通过模板与砂箱机械地分离而实现起模。模板不易更换,通常使用两台造型机分别造上型和下型,因此,机器造型只能实现两箱造型。各种机器造型的特点和应用见表 8-2。

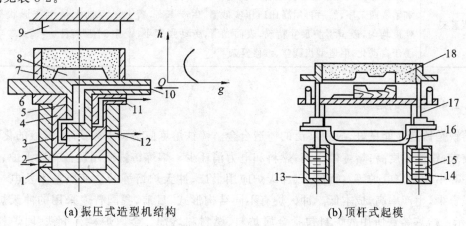

(a) 振压式造型机结构　　　　　　　　(b) 顶杆式起模

图 8-4　振压式造型机构及顶杆式起模示意图

h—砂箱高度　g—型砂紧实度

1—压实进气口;2—压实汽缸;3—振实气路;4—压实活塞;5—振实活塞;6—工作台;7—砂箱;8—模板;9—压头;10—振实进气口;11—振实排气口;12—压实排气口;13、14—压力油;15—起模液压缸;16—同步连杆;17—起模顶杆;18—下箱

表 8-2  机器造型的特点和适用范围

| 型砂紧实方法 | 主要特点 | 适用范围 |
|---|---|---|
| 压实紧实 | 用较低比压(砂型单位面积上所受的压力,MPa)压实砂型,机器结构简单噪声小、生产率高、消耗动力少,型砂的紧实度沿砂箱高度方向分布不均匀,愈往下愈小 | 成批生产,高度小于 200 mm 的铸件 |
| 高压紧实 | 用较高比压(大于 0.7 MPa)压实砂型,砂型紧实度高,铸件精度高,粗糙度 Ra 值小,废品率低,生产率高,噪声小、灰尘少,易于机械化、自动化;但机器结构复杂,制造成本高 | 大批量生产中、小型铸件,如汽车、机动车车辆等产品较为单一的制造业 |
| 震击紧实 | 依靠振击紧实砂型,机器结构简单,制造成本低;但噪声大,生产率低,要求厂房基础好,砂型紧实度沿砂箱高度方向愈往下愈大 | 成批生产中、小型铸件 |
| 震压紧实 | 经多次振击后再加压紧实砂型,生产率较高,能量消耗少,机器磨损少,砂型紧实度较均匀,噪声较小 | 广泛用于成批生产中、小型铸件 |
| 微震紧实 | 在加压紧实型砂的同时,砂箱和模板作高频率、小振幅振动,生产率较高,紧实度较均匀,但噪声较小 | 广泛用于成批生产中、小型铸件 |
| 抛砂紧实 | 用机械的力量,将砂团高速抛入砂箱,可同时完成填砂和紧实两工序,生产率高,能量消耗少,噪声小,型砂紧实度均匀,适应性广 | 单件小批生产,成批、大量生产大、中型铸件或大型芯 |
| 射压紧实 | 用压缩空气将型芯砂高速射入砂箱,可同时完成填砂和紧实两工序,然后再用高比压压实砂型,生产率高,紧实度均匀,砂型型腔尺寸精确,表面光滑,劳动强度小,易于自动化,但造型机调整、维修复杂 | 大批大量生产形状简单的中、小型铸件 |

### 8.2.4  铸铁的熔炼

铸铁是铸造性能良好、应用广泛的铸造合金。铸铁熔炼应达到下列要求:铁液的化学成分符合要求;铁液温度高;熔炼效率高;燃料和电力消耗少。熔炼铸铁所用设备有冲天炉、工频感应电炉和中频感应电炉等。目前,以冲天炉应用最广,冲天炉熔炼的铁液质量不及电炉好,但设备投资少,生产率高,成本低。冲天炉有不同结构形式,目前,我国普遍采用的冲天炉,如图8-5所示。熔炼铸铁所用的炉料包括金属炉料、燃料和熔剂。金属炉料有生铁、回炉料(浇冒口、铸件)、废钢和铁合金(硅铁、锰铁等)。生铁是主要的金属炉料,利用回炉料可降低铸件成本,加入废钢可降低铸铁的含碳量,提高铸件的力学性能,铁合金的作用是调整铁液的化学成分。熔炼铸铁主要以焦炭为燃料,在修炉、烘干和点火之后,先往炉内加入底焦,底焦的高度对熔化效率、铁液成分和温度有较大的影响,应根据冲天炉的具体情况而定,一般为主风口(最下一排风口)以上 0.9 m～1.5 m 处。熔炼过程中为保持底焦高度一定,在每批炉料中要加入层焦来补偿底焦的烧损。每批炉料中金属料与焦炭重量之比称为铁焦比(层焦比),一般为 10:1。熔剂(石灰石、萤石)的主要作用是造渣;使铁渣分离,并可使焦炭充分燃烧。石灰石的加入量一般为金属料重量的 3%～4%。铸铁熔炼的操作过程包括:修炉、烘干、点火、加底焦、加料、熔化、出渣等。

在熔炼过程中,炉料从加料口装入,自上而下运动,底焦燃烧后产生的高温炉气自下而上运动,在炉料与炉气的相对运动中产生一系列物理、化学变化(冶金反应):底焦的燃烧、金属炉料的预热、熔化铁液的过热(铁液在下落的过程中被高温炉气和炽热焦炭进一步加热)、吸碳(铁液从底焦中吸收碳的现象)和硅、锰等的烧损。为了得到所需化学成分的铁液,生产中需根据炉料的组成及熔化过程中元素的变化进行炉料配比的计算。

### 8.2.5　浇注、落砂、清理和检验

将熔融金属从浇包注入铸型称为浇注。为保证铸件质量,应对浇注温度和速度加以控制。落砂是指用手工或机械使铸件和型砂、砂箱分开的操作。落砂一般应在铸件充分冷却后进行。落砂后从铸件上清除表面粘砂、型砂和多余金属(包括浇冒口、飞翅和氧化皮等)过程称为清理。清除浇冒口(打冒口)时要避免损伤铸件。清理后对铸件进行检验,检验合格后成为铸件。

## 8.3　特种铸造

特种铸造是指与砂型铸造不同的其他铸造方法。常用的特种铸造方法主要有金属型铸造、压力铸造、低压铸造、离心铸造、熔模铸造、挤压铸造、陶瓷型铸造和实型铸造等。

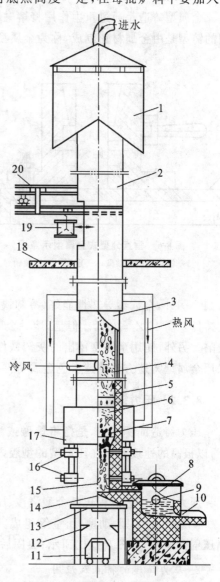

**图 8-5　冲天炉示意图**

1—除尘装置;2—烟囱;3—炉身;4—焦炭;
5—金属料;6—溶剂;7—底焦;8—前炉;9—出渣口;
10—出铁口;11—小车;12—支架;13—炉底;
14—过桥;15—炉缸;16—风口;17—风带;
18—加料台;19—加料筒;20—加料装置

### 8.3.1 金属型铸造

金属型铸造是通过重力作用将熔融金属浇注入金属铸型获得铸件的方法。金属型铸造使用的铸型是由金属材料制成，称为金属型，可以多次使用，不能称为金属模。

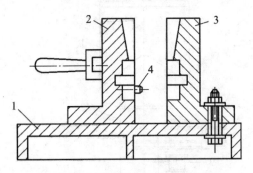

图8-6 垂直分型式金属型示意图
1—模底板；2—动型；3—定型；4—定位销

#### 1. 金属型铸造过程

常见的垂直分型式金属型如图8-6所示，由定型和动型两个半型组成，分型面位于垂直位置。浇注时先使两个半型合紧，凝固后利用简单的机构使两半型分离，取出铸件。

#### 2. 金属型铸造特点及应用

金属型铸造实现了"一型多铸"，克服了砂型铸造造型工作量大、占地面积大、生产率低等缺点。金属型的精度较砂型高很多，铸件精度较高。例如，金属型铸造的灰铸铁件精度可以达到IT9～IT7，而手工造型砂型铸件只能达到IT13～

IT11。另外，金属型导热性能好，冷却快，过冷度较大，铸件组织较细密，铸件的力学性能比砂型铸件要高10%～20%。但是，熔融金属在金属型中的流动性较差，容易产生浇不到、冷隔等缺陷。另外，使用金属型铸出的灰铸铁件容易出现局部的白口铸铁组织。在大批量生产中，常采用金属型铸造方法铸造有色金属铸件，如铝合金活塞、汽缸体和铜合金轴瓦等。

### 8.3.2 压力铸造

压力铸造简称压铸，是指将熔融或半熔融状态金属浇入压铸机的压室，在高压力的作用下，以极高的速度充填在压铸型的型腔内，并在高压下使熔融金属冷却凝固的铸造方法。

#### 1. 压力铸造过程

压力铸造工艺过程包括合型浇注、压射和开型顶件，如图8-7所示。使用的压铸机构如图8-7(a)所示，由定型、动型、压室等组成。首先，使动型与定型合紧，用活塞将压室中的熔融金属压射到型腔，如图8-7(b)所示；凝固后，打开铸型并顶出铸件，如图8-7(c)所示。

#### 2. 压力铸造的特点及应用

压力铸造以金属型铸造为基础，又增加了在高压下高速充型的功能，从根本上解决了金属的流动性问题。压力铸造可以直接铸出零件上的各种孔眼、螺纹、齿形等。压铸铜合金铸件的尺寸公差等级可以达到IT8～IT6。压力铸造使熔融金属在高压下结晶，铸件的组织更细密。压力铸件的力学性能比砂型铸造高20%～40%。

但是，由于熔融金属的充型速度快，排气困难，常常在铸件的表皮下形成许多小孔。这些皮下小孔充满高压气体。受热时因气体膨胀而导致铸件表皮产生突起缺陷，甚至使整个铸件

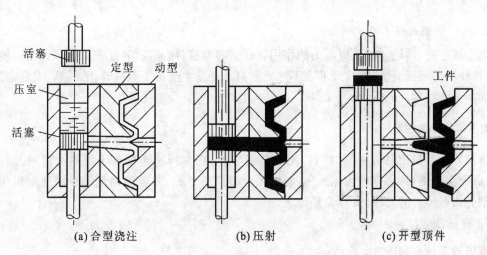

**图 8-7 压力铸造过程示意图**

变形。因此,压力铸造铸件不能进行热处理。在大批量生产中,常采用压力铸造方法铸造铝、镁、锌、铜等有色金属件。例如,在汽车、电子、仪表等工业部门中使用的均匀薄壁又形状复杂的壳体类零件,常采用压力铸造铸件。

### 8.3.3 离心铸造

离心铸造是指将熔融金属浇入回转的铸型,在离心力的作用下凝固成形的铸造方法。其铸件轴线与铸型回转轴线重合。这种铸件多是简单的圆筒形,铸造时,不用砂芯就可形成圆筒的内孔。

#### 1. 离心铸造过程

离心铸造过程如图 8-8 所示。当铸型绕垂直线回转时,浇注入铸型中的熔融金属的自由表面呈抛物线形状,因此,不易铸造轴向长度较大的铸件,如图 8-8(a)所示。当铸件绕水平轴回转时,浇注入铸型中的熔融金属的自由表面呈圆柱形,常用于铸造要求均匀壁厚的中空铸件,如图 8-8(b)所示。

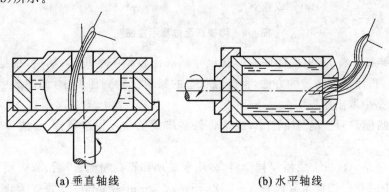

(a) 垂直轴线 (b) 水平轴线

**图 8-8 离心铸造过程示意图**

**2. 离心铸造的特点及应用**

离心铸造时,熔融金属受离心力的作用容易充满型腔,结晶均匀,能获得组织致密的铸件。但是,铸件的内表面质量较差,尺寸也不准确。离心铸造主要用于制造铸钢、铸铁、有色金属等材料的各类管状零件的毛坯。

### 8.3.4 熔模铸造

熔模铸造是指用易熔料(如蜡料)制成精密模样,在模样上包覆若干层耐火材料,制成型壳,待其硬化干燥后,将模样熔化流出,制成无分型面的型壳,并经高温烧结后浇注金属熔液,敲去型壳获得铸件的方法,又称失蜡铸造。

**1. 熔模铸造过程**

熔模铸造过程如图 8-9 所示。

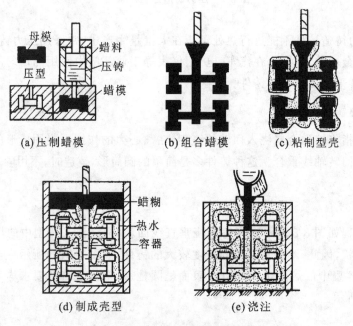

图 8-9  熔模铸造过程示意图

(1) 压制蜡模。首先,根据铸件的形状尺寸制成比较精密的母模,然后,根据母模制出比较精密的压型,再用压力铸造的方法,将熔融状态的蜡料压射到压型中,如图 8-9(a)所示。蜡料凝固后从压型中取出蜡模。

(2) 组合蜡模。为了提高生产率,通常将许多蜡模粘在一根金属棒上,成为组合蜡模,如图 8-9(b)所示。

(3) 粘制型壳。在组合蜡模浸挂涂料(多用水玻璃和石英粉配置)后,放入硬化剂(通常为氯化铵溶液)中固化。如此重复涂挂 3~7 次,至结成 5 mm~19 mm 的硬壳为止,既成形壳如

图8-9(c)所示。再将硬壳浸泡在85 ℃～95 ℃热水中,使蜡模熔化而脱出,制成壳型,如图 8-9(d)所示。

(4)浇注。为提高壳型的强度,防止浇注时变形或破裂,常将壳型放入铁箱中,在其周围用砂填紧,为提高熔融金属的流动性,防止浇不到缺陷,常将铸型在850 ℃～950 ℃焙烧,趁热进行浇注,如图8-9(e)所示。

2. 熔模铸造的特点及应用

熔模铸造的壳型由石英粉等耐高温材料制成,使用的压型经过精细加工,压铸的蜡模又经逐个修整,造型过程无起模、合型、合箱等操作。因此,熔模铸造铸出的铸钢件的尺寸公差等级可达IT7～IT5,通常称为精密铸造。各种金属材料都可用于熔模铸造。但目前主要用于生产高熔点合金(如铸钢)及难切削合金的小型铸件。

## 8.4 常用合金铸件的生产特点

铸造合金的熔炼及浇铸工艺,对获得优质高产的铸件是十分重要的,它与铸型制备相辅相成,缺一不可。

### 8.4.1 灰铸铁件

1. 灰铸铁的性能

灰铸铁中碳大部分或全部以片状石墨形式出现,因断口呈灰色,故称为灰铸铁。灰铸铁是铸造生产中应用最广的一种金属材料。它的抗拉强度虽然比碳钢低,却具有良好的吸震性能、小的缺口敏感性和良好的自润滑作用及储油结构。灰铸铁常用来制造承受冲击载荷较小,需要减振、耐磨的零件,如机床床身、机架、箱体,支座、外壳等。

由于灰铸铁的碳硅当量接近共晶成分,熔点低,结晶温度范围小,逐层凝固方式,流动性好。另外,凝固时石墨析出,使总收缩较小,因此,灰铸铁具有良好的铸造性能,熔铸工艺容易,铸件缺陷少。

2. 熔铸特点

(1)灰铸铁的熔炼。灰铸铁的熔化,并不是单纯把固体的金属材料熔化成液体金属,而是要获得化学成分合格、温度足够高的铁水,以浇铸出合格的铸件。

灰铸铁的熔化设备有冲天炉、工频炉和电弧炉等,其中,冲天炉使用最广泛。操作时,先装好底焦,并分批把由金属料、焦炭和熔剂组成的炉料依次装满炉膛,然后点火鼓风熔炼。十分钟后即有熔化的铁水,待炉内铁水积聚一定数量时,可先行出渣,再出铁水,并将铁水分装入浇包准备浇铸。冲天炉是以每小时化铁量(t/h)表示其生产能力的,生产中以2 t/h～10 t/h的冲天炉为常见。

金属炉料熔化后得到的铁水,一般元素含量将有变化:碳量增加并趋于饱和,含碳量 $w(C) = 3.0\%～3.4\%$,硅烧损30%～10%,锰烧损40%～10%,硫增加50%,磷基本不变。因此,在进行配料计算时应考虑这些变化,以保证出炉的铁水成分符合要求。

冲天炉熔化出炉的铁水温度要控制在 1 360 ℃～1 420 ℃,以保证充型良好、减少缺陷。

(2) 铸造工艺特点。灰铸铁的熔点低,浇注温度较低,对铸型材料(型砂)的要求不高,收缩小,铸件不易产生缩孔、裂纹等缺陷,一般不设置冒口或冷铁,流动性好,可以铸造出形状复杂、薄壁铸件。

### 8.4.2 孕育铸铁件

孕育铸铁是抗拉强度大于 250 MPa 的灰口铸铁,它是将低碳的灰铸铁水,过热后加入一定量的孕育剂,又称变质剂(如硅铁)作孕育处理,使铸铁中石墨片细化、分布均匀,从而提高了铸铁的力学性能。

孕育铸铁的原铁水来自冲天炉等,要控制其碳硅量不宜过高,即 $w(C)=2.7\%～3.3\%$、$w(Si)=1.2\%～2.0\%$、$w(Mn)=1.0\%$、$w(S)<0.12\%$、$w(P)<0.3\%$,为此,须在冲天炉炉料中加入 $25\%～50\%$ 的废钢,以调节碳硅量,使石墨片不至于粗化。碳硅量也不能太低,否则,会使熔炼困难、铸造性能变差。

孕育处理用的变质剂常为含 $w(Si)=75\%$ 的硅铁,加入量一般为被处理铁水重量的 $0.2\%～0.6\%$,变质剂宜在出铁或浇注前加在出铁槽或浇包中,并在孕育处理后立即浇注,以免孕育失效。

孕育处理会使铁水温度降低,故原铁水的出炉温度应适当提高,为 1 400 ℃～1 450 ℃。

孕育铸铁的铸造性能比灰口铸铁差,流动性较差、收缩较大,对型砂性能要求提高,一般要设置冒口或冷铁。然而,孕育铸铁对冷速的敏感性小,即冷速对铸件的组织与性能影响较小,因此,铸件截面上或不同壁厚处的组织性能比较均匀。这使它十分适合于制造对强度,耐磨性要求较高的重要铸件和厚大铸件。

### 8.4.3 可锻铸铁件

可锻铸铁又称玛铁,是将白口铸铁件作高温长时间退火处理后制得的。经处理,使铸铁中的 $Fe_3C$ 发生分解,析出团絮状石墨,铸件力学性能提高,$R_m>300$ MPa,尤为可贵的是它具有一定的塑性与韧度($A≤12\%$、$KV(KU)≤30$ J/cm$^2$),故得名可锻铸铁,实际上不能制造锻件。

可见,能否制得碳硅含量低的白口铸铁件,是获得可锻铸铁的关键。因此,必须严格控制从冲天炉中熔化的原铁水成分,尤其是含碳量应在 $w(C)=2.2\%～2.8\%$,硅应在 $w(Si)=0.8\%～1.4\%$;并且要作炉前三角试样检验。如果试样断口全呈灰色,说明碳硅量过高,不能浇注铸件,如果断口亮白,则可浇注铸件。

由于原铁水的碳硅量低,使熔点升高,结晶温度范围加大,流动性变差,收缩加大,铸造性能变差,铸件容易产生缺陷。对此,除严格控制铁水成分和加入废钢调节成分外,要求铁水的出炉温度和浇注温度提高,选用高耐火性和退让性的型砂;设置冒口与冷铁,加大浇口断面,加强挡渣、撇渣措施,以减轻因废钢加入引起的熔渣的危害,同时,要加快浇注等。

可锻铸铁件生产过程复杂、周期长、成本较高,仅适于制造力学性能要求较高的薄壁小件。

### 8.4.4 球墨铸铁件

向高温、低硫磷的原铁水中加入球化剂和孕育剂,处理后制得呈球状石墨的铸铁,即为球墨铸铁,简称球铁。

熔炼球铁用的原铁水成分必须严格控制,一般 $w(C)=3.7\%\sim3.9\%$,$w(Si)=1.4\%\sim1.8\%$,$w(S)\leqslant0.07\%$,$w(P)\leqslant9.1\%$,即"高碳低硅低硫磷"。尤其是硫、磷愈低愈好,因为硫会与球化剂作用,不仅增加球化剂的加入量,而且使石墨不易球化,而磷会降低球铁的强度、塑性和韧度,使铸件容易脆断。因此,须对来自冲天炉的原铁水及经处理后的铁水作炉前检验,以迅速了解原铁水成分和球墨化处理的成败,及时采取补救措施。这是熔炼球铁必不可少的重要环节。

球铁处理工艺包括球化处理和孕育处理,常用的球化剂为稀土镁合金,加入量为处理铁水量的 $1.0\%\sim2.0\%$,孕育剂为含硅 $w(Si)=75\%$ 的硅铁,球墨化处理的铁水温度常在 1 350 ℃~1 450 ℃。

球铁的铸造性能比灰口铸铁差。因为,经球墨化处理后,铁水温度下降很大(约 100 ℃),而且结晶呈糊状凝固,使流动性变差,铁水充型能力降低,铸件容易产生缺陷。对此,原铁水温度应足够高,同时,加大内浇口截面和提高浇注速度。球铁的收缩比灰口铸铁大,但缩前因石墨析出引起的膨胀也大,因而,凝固后期,一方面由于缩前膨胀使型腔胀大,铸件尺寸变大(内腔变小),另一方面由于收缩大又使铸件容易产生缩孔。对此,应按照顺序凝固原则,增设冒口与冷铁,或采取"平浇立冷"等工艺。采用干型或水玻璃砂快干铸型,以防范铸件收缩引起的应力、变形和裂纹。另外,球铁中 MgS 会与型砂中的水作用,形成的硫化氢气体是铸件产生气孔的根源,故应严格控制型砂含水量及铁水含硫量或提高铸型透气性。

球铁铸件一般都要热处理。这不仅是为了消除内应力,而且是为了提高球铁铸件的性能。因为,球状石墨对基体的消极影响已经很小,有条件像钢那样通过热处理,改善组织和性能。球铁铸件常用的热处理有石墨化退火、正火和等温淬火等,使球铁力学性能远高于可锻铸铁。

### 8.4.5 蠕墨铸铁件

近年来发展一种新型铸铁——蠕墨铸铁,它的石墨片短而厚、钝而圆、呈蠕虫状,故得名。蠕墨铸铁的力学性能介于基体相同的灰口铸铁与球铁之间。它的耐热疲劳性能优于球铁,耐磨性能优于孕育铸铁。因此,蠕墨铸铁是制造缸盖、铸模及机床床身等零件的一种很有前途的材料。

蠕墨铸铁是向冲天炉炼得的原铁水加入稀土镁钛等蠕化剂和稀土硅铁等变质剂,处理后制得的。它的铸造性能与灰口铸铁相当,所以,铸造工艺简便,应用前景很好。

除了上述几种铸铁外,为满足各种机器零件对铸铁的特殊需求,向铸铁中加入铝、硅、铬、钼、铜、锰等元素,而制得具有耐磨、耐热等的合金铸铁,供人们选用。有关合金铸铁的熔铸工艺在此不再讲述。

### 8.4.6 铸钢件

铸钢有碳素铸钢和合金铸钢两类,它们的熔铸工艺比灰口铸铁困难。铸钢的熔炼设备有电弧炉、感应炉、平炉、等离子弧炉等。电弧炉应用最广,感应炉及等离子弧炉主要用于熔炼合金钢,平炉用得较少。碳素铸钢的铸造工艺比较复杂。钢的熔点高,多数钢种的结晶温度范围较宽,呈糊状凝固或中间凝固方式,流动性差,收缩大,而且,熔炼过程中吸气较多,氧化严重,因而铸造性能很差。为此,要采用高强度、高耐火性、良好退让性和透气性的型砂,石英砂的颗粒要大,在铸型壁表面涂刷石英粉或锆砂粉等耐火材料,采用水玻璃砂型等。另外,铸钢件的浇注系统形状应力求简单,断面要大,内浇口要多,铸件壁厚要尽可能均匀,避免大的水平壁结构,当壁厚不均匀时,应按顺序凝固原则配置大的冒口与冷铁。有些铸件在转角处设"拉筋"结构,以防收缩时产生裂纹。

铸钢件必须进行热处理,以消除应力,细化晶粒和提高力学性能。常用的热处理有退火,正火等。

### 8.4.7　铜合金铸件

纯铜的强度低,工业上常用铜合金制作铸件。不论是黄铜还是青铜,熔炼中都极易氧化和吸气。有些铜合金,如铅青铜还有较大的比重偏析倾向。因此,铜合金熔铸工艺应注意如下要点。

(1) 炉料,包括铜料、中间合金和熔剂与脱氧剂等。中间合金是为了便于将一些难熔元素,如锰、铁、镍等,加入到铜液中进行熔炼,而专门配制的低熔点合金。例如,由 $64\% \sim 65\%$ 的铜和 $34\% \sim 36\%$ 的锰配制的中间合金,其熔点仅 868 ℃。

(2) 熔剂,如硼砂、苏打、萤石等,可以造渣覆盖在金属液上,隔绝空气的侵袭,并去除合金中的杂质。有些铜合金熔炼时还加入脱氧剂,以防铜氧化物 $Cu_2O$ 与铜形成低熔点共晶,冷凝过程中积聚在晶界上,使铜合金力学性能下降。例如,熔炼青铜时加入磷铜,它与氧作用生成 $P_2O_5$ 而脱氧。应当指出,黄铜中的锌是很好的脱氧剂,熔炼时不再另加脱氧剂。

(3) 铜合金的熔炉有坩埚炉、工频感应炉和反射炉等。熔炼时炉料不应与燃料直接接触。当熔炼好的铜合金成分合格、温度合适时即可进行浇注。一般黄铜在 980 ℃～1 150 ℃、锡青铜在 1 050 ℃～1 200 ℃、铝青铜在 1 150 ℃～1 220 ℃浇注。

(4) 多数的铜合金熔点低、流动性好,对型砂耐火性要求不高,可以用细颗粒的原砂造型。因而铸件的尺寸比较精确,表面比较光洁。但是,多数铜合金,尤其是铝青铜,收缩大,易吸气和氧化,因此,除了要选用透气性和退让性好的型砂造型外,还须按顺序凝固原则设置冒口与冷铁,采用能够有效减轻氧化与吸气的浇注系统。例如,铝青铜件常用底注式浇注系统。另外,浇注时不能断流或发生飞溅与涡流,尽可能使金属液迅速而平稳地充满铸型。对于结晶温度范围大的锡青铜件,在壁厚不大时可采取同时凝固的措施,如金属型铸造。对于比重偏析倾向大的铅青铜件,则应在浇注前作充分而均匀的搅拌,浇注后使之快速冷却。

### 8.4.8　铝合金铸件

铝合金有铝硅合金、铝铜合金、铝镁合金和铝锌合金等四大类,它们都可用铸造生产铸件。

熔铸工艺既有相似之处,又各具特点。

铝合金在高温下,比铜合金更易氧化和吸气。铝和氧生成致密的 $Al_2O_3$ 膜,不仅会使铸件产生夹杂,而且还阻碍铝液中的氢气逸出,使铸件内形成分散的小气孔,力学性能明显降低。

铝合金常用坩埚炉等熔炼,炉料不能与燃料接触,须在熔剂层下加精炼剂进行熔炼,包括去气精炼。常用的熔剂有 KCl、NaCl、$CaF_2$ 和 $Na_3AlF_6$ 等。常用的精炼剂有氯气和氯化铵等。氯气通入铝合金液中,将分别与铝作用而形成 $AlCl_3$ 入渣除去;与氢作用形成氯化氢气体逸出铸件。从而达到熔炼、去气精炼的目的。

铸造铝合金熔点很低,流动性好,对型砂耐火性要求低,可用细砂造型。因而,铸件尺寸比较精确,表面比较光洁,还可浇铸薄壁铸件。与铜合金铸造类似,常用底注式浇注系统,要求迅速而平稳地使金属液充满铸型。对于铸造性能较差的铝铜合金及铝镁合金,由于它们的收缩较大,故应选用退让性足够的型砂和芯砂,提高浇注温度,设置冒口等,以防铸件产生缺陷。

## 习　题

8-1　什么是铸造?铸造的特点是什么?

8-2　常见的铸造方法有哪些?

8-3　砂型铸造的基本工艺过程是怎样的?

8-4　什么是模样?制造模样的主要材料有哪些?

8-5　什么是金属的铸造性能?它包含哪些内容?它们对铸件的质量影响如何?

8-6　什么是金属型铸造?金属型铸造有哪些特点?

8-7　什么是压力铸造?压力铸造有哪些特点?

8-8　试分析铸件产生缩孔与缩松、变形与裂纹的原因和防止方法。

8-9　一个空心球要采用什么工艺方法可铸造出来?

8-10　根据你所学知识,试简单确定如图 8-10 所示铸件的生产工艺。

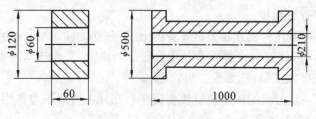

**图 8-10　习题 8-10 图**

8-11　为什么熔模铸造特别适用于难以机械加工的、形状复杂的铸件?

8-12　确定浇注位置的基本原则是什么?

8-13　一幅完整的铸造工艺图应包含哪些主要内容?

# 项目九 锻压

锻压是利用金属材料塑性变形的特点对坯料施加外力,使之产生塑性变形,获得具有一定形状、尺寸和性能要求的零件、毛坯或原材料的加工方法。本项目着重介绍金属塑性成形的工艺理论基础,自由锻、模锻及冲压生产的特点、材料成形的工艺过程等内容。

## 9.1 锻压工艺基础

### 9.1.1 锻压加工方法及特点

#### 1. 锻压加工方法

锻压包括锻造和冲压,属于金属压力加工生产的一部分。常见的压力加工方法如图 9-1 所示。

(1)轧制。金属坯料通过两个回转轧辊空隙中间,在压力作用下,产生连续塑性变形使坯料截面减小、长度增加的加工方法称为轧制,如图 9-1(a)所示。轧制所用坯料主要是金属锭,通过轧制可以生产出不同截面的型材、管材和板材等。

(2)挤压。将金属坯料置于挤压筒中加压,使其从挤压模的模孔中挤出而成形的加工方法称为挤压,如图 9-1(b)所示。挤压可以获得各种复杂截面的型材或零件,主要适用于加工低碳钢、有色金属及其合金。

(3)拉拔。坯料在牵引力作用下拉过拉拔模的模孔而成形的加工方法称为拉拔,如图 9-1(c)所示。拉拔主要生产各种细线材、薄壁异形管及特殊截面型材。低碳钢和大多数有色金属及其合金都可以进行拉拔。

(4)自由锻。将金属坯料放置在锻造设备的上、下砧铁之间,受冲击力或压力作用而成形的加工方法称为自由锻,如图 9-1(d)所示。凡承受复杂应力、工作环境恶劣的重要零件,通常都采用锻造毛坯经切削加工制成,如重要齿轮、主轴等。

(5)模锻。利用一定形状的锻模模膛使金属坯料在冲击力或压力作用下产生塑性变形而成形的加工方法称为模锻,如图 9-1(e)所示。

(6)板料冲压。板料冲压是通过模具对金属板料施加外力,使之产生塑性变形或分离,从而获得一定尺寸、形状制件的加工方法,如图 9-1(f)所示。由于冲压通常在常温进行,故又称为冷冲压。

#### 2. 锻压加工特点

金属锻压加工具有以下特点。

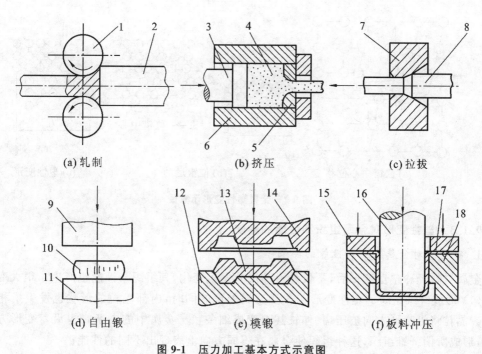

(a) 轧制　　　　　　　　　(b) 挤压　　　　　　　　　(c) 拉拔

(d) 自由锻　　　　　　　　(e) 模锻　　　　　　　(f) 板料冲压

**图 9-1　压力加工基本方式示意图**

1—轧辊；2、4、8、10、13、17—坯料；3、16—凸模；5—挤压模；
7—拉拔模；9—上砧铁；11—下砧铁；6、12—下模；14—上模；15—压板；18—凹模

(1) 改善金属组织,提高金属的力学性能。通过锻压可以压合铸造组织中的内部缺陷,使组织致密,获得较细密的晶粒结构。

(2) 可以形成并能控制金属的纤维方向使其沿着零件轮廓更合理地分布,提高零件使用性能。

(3) 锻压生产中许多零件的尺寸精度和表面粗糙度已接近或达到成品零件的要求,只需少量或不需切削加工即可得到成品零件,以减少金属加工损耗,节约材料。

(4) 锻压产品适用范围广泛,且模锻、冲压有较高的劳动生产率。

### 9.1.2　金属材料的塑性变形

金属的塑性变形根据其变形温度不同可分为冷塑性变形与热塑性变形。

塑性变形的实质是金属在切应力作用下,金属晶体内部产生大量位错运动的宏观表现。通过位错运动实现金属塑性变形的基本过程如图 9-2 所示。金属晶体在切应力作用下,位错中心上面的原子列向右作微量位移,而位错中心下面的原子列向左作微量位移。继续施加切应力,位错将从晶体的一侧移动到晶体的另一侧,从而造成了一个原子间距的位移过程。同时,晶体在外力作用下会不断增殖新的位错并位移至晶体的表面,当去除切应力的作用后就获得了塑性成形的效果。在金属晶体中,由于晶界的存在和各个晶粒的位向不同及其他晶体缺陷等因素,使得各晶粒的塑性变形相互受到阻碍与制约,塑性变形的同时也导致了金属的强化。

133

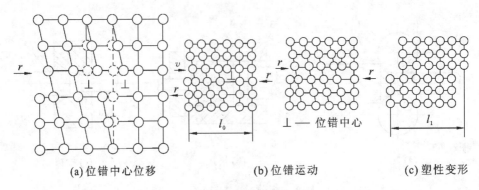

(a) 位错中心位移      (b) 位错运动      (c) 塑性变形

图 9-2   金属塑性变形示意图

### 9.1.3   塑性变形对金属组织和性能的影响

**1. 冷变形对金属组织和性能的影响**

金属材料经冷塑性变形后,不仅外形和尺寸发生变化,其组织与性能也产生了很大变化。

(1) 形成纤维组织。塑性变形在改变金属外形的同时,内部晶粒的形状也发生了相应的变化。晶粒将沿变形方向被压扁、伸长甚至变成细条状。金属中的夹杂物也沿着变形方向被伸长,形成所谓纤维组织,这种组织使金属在不同方向上表现出不同的性能。

(2) 产生加工硬化。加工硬化也称形变强化或冷作硬化,是指随着金属冷变形程度的增加,金属材料的强度和硬度不断提高而塑性和韧度不断下降的现象。塑性变形使金属的晶格产生严重畸变。当变形量较大时,除形成纤维组织外,还能将晶粒破碎成许多细碎的小晶块——亚晶。由于这种加工硬化组织的位错密度增加,造成金属的变形抗力增大,给金属的继续变形造成困难。

加工硬化在工程技术方面应用的实际意义,一是强化金属材料的重要手段,特别适用于那些不能用热处理方法强化的金属材料;二是当金属的某些变形部分产生硬化后,继续变形则主要在未变形和变形较少的部分进行,有利于金属变形的均匀一致。

**2. 回复与再结晶**

加工硬化组织是一种不稳定的组织状态,具有自发地向稳定状态转化的趋势。常温下,多数金属的原子活动能力很低,这种转化较难以实现。生产中,经常采用"中间退火"的处理方法,对加工硬化组织进行加热,增强金属原子的活动能力,加速金属组织向稳定状态转化。随着加热温度的升高,变形金属将相继发生回复、再结晶和晶粒长大三个阶段的变化。冷变形金属加热时组织和性能的变化如图 9-3 所示。

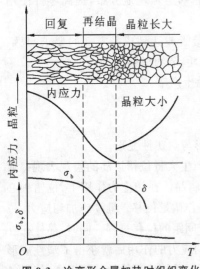

图 9-3   冷变形金属加热时组织变化示意图和性能的变化曲线

（1）回复。当加热温度较低，变形金属处于回复阶段。此时，原子活动能力不很大，变形金属的纤维组织不发生显著变化，强度、硬度略有下降；塑性、韧度有所回升；内应力有较明显的降低。在工业生产中，利用低温加热的回复过程，在保持变形金属很高强度的同时降低它的内应力。例如：冷拔弹簧钢丝绕制弹簧后常进行低温去应力退火处理，其目的就是为了既保持冷拔钢丝的高强度，又降低或消除冷卷弹簧时产生的内应力。

（2）再结晶。当加热温度较高进入再结晶阶段时，变形金属的纤维组织发生了显著的变化，破碎的、被伸长和压扁的晶粒将向均匀细小的等轴晶粒转化。金属的强度、硬度明显下降；塑性、韧度显著提高。因为这一过程类似于结晶过程，也是通过形核和长大的方式完成的，故称为"再结晶"。需要指出的是，再结晶前后晶粒的晶格类型不变，化学成分不变，只改变晶粒的形状，因此，再结晶不是相变过程。

开始产生再结晶现象的最低温度称为再结晶温度。纯金属的再结晶温度与熔点之间的大致关系为 $T_{再} \approx 0.4 T_{熔}$，式中温度均用热力学温度（K）表示。金属再结晶过程的特点如下。

① 再结晶不是在恒温下进行的，而是在一定温度范围内进行的过程。

② 金属变形程度越大晶体缺陷越多，组织越不稳定，再结晶温度越低。当金属变形程度达到 $70\% \sim 80\%$ 时，再结晶温度趋于稳定。

③ 在其他条件相同时，金属的熔点越高，其最低再结晶温度越高。

④ 金属中的杂质或合金元素起到阻碍金属原子扩散和晶界迁移的作用，使再结晶温度提高。

（3）晶粒长大。在变形晶粒完全消失，再结晶晶粒彼此接触后，继续延长加热时间或提高加热温度，则晶粒会明显长大，成为粗晶组织，金属的力学性能下降。

### 3. 冷变形与热变形

金属的冷、热变形通常是以再结晶温度为界加以区分。冷变形是指坯料低于再结晶温度状态下进行的变形加工。变形后具有明显的加工硬化现象，所以，冷变形的变形量不宜过大，避免工件撕裂或降低模具寿命。冷变形产品具有尺寸精度高、表面质量好、力学性能好的特点，广泛应用于板料冲压、冷挤压、冷镦及冷轧等常温变形加工。热变形是指坯料高于再结晶温度状态下进行的变形加工。加工过程中产生的加工硬化随时被再结晶软化和消除，使金属塑性显著提高，变形抗力明显减小。因此，可以用较小的能量获得较大的变形量，适合于尺寸较大、形状比较复杂的工件变形加工。热变形产品表面易形成氧化皮，尺寸精度和表面质量较低，而且，劳动条件较差。自由锻、热模锻、热轧等工艺都属于热变形范畴。

### 4. 热变形对金属组织和性能的影响

金属热变形时组织和性能的变化主要表现在以下几方面。

（1）热变形加工时，金属中的脆性杂质被破碎，并沿金属流动方向呈粒状或链状分布；塑性杂质则沿变形方向呈带状分布，这种杂质的定向分布称为流线。通过热变形可以改变和控制流线的方向与分布，加工时应尽可能使流线与零件的轮廓相符合而不被切断。如图9-4所示为锻造曲轴和轧材切削加工曲轴的流线分布，明显看出，经切削加工的曲轴流线易沿轴肩部

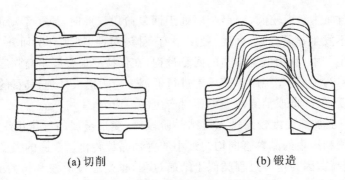

(a) 切削　　　　　　　　　　　(b) 锻造

**图 9-4　曲轴的流线分布示意图**

位发生断裂,流线分布不合理。

(2) 热变形加工可以使铸锭中的组织缺陷得到明显改善,如铸态时粗大柱状晶经热变形加工能变成较细的等轴晶粒;气孔、缩松被压实,使金属组织的致密度增加;某些合金钢中的大块碳化物被打碎并均匀分布;可以部分地消除金属材料的偏析,使成分均匀化。

### 9.1.4　金属的锻造性能

金属的锻造性能(可锻性)是衡量材料经受塑性成形加工,获得优质锻件难易程度的一项工艺性能。金属锻造性能的优劣,常用金属的塑性变形能力和变形抗力两个指标来衡量。金属塑性高,变形抗力低,则锻造性能好;反之,则锻造性能差。影响金属塑性变形能力和变形抗力的因素有以下几个方面。

#### 1. 化学成分

不同化学成分的金属其锻造性能不同。一般纯金属的锻造性能优于合金;钢中的碳含量越低,锻造性能越好;随合金元素含量的增加,特别是当钢中含有较多碳化物形成元素(铬、钨、钒、钼等)时,锻造性能显著下降。

#### 2. 金属组织

对于同样成分的金属,组织结构不同,其锻造性能也存在较大的区别。固溶体的锻造性能优于金属化合物,钢中碳化物弥散分布的程度越高、晶粒越细小均匀,其锻造性能越好,反之则差。

#### 3. 变形温度

在一定的变形温度范围内,随着变形温度升高,锻造性能提高。若加热温度过高,会使金属出现过热、过烧等缺陷,塑性反而下降,受外力作用时易产生脆断和裂纹,因此,必须严格控制锻造温度。

#### 4. 变形速度

变形速度反映金属材料在单位时间内的变形程度。它对塑性和变形抗力的影响具有两重性。

（1）一般的变形速度（低于图 9-5 中变形速度临界值 $a$），再结晶过程来不及完成，不能及时消除变形产生的加工硬化，故随变形程度的增加，塑性下降、变形抗力增大，锻造性能变差。

（2）当变形速度高达一定数值（如高速锻锤、爆炸成形）时，可使金属的温度升高，产生所谓的热效应，变形速度越快，热效应越明显，锻造性能也得到改善。在一般锻压生产中，变形速度并不很快，因而，热效应作用也不明显。

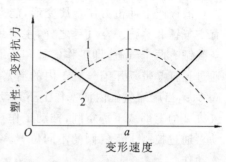

**图 9-5 变形速度对锻造性能的影响**
1—变形抗力曲线；2—塑性变化曲线

5. 变形程度

锻造比是锻造时金属变形程度的一种表示方法。通常，用变形前后的截面比、长度比或高度比 $Y$ 来表示。即拔长时的锻造比为

$$Y_b = A_o/A = L/L_o \tag{9-1}$$

镦粗时的锻造比为

$$Y_d = A/A_o = H_o/H \tag{9-2}$$

式中：$A_o$、$L_o$、$H_o$——分别为坯料变形前的横截面积、长度和高度；

$A$、$L$、$H$——分别为坯料变形后的横截面积、长度和高度。

以钢锭为坯料，镦粗锻造比一般取 $Y_d = 2 \sim 2.5$；拔长锻造比一般取 $Y_b = 2.5 \sim 3$。以型材为坯料时，因型材在轧制过程中内部组织和力学性能都得到了不同程度的改善，锻造比可取 $Y_d = 1.1 \sim 1.5$。锻造高合金钢或特殊性能钢时，为使碳化物弥散和细化，可采用较大的锻造比，如高速钢可取 $Y_d = 5 \sim 10$。

除以上所述因素外，还有加工方法对材料内部所产生应力的大小和性质、坯料尺寸及表面质量等因素的影响。总之，金属的锻造性能不仅取决于金属的内在因素（如化学成分、金属组织等，通过选材可以确定）；还取决于变形条件（如变形温度、变形速度等，通过加工手段加以确定）。在锻压生产中应力求创造有利的变形条件，降低功耗，达到最佳的塑性成形效果。

## 9.2 自由锻

自由锻造是金属在上、下型砧之间受压变形，获得所需几何形状和内部质量的锻件的锻造方法，由于金属受力变形时，在砧铁间各个方向是自由流动的，故称之为自由锻。自由锻锻件形状和尺寸主要由操作工的操作技术来保证。自由锻可分为手工锻造和机器锻造两种。手工锻造劳动强度大，只适于少量小型锻件的生产；在大型锻件、重型机械制造过程中，主要依靠机器锻造进行生产。

### 9.2.1 自由锻设备

根据对坯料作用力的性质不同，机器锻造设备分为锻锤和液压机两大类。

锻锤产生冲击力使金属变形,能力(吨位)的大小用其落下部分的质量来表示。锻锤又有空气锤和蒸汽—空气锤之分,主要用于生产中、小型锻件。空气锤的构造如图9-6所示。空气锤有两个气缸,即工作气缸和压缩气缸。电动机6通过减速器7带动曲柄15转动,再通过连杆5带动压缩气缸1内的活塞3作上下运动。在压缩缸与工作缸之间有上下两个气阀8、9,当压缩气缸内活塞作上下运动时,压缩气体经过打开的气阀交替地进入或排出工作气缸2的上部或下部空间,推动工作气缸内的活塞4连同锤杆16和上砧铁11一起上下运动。通过控制上下气阀的不同位置,空气锤可以完成锤头悬空、单打、连打和压住锻件等四个动作。

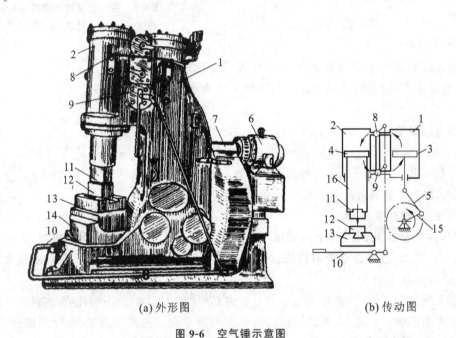

(a) 外形图  (b) 传动图

图 9-6  空气锤示意图

1—压缩汽缸;2—工作汽缸;3、4—活塞;5—连杆;6—电动机;7—减速器;8、9—气阀;10—踏杆;
11—上砧铁;12—下砧铁;13—砧垫;14—砧座;15—曲柄;16—锤杆

生产中使用的液压机主要是水压机。水压机产生静压力使金属产生变形,主要由固定系统和活动系统两部分组成。能力(吨位)的大小是用其产生的最大压力来表示。它可以完成质量达300 t锻件的锻造任务,是巨型锻件唯一的成形设备。

### 9.2.2  自由锻的基本工序

自由锻工序可分为基本工序,辅助工序及修整工序。辅助工序是为基本工序操作方便而进行的预先变形,如压钳口、钢锭倒棱和压肩等。修整工序是为提高锻件表面质量而进行的工序,如校整、滚圆、平整等。基本工序是自由锻造的主要工序,包括镦粗、拔长、冲孔、弯曲、切割、错移和扭转等,如表9-1所示。

表 9-1　自由锻造基本工序示意图

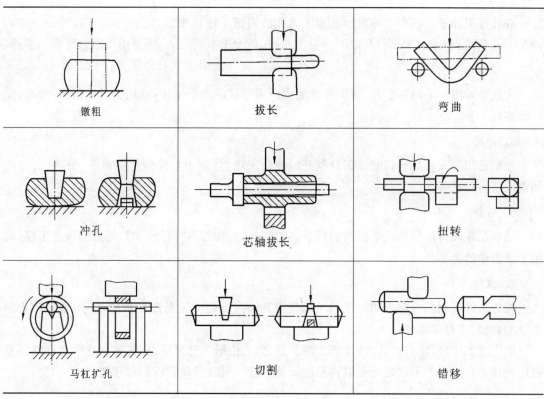

镦粗　　　　　　　　拔长　　　　　　　　弯曲

冲孔　　　　　芯轴拔长　　　　　扭转

马杠扩孔　　　　　切割　　　　　　错移

## 1. 镦粗

镦粗是减小坯料高度,增大其横截面积的工序。有整体和局部镦粗之分,主要适用于圆盘类零件。由于坯料端面和砧铁表面接触产生降温和摩擦力的作用,锻件变形不均匀而往往呈鼓形。因此,镦粗时应注意以下几点。

（1）坯料高度 $H_0$ 小于直径 $D_0$ 的 2.5 倍,防止产生镦弯和双鼓形。

（2）坯料加热要均匀,防止镦粗时坯料轴线偏离。

（3）坯料表面不应有裂纹或凹坑,端面平整且与轴线垂直,防止镦歪或裂纹扩大。

## 2. 拔长

拔长是减小坯料横截面积,增加其长度的工序。主要适于锻造杆轴类零件对于空心轴锻件可采用芯轴拔长。拔长时有以下几点注意事项。

（1）拔长时应不断进行 90°翻转,使坯料变形更加均匀。

（2）为防止翻转时横截面产生弯曲现象,横截面高度与宽度之比应小于 2.5 倍。

（3）拔长时每次送进量 $t=(0.4\sim0.8)B$,$B$ 为砧宽,送进量太大变形不均匀,太小又容易产生折叠。

（4）芯轴拔长时,坯料加热要均匀,防止空心轴孔偏斜。

3. 冲孔

冲孔是用冲子在坯料上冲出通孔或不通孔的锻造工序。根据冲头形式不同,可分为实心冲头冲孔(孔径小于 300 mm)及空心冲头冲孔(孔径大于 300 mm),主要用于锻造环套类零件。

4. 弯曲

弯曲是采用一定的工模具,将锻件弯制成所需形状的变形工序,适用于锻造吊钩、弯板、角尺等零件。

5. 切割

切割是用剁子将坯料切断或部分割开的锻造工序,常用于切除锻件的料头、分段、劈缝或切割成所需形状等。

6. 错移

错移是在保持坯料轴线平行的前提下,将其一部分相对另一部分平移错开的锻造工序,常用于锻造曲轴类零件。

7. 扭转

扭转是将坯料的一部分相对于另一部分绕其轴线旋转一定角度的锻造工序,主要用于制造小型曲轴、连杆等零件。

除上述工序外,还有扩孔、锻接等工序。总之,自由锻工艺灵活,在机械制造中具有特别重要的地位。自由锻的不足之处是锻件精度较低,生产率低,劳动条件相对较差。

### 9.2.3 自由锻工艺规程的制订

自由锻造工艺规程是组织生产过程,规定操作规范,控制和检查产品质量的依据。应在充分了解和掌握本单位生产实际状况的前提下,保证满足锻件的技术条件要求,并保证生产工艺的可行性和经济性。自由锻造工艺规程的内容包括:绘制锻件图,计算坯料质量和尺寸,选择锻造工序,确定锻造设备和吨位,确定锻造温度规范、锻件冷却方式及热处理规范,规定锻件技术要求和检验方法,填写工艺卡片等。

1. 绘制锻件图

锻件图是编制锻造工艺、设计工具、指导生产和检验锻件的主要依据,是以零件图为基础,结合自由锻工艺特点绘制而成。典型锻件图如图 9-7 所示,在锻件图上用双点画线画出零件主要轮廓形状,并在锻件尺寸线下面用括弧注明零件尺寸。绘制锻件图应考虑工艺余块、加工余量、锻件公差等因素。

(1) 工艺余块是为了简化自由锻件外形,便于锻造而增加的那一部分金属。多用于零件上的小孔、台阶和凹档等难以锻出的部位,添加余块应综合考虑工艺的可行性和金属材料的消耗等因素。

(2) 加工余量是为了克服自由锻件尺寸精度低、表面质量较差的缺点,而在零件加工表面

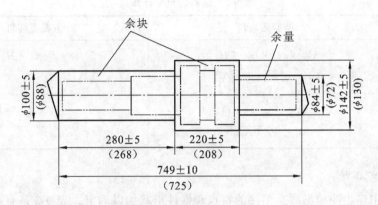

**图 9-7　典型锻件示意图**

上增加了供切削加工用的金属层。一般加工余量的大小与零件的形状、尺寸等因素有关。零件越大、形状越复杂,则加工余量越大。

(3) 锻件公差是锻件实际尺寸(锻造尺寸)相对于锻件公称尺寸(零件基本尺寸＋加工余量)所允许的变动量。锻件公差的确定方法与加工余量的确定方法基本相同,通常为加工余量的 $1/4 \sim 1/3$。

锻件加工余量及公差的值可查阅 GB/T 21469—2008《锤上钢质自由锻件机械加工余量与公差一般要求》。

**2. 计算坯料质量和尺寸**

(1) 坯料质量包括锻件质量与锻造过程中的各种损耗之和,可按下式确定。

$$m_{坯}＝m_{锻}＋m_{烧}＋m_{切}$$

(9-3)

式中:$m_{坯}$——坯料的质量;

　　$m_{锻}$——锻件的质量;

　　$m_{烧}$——火焰加热时坯料表面氧化烧损的质量,第一次取被加热金属质量的 $2\% \sim 3\%$,
　　　　　　以后各次加热取 $1.5\% \sim 2\%$;

　　$m_{切}$——包括冲孔时芯料的质量和修切锻件端部料头的质量,冲孔芯料和修切料头的质量
　　　　　　与锻件形状的复杂程度有关。用钢材作坯料时,可按被加热金属质量的 $2\% \sim 4\%$
　　　　　　计算。锻造大型锻件采用钢锭作坯料时,切头部分质量还要考虑切掉钢锭头部和
　　　　　　尾部的质量。

(2) 坯料尺寸的计算与坯料的种类和锻造工序有关,即应充分考虑锻造比的问题。表 9-2 中列出了第一锻造工序分别为镦粗时坯料体积 $V_{坯}$ 与拔长时坯料横截面积 $A_{坯}$ 的计算式。其中,$D_0$ 为圆截面坯料直径;$H_0$ 为坯料高度;$L_0$ 为方截面坯料边长;$A_{max}$ 为锻件的最大横截面积。按表中所列方法初步算出坯料的直径或边长后,还需要按照钢材的标准尺寸加以修正,再计算出坯料的长度。

表 9-2　坯料的尺寸计算

| 第一工序 | 圆截面坯料 | 方截面坯料 |
|---|---|---|
| 镦粗工序 | $V_坯 = \pi/4 \cdot D_0^2 \cdot H_0$ <br> $D_0 = (0.8 \sim 1.0)\sqrt[3]{V_坯}$ | $V_坯 = L_0^2 \cdot H_0$ <br> $L_0 = (0.74 \sim 0.93)\sqrt[3]{V_坯}$ |
| 拔长工序 | $A_坯 = Y \cdot A_{\max} = \pi \cdot D_0^2/4$ <br> $D_0 = \sqrt{4 \cdot A_坯/\pi}$ | $A_坯 = Y \cdot A_{\max} = L_0^2$ <br> $L_0 = \sqrt{A_坯}$ |

**3. 选择锻造工序**

自由锻造工序主要根据锻造工序的特点和锻件形状加以确定。表 9-3 是自由锻件分类及锻造工序。

表 9-3　自由锻件分类及锻造工序

| 锻件类别 | 图　例 | 锻造工序 | 实　例 |
|---|---|---|---|
| 轴类零件 | 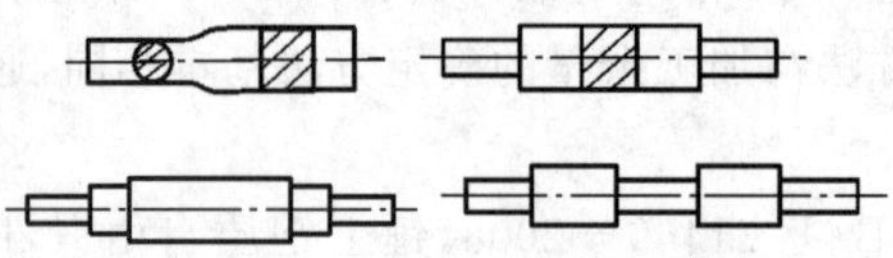 | 拔长、压肩、滚圆 | 主轴、传动轴等 |
| 杆类零件 | 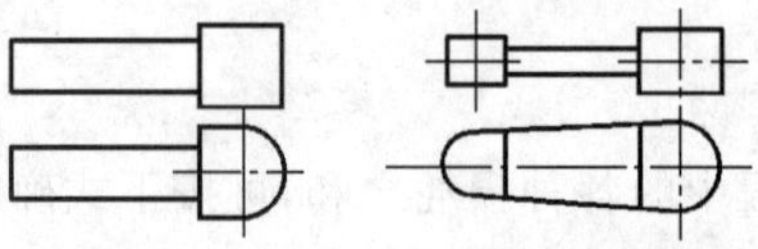 | 拔长、压肩、修整、冲孔 | 连杆等 |
| 曲轴类零件 | 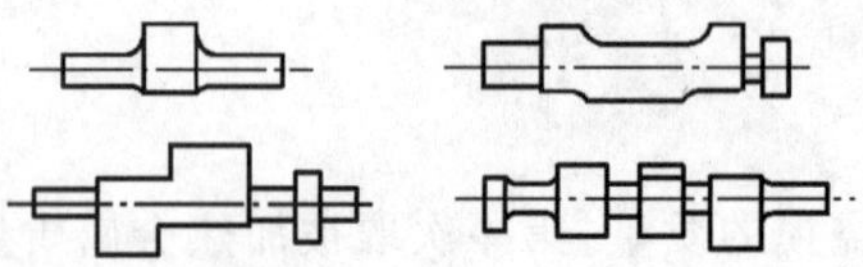 | 拔长、错移、压肩、扭转、滚圆 | 曲轴、偏心轴等 |
| 盘类圆环类零件 | 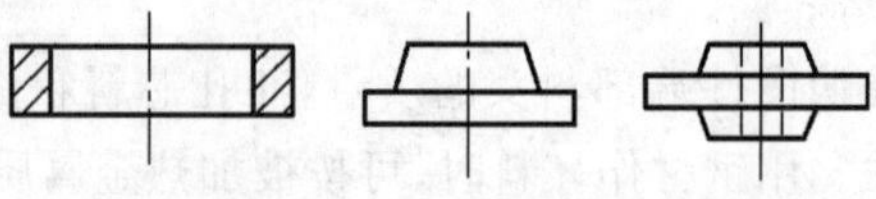 | 镦粗、冲孔、马杠扩孔、定径 | 齿圈、法兰、套筒、圆环等 |
| 筒类零件 | 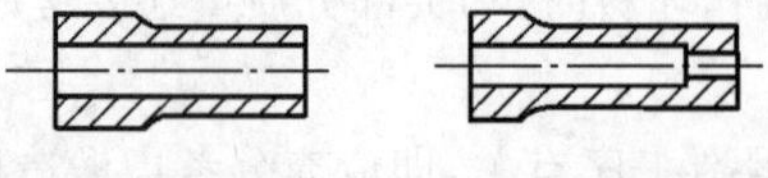 | 镦粗、冲孔、芯棒拔长、滚圆 | 圆筒、套筒等 |
| 弯曲类零件 | 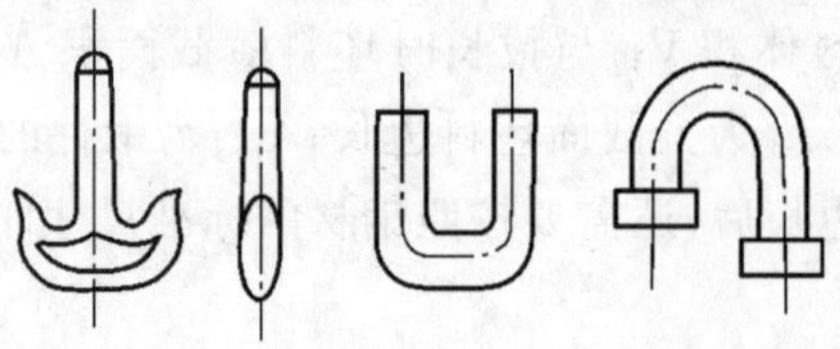 | 拔长、弯曲 | 吊钩、轴瓦盖、弯杆 |

### 4. 确定锻造温度范围

锻造温度范围是指锻件由始锻温度到终锻温度的锻造温度间隔。

(1) 始锻温度是指开始锻造时坯料的温度。通常,将变形允许加热达到的最高温度定为始锻温度,始锻温度一般比金属材料的熔点低150 ℃～200 ℃,在不发生过热、过烧的前提下,尽可能提高始锻温度,有利于金属的塑性成形。

(2) 终锻温度是指停止锻造时锻件的温度,碳素钢的终锻温度约为800 ℃左右,合金钢一般为800 ℃～900 ℃。在保证锻后获得再结晶组织的前提下,适当降低终锻温度有利于完成各种变形工步。终锻温度过低,金属塑性降低,容易产生裂纹。终锻温度过高,会引起晶粒长大,降低金属的力学性能。

## 9.3 模锻和胎模锻

利用模具使毛坯变形而获得锻件的锻造方法称为模型锻造,简称模锻。模锻是使金属坯料在锻模模膛内一次或多次承受冲击力或压力的作用,而被迫流动成形。由于模膛对金属坯料流动的限制,最终得到与模膛形状相符的锻件。与自由锻相比,模锻主要有以下特点。

(1) 金属变形是在模膛内进行,锻件成形快,生产率高。

(2) 模锻件尺寸相对精确,加工余量小。

(3) 可以锻出形状比较复杂的锻件。

(4) 比自由锻节省材料,减小切削加工工作量,降低成本。

(5) 锻模价格较高,制造周期长,成本较高。

(6) 操作简单,易于实现机械化和自动化生产。

模锻的不足之处在于坯料整体变形;变形抗力较大,而且,锻模的制造成本很高,适合中、小型锻件的大批量生产。

### 9.3.1 锤上模锻

锤上模锻所使用的设备有蒸汽—空气模锻锤、无砧座锤、高速锤等。其中蒸汽—空气模锻锤应用最广泛。其工作原理与蒸汽—空气自由锻锤基本相同。由于模锻锤工作时受力大,要求设备的刚性好,导向精度高。因此,模锻锤的机架与砧座相连接,形成封闭结构。锤头与导轨之间的间隙较小,保证合模准确性。模锻锤吨位为1 t～16 t,锻件质量为0.5 kg～150 kg。

### 1. 锻模

锤上模锻用的锻模如图9-8所示。它是由带燕尾的活动上模2和固定下模4两部分组成,并分别用楔铁10、7紧固在锤头1和模座5上。上、下模合模后,其中部形成完整的模膛9、分模面8和飞边槽3。

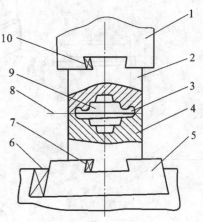

**图 9-8 锻模示意图**

1—锤头;2—上模;3—飞边模;4—下模;5—模座;
6、7、10—紧固楔铁;8—分模面;9—模膛

锻模模腔可分为制坯模腔和模锻模腔两大类。

（1）制坯模腔的主要作用是使坯料形状基本接近模锻件形状；合理分布金属材料；更易于充满模腔。制坯模腔一般有以下几种类型。

① 拔长模腔用于减小坯料某部分横截面积，增加该部分长度。

② 滚压模腔用于减小坯料某部分的横截面积，增大另一部分的横截面积，使金属按模锻件形状分布。

③ 弯曲模腔用于弯曲杆类模锻件的坯料。

（2）模锻模腔又分为预锻模腔和终锻模腔两种。

① 预锻模腔的作用是使坯料变形到接近于锻件的形状和尺寸。使金属更容易充满终锻模腔，减少模腔磨损，增加模腔使用寿命。

② 终锻模腔的形状和锻件形状相同。考虑到锻件冷却时的收缩，终锻模腔的尺寸应比锻件尺寸放大一个收缩量，使坯料最后变形到锻件所要求的形状和尺寸。飞边槽的作用是增加金属从模腔中流出的阻力；促使金属充满模腔；容纳多余金属。对于通孔锻件，终锻后会在孔内留下一薄层冲孔连皮，可采用专用模具将飞边和冲孔连皮切除。

根据模锻件复杂程度不同，锻模又分为单腔锻模和多腔锻模。单腔锻模是在一副锻模上只具有一个终锻模腔，多腔锻模是在一副锻模上具有两个以上的模腔。如图 9-9 所示为弯曲连杆模锻件的多腔锻模。

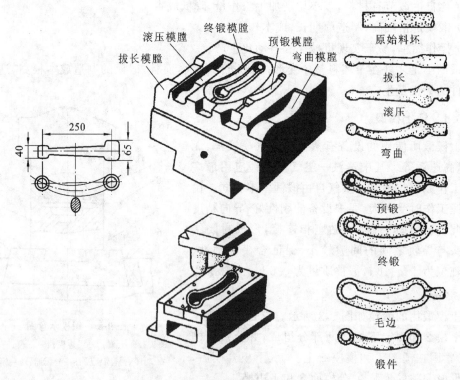

图 9-9　弯曲连杆锻造过程示意图

2. 锤上模锻工艺规程的制定

锤上模锻的工艺过程一般为切断毛坯、加热坯料、模锻、切除飞边、校正锻件、锻件热处理、表面清理和检验。

模锻生产的工艺规程包括绘制模锻件图、坯料尺寸计算、确定模锻工步(选择模膛)、选择模锻设备、安排修整及辅助工序等。

(1) 模锻件图是以零件图为依据,按模锻工艺特点绘制的。它是设计和制造锻模,计算坯料和检验锻件的依据。绘制模锻件图时,主要考虑如下几个问题。

① 确定分模面。分模面是上下锻模在锻件上的分界面,如图 9-10 所示。确定分模面要遵循下列原则。

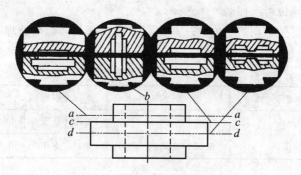

**图 9-10 分模面的比较与选择**

a. 分模面应选在锻件最大尺寸截面处,保证模锻件能从模膛中取出。图 9-10 中 a-a 面不可取。

b. 为便于发现错模,上下模膛分界处的轮廓应一致。图 9-10 中 c-c 面不可取。

c. 尽可能使模膛深度最浅,便于制造锻模。图 9-10 中 b-b 面不可取。

d. 分模面最好为平面,应使锻件上所加敷料最少。尽可能使上下模膛深度相等,便于起模和金属充满模膛。

通过综合分析,图 9-10 中 d-d 面是最合理的分模面。

② 根据锻件大小、形状和精度等级选择余量、公差和敷料。一般余量为 1 mm~4 mm,公差为 ±0.3 mm~3 mm。

③ 模锻斜度的大小与锻件高度和设备类型有关,如图 9-11(a) 所示。一般模锻件外壁斜度的值常取 5°~10°,内壁斜度比外壁斜度大 2°~5°。

④ 一般凸圆角半径 $r$ 等于单面加工余量加上零件圆角半径的值,凹圆角半径 $R=(2\sim3)r$,如图 9-11(b) 所示。

(2) 坯料计算。计算的步骤与自由锻件类同,要求计算精确。

(3) 模锻工步主要依据锻件的形状和尺寸确定。长轴类模锻件,如台阶轴、连杆等,一般要经过拔长、滚压、弯曲、预锻和终锻等工步。盘类模锻件,如齿轮、法兰盘等,常选用镦粗、预锻和终锻等工步。

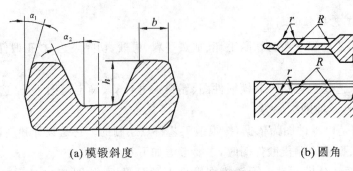

(a) 模锻斜度　　　　　　　　　　　(b) 圆角

图 9-11　模锻斜度与圆角

（4）模锻设备的吨位可参照表 9-4 选择。

（5）锻件修整主要包括切边、冲连皮、校正、清理、精压及锻后热处理等。

表 9-4　锻造设备的选择

| 设备名称 | 空气锤 | | 蒸汽-空气锤 | | | 水压机 | | | 模锻锤 | | |
|---|---|---|---|---|---|---|---|---|---|---|---|
| 设备吨位/t | 0.40 | 0.75 | 1 | 2 | 5 | 1 250 | 1 600 | 6 000 | 3 | 5 | 10 |
| 锻件最大质量/kg | 18 | 40 | 50 | 180 | 700 | 7 000 | 8 000 | 90 000 | 17 | 40 | 80 |

### 9.3.2　胎模锻

在自由墩设备上,使用可移动胎模具生产锻件的锻造方法称为胎模锻。胎模不固定在自由锻锤的砧块上,需用时才放上去。锻造时,将加热后的坯料放入胎模锻制成形。一般操作是先将坯料经过自由锻预锻成近似锻件的形状,然后用胎模终锻成形。

1. 胎模锻特点

胎模锻是介于自由锻和模锻之间的一种锻造方法,具有如下特点。

（1）扩大了自由锻设备的应用范围,生产成本降低。

（2）锻件表面质量、形状和尺寸精度都高于自由锻造。

（3）金属在胎模内成形,锻件余块少且加工余量小,节省金属,减少机加工工时。

（4）胎模锻工艺操作灵活,可以局部成形。

（5）胎模结构简单,容易制造且造价低。

（6）工人劳动强度较大,生产率较模锻低。

2. 胎模形式

胎模种类很多,主要有扣模、套筒模及合模三种。

（1）扣模用来对坯料进行全部或局部扣形,主要生产杆状非回转体锻件,如图 9-12（a）所示。

（2）套筒模呈套筒形,主要用于锻造齿轮、法兰盘类锻件,如图 9-12（b）、（c）所示。

（3）合模由上模和下模两部分组成，为防止锻件错位经常采用导柱等定位，主要用于生产形状较复杂的连杆、叉形件等非回转体锻件，如图 9-12(d)所示。

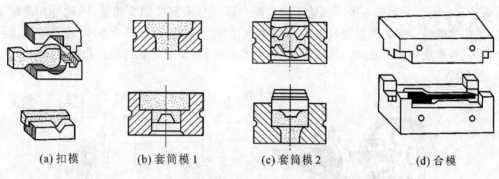

（a）扣模　　　（b）套筒模 1　　　（c）套筒模 2　　　（d）合模

图 9-12　胎模的几种结构示意图

## 9.4　板料冲压

板料冲压可获得尺寸精度高、互换性好、形状复杂的零件。冲压件一般不再进行切削加工，而且，制件的重量轻、强度高、刚性好，冲压操作简单，易于实现机械化、自动化生产，生产率高。

### 9.4.1　冲压设备

板料冲压设备主要有剪床和冲床。

#### 1. 剪床

剪床用于把板料切成所需宽度的条料，以供冲压工序使用。如图 9-13 所示为斜刃剪床的外形及传动机构，电动机 1 通过带轮使轴 2 转动，再通过齿轮传动及离合器 3 使曲轴 4 转动，于是带有刀片的滑块 5 便上下运动，进行剪切工作，6 是工作台，7 是滑块制动器。生产中，常用的剪床还有平刃剪、圆盘剪等。

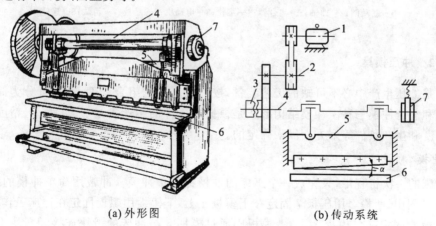

（a）外形图　　　　　　　　（b）传动系统

图 9-13　剪床示意图

1—电动机；2—轴；3—离合器；4—曲轴；5—滑块；6—工作台；7—滑块制动器

### 2. 冲床

冲床的种类较多,主要有单柱冲床、双柱冲床、双动冲床等。如图 9-14 所示为单柱冲床外形及传动示意图。电动机 5 带动飞轮 4 通过离合器 3 与单拐曲轴 2 相接,飞轮可在曲轴上自由转动,曲轴的另一端则通过连杆 8 与滑块 7 连接。工作时,踩下踏板 6,离合器将使飞轮带动曲轴转动,滑块作上下运动。放松踏板,离合器脱开,制动闸 1 立刻停止曲轴转动,滑块停留在待工作位置。

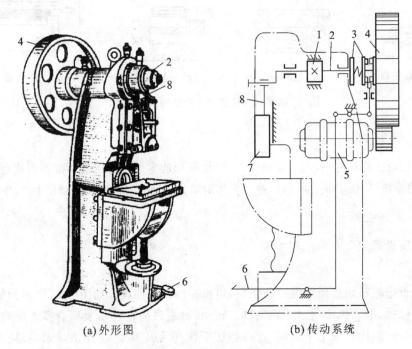

(a) 外形图                 (b) 传动系统

**图 9-14  单柱冲床示意图**

1—制动闸;2—曲轴;3—离合器;4—飞轮;5—电动机;6—踏板;7—滑块;8—连杆

### 9.4.2  冲压模具

冲模是冲压生产中必不可缺的工艺装备,按冲压工序的组合程度不同,可分为简单冲模、连续冲模和复合冲模三种。冲模结构形式是根据冲压件的生产批量、尺寸大小、精度要求、形状复杂程度和生产条件等多方面因素确定的。

### 1. 冲模

在冲床的一次行程中,只完成一个工序的冲模称简单冲模。冲裁用简单冲模的结构如图 9-15 所示。图中,凹模 2 用压板 7 固定在下模板 4 上,下模板用螺栓固定在冲床工作台上。凸模 1 用压板 6 固定在上模板 3 上,上模板则通过模柄 5 与冲床的滑块连接随滑块上下运动。凸模向下冲压时,冲下部分落入凹模孔。条料夹住凸模一起回程,碰到固定在凹模上的卸料板

8 时被推下。将条料沿两个导板 9 之间送进,碰到定位销 10 止,重复上述运动,完成连续冲压。为了保证凸、凹模合模的准确性,保持均匀的间隙以及提高零件精度,采用了由导柱 12 和套筒 11 组成的导向机构。

2. 连续冲模

按着一定顺序,在冲床的一次冲程中在模具的不同位置上,同时完成数道冲压工序的模具称连续冲模,如图 9-16 所示。连续冲模工作时,定位销 2 对准预先冲出的定位孔,上模向下运动,凸模 4 进行冲孔。与此同时,落料凸模 1 进行落料工序。当上模回程时,卸料板 6 从上模推下残料。将坯料 7 向前送进,送近距离由挡料销控制,执行第二次冲裁,如此循环进行。

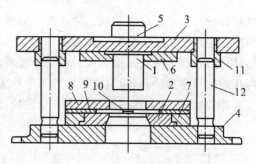

**图 9-15 简单冲模示意图**

1—凸模;2—凹模;3—上模板;4—下模板;5—模柄;
2、6、7—压板;8—卸料板;9—导板;
10—定位销;11—套筒;12—导柱

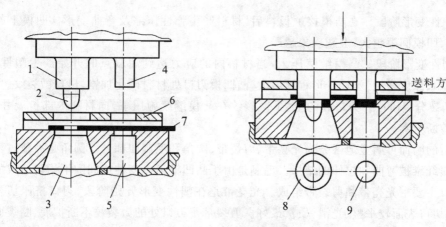

**图 9-16 连续冲模**

1—落料凸模;2—定位销;3—落料凹模;4—冲孔凸模;5—冲孔凹模;6—卸料板;7—坯料;8—成品;9—废料

3. 复合冲模

在冲床的一次冲程中,在模具同一部位上完成数道冲压工序的模具称复合冲模。此种模具适用于产量大、精度高的冲压件生产。

### 9.4.3 冲压的基本工序

冲压生产可进行的工序有多种,其基本工序有分离工序和变形工序两大类。

1. 分离工序

分离工序是使坯料的一部分与另一部分分离的工序。如落料、冲孔、切断、精冲等。其中,落料和冲孔一般统称为冲裁。冲裁是按封闭轮廓使坯料分离的一种冲压方法。冲裁中,落料和冲孔这两个工序的坯料变形过程和模具结构是相同的。区别在于落料是被分离的部分为成品,周边是废料,冲孔是被分离的部分为废料,而周边是带孔的成品。例如冲制平面垫圈,制取内孔的工序称为冲孔,而制取外形的工序称为落料。

冲裁时,板料变形过程可分为三个阶段,如图 9-17 所示。

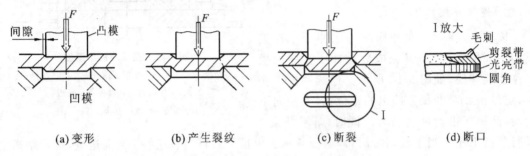

| (a) 变形 | (b) 产生裂纹 | (c) 断裂 | (d) 断口 |

**图 9-17　冲裁板料变形过程示意图**

(1) 弹性变形阶段。在凸模接触板料后,材料产生弹性压缩及弯曲变形。凹模上的板料向上翘,凸、凹模间隙越大,上翘现象越严重。

(2) 塑性变形阶段。凸模继续压入,当材料内的应力达到屈服点时开始产生塑性变形。随着凸模压入深度增加,塑性变形程度增大,凸凹模刃口处材料硬化加剧,出现微裂纹。

(3) 断裂分离阶段。刃口处的上、下微裂纹在凸模继续施压下,向材料内部扩展并重合,使板材被剪断分离。

冲裁后的断面可明显地区分为光亮带、剪裂带、圆角和毛刺四部分。圆角是冲裁过程中刃口附近金属纤维被弯曲和拉伸的结果。毛刺是由于凸凹模刃口变钝或间隙不均匀造成的。冲裁件的断口主要由光亮带和剪裂带组成。光亮带是在塑性变形开始阶段,刃口挤压切入材料而形成的,切口表面较平整、光滑,质量最好。剪裂带是刃口处的微裂纹不断扩展、断裂而形成的,断口表面粗糙并略带倾斜。断口处各部分比例与材料性能、厚度、凸凹模结构及间隙有关。材料塑性好,光亮带宽,圆角和毛刺也大,剪裂带窄些;材料塑性差,则相反。对于同一种材料,断口质量主要受凸凹模间隙的影响。

提高冲裁件的质量就要增大光亮带宽度,缩小圆角和毛刺高度,同时,要减少冲裁件翘曲。

2. 变形工序

变形工序是使坯料的一部分相对于另一部分产生位移而不破裂的工序。如拉深、弯曲、翻边、胀型、旋压等。

(1) 拉深是利用拉深模将冲裁得到的平面坯料变成开口空心件的冲压工序。拉深可以制成筒形、阶梯形、盒形、球形及其他复杂形状的薄壁零件。

拉深模与冲裁模不同,拉深凸、凹模都有一定的圆角而不是锋利的刃口,其单边间隙一般稍大于板料厚度。凸模压入过程中,伴随着坯料变形和厚度的变化,拉深件的底部一般不变形,厚度基本不变。其余环形部分坯料经变形成为空心件的侧壁,厚度有所减小。侧壁与底之间的过渡圆角部位被拉薄最严重。拉深件的法兰部分厚度有所增大。拉深件的成形是金属材料产生塑性流动的结果,坯料直径越大,空心件直径越小,变形程度越大。

拉深件最容易产生的缺陷是起皱和拉裂。拉裂最危险的部位是侧壁与底的过渡圆角处,当拉应力超过材料的抗拉强度时,此处将被拉裂。起皱是拉深时坯料的法兰部分受到切向压应力作用,使整个法兰产生波浪形的连续弯曲现象。为了防止拉深件缺陷的产生,应采取以下措施。

① 正确选择拉深系数。拉深系数是衡量拉深变形程度的指标,其值为拉深件直径 $d$ 与坯料直径 $D$ 的比值,用 $m$ 表示,即 $m=d/D$。拉深系数越小,拉深件直径越小,变形程度越大,越容易产生拉裂废品。拉深系数一般不小于 $0.5\sim0.8$,塑性好的坯料可取下限值。

② 如果拉深系数过小,不能一次拉深成形时,可采用多次拉深的方法。坯料多次拉深时,必然产生加工硬化现象,应安排工序间的退火处理加以消除。而且,拉深系数应依次略微增大。

③ 凸凹模圆角半径的确定。钢制拉深件一般取 $r_凹=10\delta$($\delta$ 为板厚),$r_凸=(0.6\sim1)r_凹$。圆角过小,产品容易拉裂。

④ 凸凹模间隙一般取 $Z=(1.1\sim1.2)\delta$。间隙过小,容易擦伤工件表面,降低模具寿命。

⑤ 注意模具的润滑,拉深时要加润滑剂,降低侧壁部分的拉伸应力,减小模具磨损。

⑥ 拉深中的起皱现象,可通过设置压边圈的方法解决。

(2)弯曲是将板材、型材或管材在弯矩作用下弯成一定曲率和角度,获得一定形状零件的冲压工序,如图9-18所示。

弯曲时,坯料内侧受压缩,处于压应力状态;外侧受拉伸,处于拉应力状态。当外侧的拉应力超过材料的抗拉强度时,将产生弯裂现象。坯料越厚、内弯曲半径 $r$ 越小,坯料压缩和拉伸应力越大,越容易弯裂。

弯曲后,零件容易产生的质量缺陷有弯裂、回弹和偏移,应采取以下防止措施。

① 在弯曲过程中,坯料外表面的拉应力值最大。为防止弯裂,弯曲模的弯曲半径要大于限定的最小弯曲半径 $r_{min}$,通常取 $r_{min}=(0.25\sim1)\delta$。

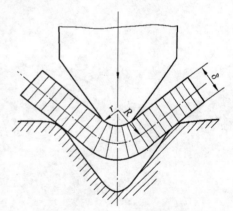

图 9-18　弯曲过程示意图

② 弯曲时,应尽可能使弯曲线与坯料纤维方向垂直。不仅能防止弯裂,也有利于提高零件的使用性能。

③ 弯曲时存在弹性变形,外力去除后,由于弹性变形恢复,会使零件弯曲角增大,此现象称为回弹。为保证零件的尺寸精度,设计模具时,其角度应比零件角度小一个回弹角。一般,回弹角为 $0°\sim10°$。

④ 偏移是坯料沿凹模圆角变形时,由于坯料受到不同摩擦阻力的影响产生向左或右偏移的现象。一般可利用零件上的工艺孔或压料装置加以消除。

## 习　题

9-1　解释加工硬化、回复和再结晶、冷加工和热加工。

9-2　何谓金属的锻造性能? 影响金属锻造性能的因素有哪几方面?

9-3　简述常用锻造方法的分类。

9-4　简述金属材料塑性变形的原理。

9-5　什么是锻造温度范围,锻造温度范围有什么意义?

9-6　什么是自由锻造,自由锻造的基本工序有哪些?

9-7　什么是模锻,模锻生产的特点是什么?

9-8　简述模膛的分类。

9-9　什么是制坯模膛,什么是模锻模膛?

9-10　如何确定模锻件分模面的位置? 模锻件分模面与铸件的分型面有何异同?

9-11　试比较自由锻造、锤上模锻和胎模锻的工艺特点及应用。

9-12　落料与冲孔的区别是什么? 其凸模和凹模尺寸如何确定? 凸、凹模间隙对冲裁质量有何影响?

# 项目十 焊接

　　焊接是指通过加热或加压,或两者并用,或用不用填充材料,使工件达到结合的一种工艺方法,它是在工业产品的制造过程中,将零件或构件连接起来最常见的一种加工方法。

　　在现代制造业中,焊接技术起着十分重要的作用。无论是在钢铁、车辆、舰船、航空航天、石化设备、机床、桥梁等行业,还是在电机电器、微电子产品、家用电器等行业,焊接技术都是一种基本的、甚至是关键性或主导性的生产技术。本项目主要介绍常用焊接工艺的特点及应用。

## 10.1　焊接工艺基础

### 10.1.1　常用的连接方法

　　早在远古时代,火烙铁钎焊、锻焊及用动物的皮骨熬制的胶粘剂进行胶接等简单的金属连接方法就已被古人所发现而得到应用。在现代制造业中,常用的机械连接、胶接和焊接等连接方法,是开始于19世纪末到20世纪初的世界第一次工业革命时期,并在20世纪30年代后逐渐发展起来的。

　　(1)机械连接。机械连接主要指螺栓连接、铆钉连接、销、键连接等。在通常情况下,机械连接件均为标准件,因而具有良好的互换性,选用方便,工作可靠,易于检修。但机械连接的成本较高,作为结构件时不仅影响外观,而且使用性能也受到限制。

　　(2)胶接。胶接的过程犹如用糨糊粘接纸片,只是用于金属、非金属连接的胶粘剂因用途各异,具有独特的化学成分及性能。胶接技术的应用,主要受制于胶粘剂研究开发的水平。与其他连接方法相比,胶接可连接同种或异种金属或非金属的各种形状、厚度、大小的接头;特别适用于异型、异质、复杂形状、硬脆或热敏制品的连接;且避免了焊点、焊缝周围的应力集中,且不用铆钉。但胶接产品力学性能较低,耐热老化和气候老化性能差,机械化施工程度差,质量控制难度较大。

　　(3)焊接。焊接指的是各种同种或异种金属材料(包括各类钢材、铝合金、钛合金、铜合金、镍合金及其他一些特种金属合金)之间的连接。据工业发达国家统计,每年仅需要进行焊接加工之后使用的钢材就占钢总产量的45%左右。

### 10.1.2　焊接的特点与分类

#### 1.焊接的特点

　　焊接与其他连接方法有着本质的区别。通过焊接,被连接的焊件不仅在宏观上建立了永久性的联系,而且在微观上建立了组织之间的内在联系。为了实现焊接过程,必须使两个分离焊件(通常是金属)的连接表面接近到原子间的结合力能够发生作用的程度,换言之,要接近到金属内部原子间的距离。为此,焊接时往往需要采用加热或加压,或两者并用,以促使两个分离焊件紧密接触,实现连接表面间的原子结合,从而获得永久性的连接。

通常,焊接与其他的连接方法相比,具有强度高,密封性好,质量可靠,生产率高,便于机械化、自动化生产等显著优点。

焊接能够非常方便地利用型材和采用锻—焊、铸—焊、冲压—焊等复合工艺,制造出各种大型、复杂的机械结构和零件,并把不同材质和不同形状尺寸的坯材连接成不可拆卸的整体,从而,使许多大型复杂的铸、锻件的生产过程由难变易,由不可能变为可能。

另外,利用焊接还可使切削加工工艺过程得以简化,提高生产率;采用表面堆焊、喷焊等方法,还可以获得某些具有特殊性能要求(如高硬度、高耐磨性、耐腐蚀等)的表面层等。

**2. 焊接方法分类**

一般按其焊接过程的不同,将焊接分为熔焊、压焊和钎焊三大类。

(1) 熔焊。熔焊是将待焊处的母材金属熔化以形成焊缝的焊接方法。实现熔焊的关键是加热源,其次,必须采取有效的措施隔离空气,以保护高温焊缝。常见的气焊、电弧焊、电渣焊、气体保护焊等都属于熔焊。

(2) 压焊。焊接过程中,必须对焊件施加压力(加热或不加热),以完成焊接的方法。

(3) 钎焊。采用比母材熔点低的金属材料作钎料,将焊件和钎料加热到高于钎料熔点,低于母材熔化温度,利用液态钎料润湿母材,填充接头间隙并与母材相互扩散实现连接的焊接方法。

基本焊接方法及其分类如图 10-1 所示。至于热切割(气割、等离子切割、激光切割)、表面堆焊、喷镀、碳弧气刨、胶接等均是与焊接方法相近的金属加工方法,通常也属于焊接专业的技术范围。

### 10.1.3 焊接接头的组织与性能

用焊接方法连接的接头称焊接接头(简称接头)。它是由焊缝、熔合区、热影响区三部分组成的。焊接接头组织与性能对焊接质量影响很大。现以低碳钢为例,来说明其接头组织、性能变化。

**1. 焊缝的组织、性能**

焊缝是指焊件经焊接形成的结合部分。熔焊时,随着焊接热源的向前移动,熔池中的液态金属开始迅速冷却结晶,而后形成焊缝。焊缝金属的结晶,首先从熔池底壁上许多未熔化的半个晶粒开始,向着散热反方向的熔池中心生长,生成柱状树枝晶,最后,这些柱状树枝晶前沿一直伸展到焊缝中心,相互接触后停止生长。结晶结束后,所得到的铸态组织晶粒粗大,组织不致密,当焊缝形状窄而深时,S、P 等低熔点杂质易集中在焊缝中心上形成偏析,而导致焊缝塑性降低,且易产生热裂纹。

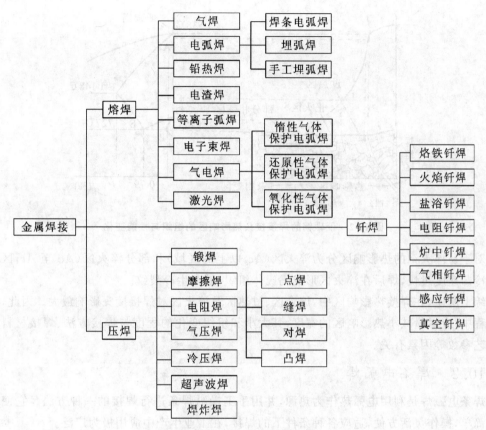

图 10-1　焊接方法分类框图

在焊接过程中,由于熔池体积小,冷却速度快,再加上严格控制焊芯的 S、P 含量,并通过焊接材料渗合金,补偿合金元素的烧损,所以,焊缝的力学性能不低于母材金属。

2. **焊接热影响区和熔合区的组织与性能**

(1) 熔合区。熔合区是指在焊接接头中焊缝向热影响区过渡的区域。该区的金属组织粗大,处在熔化和半熔化状态,化学成分不均匀,其力学性能最差。

(2) 热影响区。热影响区是指焊缝附近的金属,在焊接热源作用下,发生组织和性能变化的区域。热影响区各点温度不同,其组织、性能也不同,低碳钢的焊接接头热影响区可分为过热区、正火区和部分相变区,如图 10-2 所示。

① 过热区。温度在 1 100 ℃ 以上,金属处于严重过热状态,晶粒粗大,其塑性、韧度很低,容易产生焊接裂纹。

② 正火区。温度在 $Ac_3$ 至 1 100 ℃ 之间,金属发生重结晶,晶粒细化,力学性能好。

③ 部分相变区。温度在 $Ac_1 \sim Ac_3$ 之间,部分金属组织发生相变,此区晶粒大小不均匀,力学性能稍差。

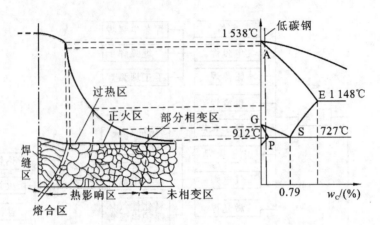

图 10-2　低碳钢的焊接接头热影响区的组织与性能变化

对于易淬火钢的热影响区分为淬火区($Ac_3$ 以上的区域)和部分淬火区($Ac_1$ 至 $Ac_3$ 区域)。由于冷却速度过快,焊后在淬火区形成马氏体组织,易产生冷裂纹。

综上所述,在焊接热影响区中,熔合区、过热区及淬火区对焊接接头影响最大。因此,在焊接过程中,应尽量减小热影响区的宽度,其大小和组织变化的程度与焊接方法、焊接材料及焊接工艺参数等因素有关。

## 10.2　焊条电弧焊

焊条电弧焊是利用电弧热作为热源,并用手工操纵焊条进行焊接的一种方法。它使用的设备简单,操作灵活方便,适应各种条件下的焊接,在工业生产中应用极为广泛。

### 10.2.1　焊条电弧焊焊接原理

焊条电弧焊的焊接原理如图 10-3 所示。焊接时,首先将焊条夹在焊钳上,把焊件同电焊机相连接。焊条和被焊接工件作为两个电极,利用焊条与焊件之间的电弧热量熔化金属进行焊接。

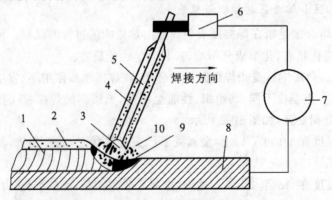

图 10-3　焊条电弧焊示意图

1—焊缝;2—渣壳;3—熔滴;4—焊条涂料;5—焊条芯;6—焊钳;7—弧焊机;8—焊件;9—熔池;10—电弧

引弧时,使电焊条与焊件相互接触而造成短路,随即提起焊条 2 mm～4 mm,在焊条端部和焊件之间产生电弧,电弧产生的热量将焊条、焊件局部加热到熔化状态,焊条端部熔化后形成的熔滴和熔化的母材融合一起形成熔池,随着电弧的向前移动,新的熔池开始形成,原来的熔池随着温度的降低开始凝固,从而形成连续的焊缝。

### 10.2.2 焊接电弧

焊接电弧是指由焊接电源供给的、具有一定电压的两极间或电极与焊件间,在气体介质中产生强烈而持久的放电现象。

**1. 焊接电弧的基本构造及热量分布**

从电弧的外貌看,似乎是一团光亮刺眼的弧焰,但实际上它存在三个不同区域,即阴极区、阳极区和弧柱区,三个区域所产生的热量和温度的分布是不均匀的,如图10-4所示。

(1)阴极区。焊接时,电弧紧靠负极的区域称为阴极区。阴极区很窄,为 $10^{-5}$ cm～$10^{-6}$ cm,阴极区温度约为 2 400 K,其产生的热量约占电弧总热量的 38%。

(2)阳极区。焊接时,电弧紧靠正极的区域称为阳极区。阳极区比阴极区宽,为 $10^{-3}$ cm～$10^{-4}$ cm,阳极区温度约为 2 600 K,其产生的热量约占电弧总热量的 42%。

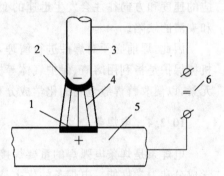

**图 10-4 焊接电弧示意图**
1—阳极区;2—阴极区;3—焊条;
4—弧柱区;5—工件;6—电焊机

(3)弧柱区。阴极区与阳极区之间的弧柱为弧柱区。弧柱区中心的热量比较集中,故温度比两极高,为 6 000 K～8 000 K,但弧柱区产生的热量仅占电弧总热量的 20%。

手弧焊时,使金属熔化的热量主要集中在两极,占 65%～85%,弧柱区的大部分热量散失于气体中。

上面所述的是直流电弧的热量和温度分布情况。至于交流电弧,由于电源极性快速交替变化,所以,两极的温度基本相同,约为 2 500 K。

**2. 焊接电源极性选用**

在使用直流电源焊接时,由于阴、阳两极的热量和温度分布是不均匀的,因此,分正接和反接。

(1)正接。焊件接电源正极,电极(焊条)接电源负极的接线法称正接。这种接法热量较多集中在焊件上,因此,用于厚板焊接。

(2)反接。焊件接电源负极,电极(焊条)接电源正极的接线法称反接。这种接法热量较多集中在焊条上,主要用于薄板及有色金属焊接。

### 10.2.3 焊接冶金特点

焊条电弧焊是以外部涂有涂料的焊条作电极和填充金属。电弧在焊条的端部与被焊工件表面之间燃烧。涂料则在电弧热作用下,一方面产生气体以保护电弧,另一方面产生熔渣覆盖在熔池表面,防止熔化金属与周围气体的相互作用。同时,熔渣可与熔化金属产生物理化学反应以添加合金元素,改善焊缝金属性能。

焊接时,在液态金属、熔渣和气体间所进行的冶金反应,和一般冶炼反应过程有所不同。首先,焊接电弧和熔池的温度比一般冶炼温度高,容易造成合金元素的蒸发和烧损;其次,焊接溶池体积小,从熔化到凝固时间极短,所以,熔池金属在焊接过程中温度变化很快,使得冶金反应的速度和方向往往会发生迅速的变化,有时,气体和熔渣来不及浮出就会在焊缝中产生气孔和夹渣的缺陷。

因此,焊前必须对焊件进行清理,在焊接过程中必须对熔池金属进行机械保护和合金化。机械保护是指利用熔渣、保护气体等机械地把熔池与空气隔开;合金化是指向熔池中添加合金元素,以便改善焊缝金属的化学成分和组织。

### 10.2.4 电焊条

电焊条是焊条电弧焊的重要焊接材料,它直接影响到焊接电弧的稳定性及焊缝金属的化学成分和力学性能。电焊条的优劣是影响焊条电弧焊质量的主要因素之一。

1. 电焊条的组成及作用

电焊条涂有药皮的供焊条电弧焊用的焊接材料,由焊芯和药皮两部分组成,如图 10-5 所示。

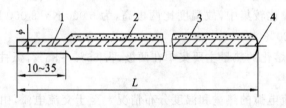

**图 10-5 焊条**

1—夹持端;2—药皮;3—焊芯;4—引弧端

(1)焊芯。焊条中被药皮包裹的金属芯称焊芯。它的主要有两个作用:一是导电,产生电弧,提供焊接电源,二是焊芯本身熔化作为焊缝的填充金属。焊芯是经过特殊冶炼而成的,其化学成分应符合 GB/T 14957—1994 的要求。在焊芯成分中含碳较低,硫、磷含量较少,有一定合金元素含量,可保证焊缝金属具有良好的塑性、韧度,以减少产生焊接裂纹倾向,改善焊缝的力学性能。

焊芯的直径即为焊条直径,并不包括药皮厚度在内。常用的焊芯有 $\phi1.6$ mm、$\phi2.0$ mm、$\phi2.5$ mm、$\phi3.2$ mm、$\phi5.0$ mm 等几种,长度一般在 200 mm～450 mm 之间。

（2）药皮。焊条药皮在焊接过程中有如下作用。

① 保护作用。药皮熔化后产生的气体和形成的熔渣有隔离空气、保护熔滴和熔池金属的作用。

② 提高焊缝性能。通过熔渣与熔化金属冶金反应，可除去硫、磷、氧、氢等有害物质，添加有益的合金元素，使焊缝金属获得符合要求的化学成分和力学性能。

③ 改善焊接工艺性能。由于在药皮中加入了一定的稳弧剂和造渣剂，所以，在焊接时电弧稳定燃烧，飞溅少，焊缝成形好，脱渣比较容易。

**2. 电焊条的分类**

电焊条按用途可分为碳钢焊条、低合金钢焊条、不锈钢焊条、铸铁焊条、堆焊焊条、镍和镍合金焊条、铜和铜合金焊条、铝和铝合金焊条及特殊用途焊条等。

电焊条按熔渣性质可分为酸性焊条和碱性焊条。

① 酸性焊条。熔渣是以酸性氧化物为主（如 $SiO_2$、$TiO_2$ 等）的焊条。这类焊条容易引弧，电弧稳定，飞溅小，脱渣性好，对铁锈、油污、水分的敏感性不大，并且可用交直流电源焊接，广泛用于一般低碳钢和强度较低的低合金结构钢的焊接。但由于熔渣呈酸性，其氧化性较强，焊接时，合金元素大量被烧损，焊缝中氧化夹杂物多，焊缝金属塑性、韧度和抗裂能力较差。

② 碱性焊条。熔渣是以碱性氧化物和氧化钙为主的焊条。这类焊条熔渣呈碱性，并含有较多铁合金作为脱氧剂和合金剂，焊接时，药皮中的大理石分解成 $CaO$ 和 $CO_2$、$CO$ 气体，气体能隔绝空气，保护熔池，$CaO$ 能去硫，药皮中的 $CaF_2$ 能去氢，使焊缝金属中含氢量、含硫量较低。因此，用碱性焊条焊出的焊缝抗裂性能较好，力学性能较高。但它的工艺性能差，对油污、铁锈、水敏感性大，易产生气孔，焊接时产生的烟尘量较多。为保证电弧稳定燃烧，一般采用直流反接。碱性焊条主要用于裂纹倾向大，塑性、韧度要求高的重要结构，如锅炉、压力容器、桥梁、船舶等的焊接。

**3. 电焊条的选用原则**

选择焊条时，应根据被焊结构的材料及使用性能、工作条件、结构特点和工厂的具体情况综合考虑。

（1）要选用焊缝金属与母材等强度或成分相近的焊条。如焊接碳钢或普通低合金钢时应选用碳钢焊条；又如焊接铸铁时，应选用铸铁焊条等。

（2）对承受动载荷、冲击载荷或形状复杂，厚度、刚度大的焊件时，应选用碱性焊条。

（3）根据被焊件的工作条件和结构特点选用焊条。如向下立焊、重力焊时可选择专用焊条；对于焊前难以清理的焊件，应选用酸性焊条等，以满足施焊操作的需要，保证焊接质量。

此外，应考虑焊接工人的劳动条件、生产率及经济合理性等，在满足使用性能要求的前提下，尽量选用无毒（或少毒）、生产率高、价格便宜的焊条，一般结构通常选用酸性焊条。

### 10.2.5 焊接接头与坡口形式

#### 1. 焊接接头

焊接接头主要起连接和传递力的作用。焊接中,由于焊件的厚度、结构及使用条件的不同,焊接接头的基本形式有四种:对接接头、搭接接头、T形接头和角接接头,如图10-6所示。

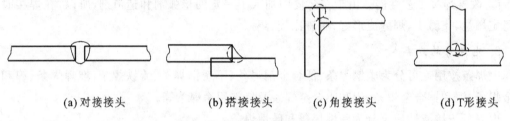

(a) 对接接头　　　　(b) 搭接接头　　(c) 角接接头　　　(d) T形接头

图 10-6　焊接接头的基本形式

（1）对接接头。对接接头受力均匀,应力集中程度小,材料消耗较少,但对焊件装配要求较高,是各种焊接结构中采用最多的一种接头形式。

（2）搭接接头。搭接接头的应力分布不均匀,疲劳强度较低,不是焊接接头的理想形式。但是,形式简单,在焊接结构中仍得到广泛应用。

（3）角接接头。角接接头承载能力差,易出现应力集中和根部开裂等缺陷,一般用于不重要的焊接结构。

（4）T形接头。T形接头是典型的电弧焊接头,能承受各种方向的力和力矩,是各种箱型结构中最常见的结构形式。

#### 2. 坡口形式

坡口是根据设计或工艺需要,在焊件的待焊部位加工成一定几何形状并经装配后构成的沟槽。开坡口的目的是为了保证电弧能深入到焊缝根部使其焊透,并获得良好的焊缝成形以及便于清渣。对于合金钢来说,坡口还能起到调节母材金属和填充金属比例的作用。坡口形式取决于焊接接头形式、焊件厚度及对接头质量的要求。

焊接接头的坡口根据其形状不同可分为基本型、组合型和特殊型三类。

（1）基本型坡口。基本型坡口形状简单,加工容易,应用最普遍,如图10-7所示。

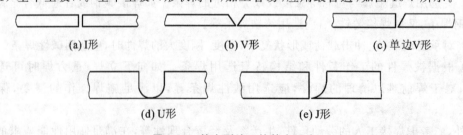

(a) I形　　　　　　(b) V形　　　　　(c) 单边V形

(d) U形　　　　　　(e) J形

图 10-7　基本型坡口的基本形式

（2）组合型坡口。由两种或两种以上的基本型坡口组合而成的,如图 10-8 所示。

（3）特殊型坡口。既不属于基本型又不同于组合型的特殊坡口,如卷边坡口、带垫板坡口等,如图 10-9 所示。

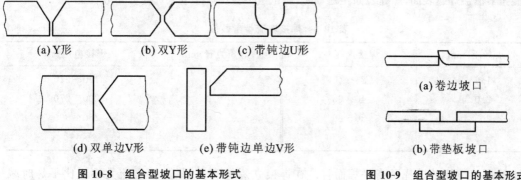

(a) Y形          (b) 双Y形          (c) 带钝边U形

(a) 卷边坡口

(d) 双单边V形          (e) 带钝边单边V形

(b) 带垫板坡口

图 10-8  组合型坡口的基本形式

图 10-9  组合型坡口的基本形式

## 10.2.6  焊接参数的选择

焊条电弧焊时,焊接参数主要是焊接电压、焊接电流、焊接速度等。焊接电压实际是反映电弧长度。此外,根据实际生产情况,还要确定电源种类(直流或交流)、焊接的层数(单层和多层焊)等。

### 1. 焊条直径的选择

焊条直径主要根据所焊构件的厚度来决定,并综合考虑接头形式、焊缝在空间的位置(如平焊、仰焊等),以及对焊缝质量要求等各方面因素。一般情况下,可按工件厚度参考表 10-1来决定。

表 10-1  焊条直径选择的参考数值

| 焊件厚度/mm | 2 | 3 | 4～5 | 6～12 | 13 以上 |
|---|---|---|---|---|---|
| 焊条直径/mm | 2 | 2.5～3 | 3～4 | 4～5 | 5～6 |

此外,在焊厚板结构时,需要采用多层焊,在这种情况下,焊第一层时不能采用大直径焊条,以便使焊条能伸入根部,避免焊不透。在立焊和仰焊时,由于熔化金属易于下滴,也不宜用大直径焊条。立焊和仰焊时一般采用 $\phi$3 mm～$\phi$4 mm 直径的焊条。

### 2. 焊接电流的选择

焊接电流大小主要是根据焊条直径、焊条种类、焊件厚度、焊缝在空间的位置等来选择的。有时还要考虑到所焊金属材料的性质(如导热性等),以及焊件变形等问题。

焊接电流选择恰当与否,直接影响焊缝质量、焊接操作及生产率。焊接电流太小,则焊接速度慢,生产率低,且容易出现夹渣、气孔和未焊透等缺陷。操作时,表现为电弧燃烧不稳定,容易短路和断弧,焊缝中钢液与熔渣不易区分,焊缝熔合、成形不良等。

焊接电流太大,首先是熔深增大,如操作不慎则容易烧穿。此外,焊缝附近热影响区增加,焊接应力与变形也增大。同时,焊接过程中金属和熔渣飞溅严重,易于出现气孔、裂纹等缺陷。电流太大,操作时,表现为电弧发出明显的爆裂声和产生过多的飞溅物,焊条不待烧完就被加热到发红,熔渣不能紧紧覆盖焊缝表面,焊缝表面粗糙,焊接质量也不良。焊接电流选择可参考表 10-2。

表 10-2　焊接电流参考数值

| 焊条直径/mm | 焊接电流/A | 焊条直径/mm | 焊接电流/A |
|---|---|---|---|
| 1.6 | 25～40 | 4.0 | 190～210 |
| 2.0 | 40～65 | 5.0 | 200～270 |
| 2.5 | 50～80 | 5.8 | 260～300 |
| 3.2 | 100～130 | | |

上述焊接电流的选择是指平焊而言。在焊接立焊缝和横焊缝时,电流大小应比平焊时减小 10％～15％,仰焊时则要减小 15％～20％。

## 10.3　其他常用的焊接方法

### 10.3.1　埋弧焊

埋弧焊是以连续送进的焊丝作为电极和填充金属。焊接时,在焊接区的上面覆盖一层颗粒状焊剂,电弧在焊剂层下燃烧,将焊丝端部和局部母材熔化,形成焊缝。其焊接过程如图 10-10 所示。

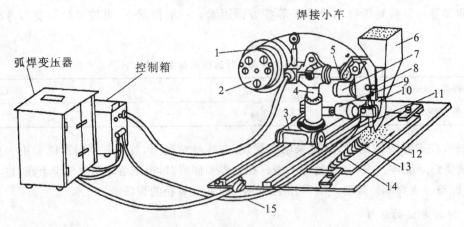

图 10-10　埋弧焊示意图

1—焊丝盘;2—操纵盘;3—车架;4—立柱;5—横梁;6—焊剂漏斗;7—送丝电动机;8—送丝滚轮;
9—小车电动机;10—机头;11—导电嘴;12—焊剂;13—渣壳;14—焊缝;15—焊接电缆

在电弧热的作用下,一部分焊剂熔化成熔渣,并与液态金属发生冶金反应。熔渣浮在金属熔池的表面,一方面,可以保护焊缝金属,防止空气的污染,并与熔化金属产生物理化学反应,改善焊缝金属的成分及性能;另一方面,还可以使焊缝金属缓慢冷却。

埋弧焊可以采用较大的焊接电流,与焊条电弧焊相比,其最大的优点是焊缝质量好,焊接速度高,生产率高,劳动强度低等。因此,它特别适于焊接大型工件的直缝和环缝。而且,多数采用机械化焊接。

埋弧焊已广泛用于碳钢、低合金结构钢和不锈钢的焊接。由于熔渣可降低接头冷却速度,故某些高强度结构钢、高碳钢等也可采用埋弧焊焊接。

### 10.3.2 钨极气体保护电弧焊

钨极气体保护电弧焊是利用钨极和工件之间的电弧使金属熔化而形成焊缝的,利用氩气作为保护气体的焊接方法。

焊接进程中,钨极不熔化,只起电极的作用。同时,由焊枪的喷嘴送进氩气或氦气作保护。还可根据需要另外添加填充金属,在国际上通称为 TIG 焊。如图 10-11 所示为 TIG 焊示意图。

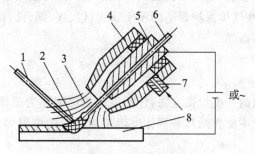

**图 10-11 TIG 焊示意图**
1—填充金属丝;2—电弧;3—氩气流;4—喷嘴;5—导电嘴;6—钨极;7—进气管;8—焊件

钨极气体保护电弧焊,由于能很好地控制热输入,所以,它是连接薄板金属和打底焊的一种极好的方法。这种方法几乎可以用于所有金属的连接,尤其适用于焊接铝、镁这些能形成难熔氧化物的金属,以及像钛和锆这些活泼金属。这种焊接方法的焊缝质量高,焊接变形与应力小,但与其他电弧焊相比,其焊接速度较慢。

### 10.3.3 等离子弧焊

等离子弧焊也是一种不熔化极的电弧焊,所用的电极通常是钨极。它是利用电极和工件之间的压缩电弧(又称转移电弧)实现焊接的工艺方法,是在焊接领域中较有发展前途的先进工艺。产生等离子弧的等离子气可用氩气、氮气、氦气或其中两者之混合气,同时,还通过喷嘴用惰性气体保护。焊接时,可以外加填充金属,也可以不加填充金属。

等离子弧焊焊接时,由于其电弧挺直,能量密度大,因而电弧穿透能力强。等离子弧焊接时产生的小孔效应,对于一定厚度范围内的大多数金属,可以进行不开坡口对接,并能保证熔透和焊缝均匀一致。因此,生产率高,焊缝质量好。但等离子弧焊设备(包括喷嘴)比较复杂,对焊接工艺参数的控制要求较高。

通常情况下,钨极气体保护电弧焊可焊接的绝大多数金属,均可采用等离子弧焊接。与之相比,对于 1 mm 以下的极薄的金属的焊接,用等离子弧焊更容易进行。

### 10.3.4　熔化极气体保护电弧焊

熔化极气体保护电弧焊是利用连续送进的焊丝与工件之间燃烧的电弧作热源,由焊枪喷嘴喷出的气体保护电弧来进行焊接的。

熔化极气体保护电弧焊通常用的保护气体有氩气、氦气、$CO_2$ 气或这些气体的混合气。以氩气或氦气为保护气时,称为熔化极惰性气体保护电弧焊(在国际上简称为 MIG 焊);以惰性与氧化性气体($O_2$、$CO_2$)混合气为保护气时,或以 $CO_2$ 气体或 $CO_2 + O_2$ 混合气为保护气时,统称为熔化极活性气体保护电弧焊(在国际上简称为 MAG 焊)。

熔化极气体保护电弧焊的主要优点是可以方便地进行各种位置的焊接,同时,也具有焊接速度较快、熔敷率较高等优点。熔化极活性气体保护电弧焊可适用于大部分主要金属,包括碳钢、合金钢等。熔化极惰性气体保护焊适用于不锈钢、铝、镁、铜、钛、锆及镍合金等。利用这种焊接方法还可以进行电弧点焊。

### 10.3.5　电阻焊

这是以电阻热为能源的一类焊接方法,包括以熔渣电阻热为能源的电渣焊和以固体电阻热为能源的电阻焊。这里主要介绍几种固体电阻热为能源的电阻焊,主要有点焊、缝焊、凸焊及对焊等。

电阻焊一般是使工件处在一定电极压力作用下,并利用电流通过工件时所产生的电阻热,将两工件之间的接触表面熔化而实现连接的焊接方法。通常使用较大的电流。为了防止在接触面上发生电弧并且锻压焊缝金属,焊接过程中始终要施加压力。

进行这一类电阻焊时,被焊工件的表面状况对于获得稳定的焊接质量是头等重要的。因此,焊前必须将电极及工件与工件间的接触表面进行清理。

点焊、缝焊和凸焊的特点在于焊接电流(单相)大(几千至几万安培)、通电时间短(几周波至几秒)、设备昂贵、复杂、生产率高,因此,适于大批量生产。主要用于焊接厚度小于 3 mm 的薄板组件。各类钢材、铝、镁等有色金属及其合金、不锈钢等均可焊接。

### 10.3.6　电渣焊

如前面所述,电渣焊是以熔渣的电阻热为能源的焊接方法。焊接过程是在立焊位置,在由两工件端面与两侧面水冷铜滑块形成的装配间隙内进行。焊接时,利用电流通过熔渣产生的热将工件端部熔化。

根据焊接时所用的电极形状,电渣焊分为丝极电渣焊、板极电渣焊和熔嘴电渣焊。电渣焊的优点是:可焊的工件厚度大(从 30 mm～1 000 mm),生产率高,主要用于大断面对接接头及 T 形接头的焊接。

电渣焊可用于各种钢结构的焊接,也可用于铸件的组合焊接。电渣焊接头由于加热及冷却均较慢,热影响区宽、显微组织粗大,韧度低,因此,焊接以后一般须进行正火处理。

### 10.3.7 高能束焊

高能束焊包括电子束焊和激光焊。

#### 1. 电子束焊

电子束焊是以集中的高速电子束轰击工件表面时所产生的热能进行焊接的方法。

电子束焊接时,由电子枪产生电子束并加速。常用的电子束焊有:高真空电子束焊、低真空电子束焊和非真空电束焊。前两种方法都是在真空室内进行。焊接准备时间(主要是抽真空时间)较长,工件尺寸受真空室内大小限制。

电子束焊与电弧焊相比,主要的特点是焊缝熔深大,熔宽小,焊缝金属纯度高。它既可以用在很薄材料的精密焊接,又可以用在很厚的(最厚达 300 mm)构件焊接。所有用其他焊接方法能进行熔化焊的金属及合金都可以用电子束焊接,主要用于要求高质量的产品焊接,还能解决异种金属、易氧化金属及难熔金属的焊接,但不适于大批量产品的生产。

#### 2. 激光焊

激光焊是利用大功率相干单色光子流聚焦而成的激光束为热源进行的焊接。这种焊接方法通常有连续功率激光焊和脉冲功率激光焊。

激光焊的优点是不需要在真空中进行,缺点则是穿透力不如电子束焊强。在进行激光焊时,能进行精确的能量控制,因而,可以实现精密微型器件的焊接。它能应用于很多金属,而且,能解决一些难焊金属及异种金属的焊接。

### 10.3.8 气焊

气焊是用气体火焰为热源的一种焊接方法。应用最多的是以乙炔气作燃料的氧—乙炔火焰。气焊设备简单,使用操作方便,成本低、适应性强等优点,但气焊加热速度及生产率较低,热影响区较大,且容易引起较大的变形。

气焊可用于很多黑色金属、有色金属及合金的焊接。一般适用于维修及单件薄板焊接。

### 10.3.9 钎焊

钎焊的能源可以是化学反应热,也可以是间接热能。它是利用熔点比被焊材料熔点低的金属作钎料,经过加热钎料熔化,靠毛细管作用将钎料吸入到接头接触面的间隙内、润湿被焊金属表面,使液相与固相之间相互扩散而形成钎焊接头。因此,钎焊是一种固相兼液相的焊接方法,如图 10-12 所示。

钎焊加热温度较低,母材不熔化,而且,也不需施加压力。但焊前必须采取一定的措施清除被焊工件表面的油污、灰尘、氧化膜等。这是使工件润湿性好、确保接头质量的重要保证。

钎料的熔点高于 450 ℃而低于母材金属的熔点时,称为硬钎焊;低于 450 ℃时,称为软钎

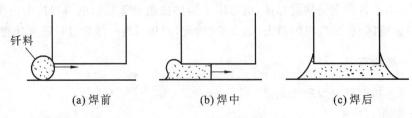

(a) 焊前　　　　　　(b) 焊中　　　　　　(c) 焊后

图 10-12　钎焊示意图

焊。根据热源或加热方法不同,钎焊可分为火焰钎焊、感应钎焊、炉中钎焊、浸沾钎焊、电阻钎焊等。按钎焊温度的高低,钎焊可分为低温钎焊(450 ℃以下)、中温钎焊(450 ℃～900 ℃)和高温钎焊(950 ℃以上)。

钎焊时,由于加热温度比较低,故对工件材料的性能影响较小,焊件的应力变形也较小。但钎焊接头的强度一般比较低,耐热能力较差。

钎焊可以用于焊接碳钢、不锈钢、高温合金、铝、铜等金属材料,还可以连接异种金属、金属与非金属,适于焊接受载不大或常温下工作的接头,对于精密的、微型的及复杂的多钎缝的焊件尤其适用。

### 10.3.10　扩散焊

扩散焊一般是以间接热能为能源的固相焊接方法,通常是在真空或保护气氛下进行。焊接时使两被焊工件的表面在高温和较大压力下接触并保温一定时间,以达到原子间距离,经过原子相互扩散而结合。焊前不仅需要清洗工件表面的氧化物等杂质,而且,表面粗糙度要低于一定值才能保证焊接质量。

扩散焊对被焊材料的性能几乎不产生有害作用,它可以焊接很多同种和异种金属,以及一些非金属材料,如陶瓷等。

扩散焊可以焊接复杂的结构及厚度相差很大的工件。

## 习　　题

10-1　什么是焊接,焊接分为哪几类?

10-2　何谓焊接电弧? 试述焊接电弧基本构造及温度、热量分布。

10-3　什么是焊条电弧焊? 简述焊条电弧焊的过程和特点。

10-4　为什么碱性焊条用于重要结构? 生产上如何选用电焊条?

10-5　简述埋弧焊焊接的原理。

10-6　什么是直流弧焊机的正接法、反接法? 应如何选用?

10-7　什么是电阻焊,常用的电阻焊有哪些形式?

10-8　什么是钎焊,钎焊有什么特点?

10-9　埋弧焊与焊条电弧焊相比具有哪些特点? 埋弧焊为什么不能代替焊条电弧焊?

10-10　电渣焊、等离子弧焊、电阻焊各有何特点? 各适用于什么场合?

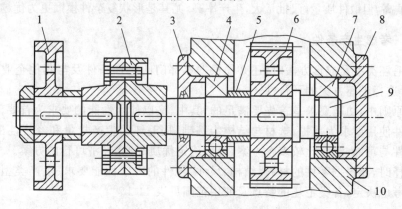

项目十一　毛坯选择

机器中的各种零件,都是按其各自的功能设计,并用选定的材料加工制造而成的。如图11-1所示装置中的轴、齿轮、联轴器、箱体等零件就是如此。它们多数须经制造毛坯、切削加工及热处理等工艺过程,经检验合格后方能装配使用。

**图 11-1　齿轮减速器示意图**
1—带轮;2—联轴器;3—轴承盖;4—轴承;5—轴套;6—齿轮;7—轴承;8—轴承盖;9—轴;10—齿轮箱体

制造毛坯须先选定毛坯材料,确定毛坯类型和成形方法,再实施具体的加工工艺。毛坯选材及具体加工工艺已在前面讨论过,本项目讨论毛坯类型及成形方法的有关问题。

## 11.1　确定毛坯类型及成形方法的原则

常用的毛坯类型有四种:铸件、锻件、焊接件和型材。毛坯类型及成形方法与选材有关,材料不同,其工艺性能及毛坯类型和成形方法也不同。

例如,灰铸铁材料的毛坯只能是铸造件;然而,零件结构或生产批量变化时,获得毛坯的具体工艺方法也随之改变。因此,确定毛坯类型及成形方法时应考虑以下几个方面。

### 11.1.1　满足零件的功能要求

零件的功能要求包含对零件在使用中,为确保使用性能,如适应各种载荷、工作环境等方面所提出的要求,以及由此对零件材料及结构提出的要求。以常用的轴为例,承载及工作条件不同,轴的材料也不同,既可以用各种碳钢和合金钢,又可以用球墨铸铁制造。轴的结构有光轴、阶梯轴、空心轴等。因此,确定毛坯类型时,既要满足对零件使用性能、材料、结构的综合性功能要求,又要顾及三者的特点。例如,轴作为机器中受力和传动的零件,从满足功能看,一般应以锻件为毛坯。但若是直径较小的光轴,则也可直接用圆钢做毛坯,而形状复杂的曲轴也可用球铁铸造毛坯。

### 11.1.2 考虑生产批量和经济性

机器零件常用的毛坯是铸件、锻压件、焊接件和型材四类。每类毛坯都有多种成形方法,在毛坯类型大体确定之后,就要决定成形方法。此时,生产批量是选择成形方法时必须考虑的因素。仍以轴为例,当选定锻轴后,究竟是自由锻成形还是模锻成形,要视零件结构复杂程度及生产批量而定。简单轴小批生产,用自由锻较合理,经济可行。因为,自由锻用的是通用设备和工具,工艺灵活,适于多品种小批量锻件生产。尽管单件产品消耗材料、工时较多,但自由锻的工装设备费用少,准备工作简单,因而,总成本还是低的。如果是大量生产,则模锻较为合理经济。专用模锻投资虽高,但锻件质量好,批量大,生产率高,尤其是形状复杂件模锻更为优越。

### 11.1.3 考虑生产条件

在选择毛坯类型及成形方法时,还必须根据本部门的生产条件及与其他企业协作生产的可能,考虑所选择毛坯方案的可行性。

以上诸原则中,功能要求是首先要满足的,其中,又以使用性能的要求为首要。因此,选择毛坯应以零件使用要求为前提,选材与结构为基础,从毛坯的生产批量和经济性出发,结合生产毛坯的条件与可能,综合比较多个方案,最后确定优质高产、经济可行的方案。

具体选择时,要根据零件的材料、结构、尺寸、零件的力学性能要求、生产类型和生产条件等因素综合考虑决定,各类毛坯的特点及使用范围见表 11-1。

表 11-1　各类毛坯的特点及使用范围

| 毛坯种类 | 公差等级<br>(制造精度) | 加工余量 | 原 材 料 | 工件尺寸 | 工件形状 | 力学性能 | 适用生产类型 |
|---|---|---|---|---|---|---|---|
| 型材 | — | 大 | 各种材料 | 小型 | 简单 | 较好 | 各种类型 |
| 型材焊接件 | — | 一般 | 钢材 | 大、中型 | 较复杂 | 有应力 | 单件、小批量 |
| 砂型铸造 | IT16～IT14 | 大 | 铸铁、铸钢、青铜 | 各种尺寸 | 复杂 | 差 | 单件、小批量 |
| 自由锻造 | IT16～IT14 | 大 | 钢材为主 | 各种尺寸 | 较简单 | 好 | 单件、小批量 |
| 普通模锻 | IT15～IT11 | 一般 | 钢、锻铝、铜等 | 中、小型 | 一般 | 好 | 中批、大批量 |
| 金属型铸造 | IT14～IT12 | 较小 | 铸铝为主 | 中、小型 | 较复杂 | 较好 | 大批量 |
| 精密锻造 | IT12～IT10 | 较小 | 钢材、锻铝等 | 小型 | 较复杂 | 较好 | 大批量 |
| 压力铸造 | IT13～IT11 | 小 | 铸铁、铸钢、青铜 | 中、小型 | 复杂 | 较好 | 大批量 |
| 熔模铸造 | IT13～IT11 | 很小 | 铸铁、铸钢、青铜 | 小型为主 | 复杂 | 较好 | 中批、大批量 |
| 冲压件 | IT10～IT8 | 小 | 钢 | 各种尺寸 | 复杂 | 好 | 大批量 |
| 精末冶金件 | IT9～IT7 | 很小 | 铁基、铜基、铝基材料 | 中、小尺寸 | 较复杂 | 一般 | 中批、大批量 |
| 工程塑料件 | IT11～IT9 | 较小 | 工程塑料 | 中、小尺寸 | 复杂 | 一般 | 中批、大批量 |

## 11.2　典型零件的毛坯选择

### 11.2.1　轴杆类零件的毛坯

按承载不同,轴大体上分为心轴、传动轴和转轴。

(1) 心轴仅承受弯矩、不传递转矩的轴,如自行车轮轴。

(2) 传动轴主要传递转矩、不承受或承受很小弯矩的轴,如车床上的光杠。

(3) 转轴既承受弯矩、又传递转矩的轴,如机床的主轴、减速器中的齿轮轴等。

上述三类轴,依其承载及功能不同,主要选用中碳调质钢(适于中等载荷或一般要求的轴)、合金结构钢(适于重载、冲击及耐磨要求的轴)等材料。显然,用这些材料制造的轴几乎都是锻坯,并依生产批量不同,采用自由锻或模锻制造。

有些异形轴,如曲轴、凸轮轴等,在满足使用要求的情况下,有时也可以用球墨铸铁制造毛坯,大批量生产时,常用机器造型制坯。

有些大型的轴杆类零件的毛坯,如我国自行设计制造的 12 000 t 水压机,其空心立柱长18 m、直径 1 m、壁厚 300 mm,就是用铸钢件,分六段焊接而成的。

有些近似轴类零件的毛坯,往往依其各部分的不同功能而选用不同材料,经焊接而成。例如,汽车发动机的配气阀,分别用 4Cr9Si2(阀盖)和 45 钢(阀杆)焊成,既节省贵重金属,又使结构更趋合理。

### 11.2.2　盘套类零件的毛坯

齿轮、带轮、飞轮、联轴器、轴承盖、套环及一些饼块件(如锻模)等均属盘套类零件。依其功能不同,选用的材料和毛坯也各不相同。以齿轮为例说明如下。

齿轮是机器中重要传动件之一。齿轮啮合运转时,轮齿受到弯矩,有时还受冲击作用,齿面受到接触应力和摩擦力的作用等。弯矩、冲击力可能使轮齿折断,接触应力及摩擦力将使齿面发生点蚀、磨损和胶合等破坏。因此,齿轮选材基本要求是,轮齿具有足够的抗弯强度;齿面的硬度和耐磨性足够;对承受冲击的齿轮,要求心部的韧度高。

上述要求随齿轮的工作环境条件的恶化而提高。在野外尘土飞扬的环境中,或在腐蚀性介质中工作的齿轮就是如此。

齿轮常用材料是钢和铸铁,有些齿轮也用有色金属或非金属制造。

齿轮的形状有整体圆饼状,也有带轮辐或肋板的齿轮。齿轮尺寸从直径几毫米到几米,甚至更大。

综合上述对齿轮的要求,齿轮毛坯及其成形方法大体如下。

(1) 要求传动精确、结构小巧的仪表齿轮,大量生产时可以用黄铜板料精冲而成或用铝合金压铸制成。

（2）重要机械上的齿轮，例如，切削机床上的主轴箱内的直齿圆柱齿轮，对传动精度、传递功率和结构紧凑性等都有较高的要求，常用20Cr、20CrMnTi等合金渗碳钢制造。单件（配件）生产，直径较小者，可直接以圆钢为毛坯，经切削加工制成，如果大量生产可用热轧制坯。

机床上的一般齿轮，可以用中碳调质钢，经自由锻或模锻制坯，有些不重要的低速齿轮，可以用灰铸铁，经手工造型或机器造型制得齿坯。

（3）重型机械上的大型齿轮，由于锻造比较困难，可以用中碳铸钢、球墨铸铁，经砂型铸造制坯。处于粉尘环境工作的矿山机械中的大型齿轮，更多地采用铸铁制坯。

在铸锻能力受限或单件生产时，也可以将齿轮的各部分分别铸造或锻造，再用焊接将其连成整体，有时对过大的齿形圈则分段加工后镶成。

（4）高速、轻载的普通小齿轮，为减小噪声，也可用非金属材料，如尼龙等制造。此外，有些齿轮用粉末冶金，经精密模锻制成。

其他盘套类零件的毛坯选择，与齿坯选择原则、步骤基本类似。

### 11.2.3　机架类零件的毛坯

箱体、机架、机座等均属机架类零件，是机器的基础零件。通过它使机器中的各种零件构成整体，相互间保持正确的位置，彼此协调运转。如图11-2所示为某箱体（气缸体）的外形，结构复杂，常用铸造方法获得毛坯。载荷轻者用灰铸铁制造，载荷重者则用铸钢制造。单件生产或大型箱体的整铸有困难时，也可用焊接结构。

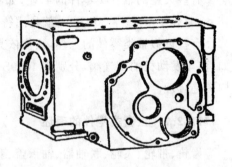

图11-2　汽缸体外形示意图

## 习　题

11-1　请为普通车床上用的4.5kW电动机主要零部件确定毛坯及制造毛坯的方法，并说明理由。

① 定子；② 转子；③ 机壳；④ 端盖；⑤ 轴。

11-2　请为汽车发动机的主要零部件确定毛坯及制造毛坯的方法，并说明理由。

① 缸体；② 缸盖；③ 活塞；④ 连杆。

11-3　下列产品分别用括号中的材料制造，请为之确定毛坯及制造毛坯的方法。

① 锅炉汽包（16Mn）；② 厂房屋架（Q235）；③ 起重吊钩（15MnTi）；④ 风扇底座（HT200）。

# 第三部分　公差配合与测量技术基础

在机械和仪器制造业中,零件的互换性是指在同一规格的同一批零件或部件,无须经过挑选和修配(辅助加工)便可装到机器上去,并能满足机器的性能要求。互换性给产品的设计、制造和使用、维护带来了很大的方便。例如,人们经常使用的自行车和手表的零件,就是按互换性要求生产的。当手表或自行车零件损坏以后,修理人员很快就可用同样规格的零件换上,恢复自行车和手表的功能。

为使零件具有互换性,必须保证零件的尺寸、表面粗糙度、几何形状及零件上有关要素的相互位置等技术要求的一致性。就尺寸而言,互换性要求尺寸的一致性,并不是要求零件都准确地制成一个指定的尺寸,而只是限定其在一个合理的范围内变动。对于相互配合的零件,这个范围,一是要求在使用和制造上是合理、经济的,再就是要求保证相互配合的尺寸之间形成一定的配合关系,以满足不同的使用要求。前者要以"公差"的标准化来解决,后者要以"配合"的标准化来解决,由此产生了"公差与配合"制度。

完工后的零件是否满足公差要求,要通过检测加以判断。检测是机械制造的"眼睛",产品质量的提高,除设计和加工精度的提高外,往往更有赖于检测精度的提高。

## 项目十二　尺寸公差与配合

尺寸的公差与配合是一项应用广泛而重要的标准,也是最基础,最典型的标准。本项目主要介绍尺寸的公差与配合标准,以及孔、轴尺寸公差带与配合的具体规定及其应用原则和方法。

### 12.1　基本术语及定义

#### 12.1.1　有关尺寸、公差和偏差的术语及定义

1. 尺寸

用特定单位表示线性尺寸和角度尺寸的数值称为尺寸。如直径、半径、宽度、中心距等。

2. 公称尺寸($D,d$)

由图样规范确定的理想形状要素的尺寸称为公称尺寸。用 $D$ 和 $d$ 表示(大写字母表示孔、小写字母表示轴)。它是根据产品的使用要求,根据零件的强度、刚度等要求,计算出的或通过试验和类比方法而确定的,经过圆整后得到的尺寸。如图 12-1 所示中的孔、轴直径32,轮毂直径60,孔长35 等为公称尺寸。孔、轴配合的公称尺寸相同。

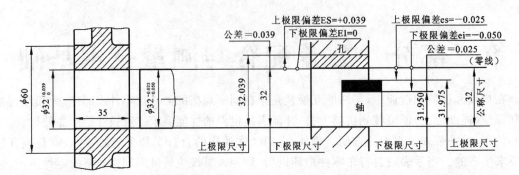

**图 12-1 尺寸、公差、偏差的基本概念**

3. 实际尺寸($D_a$，$d_a$)

通过测量得到的尺寸称为实际尺寸。由于存在测量误差，所以，实际尺寸并非尺寸的真值。同时，由于形状误差等影响，零件同一表面不同部位的实际尺寸往往是不等的。

4. 极限尺寸

极限尺寸是指允许尺寸变化范围的两个界限值。其中，尺寸要素容许的最大尺寸的称为上极限尺寸($D_{max}$，$d_{max}$)，尺寸要素容许的最小尺寸的称为下极限尺寸($D_{min}$，$d_{min}$)，如图 12-1 所示。

5. 尺寸偏差(简称偏差)

某一尺寸减其公称尺寸所得的代数差称为尺寸偏差，其值可正、可负或零。

(1) 实际偏差。实际尺寸减其公称尺寸所得的代数差称为实际偏差。

$$实际偏差 = D_a - D \ 或(d_a - d) \tag{12-1}$$

(2) 极限偏差。极限尺寸减其公称尺寸所得的代数差称为极限偏差。其中，上极限尺寸与公称尺寸之差称为上极限偏差(ES，es)，下极限尺寸与公称尺寸之差称为下极限偏差(EI，ei)，如图 12-1 所示，即

$$ES = D_{max} - D \quad es = d_{max} - d$$
$$EI = D_{min} - D \quad ei = d_{min} - d \tag{12-2}$$

在图 12-1 中，孔的上极限尺寸为 32.039，下极限尺寸为 32，其公称尺寸为 32。因此，孔的上极限偏差 ES = 32.039 - 32 = +0.039；下极限偏差 EI = 32 - 32 = 0。轴的上极限尺寸为 31.975，下极限尺寸为 31.950，其公称尺寸为 32。因此，轴的上极限偏差 es = 31.975 - 32 = -0.025；下极限偏差 ei = 31.950 - 32 = -0.050。

6. 尺寸公差($T_h$，$T_s$)

允许尺寸的变动量称为尺寸公差。尺寸公差等于上极限尺寸与下极限尺寸之代数差，也等于上极限偏差与下极限偏差之代数差。公差值永远为正值。

$$孔公差 \quad T_h = D_{max} - D_{min} = ES - EI$$

$$轴公差 \quad T_s = d_{max} - d_{min} = es - ei \tag{12-3}$$

图 12-1 中,孔的公差 $=32.039-32=(+0.039)-0=0.039$。

### 7. 公差带图

为表明尺寸、极限偏差及公差之间的关系,可以不必画出孔与轴的全形,而采用简单明了的公差带表示,如图 12-2 所示为公差带图。公差带图由两部分组成:公差带和零线。在公差带图中,由代表上、下极限偏差的两条直线所限定的一个区域称为公差带。孔的公差带用剖面线表示,轴的公差带用网点表示。

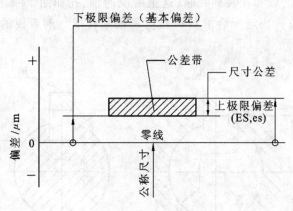

**图 12-2 公差带图**

公差带是限制尺寸变动量的区域,在公差带图中,一是表示公差带的大小,一是表示公差带相对于零线的位置。公差带图中,公称尺寸单位为 mm,偏差及公差的单位为 $\mu m$。

零线是确定偏差的一条基准直线,即零偏差线。通常,零线表示公称尺寸,零线上方表示正偏差,零线下方表示负偏差。

### 8. 标准公差

标准公差是指 GB/T 1800.1—2009《公差、偏差和配合的基础》所规定的已标准化的公差值,它确定了公差带的大小。

### 9. 基本偏差

基本偏差是指在标准公差与配合制中,确定公差带相对零线位置的那个极限偏差,是用来确定公差带相对于零线位置的上极限偏差或下极限偏差,一般指靠近零线的那个偏差。当公差带位于零线上方时,其基本偏差为下极限偏差;位于零线下方时,其基本偏差为上极限偏差。当公差带对称地分布在零线上时,其上、下极限偏差中的任何一个都可作为基本偏差,如图12-3所示。

### 12.1.2 有关配合的术语及定义

### 1. 配合

配合是指公称尺寸相同、相互结合的孔和轴公差带之间的关系。定义具有两个含义:

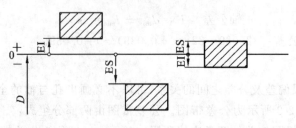

图 12-3　基本偏差

一是指公称尺寸相同的轴和孔装到一起（这里所说的轴、孔如图 12-4 所示）；二是指轴和孔的公差带大小、相对位置决定配合的精确程度和松紧程度。前者说的是配合条件，后者反映了配合性质。

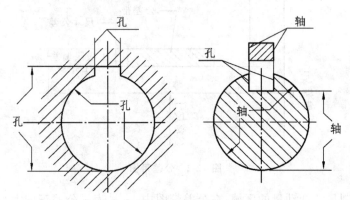

图 12-4　轴、孔示例

**2. 配合的种类**

根据孔、轴公差带之间的关系，配合分为三大类，即间隙配合、过盈配合和过渡配合。

（1）间隙配合。在孔与轴配合中，孔的尺寸减去相配合轴的尺寸所得的代数差值为正时称为间隙（$X$）。

孔的公差带完全在轴的公差带之上，具有间隙（包括最小间隙为零）的配合即为间隙配合。

由于孔、轴是有公差的，所以，实际间隙的大小将随着孔和轴的实际尺寸而变化。孔的上极限尺寸减轴的下极限尺寸所得的代数差，称为最大间隙（$X_{max}$）。孔的下极限尺寸减轴的上极限尺寸所得的代数差，称为最小间隙（$X_{min}$）。最小间隙与最大间隙的和的平均值称为平均间隙（$X_{av}$），如图 12-5 所示。

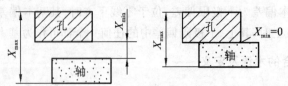

图 12-5　间隙配合

计算公式为

$$X_{max} = D_{max} - d_{min} = ES - ei \tag{12-4}$$

$$X_{min} = D_{min} - d_{max} = EI - es \tag{12-5}$$

$$X_{av} = (X_{max} + X_{min})/2 \tag{12-6}$$

允许间隙的变动量称为间隙公差,它等于最大间隙与最小间隙之代数差的绝对值,也等于相互配合的孔公差与轴公差之和。

$$T_f = |X_{max} - X_{min}| = T_h + T_s \tag{12-7}$$

(2) 过盈配合。在孔与轴配合中,孔的尺寸减去相配合轴的尺寸,其差值为负时是过盈($Y$)。孔的公差带完全在轴的公差带之下,具有过盈(包括最小过盈为零)的配合即为过盈配合。

由于孔、轴是有公差的,所以,实际过盈的大小将随着孔和轴的实际尺寸而变化。孔的下极限尺寸减轴的上极限尺寸所得的代数差,称为最大过盈($Y_{max}$)。孔的上极限尺寸减轴的下极限尺寸所得的代数差,称为最小过盈($Y_{min}$)。最小过盈与最大过盈的和的平均值称为平均过盈($Y_{av}$),如图 12-6 所示。

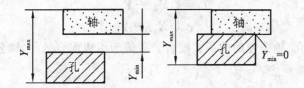

**图 12-6 过盈配合**

计算公式为

$$Y_{max} = D_{min} - d_{max} = EI - es \tag{12-8}$$

$$Y_{min} = D_{max} - d_{min} = ES - ei \tag{12-9}$$

$$Y_{av} = (Y_{max} + Y_{min})/2 \tag{12-10}$$

允许过盈的变动量称为过盈公差,它等于最小过盈与最大过盈之代数差的绝对值,也等于相互配合的孔公差与轴公差之和。

$$T_f \doteq |Y_{max} - Y_{min}| = T_h + T_s \tag{12-11}$$

(3) 过渡配合。在孔与轴配合中,孔与轴的公差带相互交叠,任取其中一对孔和轴相配,可能具有间隙,也可能具有过盈的配合称为过渡配合。它是介于间隙配合与过盈配合之间的一类配合,其间隙或过盈都不大。其配合的极限情况是最大间隙($X_{max}$)与最大过盈($Y_{max}$),如图 12-7 所示。计算公式为

$$X_{max} = D_{max} - d_{min} = ES - ei \tag{12-12}$$

$$Y_{max} = D_{min} - d_{max} = EI - es \tag{12-13}$$

$$X_{av}(Y_{av}) = (X_{max} + Y_{max})/2 \tag{12-14}$$

过渡配合公差等于最大间隙与最大过盈之代数差的绝对值,也等于相互配合的孔与轴公差之和。

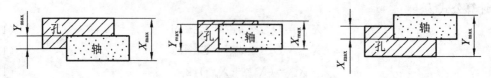

图 12-7　过渡配合

$$T_f = |X_{max} - Y_{max}| = T_h + T_s \tag{12-15}$$

**3. 配合公差**

（1）配合公差。允许间隙和过盈的变动量称为配合公差，它表示配合松紧的变化范围。配合公差的大小表示配合精度。在间隙配合中，配合公差等于最大间隙与最小间隙之差的绝对值；在过盈配合中，配合公差等于最小过盈与最大过盈之差的绝对值；在过渡配合中，配合公差等于最大间隙与最大过盈之差的绝对值，即

$$T_f = \begin{cases} |X_{max} - X_{min}| \\ |Y_{min} - Y_{max}| \\ |X_{max} - Y_{max}| \end{cases}$$

（2）配合公差与孔、轴公差的关系。配合公差等于组成配合的孔、轴公差之和，即

$$T_f = T_h + T_s$$

**4. 基准制**

基准制是指以两个相配合的零件中的一个零件为基准件，并选定标准公差带，而改变另一个零件（非基准件）的公差带位置，从而形成各种配合的一种制度。国家标准中规定了两种平行的基准制：基孔制和基轴制，如图 12-8 所示。

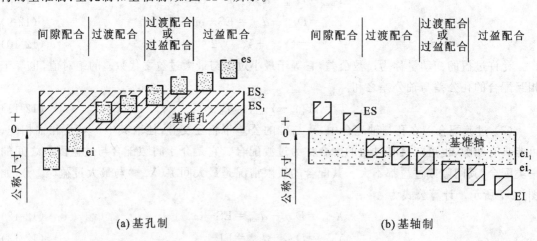

图 12-8　基准制

（1）基孔制。基本偏差为一定的孔的公差带与不同基本偏差的轴的公差带形成各种配合的一种制度称为基孔制。如图 12-8(a) 所示。

基孔制配合中的孔称为基准孔,它是配合的基准件,而轴为非基准件。标准规定,基准孔以下极限偏差 EI 为基本偏差,其数值为零,上极限偏差为正值,其公差带偏置在零线上侧。基准孔的代号为"H"。

　　(2) 基轴制。基本偏差为一定的轴的公差带与不同基本偏差的孔的公差带形成各种配合的一种制度称为基轴制。如图 12-8(b)所示。

　　基轴制配合中的轴称为基准轴,它是配合的基准件,而孔为非基准件。标准规定,基准轴以上极限偏差 es 为基本偏差,其数值为零,下极限偏差为负值,其公差带偏置在零线下侧。基准轴的代号为"h"。

## 12.2　标准公差与基本偏差系列

### 12.2.1　标准公差

　　标准公差是国家标准规定的用以确定公差带大小的任一公差值。标准公差数值见表 12-1。标准公差系列包含三项内容:标准公差因子、标准公差等级和公称尺寸分段。

**表 12-1　公称尺寸至 3 150 mm 的标准公差数值**(摘自 GB/T 1800.1—2009)

| 公称尺寸 /mm | | 标准公差等级 | | | | | | | | | | | | | | | | | |
|---|---|---|---|---|---|---|---|---|---|---|---|---|---|---|---|---|---|---|---|
| | | IT1 | IT2 | IT3 | IT4 | IT5 | IT6 | IT7 | IT8 | IT9 | IT10 | IT11 | IT12 | IT13 | IT14 | IT15 | IT16 | IT17 | IT18 |
| 大于 | 至 | μm | | | | | | | | | | | mm | | | | | | |
| — | 3 | 0.8 | 1.2 | 2 | 3 | 4 | 6 | 10 | 14 | 25 | 40 | 60 | 0.1 | 0.14 | 0.25 | 0.4 | 0.6 | 1 | 1.4 |
| 3 | 6 | 1 | 1.5 | 2.5 | 4 | 5 | 8 | 12 | 18 | 30 | 48 | 75 | 0.12 | 0.18 | 0.3 | 0.48 | 0.75 | 1.2 | 1.8 |
| 6 | 10 | 1 | 1.5 | 2.5 | 4 | 6 | 9 | 15 | 22 | 36 | 58 | 90 | 0.15 | 0.22 | 0.36 | 0.58 | 0.9 | 1.5 | 2.2 |
| 10 | 18 | 1.2 | 2 | 3 | 5 | 8 | 11 | 18 | 27 | 43 | 70 | 110 | 0.18 | 0.27 | 0.43 | 0.7 | 1.1 | 1.8 | 2.7 |
| 18 | 30 | 1.5 | 2.5 | 4 | 6 | 9 | 13 | 21 | 33 | 52 | 84 | 130 | 0.21 | 0.33 | 0.52 | 0.84 | 1.3 | 2.1 | 3.3 |
| 30 | 50 | 1.5 | 2.5 | 4 | 7 | 11 | 16 | 25 | 39 | 62 | 100 | 160 | 0.25 | 0.39 | 0.62 | 1 | 1.6 | 2.5 | 3.9 |
| 50 | 80 | 2 | 3 | 5 | 8 | 13 | 19 | 30 | 46 | 74 | 120 | 190 | 0.3 | 0.46 | 0.74 | 1.2 | 1.9 | 3 | 4.6 |
| 80 | 120 | 2.5 | 4 | 6 | 10 | 15 | 22 | 35 | 54 | 87 | 140 | 220 | 0.35 | 0.54 | 0.87 | 1.4 | 2.2 | 3.5 | 5.4 |
| 120 | 180 | 3.5 | 5 | 8 | 12 | 18 | 25 | 40 | 63 | 100 | 160 | 250 | 0.4 | 0.63 | 1 | 1.6 | 2.5 | 4 | 6.3 |
| 180 | 250 | 4.5 | 7 | 10 | 14 | 20 | 29 | 46 | 72 | 115 | 185 | 290 | 0.46 | 0.72 | 1.15 | 1.85 | 2.9 | 4.6 | 7.2 |
| 250 | 315 | 6 | 8 | 12 | 16 | 23 | 32 | 52 | 81 | 130 | 210 | 320 | 0.52 | 0.81 | 1.3 | 2.1 | 3.2 | 5.2 | 8.1 |
| 315 | 400 | 7 | 9 | 13 | 18 | 25 | 36 | 57 | 89 | 140 | 230 | 360 | 0.57 | 0.89 | 1.4 | 2.3 | 3.6 | 5.7 | 8.9 |
| 400 | 500 | 8 | 10 | 15 | 20 | 27 | 40 | 63 | 97 | 155 | 250 | 400 | 0.63 | 0.97 | 1.55 | 2.5 | 4 | 6.3 | 9.7 |

续表

| 公称尺寸 /mm | | 标准公差等级 | | | | | | | | | | | | | | | | | |
|---|---|---|---|---|---|---|---|---|---|---|---|---|---|---|---|---|---|---|---|
| | | IT1 | IT2 | IT3 | IT4 | IT5 | IT6 | IT7 | IT8 | IT9 | IT10 | IT11 | IT12 | IT13 | IT14 | IT15 | IT16 | IT17 | IT18 |
| 大于 | 至 | μm | | | | | | | | | | mm | | | | | | | |
| 500 | 630 | 9 | 11 | 16 | 22 | 32 | 44 | 70 | 110 | 175 | 280 | 440 | 0.7 | 1.1 | 1.75 | 3.8 | 4.4 | 7 | 11 |
| 630 | 800 | 10 | 13 | 18 | 25 | 36 | 50 | 80 | 125 | 200 | 320 | 500 | 0.8 | 1.25 | 2 | 3.2 | 5 | 8 | 12.5 |
| 800 | 1 000 | 11 | 15 | 21 | 28 | 40 | 56 | 90 | 140 | 230 | 360 | 560 | 0.9 | 1.4 | 2.3 | 3.6 | 5.6 | 9 | 14 |
| 1 000 | 1 250 | 13 | 18 | 24 | 33 | 47 | 66 | 105 | 165 | 260 | 420 | 660 | 1.05 | 1.65 | 2.6 | 4.2 | 6.6 | 10.5 | 16.5 |
| 1 250 | 1 600 | 15 | 21 | 29 | 39 | 55 | 78 | 125 | 195 | 310 | 500 | 780 | 1.25 | 1.95 | 3.1 | 5 | 7.8 | 12.5 | 19.5 |
| 1 600 | 2 000 | 18 | 25 | 35 | 46 | 65 | 92 | 150 | 230 | 370 | 600 | 920 | 1.5 | 2.3 | 3.7 | 6 | 9.2 | 15 | 23 |
| 2 000 | 2 500 | 22 | 30 | 41 | 55 | 78 | 110 | 175 | 280 | 440 | 700 | 1 100 | 1.75 | 2.8 | 4.4 | 7 | 11 | 17.5 | 28 |
| 2 500 | 3 150 | 26 | 36 | 50 | 68 | 96 | 135 | 210 | 330 | 540 | 860 | 1350 | 2.1 | 3.3 | 5.4 | 8.6 | 13.5 | 21 | 33 |

注：1. 公称尺寸大于 500 mm 的 IT1～IT5 的标准公差数值为试行的。

2. 公称尺寸小于或等于 1 mm 时，无 IT14～IT18。

### 1. 标准公差因子($i$, $I$)

零件的制造误差不仅与加工方法有关，而且与公称尺寸的大小有关，标准公差因子是用以确定标准公差的基本单位，该因子是公称尺寸的函数，与公称尺寸之间呈一定的关系。

标准公差因子 $i$ 用于公称尺寸≤500 mm；标准公差因子 $I$ 用于公称尺寸＞500 mm。

### 2. 标准公差等级

为了使规定的等级既能满足不同的使用要求，又能大致代表各种加工方法的精度，于是就规定和划分出公差等级。国家标准规定的标准公差是用公差等级系数和标准公差因子的乘积值来决定的。

根据公差等级系数的不同，国家标准将标准公差分为 20 级，即 IT01、IT0、IT1、IT2……IT18。IT 表示标准公差，即国际公差(ISO Tolerance)的缩写代号，公差等级代号用阿拉伯数字表示。如 IT7 表示标准公差 7 级或 7 级标准公差。从 IT01 至 IT18，等级依次降低，而相应的标准公差值依次增大。

### 3. 公称尺寸分段

公称尺寸分主段落和中间段落，见表 12-2，标准公差和基本偏差是按表中的公称尺寸段计算的。中间段落仅用于计算尺寸到 500 mm 的轴的基本偏差 a～c 及 r～zc 或孔的基本偏差 A～C及 R～ZC 和计算尺寸大于 500 mm～3 150 mm 的轴的基本偏差 r～u 及孔的基本偏差R～U。

表 12-2　公称尺寸分段

| 主段落/mm | | 中间段落/mm | | 主段落/mm | | 中间段落/mm | |
|---|---|---|---|---|---|---|---|
| 大于 | 至 | 大于 | 至 | 大于 | 至 | 大于 | 至 |
| — | 3 | 无细分段 | | 250 | 315 | 250 | 280 |
| | | | | | | 280 | 315 |
| 3 | 6 | | | 315 | 400 | 315 | 355 |
| 6 | 10 | | | | | 355 | 400 |
| 10 | 18 | 10 | 14 | 400 | 500 | 400 | 450 |
| | | 14 | 18 | | | 450 | 500 |
| 18 | 30 | 18 | 24 | 500 | 630 | 500 | 560 |
| | | 24 | 30 | | | 560 | 630 |
| 30 | 50 | 30 | 40 | 630 | 800 | 630 | 710 |
| | | 40 | 50 | | | 710 | 800 |
| 50 | 80 | 50 | 65 | 800 | 1 000 | 800 | 900 |
| | | 65 | 80 | | | 900 | 1 000 |
| 80 | 120 | 80 | 100 | 1 000 | 1 250 | 1 000 | 1 120 |
| | | 100 | 120 | | | 1 120 | 1 250 |
| 120 | 180 | 120 | 140 | 1250 | 1600 | 1 250 | 1 400 |
| | | 140 | 160 | | | 1 400 | 1 600 |
| | | 160 | 180 | 1600 | 2000 | 1 600 | 1 800 |
| | | | | | | 1 800 | 2 000 |
| 180 | 250 | 180 | 200 | 2 000 | 2 500 | 2 000 | 2 240 |
| | | 200 | 225 | | | 2 240 | 2 500 |
| | | 225 | 250 | 2 500 | 3 150 | 2 500 | 2 800 |
| | | | | | | 2 800 | 3 150 |

在计算各公称尺寸段的标准公差和基本偏差时,公式中的 $D$ 用每一尺寸段中首尾两个尺寸($D_1$ 和 $D_2$)的几何平均值,即

$$D = \sqrt{D_1 \times D_2}$$

如:对小于或等于 3 mm 的公称尺寸段,用 1 mm 和 3 mm 的几何平均值 $D = \sqrt{1 \times 3} = 1.732$ mm 来计算标准公差和基本偏差。

### 12.2.2　基本偏差及其代号

基本偏差是用来确定公差带相对零线的位置的。不同位置的公差带与基准件将形成不同的配合。基本偏差的数量将决定配合种类的数量。为了满足各种不同松紧程度的配合需要,

同时尽量减少配合种类,以利互换,国家标准对孔和轴分别规定了 28 种基本偏差,分别用拉丁字母表示,其中,孔用大写字母表示,轴用小写字母表示。28 种基本偏差代号,由 26 个拉丁字母中去掉了 5 个易与其他参数相混淆的字母 I、L、O、Q、W,剩下的 21 个字母加上 7 个双写字母 CD、EF、FG、ZA、ZB、ZC、JS 组成。这 28 种基本偏差代号反映了 28 种公差带的位置,构成了基本偏差系列,如图 12-9 所示。

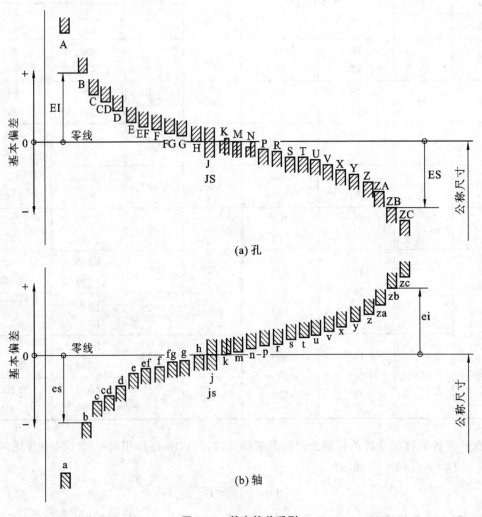

图 12-9　基本偏差系列

孔的基本偏差中,A～G 的基本偏差是下极限偏差 EI(正值);H 的基本偏差 EI＝0,是基准孔;J～ZC 的基本偏差是上极限偏差 ES(除 J 和 K 外,其余皆为负值);JS 的基本偏差是 ES＝＋IT/2 或 EI＝－IT/2。

轴的基本偏差中,a～g 的基本偏差是上极限偏差 es(负值);h 的基本偏差 es＝0,是基准轴;j~zc 的基本偏差是下极限偏差 ei(除 j 外,其余皆为正值);js 的基本偏差为 es=+IT/2 或 ei=-IT/2。

基本偏差系列图中仅绘出了公差带的一端,未绘出公差带的另一端,它取决于公差大小。因此,任何一个公差带代号都由基本偏差代号和公差等级数联合表示,如 H7,h6,G8,r7 等。

基本偏差是公差带位置标准化的唯一参数,除去 JS 和 js 以及 J,j,K,k 和 N 以外,原则上基本偏差和公差等级无关。

### 12.2.3 轴的基本偏差

轴的基本偏差值可查表 12-4。

轴的基本偏差也可按表 12-2 所示公式计算。

由表 12-3 中计算公式求得的轴的基本偏差,一般是最靠近零线的那个极限偏差,即 a~h 为轴的上极限偏差(es),k~zc 为轴的下极限偏差(ei)。

除轴 j 和 js(严格地说两者无基本偏差)外,轴的基本偏差的数值与选用的标准公差等级无关。

表 12-3 轴和孔的基本偏差计算公式

| 公称尺寸/mm | | 轴 | | | 公式 | 孔 | | | 公称尺寸/mm | |
|---|---|---|---|---|---|---|---|---|---|---|
| 大于 | 至 | 基本偏差 | 符号 | 极限偏差 | | 极限偏差 | 符号 | 基本偏差 | 大于 | 至 |
| 1 | 120 | a | − | es | $265+1.3D$ | EI | + | A | 1 | 120 |
| 120 | 500 | | | | $3.5D$ | | | | 120 | 500 |
| 1 | 160 | b | | es | $\approx 140+0.85D$ | EI | + | B | 1 | 160 |
| 160 | 500 | | | | $\approx 1.8D$ | | | | 160 | 500 |
| 0 | 40 | c | | es | $52D^{0.2}$ | EI | + | C | 0 | 40 |
| 40 | 500 | | | | $9510.8D$ | | | | 40 | 500 |
| 0 | 10 | cd | | es | C、c 和 D、d 值的几何平均值 | EI | + | CD | 0 | 10 |
| 0 | 3 150 | d | | es | $16D^{0.44}$ | EI | + | D | 0 | 3 150 |
| 0 | 3 150 | e | | es | $11D^{0.41}$ | EI | + | E | 0 | 3 150 |
| 0 | 10 | ef | | es | E、e 和 F、f 值的几何平均值 | EI | + | EF | 0 | 10 |
| 0 | 3 150 | f | − | es | $5.5D^{0.41}$ | EI | + | F | 0 | 3 150 |
| 0 | 10 | fg | − | es | F、f 和 G、g 值的几何平均值 | EI | + | FG | | 10 |

| 公称尺寸/mm | | 轴 | | | 公式 | 孔 | | | 公称尺寸/mm | |
|---|---|---|---|---|---|---|---|---|---|---|
| 大于 | 至 | 基本偏差 | 符号 | 极限偏差 | | 极限偏差 | 符号 | 基本偏差 | 大于 | 至 |
| 0 | 3 150 | g | — | es | $2.5D^{0.34}$ | EI | + | G | 0 | 3150 |
| 0 | 3 150 | h | 无符号 | es | 偏差＝0 | EI | 无符号 | H | 0 | 3 150 |
| 0 | 500 | j | | | 无公式 | | | J | 0 | 500 |
| 0 | 3 150 | js | +<br>— | es<br>ei | $0.5ITn$ | EI<br>ES | +<br>— | JS | 0 | 3 150 |
| 0 | 500 | m | + | ei | IT7－IT6 | ES | — | M | 0 | 500 |
| 500 | 3 150 | | | | 0.024D1 12.6 | | | | 500 | 3 150 |
| 0 | 500 | n | + | ei | $5D^{0.34}$ | ES | — | N | 0 | 500 |
| 500 | 3 150 | | | | $0.04D+21$ | | | | 500 | 3 150 |
| 0 | 500 | p | + | ei | IT7＋0～5 | ES | — | P | 0 | 500 |
| 500 | 3 150 | | | | 0.072D＋37.8 | | | | 500 | 3 150 |
| 0 | 3 150 | r | + | ei | P、p 和 S、s 值的几何平均值 | ES | — | R | 0 | 3 150 |
| 0 | 50 | s | + | ei | IT8＋1～4 | ES | — | S | 0 | 50 |
| 50 | 3 150 | | | | $IT7＋0.4D$ | | | | 50 | 3 150 |
| 24 | 3 150 | t | + | ei | $IT7＋0.63D$ | ES | — | T | 24 | 3 150 |
| 0 | 3 150 | u | + | ei | $IT7＋D$ | ES | — | U | 0 | 3 150 |
| 14 | 500 | v | + | ei | $IT7＋1.25D$ | ES | — | V | 14 | 500 |
| 0 | 500 | x | + | ei | $IT7＋1.6D$ | ES | — | X | 0 | 500 |
| 18 | 500 | y | + | ei | $IT7＋2D$ | ES | — | Y | 18 | 500 |
| 0 | 500 | z | + | ei | $IT7＋2.5D$ | ES | — | Z | 0 | 500 |
| 0 | 500 | za | + | ei | $IT8＋3.15D$ | ES | — | ZA | 0 | 500 |
| 0 | 500 | zb | + | ei | $IT9＋4D$ | ES | — | ZB | 0 | 500 |
| 0 | 500 | zc | + | ei | $IT10＋5D$ | ES | — | ZC | 0 | 500 |

注：1. 公式中 $D$ 是公称尺寸段的几何平均值，mm；基本偏差的计算结果以 μm 计。

2. j、J 只在表 2、表 3 中给出其值。

3. 公称尺寸至 500 mm 轴的基本偏差 k 的计算公式仅适用于标准公差等级 IT4～IT7，对所有其他公称尺寸和所有其他 IT 等级的基本偏差 k＝0；孔的基本偏差 K 的计算公式仅适用于标准公差等级小于或等于 IT8，对所有其他公称尺寸和所有其他 IT 等级的基本偏差 K＝0。

表 12-4 轴的基本偏差数值（摘自 GB/T 1800.1—2009）

单位：μm

基本偏差数值（上极限偏差 es）　所有标准公差等级

| 基本尺寸/mm 大于 | 至 | a | b | c | cd | d | e | ef | f | fg | g | h | Js |
|---|---|---|---|---|---|---|---|---|---|---|---|---|---|
| — | 3 | −270 | −140 | −60 | −34 | −20 | −14 | −10 | −5 | −4 | −2 | 0 | 偏差 = ±$\frac{IT_n}{2}$，式中 $IT_n$ 是 IT 值数 |
| 3 | 6 | −270 | −140 | −70 | −46 | −30 | −20 | −14 | −10 | −6 | −4 | 0 | |
| 6 | 10 | −280 | −150 | −80 | −56 | −40 | −25 | −18 | −13 | −8 | −5 | 0 | |
| 10 | 14 | −290 | −150 | −95 | | −50 | −32 | | −16 | | −6 | 0 | |
| 14 | 18 | | | | | | | | | | | | |
| 18 | 24 | −300 | −160 | −110 | | −65 | −40 | | −20 | | −7 | 0 | |
| 24 | 30 | | | | | | | | | | | | |
| 30 | 40 | −310 | −170 | −120 | | −80 | −50 | | −25 | | −9 | 0 | |
| 40 | 50 | −320 | −180 | −130 | | | | | | | | | |
| 50 | 65 | −340 | −190 | −140 | | −100 | −60 | | −30 | | −10 | 0 | |
| 65 | 80 | −360 | −200 | −150 | | | | | | | | | |
| 80 | 100 | −380 | −220 | −170 | | −120 | −72 | | −36 | | −12 | 0 | |
| 100 | 120 | −410 | −240 | −180 | | | | | | | | | |
| 120 | 140 | −460 | −260 | −200 | | −145 | −85 | | −43 | | −14 | 0 | |
| 140 | 160 | −520 | −280 | −210 | | | | | | | | | |
| 160 | 180 | −550 | −310 | −230 | | | | | | | | | |
| 180 | 200 | −650 | −340 | −240 | | −170 | −100 | | −50 | | −15 | 0 | |
| 200 | 225 | −740 | −380 | −264 | | | | | | | | | |
| 225 | 250 | −810 | −425 | −284 | | | | | | | | | |

续表

### 基本偏差数值（上极限偏差 es） 所有标准公差等级

| 基本尺寸/mm 大于 | 至 | a | b | c | cd | d | e | ef | f | fg | g | h | Js |
|---|---|---|---|---|---|---|---|---|---|---|---|---|---|
| 250 | 280 | -920 | -480 | -300 | | -190 | -110 | | -58 | | -17 | 0 | |
| 280 | 315 | -1 050 | -545 | -330 | | | | | | | | | |
| 315 | 355 | -1 200 | -500 | -360 | | -210 | -125 | | -62 | | -18 | 0 | |
| 355 | 400 | -1 350 | -550 | -400 | | | | | | | | | |
| 400 | 450 | -1 500 | -760 | -440 | | -230 | -135 | | -68 | | -20 | 0 | |
| 450 | 500 | -1 650 | -840 | -480 | | | | | | | | | |
| 500 | 560 | | | | | -250 | -145 | | -75 | | -22 | 0 | $偏差 = \pm \dfrac{IT_a}{2}$，式中 $IT_a$ 是 IT 值数 |
| 560 | 630 | | | | | | | | | | | | |
| 630 | 710 | | | | | -290 | -160 | | -80 | | -24 | 0 | |
| 710 | 800 | | | | | | | | | | | | |
| 800 | 900 | | | | | -320 | -170 | | -86 | | -25 | 0 | |
| 900 | 1 000 | | | | | | | | | | | | |
| 1 000 | 1 120 | | | | | -350 | -195 | | -98 | | -28 | 0 | |
| 1 120 | 1 250 | | | | | | | | | | | | |
| 1 250 | 1 400 | | | | | -390 | -220 | | -110 | | -30 | 0 | |
| 1 400 | 1 600 | | | | | | | | | | | | |
| 1 600 | 1 800 | | | | | -430 | -240 | | -120 | | -32 | 0 | |
| 1 800 | 2 000 | | | | | | | | | | | | |
| 2 000 | 2 240 | | | | | -480 | -260 | | -130 | | -34 | 0 | |
| 2 240 | 2 500 | | | | | | | | | | | | |
| 2 500 | 2 800 | | | | | -520 | -290 | | -145 | | -38 | 0 | |
| 2 800 | 3 150 | | | | | | | | | | | | |

续表

基本偏差数值（下极限偏差 ei）

所有标准公差等级

单位：μm

| 基本尺寸/mm 大于 | 至 | j (IT5和IT6) | j (IT7) | j (IT8) | k (IT4~IT7) | k (≤IT3、>IT7) | m | n | p | r | s | t | u | v | x | y | z | za | zb | zc |
|---|---|---|---|---|---|---|---|---|---|---|---|---|---|---|---|---|---|---|---|---|
| — | 3 | -2 | -4 | -5 | 0 | 0 | +2 | +4 | +6 | +10 | +14 | | +18 | | +20 | | +26 | +32 | +40 | +60 |
| 3 | 6 | -2 | -4 | | +1 | 0 | +4 | +8 | +12 | +15 | +19 | | +23 | | +28 | | +35 | +42 | +50 | +80 |
| 6 | 10 | -2 | -5 | | +1 | 0 | +6 | +10 | +15 | +19 | +23 | | +28 | | +34 | | +42 | +52 | +67 | +97 |
| 10 | 14 | -3 | -6 | | +1 | 0 | +7 | +12 | +18 | +23 | +28 | | +33 | | +40 | | +50 | +64 | +90 | +130 |
| 14 | 18 | -3 | -6 | | +1 | 0 | +7 | +12 | +18 | +23 | +28 | | +33 | +39 | +45 | | +60 | +77 | +108 | +150 |
| 18 | 24 | -4 | -8 | | +2 | 0 | +8 | +15 | +22 | +28 | +35 | | +41 | +47 | +54 | +63 | +73 | +98 | +136 | +188 |
| 24 | 30 | -4 | -8 | | +2 | 0 | +8 | +15 | +22 | +28 | +35 | +41 | +48 | +55 | +64 | +75 | +88 | +118 | +160 | +218 |
| 30 | 40 | -5 | -10 | | +2 | 0 | +9 | +17 | +26 | +34 | +43 | +48 | +60 | +68 | +80 | +94 | +112 | +148 | +200 | +274 |
| 40 | 50 | -5 | -10 | | +2 | 0 | +9 | +17 | +26 | +34 | +43 | +54 | +70 | +81 | +97 | +114 | +136 | +180 | +242 | +325 |
| 50 | 65 | -7 | -12 | | +2 | 0 | +11 | +20 | +32 | +41 | +53 | +66 | +87 | +102 | +122 | +144 | +172 | +226 | +300 | +405 |
| 65 | 80 | -7 | -12 | | +2 | 0 | +11 | +20 | +32 | +43 | +59 | +75 | +102 | +120 | +146 | +174 | +210 | +274 | +360 | +480 |
| 80 | 100 | -9 | -15 | | +3 | 0 | +13 | +23 | +37 | +51 | +71 | +91 | +124 | +146 | +178 | +214 | +258 | +335 | +445 | +585 |
| 100 | 120 | -9 | -15 | | +3 | 0 | +13 | +23 | +37 | +54 | +79 | +104 | +144 | +172 | +210 | +254 | +310 | +400 | +525 | +690 |
| 120 | 140 | -11 | -18 | | +3 | 0 | +15 | +27 | +43 | +63 | +92 | +122 | +170 | +202 | +248 | +300 | +365 | +470 | +620 | +800 |
| 140 | 160 | -11 | -18 | | +3 | 0 | +15 | +27 | +43 | +65 | +100 | +134 | +190 | +228 | +280 | +340 | +415 | +535 | +700 | +900 |
| 160 | 180 | -11 | -18 | | +3 | 0 | +15 | +27 | +43 | +68 | +108 | +146 | +210 | +252 | +310 | +380 | +465 | +600 | +780 | +1000 |
| 180 | 200 | -13 | -21 | | +4 | 0 | +17 | +31 | +50 | +77 | +122 | +166 | +236 | +284 | +350 | +425 | +520 | +670 | +880 | +1150 |
| 200 | 225 | -13 | -21 | | +4 | 0 | +17 | +31 | +50 | +80 | +130 | +180 | +258 | +310 | +385 | +470 | +575 | +740 | +960 | +1250 |
| 225 | 250 | -13 | -21 | | +4 | 0 | +17 | +31 | +50 | +84 | +140 | +196 | +284 | +340 | +425 | +520 | +640 | +820 | +1050 | +1350 |

续表

| 基本尺寸/mm | | 基本偏差数值 所有标准公差等级 | | | | | | | | | | | | | | | | | | |
|---|---|---|---|---|---|---|---|---|---|---|---|---|---|---|---|---|---|---|---|---|
| | | j | | | k | | | | | | | | | | | | | | | |
| 大于 | 至 | IT5和IT6 | IT7 | IT8 | IT4~IT7 | ≤IT3 >IT7 | m | n | p | r | s | t | u | v | x | y | z | za | zb | zc |
| 250 | 280 | −16 | −25 | | +4 | 0 | +30 | +34 | +56 | +94 | +153 | +118 | +315 | +385 | +475 | +580 | +710 | +820 | +1200 | +1650 |
| 280 | 315 | −16 | −25 | | +4 | 0 | +30 | +34 | +56 | +98 | +170 | +140 | +350 | +415 | +525 | +660 | +750 | +1100 | +1300 | +1700 |
| 315 | 355 | −18 | −28 | | +4 | 0 | +31 | +37 | +62 | +108 | +190 | +168 | +390 | +415 | +590 | +780 | +900 | +1150 | +1500 | +1900 |
| 355 | 400 | −18 | −28 | | +4 | 0 | +31 | +37 | +62 | +114 | +203 | +181 | +435 | +510 | +660 | +820 | +1000 | +1300 | +1650 | +2100 |
| 400 | 450 | −20 | −32 | | +5 | 0 | +33 | +40 | +68 | +124 | +232 | +130 | +490 | +585 | +740 | +920 | +1100 | +1450 | +1850 | +2400 |
| 450 | 500 | −20 | −32 | | +5 | 0 | +33 | +40 | +68 | +132 | +252 | +160 | +540 | +680 | +820 | +1010 | +1250 | +1600 | +2100 | +2600 |
| 500 | 560 | | | | | 0 | +36 | +44 | +78 | +140 | +280 | +400 | +500 | | | | | | | |
| 560 | 630 | | | | | 0 | +36 | +44 | +78 | +160 | +310 | +400 | +560 | | | | | | | |
| 630 | 710 | | | | | 0 | +30 | +50 | +88 | +175 | +340 | +600 | +740 | | | | | | | |
| 710 | 800 | | | | | 0 | +30 | +50 | +88 | +185 | +380 | +680 | +840 | | | | | | | |
| 800 | 900 | | | | | 0 | +34 | +56 | +100 | +210 | +430 | +620 | +940 | | | | | | | |
| 900 | 1000 | | | | | 0 | +34 | +56 | +100 | +220 | +470 | +680 | −1050 | | | | | | | |
| 1000 | 1120 | | | | | 0 | +40 | +66 | +120 | +250 | +521 | +580 | −1150 | | | | | | | |
| 1120 | 1250 | | | | | 0 | +40 | +66 | +120 | +250 | +581 | +640 | −1300 | | | | | | | |
| 1250 | 1400 | | | | | 0 | +48 | +78 | +140 | +300 | +641 | +650 | −1450 | | | | | | | |
| 1400 | 1600 | | | | | 0 | +48 | +78 | +140 | +330 | +721 | +1050 | −1600 | | | | | | | |
| 1600 | 1800 | | | | | 0 | +58 | +92 | +170 | +370 | +821 | +1200 | −1850 | | | | | | | |
| 1800 | 2000 | | | | | 0 | +58 | +92 | +170 | +400 | +921 | +1350 | −2000 | | | | | | | |
| 2000 | 2240 | | | | | 0 | +68 | +110 | +195 | +440 | +1000 | +1500 | −2300 | | | | | | | |
| 2240 | 2500 | | | | | 0 | +68 | +110 | +195 | +450 | +1100 | +1650 | −2500 | | | | | | | |
| 2500 | 2800 | | | | | 0 | +76 | +135 | +240 | +550 | +1250 | +1900 | −2900 | | | | | | | |
| 2800 | 3150 | | | | | 0 | +76 | +135 | +240 | +580 | +1400 | +2100 | −3200 | | | | | | | |

注：基本尺寸小于或等于 1 mm 时，基本偏差 a 和 b 均不采用，公差带 P7—P11，若 $IT_n$ 值是奇数，则取偏差 $= \pm \dfrac{IT_n - 1}{2}$。

### 12.2.4　孔的基本偏差数值

孔的基本偏差值可查表 12-5。

孔的基本偏差按表 12-3 中给出的公式计算。

一般对同一字母的孔的基本偏差与轴的基本偏差相对于零线是完全对称的,即孔与轴的基本偏差对应(例如 A 对应于 a)时,两者的基本偏差的绝对值相等,而符号相反。

$$EI = -es \quad 或 \quad ES = -ei$$

该规则适用于所有的基本偏差,但以下情况除外。

(1) 公称尺寸大于 3 mm～500 mm,标准公差等级大于 IT8 的孔的基本偏差 N,其数值(ES)等于 0。

(2)在公称尺寸大于 3 mm～500 mm 的基孔制或基轴制配合中,给定某一公差等级的孔要与更精一级的轴相配(例如 H7/p6 或 P7/h6),并要求具有同等的间隙或过盈。此时,计算的孔的基本偏差应附加一个 Δ 值,即

$$ES = ES(计算值) + \Delta$$

式中:Δ——公称尺寸段内给定的某一标准公差等级 IT$n$ 与更精一级的标准公差等 IT$(n-1)$ 的差值。

例如,公称尺寸段 18 mm～30 mm 的 P7 为

$$\Delta = ITn - IT(n-1) = IT7 - IT6 = (21-13)\ \mu m = 8\ \mu m$$

但应该注意:b)中给出的特殊规则仅适用于公称尺寸大于 3 mm、标准公差等级小于或等于 IT8 的孔的基本偏差 K、M、N 和标准公关等级小于或等于 IT7 的孔的基本偏差 P～ZC。

由表 12-3 中计算公式求得的孔的基本偏差,一般是最靠近零线的那个极限偏差,即 A～H 为孔的下极限偏差(EI),K～ZC 为孔的上极限偏差(ES)。

除孔 J 和 JS(严格地说两者无基本偏差)外,基本偏差的数值与选用的标准公差等级无关。

【例 12-1】　试用查表法确定 $\phi20H7/p6$ 和 $\phi20P7/h6$ 的孔和轴的极限偏差,绘制公差与配合图解,计算两个配合的极限过盈。

**解**:(1) 查表确定孔和轴的标准公差。

查表 12-1 得:IT6 = 13 μm,IT7 = 21 μm。

(2) 查表确定轴的基本偏差。

查表 12-3 得:h 的基本偏差 es = 0,P 的基本偏差 ei = +22 μm。

(3) 查表确定孔的基本偏差。

查表 12-4 得:H 的基本偏差 EI = 0,P 的基本偏差 ES = -22 + Δ = (-22+8) μm = -14 μm

或孔的基本偏差由相同字母轴的基本偏差换算求得:H 的基本偏差 EI = -es = 0,P 的基本偏差 ES = -ei + Δ = -22 + (IT7 - IT6) = [-22 + (21-13)] μm = -14 μm。

(4) 计算轴的另一个极限偏差。

h6 的另一个极限偏差 ei = es - IT6 = (0-13) μm = -13 μm,p6 另一个极限偏差 es = ei + IT6 = (+22+13) μm = +35 μm。

**表 12-5 孔的基本偏差数值（摘自 GB/T 1800.1—2009）**

单位：μm

基本偏差数值

| 公称尺寸/mm 大于 | 至 | 下极限偏差 EI（所有标准公差等级） | | | | | | | | | | | | 上极限偏差 ES | | | | | | | | | |
|---|---|---|---|---|---|---|---|---|---|---|---|---|---|---|---|---|---|---|---|---|---|---|---|
| | | A | B | C | CD | D | E | EF | F | FG | G | H | JS | J IT6 | J IT7 | J IT8 | K ≤IT8 | K >IT8 | M ≤IT8 | M >IT8 | N ≤IT8 | N >IT8 | P 至 ZC |
| — | 3 | +270 | +140 | +60 | +34 | +20 | +14 | +10 | +6 | +4 | +2 | 0 | 偏差 $=\pm\dfrac{IT_n}{2}$（式中 $IT_n$ 是 IT 值数） | +2 | +4 | +6 | 0 | 0 | −2 | −2 | −4 | −4 | 在大于 IT7 的相应数值上增加一个 Δ值 |
| 3 | 6 | +270 | +140 | +70 | +46 | +30 | +20 | +14 | +10 | +6 | +4 | 0 | | +5 | +6 | +10 | −1+Δ | 0 | −4+Δ | −4 | −8+Δ | 0 | |
| 6 | 10 | +280 | +150 | +80 | +56 | +40 | +25 | +18 | +13 | +8 | +5 | 0 | | +5 | +8 | +12 | −1+Δ | 0 | −6+Δ | −6 | −10+Δ | 0 | |
| 10 | 14 | +290 | +150 | +95 | | +50 | +32 | | +16 | | +6 | 0 | | +6 | +10 | +15 | −1+Δ | 0 | −7+Δ | −7 | −12+Δ | 0 | |
| 14 | 18 | | | | | | | | | | | | | | | | | | | | | | |
| 18 | 24 | +300 | +160 | +110 | | +65 | +40 | | +20 | | +7 | 0 | | +8 | +12 | +20 | −2+Δ | 0 | −8+Δ | −8 | −15+Δ | 0 | |
| 24 | 30 | | | | | | | | | | | | | | | | | | | | | | |
| 30 | 40 | +310 | +170 | +120 | | +80 | +50 | | +25 | | +9 | 0 | | +10 | +14 | +24 | −2+Δ | 0 | −9+Δ | −9 | −17+Δ | 0 | |
| 40 | 50 | +320 | +180 | +130 | | | | | | | | | | | | | | | | | | | |
| 50 | 65 | +340 | +190 | +140 | | +100 | +60 | | +30 | | +10 | 0 | | +12 | +18 | +28 | −2+Δ | 0 | −11+Δ | −11 | −20+Δ | 0 | |
| 65 | 80 | +360 | +200 | +150 | | | | | | | | | | | | | | | | | | | |
| 80 | 100 | +380 | +220 | +170 | | +120 | +72 | | +35 | | +12 | 0 | | +16 | +22 | +34 | −3+Δ | 0 | −13+Δ | −12 | −23+Δ | 0 | |
| 100 | 120 | +410 | +240 | +180 | | | | | | | | | | | | | | | | | | | |
| 120 | 140 | +460 | +260 | +200 | | +145 | +85 | | +43 | | +14 | 0 | | +18 | +26 | +42 | −3+Δ | 0 | −15+Δ | −15 | −27+Δ | 0 | |
| 140 | 160 | +520 | +280 | +210 | | | | | | | | | | | | | | | | | | | |
| 160 | 180 | +580 | +310 | +230 | | | | | | | | | | | | | | | | | | | |
| 180 | 200 | +600 | +340 | +240 | | +170 | +100 | | +50 | | +15 | 0 | | +22 | +30 | +47 | −4+Δ | 0 | −17+Δ | −15 | −31+Δ | 0 | |
| 200 | 225 | +740 | +380 | +260 | | | | | | | | | | | | | | | | | | | |
| 225 | 250 | +820 | +420 | +280 | | | | | | | | | | | | | | | | | | | |

续表

**基本偏差数值**（单位：μm）

| 公称尺寸/mm 大于 | 至 | 下极限偏差 EI（所有标准公差等级） | | | | | | | | | | | | 上极限偏差 ES | | | | | | | | | |
|---|---|---|---|---|---|---|---|---|---|---|---|---|---|---|---|---|---|---|---|---|---|---|---|
| | | A | B | C | CD | D | E | EF | F | FG | G | H | JS | J (IT6) | J (IT7) | J (IT8) | K (≤IT8) | K (>IT8) | M (≤IT8) | M (>IT8) | N (≤IT8) | N (>IT8) | P至ZC |
| 250 | 280 | +920 | +480 | +300 | | +190 | +110 | | +56 | | +17 | 0 | 偏差=±IT_n/2；式中 IT_n 是 IT 值数 | +25 | +36 | +55 | −4+Δ | 0 | −20+Δ | −20 | −34+Δ | 0 | 在大于 IT7 的相差数值上增加一个 Δ 值 |
| 280 | 315 | +1050 | +540 | +330 | | +190 | +110 | | +56 | | +17 | 0 | | +25 | +36 | +55 | −4+Δ | 0 | −20+Δ | −20 | −34+Δ | 0 | |
| 315 | 355 | +1200 | +600 | +360 | | +210 | +125 | | +62 | | +18 | 0 | | +29 | +39 | +61 | −4+Δ | | −21+Δ | −21 | −37+Δ | 0 | |
| 355 | 400 | +1350 | +680 | +400 | | +210 | +125 | | +62 | | +18 | 0 | | +29 | +39 | +61 | −4+Δ | | −21+Δ | −21 | −37+Δ | 0 | |
| 400 | 450 | +1500 | +760 | +440 | | +240 | +135 | | +68 | | +20 | 0 | | +33 | +43 | +61 | −5+Δ | | −23+Δ | −23 | −40+Δ | 0 | |
| 450 | 500 | +1650 | +840 | +480 | | +240 | +135 | | +68 | | +20 | 0 | | +33 | +43 | +61 | −5+Δ | | −23+Δ | −23 | −40+Δ | 0 | |
| 500 | 560 | | | | | +260 | +145 | | +76 | | +22 | 0 | | | | | 0 | | −26 | | −44 | | |
| 560 | 630 | | | | | +260 | +145 | | +76 | | +22 | 0 | | | | | 0 | | −26 | | −44 | | |
| 630 | 710 | | | | | +290 | +160 | | +80 | | +24 | 0 | | | | | 0 | | −30 | | −50 | | |
| 710 | 800 | | | | | +290 | +160 | | +80 | | +24 | 0 | | | | | 0 | | −30 | | −50 | | |
| 800 | 900 | | | | | +320 | +170 | | +86 | | +26 | 0 | | | | | 0 | | −34 | | −56 | | |
| 900 | 1000 | | | | | +320 | +170 | | +86 | | +26 | 0 | | | | | 0 | | −34 | | −56 | | |
| 1000 | 1120 | | | | | +350 | +195 | | +98 | | +28 | 0 | | | | | 0 | | −40 | | −66 | | |
| 1120 | 1250 | | | | | +350 | +195 | | +98 | | +28 | 0 | | | | | 0 | | −40 | | −66 | | |
| 1250 | 1400 | | | | | +390 | +220 | | +110 | | +30 | 0 | | | | | 0 | | −48 | | −78 | | |
| 1400 | 1600 | | | | | +390 | +220 | | +110 | | +30 | 0 | | | | | 0 | | −48 | | −78 | | |
| 1600 | 1800 | | | | | +430 | +240 | | +120 | | +32 | 0 | | | | | 0 | | −58 | | −92 | | |
| 1800 | 2000 | | | | | +430 | +240 | | +120 | | +32 | 0 | | | | | 0 | | −58 | | −92 | | |
| 2000 | 2240 | | | | | +480 | +260 | | +130 | | +34 | 0 | | | | | 0 | | −68 | | −110 | | |
| 2240 | 2500 | | | | | +480 | +260 | | +130 | | +34 | 0 | | | | | 0 | | −68 | | −110 | | |
| 2500 | 2800 | | | | | +520 | +290 | | +145 | | +38 | 0 | | | | | 0 | | −75 | | −135 | | |
| 2800 | 3150 | | | | | +520 | +290 | | +145 | | +38 | 0 | | | | | 0 | | −75 | | −135 | | |

续表

| 公称尺寸/mm | | 基本偏差数值 上极限偏差 ES 标准公差等级大于 IT7 | | | | | | | | | | | | Δ值 标准公差等级 | | | | | |
|---|---|---|---|---|---|---|---|---|---|---|---|---|---|---|---|---|---|---|---|
| 大于 | 至 | P | R | S | T | U | V | X | Y | Z | ZA | ZB | ZC | IT3 | IT4 | IT5 | IT6 | IT7 | IT8 |
| — | 3 | −6 | −10 | −14 | | −18 | | −20 | | −16 | −32 | −48 | −60 | 0 | 0 | 0 | 0 | 0 | 0 |
| 3 | 6 | −12 | −15 | −19 | | −23 | | −28 | | −25 | −42 | −50 | −80 | 1 | 1.5 | 1 | 3 | 4 | 8 |
| 6 | 10 | −15 | −19 | −23 | | −28 | | −34 | | −42 | −52 | −60 | −97 | 1 | 1.5 | 1 | 3 | 6 | 7 |
| 10 | 14 | −18 | −23 | −28 | | −33 | | −40 | | −50 | −64 | −90 | −130 | 1 | 2 | 3 | 3 | 7 | 9 |
| 14 | 18 | −18 | −23 | −28 | | −33 | −39 | −45 | | −60 | −77 | −108 | −150 | 1 | 2 | 3 | 3 | 7 | 9 |
| 18 | 24 | −22 | −28 | −35 | | −41 | −47 | −54 | −63 | −83 | −98 | −136 | −188 | 1.5 | 2 | 3 | 4 | 8 | 12 |
| 24 | 30 | −22 | −28 | −35 | −41 | −48 | −55 | −64 | −75 | −88 | −118 | −160 | −218 | 1.5 | 2 | 3 | 4 | 8 | 12 |
| 30 | 40 | −26 | −34 | −43 | −45 | −60 | −68 | −80 | −94 | −112 | −148 | −200 | −274 | 1.5 | 3 | 4 | 5 | 9 | 14 |
| 40 | 50 | −26 | −34 | −43 | −54 | −70 | −81 | −97 | −114 | −136 | −180 | −242 | −325 | 1.5 | 3 | 4 | 5 | 9 | 14 |
| 50 | 65 | −32 | −41 | −53 | −66 | −87 | −102 | −122 | −144 | −172 | −226 | −300 | −405 | 2 | 3 | 5 | 6 | 11 | 16 |
| 65 | 80 | −32 | −43 | −59 | −76 | −102 | −122 | −146 | −174 | −210 | −274 | −360 | −480 | 2 | 3 | 5 | 6 | 11 | 16 |
| 80 | 100 | −37 | −51 | −71 | −91 | −124 | −142 | −178 | −214 | −258 | −335 | −445 | −585 | 2 | 4 | 5 | 7 | 13 | 19 |
| 100 | 120 | −37 | −54 | −79 | −104 | −144 | −172 | −210 | −254 | −310 | −400 | −525 | −690 | 2 | 4 | 5 | 7 | 13 | 19 |
| 120 | 140 | −43 | −63 | −92 | −112 | −170 | −202 | −248 | −300 | −365 | −470 | −620 | −800 | 3 | 4 | 6 | 7 | 15 | 23 |
| 140 | 160 | −43 | −65 | −100 | −114 | −190 | −222 | −280 | −340 | −415 | −535 | −700 | −900 | 3 | 4 | 6 | 7 | 15 | 23 |
| 160 | 180 | −43 | −68 | −108 | −115 | −210 | −252 | −310 | −380 | −465 | −600 | −780 | −1 000 | 3 | 4 | 6 | 7 | 15 | 23 |
| 180 | 200 | −50 | −77 | −122 | −116 | −238 | −284 | −350 | −425 | −520 | −670 | −880 | −1 150 | 3 | 4 | 6 | 9 | 17 | 26 |
| 200 | 225 | −50 | −80 | −130 | −120 | −258 | −310 | −385 | −470 | −575 | −740 | −960 | −1 250 | 3 | 4 | 6 | 9 | 17 | 26 |
| 225 | 250 | −50 | −84 | −140 | −126 | −284 | −340 | −425 | −520 | −640 | −820 | −1 050 | −1 350 | 3 | 4 | 6 | 9 | 17 | 26 |
| 250 | 280 | −56 | −94 | −158 | −218 | −315 | −385 | −475 | −580 | −710 | −920 | −1 200 | −1 550 | 4 | 4 | 7 | 9 | 20 | 29 |
| 280 | 315 | −56 | −98 | −170 | −240 | −350 | −425 | −525 | −650 | −790 | −1 000 | −1 350 | −1 700 | 4 | 4 | 7 | 9 | 20 | 29 |
| 315 | 355 | −62 | −108 | −190 | −248 | −390 | −475 | −590 | −720 | −900 | −1 150 | −1 600 | −1 900 | 4 | 5 | 7 | 11 | 21 | 32 |
| 355 | 400 | −62 | −114 | −208 | −254 | −435 | −530 | −660 | −820 | −1 000 | −1 300 | −1 650 | −2 100 | 4 | 5 | 7 | 11 | 21 | 32 |

续表

| 公称尺寸/mm | | 基本偏差数值 上极限偏差 ES 标准公差等级大于 IT7 | | | | | | | | | | | | Δ值 标准公差等级 | | | | | |
|---|---|---|---|---|---|---|---|---|---|---|---|---|---|---|---|---|---|---|---|
| 大于 | 至 | P | R | S | T | U | V | X | Y | Z | ZA | ZB | ZC | IT3 | IT4 | IT5 | IT6 | IT7 | IT8 |
| 400 | 450 | −68 | −126 | −232 | −310 | −490 | −595 | −740 | −920 | −1 100 | −1 450 | −1 850 | −2 400 | 5 | 5 | 7 | 13 | 23 | 34 |
| 450 | 500 | −68 | −132 | −252 | −360 | −540 | −660 | −820 | −1 000 | −1 250 | −1 600 | −2 100 | −2 600 | | | | | | |
| 500 | 560 | −78 | −150 | −280 | −410 | −600 | | | | | | | | | | | | | |
| 560 | 630 | −78 | −155 | −310 | −450 | −650 | | | | | | | | | | | | | |
| 630 | 710 | −88 | −175 | −340 | −480 | −740 | | | | | | | | | | | | | |
| 710 | 800 | −88 | −185 | −380 | −540 | −840 | | | | | | | | | | | | | |
| 800 | 900 | −100 | −310 | −430 | −620 | −940 | | | | | | | | | | | | | |
| 900 | 1 000 | −100 | −320 | −470 | −680 | −1 050 | | | | | | | | | | | | | |
| 1 000 | 1 120 | −120 | −350 | −520 | −710 | −1 150 | | | | | | | | | | | | | |
| 1 120 | 1 250 | −120 | −360 | −580 | −840 | −1 300 | | | | | | | | | | | | | |
| 1 250 | 1 400 | −140 | −300 | −640 | −940 | −1 450 | | | | | | | | | | | | | |
| 1 400 | 1 600 | −140 | −330 | −720 | −1 050 | −1 600 | | | | | | | | | | | | | |
| 1 600 | 1 800 | −170 | −370 | −820 | −1 200 | −1 850 | | | | | | | | | | | | | |
| 1 800 | 2 000 | −170 | −400 | −920 | −1 350 | −2 000 | | | | | | | | | | | | | |
| 2 000 | 2 240 | −195 | −440 | −1 000 | −1 500 | −2 300 | | | | | | | | | | | | | |
| 2 240 | 2 500 | −195 | −460 | −1 100 | −1 650 | −2 500 | | | | | | | | | | | | | |
| 2 500 | 2 800 | −240 | −550 | −1 250 | −1 900 | −2 900 | | | | | | | | | | | | | |
| 2 800 | 3 150 | −240 | −580 | −1 400 | −2 100 | −3 800 | | | | | | | | | | | | | |

注：1. 公称尺寸小于或等于 1 mm 时，基本偏差 h 和 B 及大于 IT8 的 N 均不采用，公差带 JS7 至 JS11，若 $IT_n$ 值数是奇数，则取偏差 $=\pm IT_{n-1}/2$。

2. 对小于或等于 IT8 的 K、M、N 和小于或等于 IT7 的 P 至 ZC 所需 Δ值从表从右侧左右侧选取。

191

（5）计算孔的另一个极限偏差。

H7 的另一个极限偏差 $ES=EI+IT7=(0+21)\ \mu m=+21\ \mu m$，P7 另一个极限偏差 $EI=ES-IT7=(-14-21)\ \mu m=-35\ \mu m$。

（6）标出极限偏差。

$$\phi20\ \dfrac{H7\left(^{+0.021}_{0}\right)}{p6\left(^{+0.035}_{+0.022}\right)}, \quad \phi20\ \dfrac{P7\left(^{-0.014}_{-0.035}\right)}{h6\left(^{0}_{-0.013}\right)}$$

（7）作公差与配合图解，如图 12-10 所示。

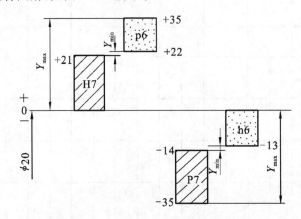

**图 12-10** $\phi20H7/p6$ 和 $\phi20P7/h6$ 公差与配合图解

（8）计算极限过盈。

对于 $\phi20H7/p6$

$$Y_{max}=EI-es=(0-35)\ \mu m=-35\ \mu m$$
$$Y_{min}=ES-ei=(+21-22)\ \mu m=-1\ \mu m$$

对于 $\phi20P7/h6$

$$Y_{max}=EI-es=(-35-0)\ \mu m=-35\ \mu m$$
$$Y_{min}=ES-ei=[-14-(-13)]\ \mu m=-1\ \mu m$$

可见，$\phi20H7/p6$ 和 $\phi20P7/h6$ 配合性质相同。

## 12.3 优先和常用配合

### 12.3.1 一般、常用和优先的公差带

按照国家标准中提供的 20 个等级的标准公差和 28 种基本偏差，可以组成很多种公差带（孔有 543 种，轴有 544 种）。由孔、轴公差带又能组成大量的配合。但是，在生产实践中，公差带的数量很多势必使标准繁杂，不利于生产。国家标准在满足我国实际需要和考虑生产发展需要的前提下，为了尽可能减少零件、定值刀具、量具和工艺装备的品种和规格，对所选用的公差带与配合作了必要的限制。

对于尺寸≤500 mm，国家标准规定了一般、常用和优先的轴公差带共 119 种，其中方框内

的 59 种为常用公差带,带圆圈的 13 种为优先的公差带,见图 12-11 所示。

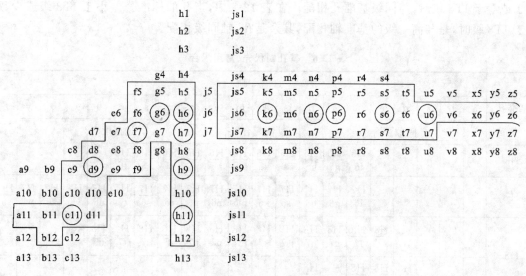

**图 12-11 一般、常用和优先轴公差带**

国家标准规定了一般、常用和优先的孔公差带 105 种,其中方框内的 44 种为常用公差带,带圆圈的 13 种为优先的公差带,见图 12-12 所示。

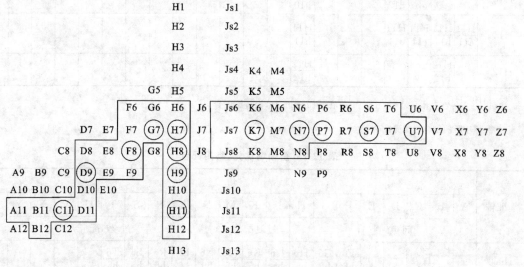

**图 12-12 一般、常用和优先孔公差带**

### 12.3.2 常用和优先配合

国家标准在上述孔、轴公差带的基础上,规定了基孔制常用配合 59 种,其中优先配合 13 种,见表 12-6。规定了基轴制常用配合 47 种,其中优先配合 13 种,见表 12-7。

必须注意,在表 12-6 中,当轴的标准公差小于或等于 IT7 级时,是与低一级的孔相配合;大于或等于 IT8 级时,与同级基准孔相配。在表 12-7 中,当孔的标准公差小于 IT8 级或少数等于 IT8 级时,是与高一级的基准轴相配,其余是孔、轴同级相配。

表 12-6　基孔制优先、常用配合

| 基准孔 | a | b | c | d | e | f | g | h | js | k | m | n | p | r | s | t | u | v | x | y | z |
|---|---|---|---|---|---|---|---|---|---|---|---|---|---|---|---|---|---|---|---|---|---|
| | | | | 间　隙　配　合 | | | | | 过渡配合 | | | | 过盈配合 | | | | | | | | |
| H6 | | | | | | $\frac{H6}{f5}$ | $\frac{H6}{g5}$ | $\frac{H6}{h5}$ | $\frac{H6}{js5}$ | $\frac{H6}{k5}$ | $\frac{H6}{m5}$ | $\frac{H6}{n5}$ | $\frac{H6}{p5}$ | $\frac{H6}{r5}$ | $\frac{H6}{s5}$ | $\frac{H6}{t5}$ | | | | | |
| H7 | | | | | | $\frac{H7}{f6}$ | $\frac{H7}{g6}$ | $\frac{H7}{h6}$ | $\frac{H7}{js6}$ | $\frac{H7}{k6}$ | $\frac{H7}{m6}$ | $\frac{H7}{n6}$ | $\frac{H7}{p6}$ | $\frac{H7}{r6}$ | $\frac{H7}{s6}$ | $\frac{H7}{t6}$ | $\frac{H7}{u6}$ | $\frac{H7}{v6}$ | $\frac{H7}{x6}$ | $\frac{H7}{y6}$ | $\frac{H7}{z6}$ |
| H8 | | | | | $\frac{H8}{e7}$ | $\frac{H8}{f7}$ | $\frac{H8}{g7}$ | $\frac{H8}{h7}$ | $\frac{H8}{js7}$ | $\frac{H8}{k7}$ | $\frac{H8}{m7}$ | $\frac{H8}{n7}$ | $\frac{H8}{p7}$ | $\frac{H8}{r7}$ | $\frac{H8}{s7}$ | $\frac{H8}{t7}$ | $\frac{H8}{u7}$ | | | | |
| | | | | $\frac{H8}{d8}$ | $\frac{H8}{e8}$ | $\frac{H8}{f8}$ | | $\frac{H8}{h8}$ | | | | | | | | | | | | | |
| H9 | | | $\frac{H9}{c9}$ | $\frac{H9}{d9}$ | $\frac{H9}{e9}$ | $\frac{H9}{f9}$ | | $\frac{H9}{h9}$ | | | | | | | | | | | | | |
| H10 | | | $\frac{H10}{c10}$ | $\frac{H10}{d10}$ | | | | $\frac{H10}{h10}$ | | | | | | | | | | | | | |
| H11 | $\frac{H11}{a11}$ | $\frac{H11}{b11}$ | $\frac{H11}{c11}$ | $\frac{H11}{d11}$ | | | | $\frac{H11}{h11}$ | | | | | | | | | | | | | |
| H12 | | $\frac{H12}{b12}$ | | | | | | $\frac{H12}{h12}$ | | | | | | | | | | | | | |

注:1. $\frac{H6}{n5}$、$\frac{H7}{p6}$ 在基本尺寸≤3 mm 和 $\frac{H8}{r7}$ 在≤100 mm 时,为过渡配合;

2. 标注▼的配合为优先配合。

表 12-7　基轴制优先、常用配合

| 基准轴 | A | B | C | D | E | F | G | H | Js | K | M | N | P | R | S | T | U | V | X | Y | Z |
|---|---|---|---|---|---|---|---|---|---|---|---|---|---|---|---|---|---|---|---|---|---|
| | | | | 间　隙　配　合 | | | | | 过渡配合 | | | | 过盈配合 | | | | | | | | |
| h5 | | | | | | $\frac{F6}{h5}$ | $\frac{G6}{h5}$ | $\frac{H6}{h5}$ | $\frac{Js6}{h5}$ | $\frac{K6}{h5}$ | $\frac{M6}{h5}$ | $\frac{N6}{h5}$ | $\frac{P6}{h5}$ | $\frac{R6}{h5}$ | $\frac{S6}{h5}$ | $\frac{T6}{h5}$ | | | | | |
| h6 | | | | | | $\frac{F7}{h6}$ | $\frac{G7}{h6}$ | $\frac{H7}{h6}$ | $\frac{Js7}{h6}$ | $\frac{K7}{h6}$ | $\frac{M7}{h6}$ | $\frac{N7}{h6}$ | $\frac{P7}{h6}$ | $\frac{R7}{h6}$ | $\frac{S7}{h6}$ | $\frac{T7}{h6}$ | $\frac{U7}{h6}$ | | | | |
| h7 | | | | | $\frac{E8}{h7}$ | $\frac{F8}{h7}$ | | $\frac{H8}{h7}$ | $\frac{Js8}{h7}$ | $\frac{K8}{h7}$ | $\frac{M8}{h7}$ | $\frac{N8}{h7}$ | | | | | | | | | |

194

续表

| 基准轴 | 孔 | | | | | | | | | | | | | | | | | | | | | |
|---|---|---|---|---|---|---|---|---|---|---|---|---|---|---|---|---|---|---|---|---|---|---|
| | A | B | C | D | E | F | G | H | Js | K | M | N | P | R | S | T | U | V | X | Y | Z |
| | 间 隙 配 合 | | | | | | | | 过 渡 配 合 | | | | 过 盈 配 合 | | | | | | | | |
| h8 | | | | $\dfrac{D8}{h8}$ | $\dfrac{E8}{h8}$ | $\dfrac{F8}{h8}$ | | $\dfrac{H8}{h8}$ | | | | | | | | | | | | | |
| h9 | | | | $\dfrac{D9}{h9}$ | $\dfrac{E9}{h9}$ | $\dfrac{F9}{h9}$ | | $\dfrac{H9}{h9}$ | | | | | | | | | | | | | |
| h10 | | | | $\dfrac{D10}{h10}$ | | | | $\dfrac{H10}{h10}$ | | | | | | | | | | | | | |
| h11 | $\dfrac{A11}{h11}$ | $\dfrac{B11}{h11}$ | $\dfrac{C11}{h11}$ | $\dfrac{D11}{h11}$ | | | | $\dfrac{H11}{h11}$ | | | | | | | | | | | | | |
| h12 | | $\dfrac{B12}{h12}$ | | | | | | $\dfrac{H12}{h12}$ | | | | | | | | | | | | | |

注:标注▶的配合为优先配合。

## 12.4 尺寸公差与配合的选用

尺寸公差与配合的选择是机械设计与制造中的一个重要环节,它是在公称尺寸已经确定的情况下进行的尺寸精度设计。合理地选用公差与配合,不但可以更好地促进互换性生产,而且有利于提高产品质量,降低生产成本。在设计中,公差与配合的选用主要包括基准制、公差等级与配合种类的选用。

### 12.4.1 基准制的选用

选择基准制时,应从结构、工艺、经济几方面来综合考虑,权衡利弊。

(1) 一般情况下,应优先选用基孔制。因为,加工孔比加工轴要困难些,所用刀具、量具尺寸规格也多些。采用基孔制,可大大缩减定值刀具、量具的规格和数量。只有在具有明显经济效果的情况下,如用冷拔钢作轴,不必对轴加工,或在同一公称尺寸的轴上要装配几个不同配合的零件,如发动机的活塞销轴与连杆铜套孔和活塞孔之间的配合,才采用基轴制,如图 12-13 所示。

(2) 与标准件配合时,基准制的选择通常依标准件而定。例如,滚动轴承外圈与箱体孔的配合应采用基轴制,滚动轴承内圈与轴的配合应采用基孔制,如图 12-14 所示。选择箱体孔的公差带 J7,选择轴颈的公差带为 k6。

(3) 为满足配合的特殊要求,允许选用非基准制的配合,即指相配合的两零件既无基准孔 H,又无基准轴 h 的配合。当一个孔与几个轴相配合或一个轴与几个孔相配合,其配合要求各不相同时,则有的配合会出现非基准制的配合。如图 12-14 所示,在箱体孔中装有滚动轴承和轴承端盖,由于滚动轴承是标准件,它与箱体孔的配合是基轴制配合,箱体孔的公差带代号为 J7,

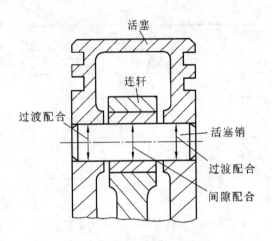

图 12-13　基准制选择示例（一）

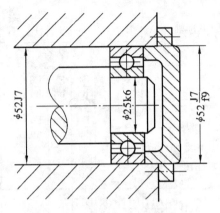

图 12-14　基准制选择示例（二）

这时如果端盖与箱孔的配合也要坚持基轴制,则配合为 J/h,属于过渡配合。但轴承端盖需要经常拆卸,显然这种配合过于紧密,而应选用间隙配合为好。端盖公差带不能用 h,只能选择非基准轴公差带,考虑到端盖的性能要求和加工的经济性,采用公差等级 9 级,最后选择端盖与箱体孔之间的配合为 J7/f9。

### 12.4.2　公差等级的选用

合理地选择公差等级,对解决机器零件的使用要求与制造工艺及成本之间的矛盾,起着决定性作用,一般选用的原则如下。

(1) 在常用尺寸段内,对于较高精度等级的配合,由于孔比同级轴加工困难,当标准公差≤IT8 时,国家标准推荐孔比轴低一级相配合,如 H7/h6;但对标准公差>IT8 级的配合,由于孔的测量精度比轴容易保证,推荐采用同级孔、轴配合,如 H9/h9。

(2) 选择公差等级,既要满足设计要求,又要考虑工艺的可能性和经济性。也就是说,在满足使用要求的情况下,尽量扩大公差值,即尽量选用较低的公差等级。

国家标准各公差等级与加工方法的大致关系见表12-8。

表 12-8　加工方法所达到的公差等级

| 公差等级<br>加工方法 | 01 | 0 | 1 | 2 | 3 | 4 | 5 | 6 | 7 | 8 | 9 | 10 | 11 | 12 | 13 | 14 | 15 | 16 | 17 | 18 |
|---|---|---|---|---|---|---|---|---|---|---|---|---|---|---|---|---|---|---|---|---|
| 研　磨 | | | | | | | | | | | | | | | | | | | | |
| 珩　磨 | | | | | | | | | | | | | | | | | | | | |
| 圆　磨 | | | | | | | | | | | | | | | | | | | | |

续表

| 公差等级<br>加工方法 | 01 | 0 | 1 | 2 | 3 | 4 | 5 | 6 | 7 | 8 | 9 | 10 | 11 | 12 | 13 | 14 | 15 | 16 | 17 | 18 |
|---|---|---|---|---|---|---|---|---|---|---|---|---|---|---|---|---|---|---|---|---|
| 平　磨 | | | | | | | ├ | — | — | ┤ | | | | | | | | | | |
| 金刚石车 | | | | | | | ├ | — | ┤ | | | | | | | | | | | |
| 金刚石镗 | | | | | | | ├ | — | ┤ | | | | | | | | | | | |
| 拉　削 | | | | | | | ├ | — | — | ┤ | | | | | | | | | | |
| 铰　孔 | | | | | | | | ├ | — | — | ┤ | | | | | | | | | |
| 精车精镗 | | | | | | | | ├ | — | — | ┤ | | | | | | | | | |
| 粗　车 | | | | | | | | | | | | ├ | — | ┤ | | | | | | |
| 粗　镗 | | | | | | | | | | | | ├ | — | ┤ | | | | | | |
| 铣 | | | | | | | | | | ├ | — | — | ┤ | | | | | | | |
| 刨、插 | | | | | | | | | | | | ├ | — | ┤ | | | | | | |
| 钻　削 | | | | | | | | | | | | ├ | — | — | ┤ | | | | | |
| 冲　压 | | | | | | | | | | | | ├ | — | — | ┤ | | | | | |
| 滚压、挤压 | | | | | | | | | | | | ├ | ┤ | | | | | | | |
| 锻　造 | | | | | | | | | | | | | | | ├ | — | ┤ | | | |
| 砂型铸造 | | | | | | | | | | | | | | | | ├ | — | ┤ | | |
| 金属型铸造 | | | | | | | | | | | | | | | ├ | — | ┤ | | | |
| 气　割 | | | | | | | | | | | | | | | | ├ | — | ┤ | | |

国家标准推荐的各公差等级的应用范围如下。

IT01、IT0、IT1 级一般用于高精度量块和其他精密尺寸标准块的公差。它们大致相当于量块的 1、2、3 级精度的公差。IT2～IT5 级用于特别精密零件的配合。IT5～IT12 用于常用配合尺寸公差,见表 12-9。12 级以下由于精度低,主要用于非配合尺寸,在配合尺寸中应用较少。

表 12-9　配合尺寸公差 5 级至 12 级的应用

| 公差等级 | 应　　　用 |
| --- | --- |
| 5 级 | 主要用在配合公差,形状公差要求甚小的地方,它的配合性质稳定,一般在机床、发动机、仪表等重要部位应用。如:与 D 级滚动轴承配合的箱体孔;与 E 级滚动轴承配合的机床主轴,机床尾架与套筒,精密机械及高速机械中轴径,精密丝杆轴径等 |
| 6 级 | 配合性质能达到较高的均匀性,如:与 E 级滚动轴承相配合的孔、轴径;与齿轮、蜗轮、联轴器、带轮、凸轮等连接的轴径,机床丝杠轴径;摇臂钻立柱;机床夹具中导向件外径尺寸;6 级精度齿轮的基准孔,7、8 级精度齿轮基准轴径 |
| 7 级 | 7 级精度比 6 级稍低,应用条件与 6 级基本相似,在一般机械制造中应用较为普遍。如:联轴器、带轮、凸轮等孔径;机床夹盘座孔;夹具中固定钻套,可换钻套;7、8 级齿轮基准孔,9、10 级齿轮基准轴 |
| 8 级 | 在机器制造中属于中等精度。如:轴承座衬套沿宽度方向尺寸,9 至 12 级齿轮基准孔;11 至 12 级齿轮基准轴 |
| 9 级 10 级 | 主要用于机械制造中轴套外径与孔;操纵件与轴;空轴带轮与轴;单键与花键 |
| 11 级 12 级 | 配合精度很低,装配后可能产生很大间隙,适用于基本上没有什么配合要求的场合。如:机床上法兰盘与止口;滑块与滑移齿轮;加工中工序间尺寸;冲压加工的配合件;机床制造中的扳手孔与扳手座的连接 |

### 12.4.3　配合种类的选用

在设计中,根据使用要求,应尽可能地选用优先配合和常用配合。如果优先配合与常用配合不能满足要求时,可选标准推荐的一般用途的孔、轴公差带,按使用要求组成需要的配合。若仍不能满足使用要求,还可从国家标准所提供的 544 种轴公差带和 543 种孔公差带中选取合适的公差带,组成所需要的配合。

确定了基准制以后,选择配合就是根据使用要求——配合公差(间隙或过盈)的大小,确定与基准件相配的孔、轴的基本偏差代号,同时,确定基准件及配合件的公差等级。对间隙配合,由于基本偏差的绝对值等于最小间隙,故可按最小间隙确定基本偏差代号;对过盈配合,在确定基准件的公差等级后,即可按最小过盈选定配合件的基本偏差代号,并根据配合公差的要求确定孔、轴公差等级。

机器的质量大多取决于对其零部件所规定的配合及其技术条件是否合理,许多零件的尺寸公差,都是由配合的要求决定的,一般选用配合的方法有下列三种。

1. 计算法

计算法是指根据一定的理论和公式,计算出所需的间隙或过盈的方法。如对间隙配合中的滑动轴承,可用流体润滑理论来计算保证滑动轴承处于液体摩擦状态所需的间隙,根据计算结果,选用合适的配合;对过盈配合,可按弹塑性变形理论,计算出必需的最小过盈,选用合适的过盈配合,并按此验算在最大过盈时是否会使工件材料损坏。由于影响配合间隙量和过盈量的因素很多,理论的计算也是近似的,所以,在实际应用时还需经过试验来确定。一般情况下,很少使用计算法。

2. 试验法

试验法是指对产品性能影响很大的一些配合,用试验来确定机器工作性能的最佳间隙或过盈的方法。试验法比较可靠,但周期长、成本高,应用也较少。

3. 类比法

类比法是指按同类型机器或机构中,经过生产实践验证的已用配合的实用情况,再考虑所设计机器的使用要求,参照确定需要的配合的方法。要掌握这种方法,首先必须分析机器或机构的功用、工作条件及技术要求,进而研究结合零件的工作条件及使用要求,其次要了解各种配合的特性和应用。这种方法应用最广。

(1) 分析零件的工作条件及使用要求。为了充分掌握零件的具体工作条件和使用要求,必须考虑下列问题:工作时结合零件的相对位置状态(如运动速度、运动方向、停歇时间、运动精度等),承受负荷情况,润滑条件,温度变化,配合的重要性,装卸条件,以及材料的物理力学性能等。根据具体条件不同,结合零件的间隙量或过盈量必须相应改变,见表 12-10。

**表 12-10 不同工作条件影响配合间隙或过盈的趋势**

| 具 体 情 况 | 过盈增或减 | 间隙增或减 |
|---|---|---|
| 材料强度低 | 减 | — |
| 经常拆卸 | 减 | — |
| 有冲击载荷 | 增 | 减 |
| 工作时孔温高于轴温 | 增 | 减 |
| 工作时轴温高于孔温 | 减 | 增 |
| 配合长度增大 | 减 | 增 |
| 配合面形状和位置误差增大 | 减 | 增 |
| 装配时可能歪斜 | 减 | 增 |
| 旋转速度增高 | 增 | 增 |
| 有轴向运动 | — | 增 |
| 润滑油黏度增大 | — | 增 |
| 表面趋向粗糙 | 增 | 减 |
| 单件生产相对于成批生产 | 减 | 增 |

(2) 了解各类配合的特性和应用。间隙配合的特性是具有间隙。它主要用于结合件有相对运动的配合(包括旋转运动和轴向滑动),也可用于一般的定位配合。

过盈配合的特性是具有过盈。它主要用于结合件没有相对运动的配合。过盈不大时,用键连接传递扭矩;过盈大时,靠孔轴结合力传递扭矩。前者可以拆卸,后者是不能拆卸的。

过渡配合的特性,是可能具有间隙,也可能具有过盈,但不管是间隙还是过盈,一般都比较小。它主要用于定位精确并要求拆卸的相对静止的连接。

公称尺寸不大于 500 mm 基孔制常用和优先配合的特征及应用场合见表 12-11。

**表 12-11　公称尺寸≤500 mm 基孔制常用和优先配合的特征及应用**

| 配合类别 | 配合特征 | 配合代号 | 应　用 |
|---|---|---|---|
| 间隙配合 | 特大间隙 | $\dfrac{H11}{a11}$ $\dfrac{H11}{b11}$ $\dfrac{H12}{b12}$ | 用于高温或工作时要求大间隙的配合 |
| | 很大间隙 | $\left(\dfrac{H11}{c11}\right)\dfrac{H11}{d11}$ | 用于工作条件较差、受力变形或为了便于装配而需要大间隙的配合和高温工作的配合 |
| | 较大间隙 | $\dfrac{H9}{c9}$ $\dfrac{H10}{c10}$ $\dfrac{H8}{d8}$ $\left(\dfrac{H9}{d9}\right)$ $\dfrac{H10}{d10}$ $\dfrac{H8}{e7}$ $\dfrac{H8}{e8}$ $\dfrac{H9}{e9}$ | 用于高速重载的滑动轴承或大直径的滑动轴承,也可用于大跨距或多支点支撑的配合 |
| | 一般间隙 | $\dfrac{H6}{f5}$ $\dfrac{H7}{f6}$ $\left(\dfrac{H8}{f7}\right)$ $\dfrac{H8}{f8}$ $\dfrac{H9}{f9}$ | 用于一般转速的动配合。当温度影响不大时,广泛应用于普通润滑油润滑的支撑处 |
| | 较小间隙 | $\left(\dfrac{H7}{g6}\right)\dfrac{H8}{g7}$ | 用于精密滑动零件或缓慢间歇回转的零件的配合部位 |
| | 很小间隙和零间隙 | $\dfrac{H6}{g5}$ $\dfrac{H6}{h5}$ $\left(\dfrac{H7}{h6}\right)$ $\left(\dfrac{H8}{h7}\right)$ $\dfrac{H8}{h8}$ $\left(\dfrac{H9}{h9}\right)$ $\dfrac{H10}{h10}$ $\left(\dfrac{H11}{h11}\right)$ $\dfrac{H12}{h12}$ | 用于不同精度要求的一般定位件的配合和缓慢移动和摆动零件的配合 |
| 过渡配合 | 绝大部分有微小间隙 | $\dfrac{H6}{js5}$ $\dfrac{H7}{js6}$ $\dfrac{H8}{js7}$ | 用于易于装拆的定位配合或加紧固件后可传递一定静载荷的配合 |
| | 大部分有微小间隙 | $\dfrac{H6}{k5}$ $\left(\dfrac{H7}{k6}\right)$ $\dfrac{H8}{k7}$ | 用于稍有振动的定位配合。加紧固件可传递一定载荷。装拆方便可用木锤敲入 |
| | 大部分有微小过盈 | $\dfrac{H6}{m5}$ $\dfrac{H7}{m6}$ $\dfrac{H8}{m7}$ | 用于定位精度较高且能抗振的定位配合。加键可传递较大载荷。可用铜锤敲入或小压力压入 |
| | 绝大部分有微小过盈 | $\left(\dfrac{H7}{n6}\right)\dfrac{H8}{n7}$ | 用于精确定位或紧密组合件的配合。加键能传递大力矩或冲击性载荷。只在大修时拆卸 |
| | 绝大部分有较小过盈 | $\dfrac{H8}{p7}$ | 加键后能传递很大力矩,且承受振动和冲击的配合。装配后不再拆卸 |
| 过盈配合 | 轻型 | $\dfrac{H6}{n5}$ $\dfrac{H6}{p5}$ $\left(\dfrac{H7}{p6}\right)$ $\dfrac{H6}{r5}$ $\dfrac{H7}{r6}$ $\dfrac{H8}{r7}$ | 用于精确的定位配合。一般不能靠过盈传递力矩。要传递力矩尚需加紧固件 |
| | 中型 | $\dfrac{H6}{s5}$ $\left(\dfrac{H7}{s6}\right)$ $\dfrac{H8}{s7}$ $\dfrac{H6}{t5}$ $\dfrac{H7}{t6}$ $\dfrac{H8}{t7}$ | 不需加紧固件就可传递较小力矩和轴向力。加紧固件后可承受较大载荷或动载荷的配合 |
| | 重型 | $\left(\dfrac{H7}{u6}\right)\dfrac{H8}{u7}\dfrac{H7}{v6}$ | 不需加紧固件就可传递和承受大的力矩和动载荷的配合。要求零件材料有高强度 |
| | 特重型 | $\dfrac{H7}{x6}$ $\dfrac{H7}{y6}$ $\dfrac{H7}{z6}$ | 能传递和承受很大力矩和动载荷的配合,须经试验后方可应用 |

注:1. 括号内的配合为优先配合。
　　2. 国家标准规定的 44 种基轴制配合的应用与本表中的同名配合相同。

### 12.4.4 选用实例

**【例 12-2】** 有一孔、轴配合，公称尺寸为 $\phi100$ mm，要求配合的过盈或间隙在 $-0.048$ mm~ $+0.041$ mm 范围内。试确定此配合的孔、轴公差带和配合代号。

**解:**

(1) 选择基准制。

由于没有特殊的要求，所以应优先选用基孔制，即孔的基本偏差代号为 H。

(2) 确定孔、轴公差等级。

由给定条件可知，此孔、轴结合为过渡配合，其允许的配合公差为

$$T_f = X_{max} - Y_{max} = [0.041 - (-0.048)]\ \text{mm} = 0.089\ \text{mm}$$

因为 $T_f = T_h + T_s = 0.089$ mm，假设孔与轴为同级配合，则

$$T_h = T_s = T_f/2 = 0.089/2\ \text{mm} = 0.044\ 5\ \text{mm} = 44.5\ \mu\text{m}$$

查表 12-1 可知，44.5 $\mu$m 介于 IT7$=35$ $\mu$m 和 IT8$=54$ $\mu$m 之间，而在这个公差等级范围内，国家标准要求孔比轴低一级的配合，于是取孔公差等级为 IT8，轴的公差等级为 IT7，计算配合公差为

$$\text{IT7} + \text{IT8} = (0.035 + 0.054)\ \text{mm} = 0.089\ \text{mm} = T_f$$

故满足设计要求。

(3) 确定轴的基本偏差代号。

由于采用的是基孔制配合，则孔的基本偏差代号为 H8，孔的基本偏差为 EI$=0$，孔的另一个极限偏差为 ES$=$EI$+T_h = (0 + 0.054)$ mm $= 0.054$ mm。

根据 ES$-$ei$=X_{max} = 0.041$ mm，所以轴的下极限偏差 ei$=$ES$-X_{max} = (0.054 - 0.041)$ mm$=0.013$ mm。查表 12-3 得 ei$=0.013$ mm，对应的轴的基本偏差代号为 m，即轴为 m7。轴的另一个极限偏差为 es$=$ei$+T_s = (0.013 + 0.035)$ mm$=0.048$ mm。

(4) 选择的配合为：

$$\phi100\ \dfrac{\text{H8}\binom{+0.054}{0}}{\text{m7}\binom{+0.048}{+0.013}}$$

(5) 验算。

$$X_{max} = \text{ES} - \text{ei} = (0.054 - 0.013)\ \text{mm} = 0.041\ \text{mm}$$

$$Y_{max} = \text{EI} - \text{es} = (0 - 0.048)\ \text{mm} = -0.048\ \text{mm}$$

因此，满足要求。

说明：实际应用时，计算出的公差数值和极限偏差数值不一定与表中的数据正好一致。应按照实际的精度要求，适当选择。

## 习　题

12-1　按表 12-12 中给出的数值,计算表 12-12 中空格的数值,并将计算结果填入相应的空格内。

表 12-12　数值表 1　　　　　　　　　　　　单位:mm

| 公称尺寸 | 上极限尺寸 | 下极限尺寸 | 上极限偏差 | 下极限偏差 | 公差 |
|---|---|---|---|---|---|
| 孔 $\phi8$ | 8.040 | 8.025 | | | |
| 轴 $\phi60$ | | | | $-0.060$ | 0.046 |
| 孔 $\phi30$ | | 30.020 | | | 0.100 |
| 轴 $\phi50$ | | | $-0.050$ | $-0.112$ | |

12-2　试根据表 12-13 中的数值,计算并填写该表空格中的数值。

表 12-13　数值表 2　　　　　　　　　　　　单位:mm

| 基本尺寸 | 孔 | | | 轴 | | | 最大间隙或最小过盈 | 最小间隙或最大过盈 | 平均间隙或过盈 | 配合公差 |
|---|---|---|---|---|---|---|---|---|---|---|
| | 上极限偏差 | 下极限偏差 | 公差 | 上极限偏差 | 下极限偏差 | 公差 | | | | |
| $\phi25$ | | 0 | | | | 0.021 | $+0.074$ | | $+0.057$ | |
| $\phi14$ | | 0 | | | | 0.010 | | $-0.012$ | $+0.0025$ | |
| $\phi45$ | | | 0.025 | 0 | | | | $-0.050$ | $-0.0295$ | |

12-3　说明下列配合符号所表示的基准制、公差等级和配合类别(间隙配合、过渡配合或过盈配合),查表计算其极限间隙或极限过盈,并画出其尺寸公差带图。

(1) $\phi25H7/g6$;(2) $\phi40K7/h6$;(3) $\phi30H8/f7$;(4) $\phi50S8/h8$

12-4　设有一公称尺寸为 $\phi60$ mm 的配合,经计算确定其间隙应为($+30\sim+110$) $\mu$m,若已决定采用基孔制,试确定此配合的孔、轴公差带代号,并画出其尺寸公差带图。

12-5　设有一公称尺寸为 $\phi110$ mm 的配合,经计算确定,为保证连接可靠,其过盈不得小于 $-40$ $\mu$m;为保证装配后不发生塑性变形,其过盈不得大于 $-110$ $\mu$m。若已决定采用基轴制,试确定此配合的孔、轴公差带代号,并画出其尺寸公差带图。

项目十三 形状和位置公差

零件在机械加工过程中将会产生形状误差和位置误差(简称形位误差)。形位误差会影响机械产品的工作精度、连接强度、运动平衡性、密封性、耐磨性、噪声和使用等。为保证机械产品的质量和零件的互换性,应规定形状公差和位置公差(简称形位公差),以限制形位误差。

## 13.1 基本概念

### 13.1.1 几何要素

几何要素是指构成零件几何特征的点、线和面。如图 13-1 所示零件的球面、圆柱面、圆锥面、端面、轴线和球心等。

几何要素可按不同角度进行分类。

**1. 按结构特征分类**

(1) 组成要素。组成要素是指构成零件外形的点、线、面各要素,即轮廓要素,可由感官感知的要素。如图 13-1 中的球面、圆锥面、圆柱面、端平面及圆柱面的素线。

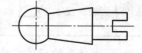

**图 13-1　零件的几何要素**

(2) 导出要素。组成要素是指轮廓要素对称中心所表示的点、线、面各要素,即中心要素,如图 13-1 中的轴线和球心。

**2. 按存在状态分类**

(1) 实际要素。实际要素是指零件实际存在的要素。通常用测量得到的要素代替。

(2) 理想要素。理想要素是指具有几何意义的要素,它们不存在任何误差。机械零件图样表示的要素均为理想要素。

**3. 按所处地位分类**

(1) 被测要素。被测要素是指图样上给出形状或(和)位置公差要求的要素,是检测的对象。

(2) 基准要素。基准要素是指用来确定被测要素方向或(和)位置的要素。

**4. 按功能关系分类**

(1) 单一要素。单一要素是指仅对要素自身提出功能要求而给出形状公差的要素。

(2) 关联要素。关联要素是指相对基准要素有功能要求而给出位置公差的要素。

### 13.1.2 形位公差的特征、符号和标注

**1. 形位公差特征及符号**

形位公差国家标准将形位公差特征分为 14 种,其名称及符号见表 13-1。

**表 13-1　形位公差特征项目的符号**

| 公　差 | 特　征 | 符　号 | 有或无基准要求 | 公　差 | 特　征 | 符　号 | 有或无基准要求 |
|---|---|---|---|---|---|---|---|
| 形状 | 直线度 | — | 无 | 定向 | 平行度 | // | 有 |
| | 平面度 | ▱ | 无 | | 垂直度 | ⊥ | 有 |
| | 圆度 | ○ | 无 | | 倾斜度 | ∠ | 有 |
| | 圆柱度 | ⌀ | 无 | 位置 定位 | 位置度 | ⊕ | 有或无 |
| | | | | | 同轴(同心)度 | ◎ | 有 |
| 形状或位置 轮廓 | 线轮廓度 | ⌒ | 有或无 | | 对称度 | = | 有 |
| | 面轮廓度 | ⌓ | 有或无 | 跳动 | 圆跳动 | ↗ | 有 |
| | | | | | 全跳动 | ⌰ | 有 |

**2. 形位公差的标注方法**

形位公差在图样上用框格的形式标注,如图 13-2 所示。

公差框格由两格或多格组成,两格的一般用于形状公差,多格的一般用于位置公差。框格

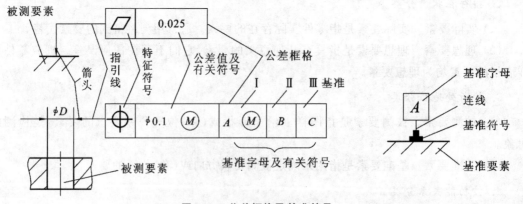

**图 13-2　公差框格及基准符号**

中的内容从左到右顺序填写:公差特征符号,公差值和有关符号,基准字母及有关符号。代表基准的字母(包括基准符号圆圈中的字母)用大写英文字母表示,单一基准由一个字母表示。形位公差的标注形式如图 13-3 所示;公共基准采用由横线隔开的两个字母表示;基准体系由一个、两个或三个字母表示,如图 13-2 所示,按基准的先后次序从左到右排列,分别为第Ⅰ基准,第Ⅱ基准和第Ⅲ基准。

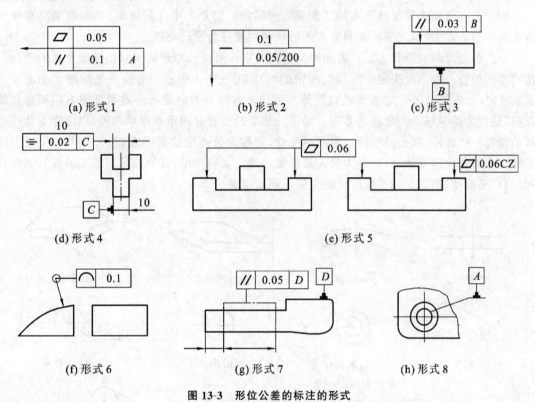

图 13-3　形位公差的标注的形式

带箭头的指引线应指向有关的被测要素。当被测要素为组成要素时,指引线的箭头应置于要素的轮廓线或其延长线上,并与尺寸线明显错开,见表 13-3;当被测要素为导出要素时,指引线的箭头应与该要素的尺寸线对齐,见表 13-3。指引线原则上只能从公差框格的一端引出一条,可以曲折,但一般不得多于两次。

相对于被测要素的基准,用基准符号表示在基准要素上,如图 13-2 所示。字母应与公差框格内的字母相对应,并均应水平书写,如图 13-3 所示。其他的表示法,如图 13-3(a)为同一要素有一个以上的公差特征要求;图 13-3(b)图为同一要素的公差值在全部要素内和其中任一部分有进一步的限制;图 13-3(c)图为任选基准;图 13-3(d)图为当尺寸线安排不下两个箭头时,另一个箭头可用短横线代替,在公差框格上部位置也可标注被测要素的尺寸及有关说明;图 13-3(e)左图为具有相同几何特征和公差值的若干个分离要素;右图是指若干个分离要素给出单一公差带,公差框内 CZ 表示公共公差带;图 13-3(f)为形位公差项目(如轮廓度公差)适用于横截面内的整个外轮廓线或外轮廓面时,应采用圆周符号;图 13-3(g)为如仅要求要素某一部分的公差值或某一部分作为基准,则用粗点画线表示其范围,并加注尺寸;图 13-3(h)为指引线的箭头或基准符号可置于带点的参考线上,该点指在实际表面上。

### 13.1.3  形位公差带

形位公差带用来限制被测实际要素变动的区域。它是一个几何图形,只要被测要素完全落在给定的公差带内,就表示被测要素的形状和位置符合设计要求。

形位公差带具有形状、大小、方向和位置四要素。形位公差带的形状由被测要素的理想形状和给定的公差特征所决定。形位公差带的形状如图 13-4 所示。形位公差带的大小由公差值 $t$ 确定,指的是公差带的宽度或直径等。形位公差带的方向是指公差带延伸方向相垂直的方向,通常为指引线箭头所指的方向。形位公差带的位置有固定和浮动两种:当图样上基准要素的位置一经确定,其公差带的位置不再变动,则称为公差带位置固定;当公差带的位置可随实际尺寸的变化而变动时,则称为公差带位置浮动。如同轴度,其公差带与基准轴线共轴而且固定;而平面度,则随实际平面所处的位置不同而浮动。

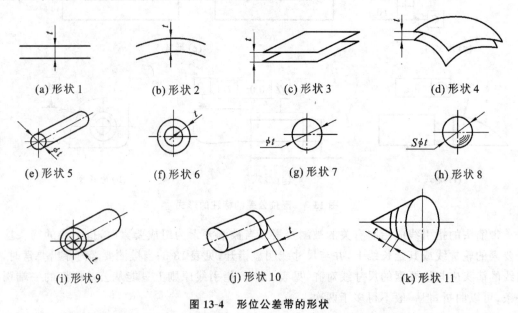

(a) 形状 1          (b) 形状 2          (c) 形状 3          (d) 形状 4

(e) 形状 5          (f) 形状 6          (g) 形状 7          (h) 形状 8

(i) 形状 9          (j) 形状 10          (k) 形状 11

图 13-4  形位公差带的形状

## 13.2  形状公差与位置公差

### 13.2.1  形状公差

形状公差是单一实际要素的形状所允许的变动量。允许的变动量越小,则所要求零件的形状精度就越高。形状公差带是限制实际被测要素变动的一个区域。形状公差包含直线度、平面度、圆度、圆柱度、线轮廓度和面轮廓度等六个项目。

### 1. 直线度

直线度是指被测实际直线直的程度,是限制实际直线对理想直线变动量的一项指标。

零件上的直线包括圆柱面、圆锥面和平面上的素线,面与面的交线,以及轴线、对称中心线等。由于加工误差,这些实际直线都可能产生直线度误差,因此它们实际上都是空间曲线。根据零件的功能要求,对被测实际直线有时需要限制某一平面内的直线度误差,如机床导轨导向面与水平面相截所形成的实际轮廓线;有时需要限制某个方向上的误差,如圆柱体的任一素线;有时需要限制某两个方向上的误差或者任意方向上的误差,如圆柱体的轴线。

### 2. 平面度

平面度是指被测实际平面平的程度。是限制实际表面对理想平面变动量的一项指标。由于实际平面高低不平,可将其看成空间曲面。平面度公差带只有一种形式,即距离为公差值 $t$ 的两平行平面之间的区域。

### 3. 圆度

圆度是限制实际圆对理想圆变动量的一项指标。实际圆是一封闭的平面曲线。圆度公差带是在同一正截面上半径差为公差值 $t$ 的两同心圆之间的区域。圆度公差值只作为两同心圆半径差,不限定圆的半径值,而且公差带同心圆的圆心不一定与零件轴线重合,但圆度要求圆的截面与轴线垂直。因此,在标注圆锥体的圆度时,公差框格指引线箭头必须与轴线垂直。

### 4. 圆柱度

圆柱度是限制实际圆柱面对理想圆柱面变动量一项综合指标。实际圆柱面在正截面的圆是封闭的平面曲线,轴截面的素线是平面曲线,轴线往往弯曲或扭曲,因此,圆柱度是综合控制圆柱面的圆度、素线直线度及素线间的平行度,它是一项综合性指标。圆柱度公差带是半径差为公差值 $t$ 的两同轴圆柱面之间的区域。

上述直线度、平面度、圆度和圆柱度四面指标都是针对被测要素自身的形状公差,不涉及基准要素,它们的公差带都是浮动的,具体的见表 13-2。

**表 13-2 形状公差带定义、标注和解释**

| 特征 | 公差带定义 | 标注和解释 |
|---|---|---|
| 直线度 | 在给定平面内,公差带是距离为公差值 $t$ 的两平行直线之间的区域 | 被测表面的素线必须位于平行于图样所示投影面且距离为公差值 0.1 mm 的两平行直线内 |

| 特征 | 公差带定义 | 标注和解释 |
|------|-----------|-----------|
| 直线度 | 在给定方向上,公差带是距离为公差值 $t$ 的两平行平面之间的区域 | 被测圆柱面的任一素线必须位于距离为公差值 0.1 mm 的两平行平面之内 |
| | 如在公差值前加注 $\phi$,则公差带是直径为 $t$ 的圆柱面内的区域 | 被测圆柱体的轴线必须位于直径为 $\phi$0.08 mm 的圆柱面内 |
| 平面度 | 公差带是距离为公差值 $t$ 的两平行平面之间的区域 | 被测表面必须位于距离为公差值 0.06 mm 的两平行平面内 |
| 圆度 | 公差带是在同一正截面上,半径差为公差值 $t$ 的两同心圆之间的区域 | 被测圆柱面任一正截面的圆周必须位于半径差为公差值 0.02 mm 的两同心圆之间 |
| | | 被测圆锥面任一正截面上的圆周必须位于半径差为 0.01 mm 的两同心圆之间 |

续表

| 特征 | 公差带定义 | 标注和解释 |
|---|---|---|
| 圆柱度 | 公差带是半径差为公差值 $t$ 的两同轴圆柱面之间的区域 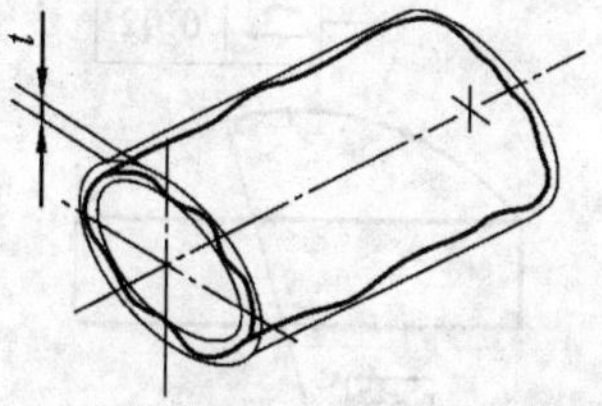 | 被测圆柱面必须位于半径差为公差值 0.05 mm 的两同轴圆柱面之间 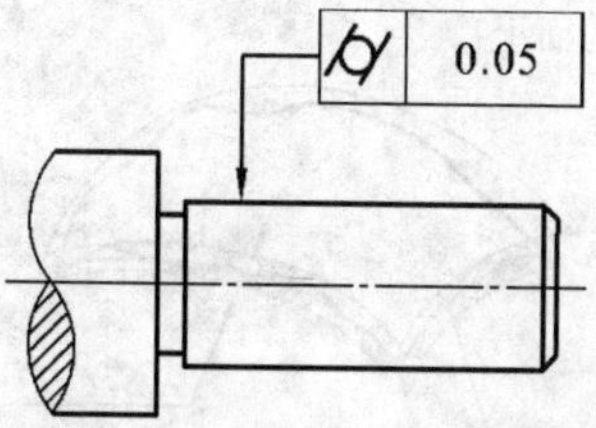 |

5. 线轮廓度

　　线轮廓度是指对曲线形状精度要求,是限制实际曲线对理想曲线变动量的一项指标。公差带是包络一系列直径为公差值 $t$ 的圆的两包络线之间的区域,诸圆心应位于理想轮廓线上。见表 13-3。

表 13-3　轮廓度公差带定义、标注和解释

| 特征 | 公差带定义 | 标注和解释 |
|---|---|---|
| 线轮廓度 | 公差带是包络一系列直径为公差值 $t$ 的圆的两包络线之间的区域。诸圆的圆心位于具有理论正确几何形状的线上 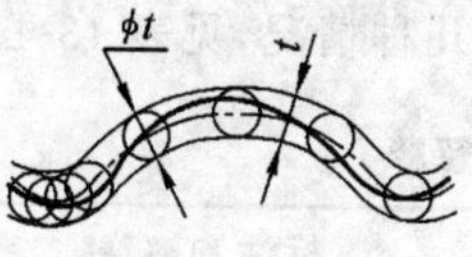 | 在平行于图样所示投影面的任一截面上,被测轮廓线必须位于包络一系列直径为公差值 0.04 mm,且圆心位于具有理论正确几何形状的线上的两包络线 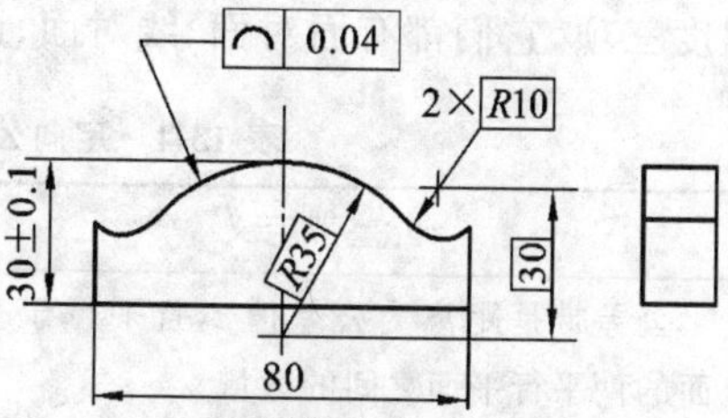　(a) 无基准要求 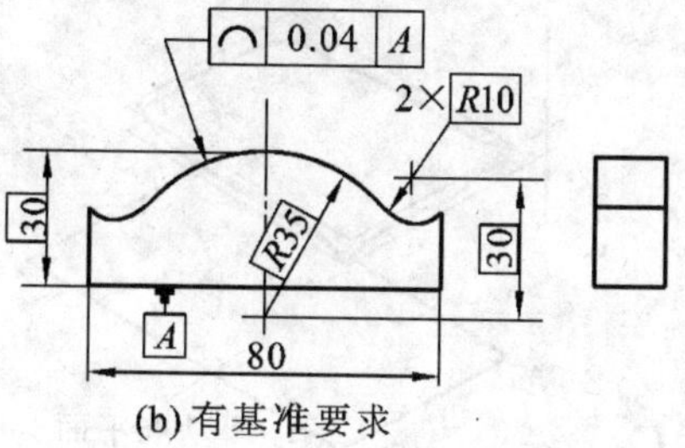　(b) 有基准要求 |

| 特征 | 公差带定义 | 标注和解释 |
|---|---|---|
| 面轮廓度 | 公差带是包络一系列直径为公差值 $t$ 的球的两包络面之间的区域,诸球的球心位于具有理论正确几何形状的面上 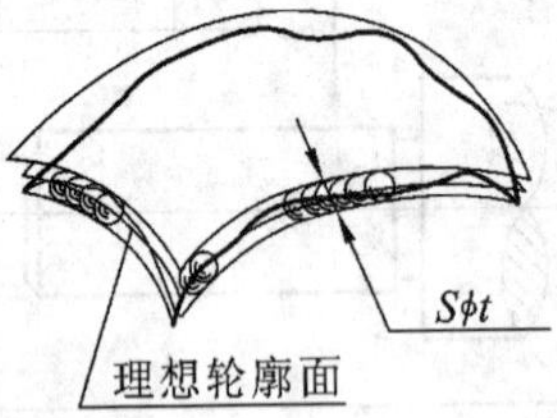<br><br>理想轮廓面　$S\phi t$ | 被测轮廓面必须位于包络一系列球的两包络面之间,诸球的直径为公差值 $0.02$ mm,且球心位于具有理论正确几何形状的面上 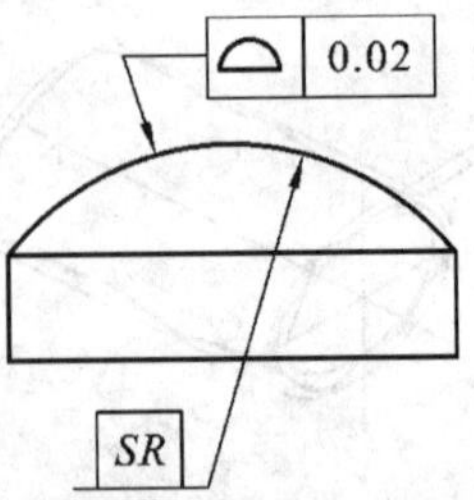<br><br>⌓ 0.02<br><br>$SR$<br><br>(此图为无基准要求的情况,也有有基准要求的情况) |

**6. 面轮廓度**

面轮廓度是指对曲面形状精度的要求,是限制实际曲面对理想曲面变动量的一项指标。公差带是包络一系列直径为公差值 $t$ 的球的两包络面之间的区域,该球球心应位于理想轮廓面上。见表 13-3。

**13.2.2　位置公差**

位置公差是关联实际要素的方向或位置对基准所允许的变动量,是限制被测要素相对基准要素在方向或位置几何关系上的误差。按几何关系分为定向、定位和跳动三类公差。

**1. 定向公差**

定向公差是指关联实际要素对基准在方向上允许的变动全量。定向公差有平行度、垂直度和倾斜度三项,它们都有面对面、线对面、面对线和线对线几种情况,见表 13-4。

**表 13-4　定向公差带定义、标注和解释**

| 特征 | | 公差带定义 | 标注和解释 |
|---|---|---|---|
| 平行度 | 面对面 | 公差带是距离为公差值 $t$,且平行于基准面的两平行平面之间的区域 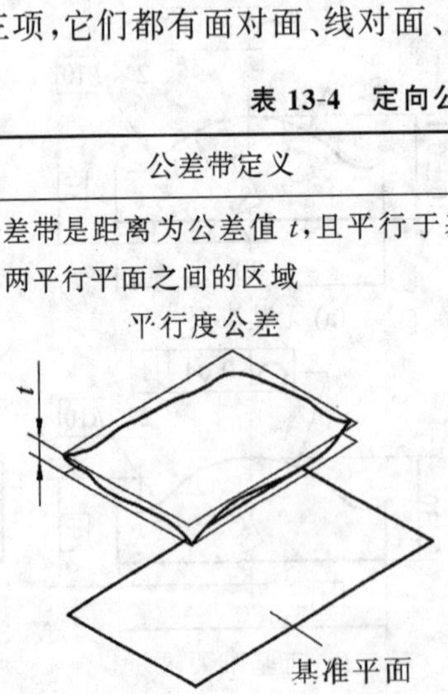<br><br>平行度公差<br><br>$t$<br><br>基准平面 | 被测表面必须位于距离为公差值 $0.05$ mm,且平行于基准表面 A(基准平面)的两平行平面之间 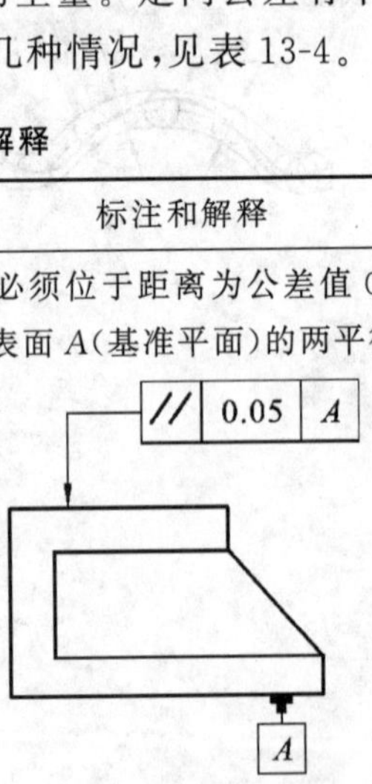<br><br>∥ 0.05 A<br><br>A |

续表

| 特征 | | 公差带定义 | 标注和解释 |
|---|---|---|---|
| 平行度 | 线对面 | 公差带是距离为公差值 $t$，且平行于基准平面的两平行平面之间的区域 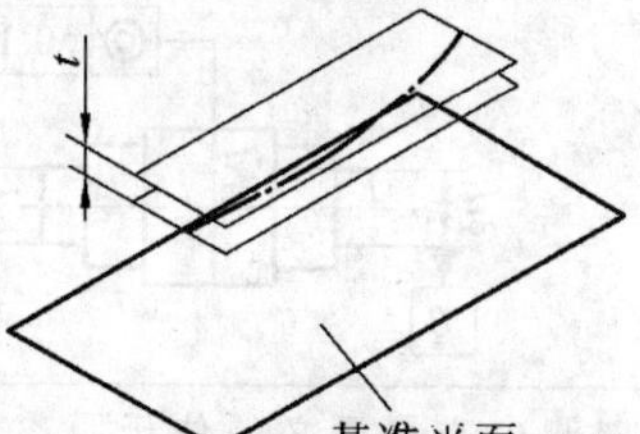<br>基准平面 | 被测轴线必须位于距离为公差值 0.03 mm，且平行于基准表面 $A$（基准平面）的两平行平面之间 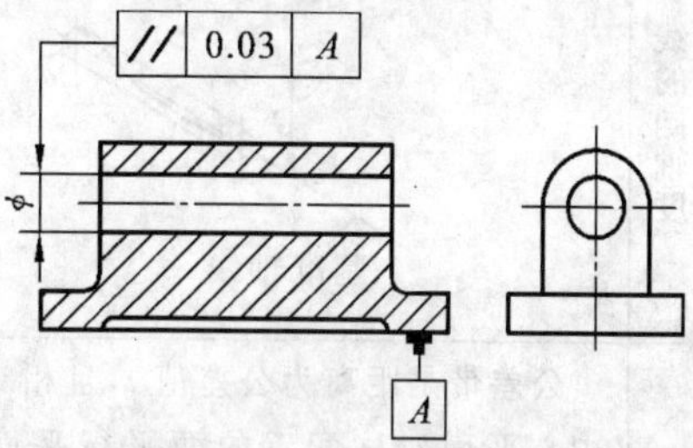<br> |
| | 面对线 | 公差带是距离为公差值 $t$，且平行于基准轴线的两平行平面之间的区域 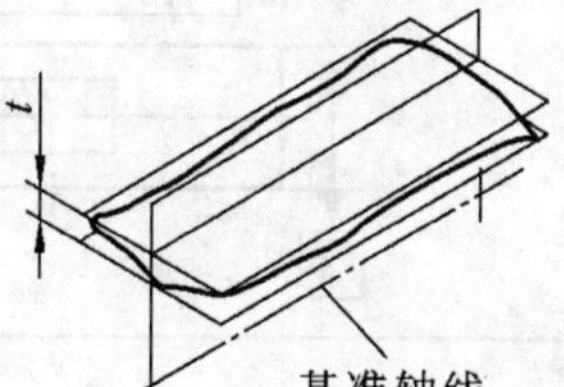<br>基准轴线 | 被测表面必须位于距离为公差值 0.05 mm，且平行于基准线 $A$（基准轴线）的两平行平面之间 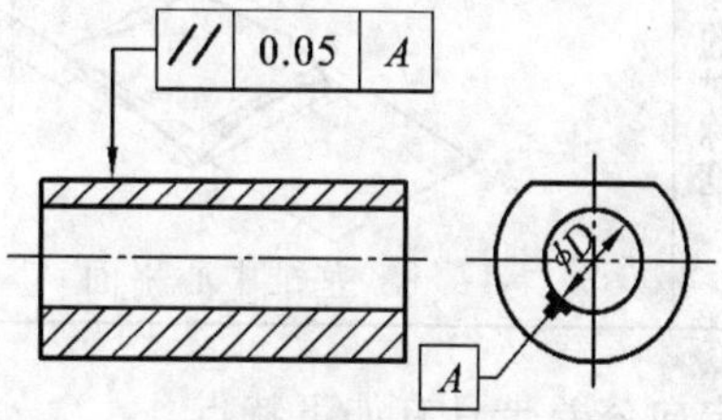<br> |
| | 线对线 | 公差带是距离为公差值 $t$，且平行于基准轴线，并位于给定方向上的两平行平面之间的区域 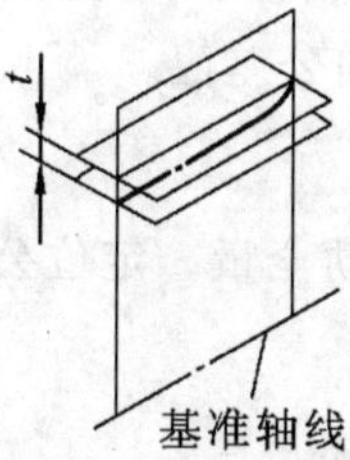<br>基准轴线 | 被测轴线必须位于距离为公差值 0.1 mm，且在给定方向上平行于基准轴线的两平行平面之间 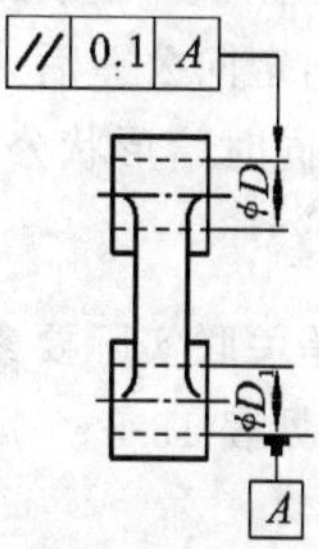<br> |
| | | 如在公差值前加注 $\phi$，公差带是直径为公差值 $t$，且平行于基准线的圆柱面内的区域 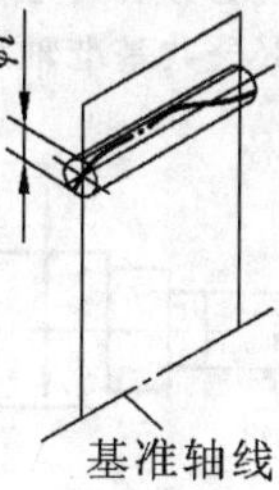<br>基准轴线 | 被测轴线必须位于直径为公差值 0.1 mm，且平行于基准轴线的圆柱面内 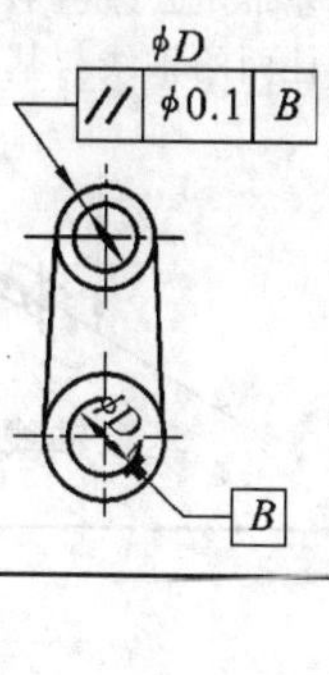<br> |

| 特征 | | 公差带定义 | 标注和解释 |
|---|---|---|---|
| 同轴度 | 轴线的同轴度 | 公差带是公差值 $\phi t$ 的圆柱面的区域,该圆柱面的轴线与基准轴线同轴 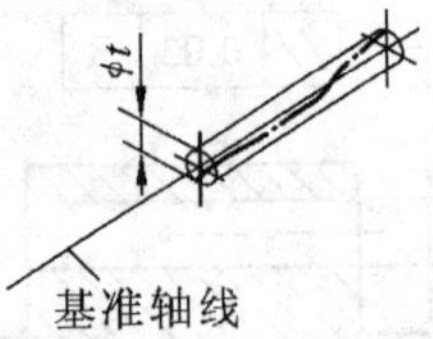<br><br>基准轴线 | 大圆的轴线必须位于公差值 $\phi 0.1$ mm,且与公共基准线 $A$—$B$(公共基准轴线)同轴的圆柱面内 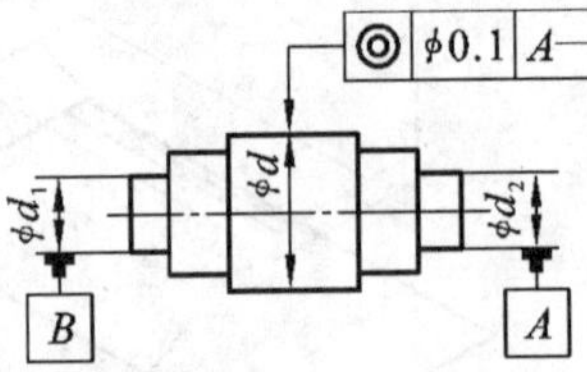 |
| 对称度 | 中心平面的对称度 | 公差带是距离为公差值 $t$,且相对基准的中心平面对称配置的两平行平面之间的区域 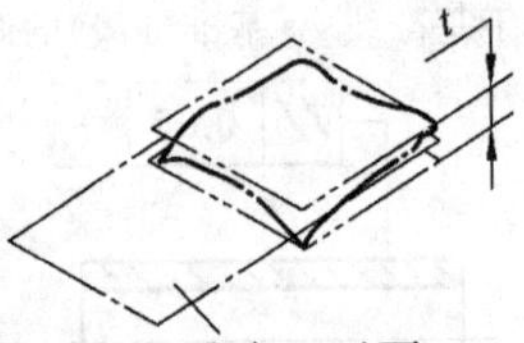<br><br>基准中心平面 | 被测中心平面必须位于距离为公差值 0.08 mm,且相对基准中心平面 $A$ 对称配置的两平行平面之间 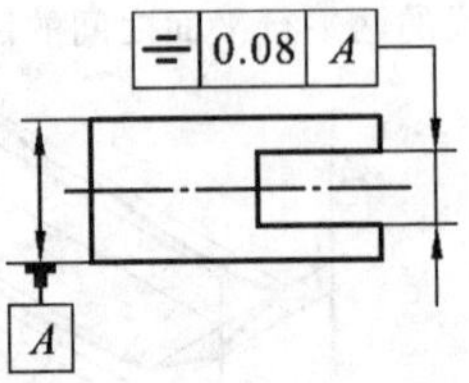 |

定向公差带具有如下特点。

(1) 定向公差带相对基准有确定的方向。

(2) 定向公差带具有综合控制被测要素的方向和形状的职能。在保证功能要求的前提下对被测要素给出定向公差后,通常对该要素不再给出形状公差。如果功能需要对形状精度进一步要求时,可同时给形状公差,且形状公差值应小于定向公差值。

**2. 定位公差**

定位公差是关联实际要素对基准在位置上允许的变动全量。定位公差有同轴度、对称度和位置度三项,见表13-5。

**表 13-5  定位公差带定义、标注和解释**

| 特征 | | 公差带定义 | 标注和解释 |
|---|---|---|---|
| 同轴度 | 轴线的同轴度 | 公差带是公差值 $\phi t$ 的圆柱面的区域,该圆柱面的轴线与基准轴线同轴 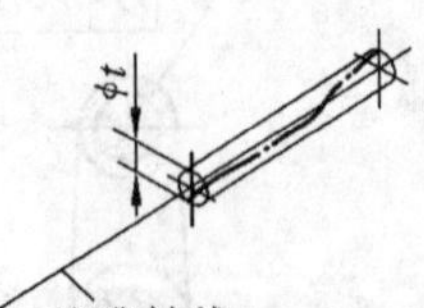<br><br>基准轴线 | 大圆的轴线必须位于公差值 $\phi 0.1$ mm,且与公共基准线 $A$—$B$(公共基准轴线)同轴的圆柱面内 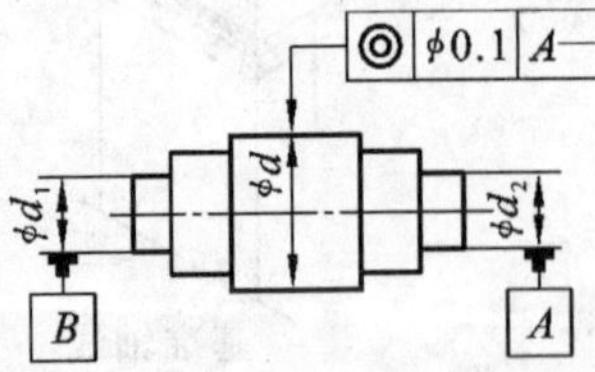 |

续表

| 特征 | | 公差带定义 | 标注和解释 |
|---|---|---|---|
| 对称度 | 中心平面的对称度 | 公差带是距离为公差值 $t$,且相对基准的中心平面对称配置的两平行平面之间的区域<br><br>基准中心平面 | 被测中心平面必须位于距离为公差值 0.08 mm,且相对基准中心平面 $A$ 对称配置的两平行平面之间<br><br>$\boxed{=}\ \boxed{0.08}\ \boxed{A}$<br><br>$\boxed{A}$ |
| 位置度 | 点的位置度 | 如公差值前加注 $S\phi$,公差带是直径为公差值 $t$ 的球内的区域,球公差带的中心点的位置由相对于基准 $A$ 和 $B$ 的理论正确尺寸确定<br><br>$B$基准平面<br>$S\phi t$<br>$A$基准轴线 | 被测球的球心必须位于直径为公差值 0.08 mm 的球内,该球的球心位于相对基准 $A$ 和 $B$ 所确定的理想位置上<br><br>$S\phi D$<br>$\boxed{\bigoplus}\ \boxed{S\phi 0.08}\ \boxed{A}\ \boxed{B}$<br><br>$\phi$<br>$\boxed{A}$<br>$\boxed{B}$ |
| | 线的位置度 | 如在公差值前加注 $\phi$,则公差带是直径为 $t$ 的圆柱面内的区域,公差带的轴线的位置由相对于三基面体系的理论正确尺寸确定<br><br>$\phi t$<br>90°  90°  90°<br>$C$基准  $B$基准  $A$基准 | 每个被测轴线必须位于直径为公差值 0.1 mm,且以相对于 $A$、$B$、$C$ 基准表面(基准平面)所确定的理想位置为轴线的圆柱内<br><br>$4\times\phi D$<br>$\boxed{\bigoplus}\ \boxed{\phi 0.1}\ \boxed{A}\ \boxed{B}\ \boxed{C}$<br><br>$\boxed{B}$<br>$\boxed{C}$  $\boxed{A}$<br><br>每个被测轴线必须位于直径为公差值 0.1 mm,且以理想位置为轴线的圆柱内<br><br>$4\times\phi D$<br>$\boxed{\bigoplus}\ \boxed{\phi 0.1}$<br><br>无基准要求 |

213

定位公差特征中,同轴度只涉及轴线;对称度涉及的要素有中心直线、轴线和中心平面;位置度涉及的要素包括点、线、面。定位公差带的特点如下。

(1) 定位公差带相对于基准具有确定的位置,其中,位置度的公差带位置由理论正确尺寸确定,而同轴度和对称度的理论正确尺寸为零,图上可省略不注。

(2) 定位公差带具有综合控制被测要素位置、方向和形状的职能。在保证功能要求的前提下,对被测要素给出定位公差后,通常对该要素不再给出定向公差和形状公差。如果功能需要对方向和形状有进一步要求时,则另行给出定向或形状公差,且定向和形状公差值应小于定位公差值。

### 3. 跳动公差

跳动公差是关联实际要素绕基准轴线回转一周或连续回转时所允许的最大跳动量。跳动量可由指示表的最大与最小示值之差反映出来。被测要素为回转表面或端面,基准要素为轴线。跳动可分为圆跳动和全跳动。

圆跳动是指被测要素在某个测量截面内相对于基准轴线的变动量。圆跳动有径向圆跳动、轴向圆跳动和斜向圆跳动。对于圆柱形零件,有径向圆跳动、轴向圆跳动;对于其他回转要素(如圆锥面、球面或圆弧面)则有斜向圆跳动。

全跳动是指整个被测要素相对于基准轴线的变动量。全跳动有径向全跳动和轴向全跳动。

跳动公差带可以综合控制被测要素的位置、方向和形状。例如,轴向全跳动公差带控制端面对基准轴线的垂直度,也控制端面的平面度误差;径向全跳动公差带可控制同轴度、圆柱度等误差,见表 13-6。

表 13-6　跳动公差带定义、标注和解释

| 特征 | | 公差带定义 | 标注和解释 |
|---|---|---|---|
| 圆跳动 | 径向圆跳动 | 公差带是在垂直于基准轴线的任一测量平面内半径差为公差值 $t$,且圆心在基准轴线上的两个同心圆之间的区域 | 当被测要素围绕基准线 $A$(基准轴线)作无轴向移动旋转一周时,在任一测量平面内的径向圆跳动量均不大于 0.05 mm |

| 特征 | 公差带定义 | 标注和解释 |
|---|---|---|
| 圆跳动 / 轴向圆跳动 | 公差带是在与基准同轴的任一半径位置的测量圆柱面上距离为 $t$ 的圆柱面区域 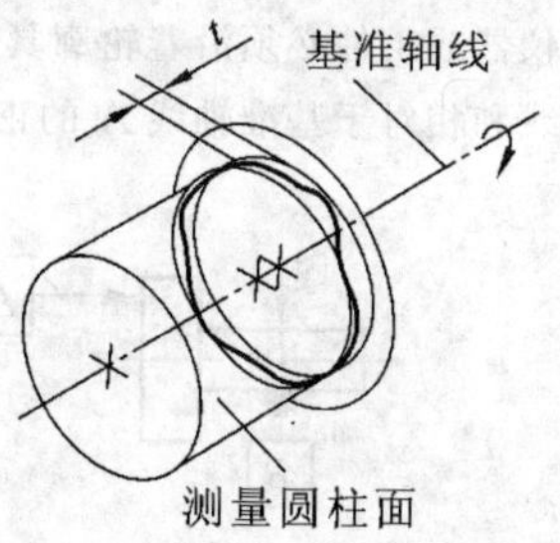<br><br>基准轴线<br>测量圆柱面 | 被测面绕基准线 $A$（基准轴线）作无轴向移动旋转一周时,在任一测量圆柱面内的轴向跳动量均不得大于 0.06 mm 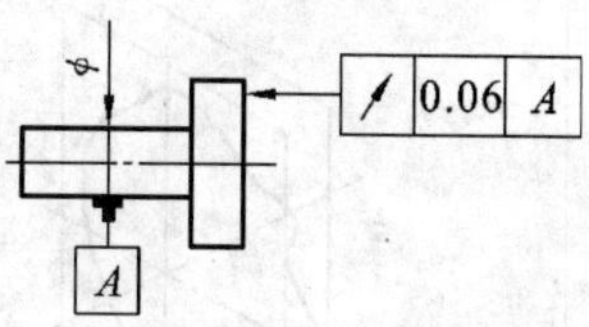<br><br>$\phi$    0.06   A<br>A |
| 圆跳动 / 斜向圆跳动 | 公差带是在与基准轴线同轴的任一测量圆锥面上距离为 $t$ 的两圆之间的区域。除另有规定,其测量方向应与被测面垂直 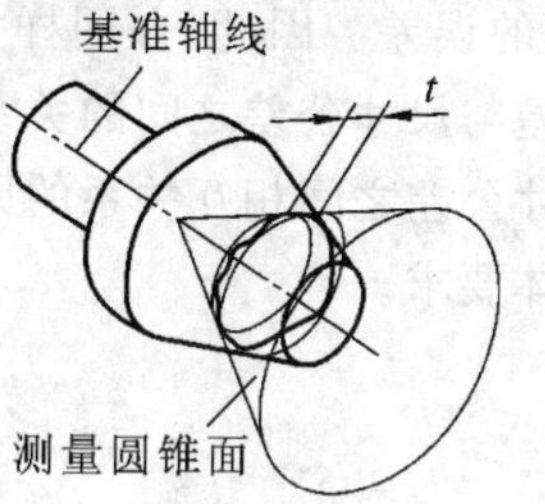<br><br>基准轴线<br>测量圆锥面 | 被测面绕基准线 $A$（基准轴线）作无轴向移动旋转一周时,在任一测量圆锥面上的跳动量均不得大于 0.05 mm 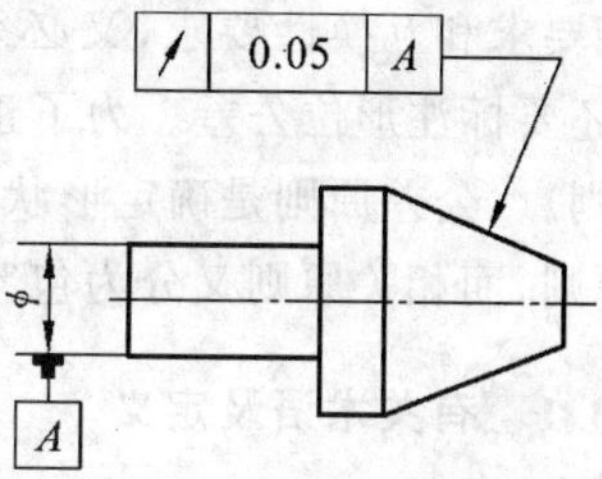<br><br>0.05   A<br>$\phi$<br>A |
| 全跳动 / 径向全跳动 | 公差带是半径差为公差值 $t$,且与基准同轴的两圆柱面之间的区域 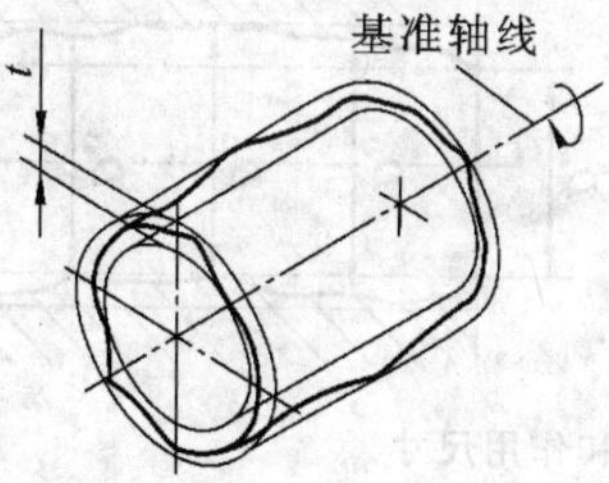<br><br>基准轴线 | 被测要素围绕基准线 $A—B$ 作若干次旋转,并在测量仪器与工件间同时做轴向移动,此时在被测要素上各点间的示值差均不得大于 0.2 mm,测量仪器或工件必须沿着基准轴线方向并相对于公共基准轴线 $A—B$ 移动 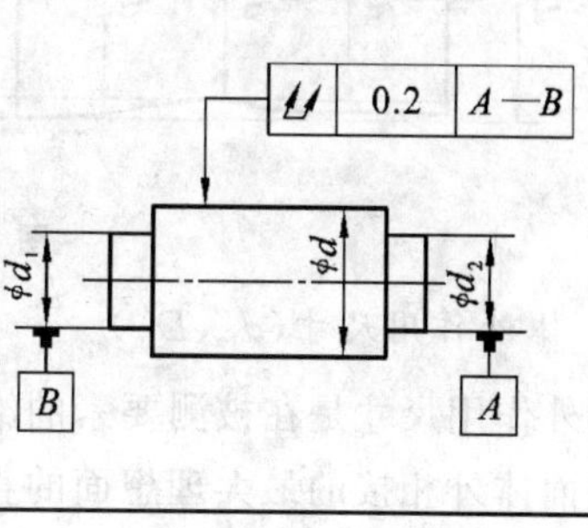<br><br>0.2   A—B<br>$\phi d_1$   $\phi d$   $\phi d_2$<br>B      A |

| 特征 | | 公差带定义 | 标注和解释 |
|---|---|---|---|
| 全跳动 | 轴向全跳动 | 公差带是距离为公差值 $t$，且与基准垂直的两平行平面之间的区域 | 被测要素绕基准轴线 A 作若干次旋转，并在测量仪器与工件间作径向移动，此时，在被测要素上各点间的示值差不得大于 0.05 mm，测量仪器或工件必须沿着轮廓具有理想正确形状的线和相对于基准轴线 A 的正确方向移动 |

## 13.3　形状公差与位置公差的应用

任何零件在加工完后，由于加工误差，使得零件同时存在尺寸误差和形位误差。而根据零件的功能要求和互换性要求，又必须限制这两方面的误差。因此，在图样上不仅标注尺寸公差，有时还要标注形位公差。为了正确处理形位公差与尺寸公差之间的关系，制定了国家标准《公差原则》。公差原则是确定形状、位置公差和尺寸公差之间相互关系的原则，分为独立原则和相关原则，而相关原则又分为包容要求和最大实体要求。

### 13.3.1　有关术语及定义

**1. 局部实际尺寸（简称实际尺寸 $d_a$、$D_a$）**

实际尺寸是在实际要素的任意正截面上，两对应点之间测得的距离。各处实际尺寸往往不同，如图 13-5 所示。

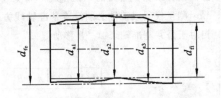
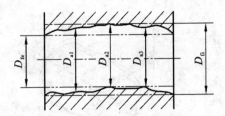

**图 13-5　实际尺寸和作用尺寸**

**2. 体外作用尺寸（$d_{fe}$、$D_{fe}$）**

体外作用尺寸是在被测要素的给定长度上，与实际外表面体外相接的最小理想面或与实际内表面体外相接的最大理想面的直径或宽度，如图 13-5 所示。

对于关联要素,该理想面的轴线或中心平面必须与基准保持图样给定的几何关系。

3. 体内作用尺寸($d_{fi}$、$D_{fi}$)

体外作用尺寸是在被测要素的给定长度上,与实际外表面体内相接的最大理想面或与实际内表面体内相接的最小理想面的直径或宽度,如图 13-5 所示。

对于关联要素,该理想面的轴线或中心平面必须与基准保持图样给定的几何关系。

必须注意:作用尺寸是由实际尺寸和形位误差综合形成的,对于每个零件不尽相同。

4. 最大实体状态、尺寸、边界

实际要素在给定长度上处处位于尺寸极限之内并具有实体最大时的状态称为最大实体状态。

最大实体状态下的尺寸称为最大实体尺寸。对于外表面为最大极限尺寸,用 $d_M$ 表示;对于内表面为最小极限尺寸,用 $D_M$ 表示,即

$$d_M = d_{max} \qquad D_M = D_{min}$$

由设计给定的具有理想形状的极限包容面称为边界。边界的尺寸为极限包容面的直径或距离。尺寸为最大实体尺寸的边界称为最大实体边界,用 MMB 表示。

5. 最小实体状态、尺寸、边界

实际要素在给定长度上处处位于尺寸极限之内并具有实体最小时的状态称为最小实体状态。

最小实体状态下的尺寸称为最小实体尺寸。对于外表面,它为最小极限尺寸,用 $d_L$ 表示;对于内表面,它为最大极限尺寸,用 $D_L$ 表示。即

$$d_L = d_{min} \qquad D_L = D_{max}$$

尺寸为最小实体尺寸的边界称为最小实体边界,用 LMB 表示。

6. 最大实体实效状态、尺寸、边界

在给定长度上,实际要素处于最大实体状态,且其中心要素的形状或位置误差等于给出公差值时的综合极限状态称为最大实体实效状态。

最大实体实效状态下的体外作用尺寸称为最大实体实效尺寸。对于外表面,它等于最大实体尺寸加形位公差值 $t$,用 $d_{MV}$ 表示;对于内表面,它等于最大实体尺寸减形位公差值 $t$,用 $D_{MV}$,表示,如图 13-6(a)、(b)所示,即

$$d_{MV} = d_M + t \qquad D_{MV} = D_M - t$$

尺寸为最大实体实效尺寸的边界称为最大实体实效边界,用 MMVB 表示。

7. 最小实体实效状态、尺寸、边界

在给定长度上,实际要素处于最小实体状态,且其中心要素的形状或位置误差等于给出的公差值时的综合极限状态称为最小实体实效状态。

最小实体实效状态下的体内作用尺寸称为最小实体实效尺寸。对于外表面,它等于最小实体尺寸减形位公差值 $t$,用 $d_{LV}$ 表示;对于内表面,它等于最小实体尺寸加形位公差值 $t$,用

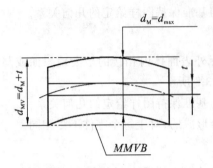

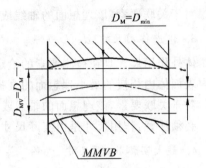

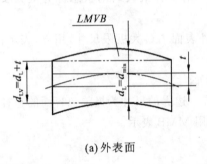

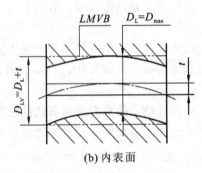

(a) 外表面　　　　　　　　　　　　　(b) 内表面

**图 13-6　最大、最小实体实效尺寸及边界**

$D_{LV}$表示,如图 13-6(b)所示,即

$$d_{LV}=d_L-t \qquad D_{LV}=D_L+t$$

尺寸为最小实体实效尺寸的边界称为最小实体实效边界,用 LMVB 表示。

### 13.3.2　独立原则及其应用

独立要求是指图样上给定的形位公差与尺寸公差相互无关,应分别满足各自要求的公差原则。如图 13-7 所示,轴的实际尺寸应在 $\phi$19.97 mm~$\phi$20 mm 之间,不管实际尺寸为何值,轴线直线度误差在任意方向上应不大于 $\phi$0.05 mm。

独立要求是设计中用得最多的一种公差原则,常用于以下几个方面。

(1) 没有配合要求或要求不严,如间隙量较大的间隙配合一般都采用独立要求。

(2) 为满足单项功能要求,例如尺寸精度、形状精度、位置精度,其中某一项精度要求高,为确保这一项高精度要求,采用独立要求。

(3) 对未注尺寸公差或未注形位公差,要遵守独立要求。

(4) 对于退刀槽、倒角、圆角等,采用独立要求。

### 13.3.3　包容要求及其应用

包容要求是指要求实际要素处处位于具有理想形状的包容面内的一种公差原则,而该理想形状的尺寸应为最大实体尺寸。

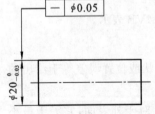

**图 13-7　独立原则应用示例**

其实质是指被测要素的作用尺寸不得超越最大实体边界尺寸,实际尺寸不得超越最小实体尺寸。

　　单一要素要求遵守包容原则时,应在尺寸公差后加注符号"Ⓔ"如图 13-8(a)所示。图中尺寸公差的含义是,零件完工后,无论外表面存在什么形式的形状误差,整个外表面都必须位于直径为最大实体 $\phi20$ mm 的理想圆柱面之内,就是说,实际外表面不得有任一点超出轴的最大实体尺寸;而轴上任一位置的局部实际尺寸均不得小于轴的最小极限尺寸 $\phi19.97$ mm,如图 13-8(b)所示。

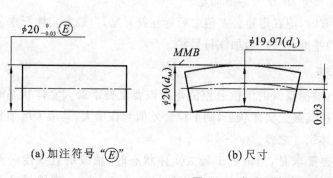

| (a) 加注符号"Ⓔ" | (b) 尺寸 |
|---|---|

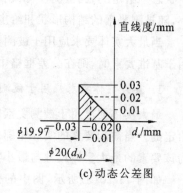

(c) 动态公差图

**图 13-8　包容要求应用实例**

　　运用包容要求时,尺寸公差具有双重职能:既控制局部实际尺寸的变动,又控制形位误差。若形位误差占尺寸公差比例小一些。则允许实际尺寸变动范围大一些,反之亦然。图 13-8(c)所示为图 13-8(a)标注示例的动态公差图,表达了实际尺寸和形位公差变化的关系。图 13-8(c)中横坐标表示实际尺寸,纵坐标表示形位公差(如直线度),粗的斜线为相关线。如虚线所示,当实际尺寸为 $\phi19.98$ mm,即偏离最大实体尺寸 $\phi20$ mm 为 0.02 mm 时,允许直线度误差为 0.02 mm。

　　关联要素要求遵守包容要求时,用"0Ⓜ"形式标出,如图 13-9(a)所示。"0Ⓜ"的含义是:当被测要素处于最大实体状态时,形位公差值为零,被测要素应具有理想的几何形状边界;偏离最大实体状态时,才允许形位误差存在。因此,按图 13-9(b)给定的尺寸和垂直度公差的要求是被测要素不得超越最大实体边界,该边界是一个以直径为 $\phi49.92$ mm,且与基准 A 垂直的理想圆柱面。

　　包容要求主要用于严格保证孔、轴的配合性质,即保证间隙配合的既定的极限间隙,或保证过盈配合的既定的极限过盈。但不能满足单项要求高的功能要求,如对形位精

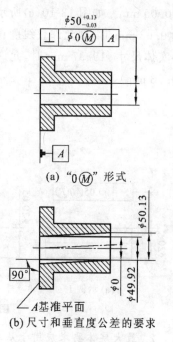

(a) "0Ⓜ"形式

(b) 尺寸和垂直度公差的要求

**图 13-9　关联要素要求遵守包容原则示例**

度要求高、作导向运动用的间隙配合就不能采用包容要求,必须采用独立原则。由于对遵守包容要求的孔、轴检测要求严格,所以要慎重选用。

### 13.3.4 最大实体要求及应用

最大实体要求就是指被测要素或基准要素偏离最大实体状态,而形状、定向、定位公差获得补偿值的一种公差原则。根据这一公差原则,图样上的形位公差值是被测要素处于最大实体状态下给定的,当被测实际要素偏离最大实体状态时,其公差值可获得补偿。补偿量的大小,随被测要素的结构形状和给定的尺寸、形位公差值而定。

当最大实体要求应用于被测要素时,应在形位公差值之后标注符号Ⓜ;当最大实体要求应用于基准要素时,则在公差框格中的基准符号之后加注符号Ⓜ。

#### 1. 最大实体要求应用于被测要素

最大实体要求用于被测要素时,被测要素的形位公差值是在该要素处于最大实体状态时给定的。当被测要素的实际轮廓偏离其最大实体状态,则形位公差值允许增大,其最大增加量为该要素的最大实体尺寸与最小实体尺寸之差。

如图 13-10(a)所示,图中的公差要求是:当轴处于最大实体状态时,轴线的直线度公差带为 $\phi0.05$ mm 的圆柱面。如图 13-10(b)所示,轴的最大实体尺寸为 $\phi20$ mm,实效尺寸为 $\phi20.05$ mm。如图 13-10(c)所示,当实际尺寸为 $\phi19.98$ mm,即偏离最大实体尺寸 $\phi20$ mm 为 $0.02$ mm 时,则允许直线度误差为 $\phi0.05$ mm$+\phi0.02$ mm$=\phi0.07$ mm;当实际尺寸为最小实体尺寸 $\phi19.97$ mm 时,允许的直线度误差最大,为 $\phi0.08$ mm($\phi0.05$ mm$+\phi0.03$ mm$=\phi0.08$ mm)。

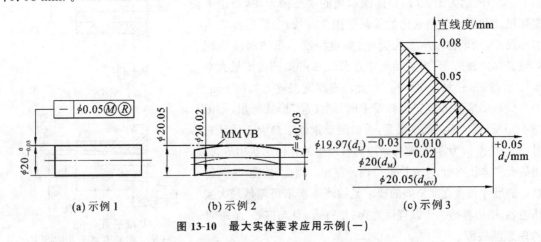

(a) 示例 1　　　　(b) 示例 2　　　　(c) 示例 3

**图 13-10　最大实体要求应用示例(一)**

#### 2. 最大实体要求应用于基准要素

最大实体要求应用于基准要素时,又有两种情况:一种情况是基准要素要求采用包容要求;另一种情况是不要求采用包容要求。当最大实体要求应用于要求遵守包容要求的基准要素时,被测要素的形位公差值是在该基准要素处于最大实体状态下给定的。如基准实际要素偏离最大实体状态,即基准要素的作用尺寸偏离最大实体尺寸时,被测要素的定向、定位公差值允许增大。例如,最大实体要求应用于同轴度公差,如图 13-11 所示,基准要素尺寸公差之后标有符号 $\textcircled{E}$,表示基准要素本身要求遵守包容要求,即要求该基准要素的形位误差控制在尺寸公差之内。

图 13-11 的公差要求:当被测要素和基准要素均处于最大实体状态时(即分别为 $\phi40$ mm 和 $\phi20$ mm),$\phi40$ mm 的实际轴线应位于 $\phi0.05$ mm 且轴线与基准轴线同轴的圆柱面公差带内;当被测实际要素偏离最大实体状态而成为最小实体状态,即作用尺寸等于 $\phi40.1$ mm,而基准要素仍处于最大实体状态时,则同轴度公差允许增大 $\phi0.1$ mm(补偿值)。这意味着由于被测实际要素尺寸增大,使装配

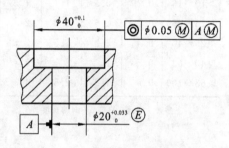

图 13-11 最大实体要求应用示例(二)

间隙增大,同轴度误差再增大 $\phi0.1$mm 也能自由装配;当被测实际要素和基准实际要素同时偏离最大实体状态均成为最小实体状态,即作用尺寸分别为 $\phi40.1$ mm 和 $\phi20.033$ mm 时,意味着装配间隙同时增大,均可补偿同轴度误差,因而此时的同轴度公差带为 $\phi0.183$ mm($\phi0.05+$ $\phi0.1+\phi0.033$)的圆柱面。

最大实体要求主要作用于仅有装配要求能保证自由装配,无相对运动的静止相配要素。如各类箱体的螺纹孔、箱盖及各类法兰盘上的螺栓孔等轴线间的位置度公差,沉头螺钉连接的沉头孔同轴度公差等。

一般是根据使用要求,结合工艺经济性考虑是否采用最大实体要求。凡是具有轴线或中心要素的,要求上可采用最大实体要求。形状公差中除轴线直线度外,其他各项形状公差均不能采用最大实体要求;定向、定位公差中凡是具有轴线或中心平面的被测要素和基准要素均可以采用最大实体要求;跳动公差因是按检测定义的,不能采用最大实体要求;凡有运动要求的中心要素,无论哪一种形位公差都不得采用最大实体要求,以保证其运动精度。

### 13.3.5 形位公差值的选用

形位精度的高低是用公差等级数字的大小来表示的。按国家标准规定,对 14 项形位公差特征,除线面轮廓度及位置度未规定公差等级外,其余 11 项均有规定。一般划分为 12 级,即 1~12 级,1 级精度最高,12 级精度最低。仅圆度和圆柱度公差分为 0 级至 12 级共 13 级。如表 13-7 至表 13-10 所示。

尺寸公差、形状公差和位置公差,三者在对应等级(如 IT1 级对应形位公差 1 级等)的公差数值之间的关系为

$$T > t_{位置} > t_{形状}$$

表 13-7　直线度、平面度公差值　　　　　　　　　　　　　　　　单位:$\mu$m

| 主参数 L | 公差等级 | | | | | | | | | | | |
|---|---|---|---|---|---|---|---|---|---|---|---|---|
| mm | 1 | 2 | 3 | 4 | 5 | 6 | 7 | 8 | 9 | 10 | 11 | 12 |
| ≤10 | 0.2 | 0.4 | 0.8 | 1.2 | 2 | 3 | 5 | 8 | 12 | 20 | 30 | 60 |
| >10~16 | 0.25 | 0.5 | 1 | 1.5 | 2.5 | 4 | 6 | 10 | 15 | 25 | 40 | 80 |
| >16~25 | 0.3 | 0.6 | 1.2 | 2 | 3 | 5 | 8 | 12 | 20 | 30 | 50 | 100 |
| >25~40 | 0.4 | 0.8 | 1.5 | 2.5 | 4 | 6 | 10 | 15 | 25 | 40 | 60 | 120 |
| >40~63 | 0.5 | 1 | 2 | 3 | 5 | 8 | 12 | 20 | 30 | 50 | 80 | 150 |
| >63~100 | 0.6 | 1.2 | 2.5 | 4 | 6 | 10 | 15 | 25 | 40 | 60 | 100 | 200 |

注:主参数 L 系轴、直线、平面的长度。

表 13-8　圆度、圆柱度公差值　　　　　　　　　　　　　　　　单位:$\mu$m

| 主参数 d(D) | 公差等级 | | | | | | | | | | | | |
|---|---|---|---|---|---|---|---|---|---|---|---|---|---|
| mm | 0 | 1 | 2 | 3 | 4 | 5 | 6 | 7 | 8 | 9 | 10 | 11 | 12 |
| ≤3 | 0.1 | 0.2 | 0.3 | 0.5 | 0.8 | 1.2 | 2 | 3 | 4 | 6 | 10 | 14 | 25 |
| >3~6 | 0.1 | 0.2 | 0.4 | 0.6 | 1 | 1.5 | 2.5 | 4 | 5 | 8 | 12 | 18 | 30 |
| >6~10 | 0.12 | 0.25 | 0.4 | 0.6 | 1 | 1.5 | 2.5 | 4 | 6 | 9 | 15 | 22 | 36 |
| >10~18 | 0.15 | 0.25 | 0.5 | 0.8 | 1.2 | 2 | 3 | 5 | 8 | 11 | 18 | 27 | 43 |
| >18~30 | 0.2 | 0.3 | 0.6 | 1 | 1.5 | 2.5 | 4 | 6 | 9 | 13 | 21 | 33 | 52 |
| >30~50 | 0.25 | 0.4 | 0.6 | 1 | 1.5 | 2.5 | 4 | 7 | 11 | 16 | 25 | 39 | 62 |
| >50~80 | 0.3 | 0.5 | 0.8 | 1.2 | 2 | 3 | 5 | 8 | 13 | 19 | 30 | 46 | 74 |

注:主参数 d(D) 系轴(孔)的直径。

表 13-9　平行度、垂直度、倾斜度公差值　　　　　　　　　　　　　　单位:$\mu$m

| 主参数 L、d(D) | 公差等级 | | | | | | | | | | | |
|---|---|---|---|---|---|---|---|---|---|---|---|---|
| mm | 1 | 2 | 3 | 4 | 5 | 6 | 7 | 8 | 9 | 10 | 11 | 12 |
| ≤10 | 0.4 | 0.8 | 1.5 | 3 | 5 | 8 | 12 | 20 | 30 | 50 | 80 | 120 |
| >10~16 | 0.5 | 1 | 2 | 4 | 6 | 10 | 15 | 25 | 40 | 60 | 100 | 150 |
| >16~25 | 0.6 | 1.2 | 2.5 | 5 | 8 | 12 | 20 | 30 | 50 | 80 | 120 | 200 |
| >25~40 | 0.8 | 1.5 | 3 | 6 | 10 | 15 | 25 | 40 | 60 | 100 | 150 | 250 |
| >40~63 | 1 | 2 | 4 | 8 | 12 | 20 | 30 | 50 | 80 | 120 | 200 | 300 |
| >63~100 | 1.2 | 2.5 | 5 | 10 | 15 | 25 | 40 | 60 | 100 | 150 | 250 | 400 |

注:1. 主参数 L 为给定平行度时轴线或平面的长度,或给定垂直度、倾斜度时被测要素的长度;

2. 主参数 d(D) 为给定面对线垂直度时,被测要素的轴(孔)直径。

表 13-10　同轴度、对称度、圆跳动和全跳动公差值　　　　　　　单位：$\mu m$

| 主参数<br>$d(D)$、$B$、$L$<br>mm | 公差等级 | | | | | | | | | | | |
|---|---|---|---|---|---|---|---|---|---|---|---|---|
| | 1 | 2 | 3 | 4 | 5 | 6 | 7 | 8 | 9 | 10 | 11 | 12 |
| ≤1 | 0.4 | 0.6 | 1.0 | 1.5 | 2.5 | 4 | 6 | 10 | 15 | 25 | 40 | 60 |
| >1～3 | 0.4 | 0.6 | 1.0 | 1.5 | 2.5 | 4 | 6 | 10 | 20 | 40 | 60 | 120 |
| >3～6 | 0.5 | 0.8 | 1.2 | 2 | 3 | 5 | 8 | 12 | 25 | 50 | 80 | 150 |
| >6～10 | 0.6 | 1 | 1.5 | 2.5 | 4 | 6 | 10 | 15 | 30 | 60 | 100 | 200 |
| >10～18 | 0.8 | 1.2 | 2 | 3 | 5 | 8 | 12 | 20 | 40 | 80 | 120 | 250 |
| >18～30 | 1 | 1.5 | 2.5 | 4 | 6 | 10 | 15 | 25 | 50 | 100 | 150 | 300 |
| >30～50 | 1.2 | 2 | 3 | 5 | 8 | 12 | 20 | 30 | 60 | 120 | 200 | 400 |
| >50～120 | 1.5 | 2.5 | 4 | 6 | 10 | 15 | 25 | 40 | 80 | 150 | 250 | 500 |

注：1. 主参数 $d(D)$ 为给定同轴度时轴直径，或给定圆跳动、全跳动时轴（孔）直径；

　　2. 圆锥体斜向圆跳动公差的主参数为平均直径；

　　3. 主参数 $B$ 为给定对称度时槽的宽度；

　　4. 主参数 $L$ 为给定两孔对称度时的孔心距。

选择形位公差值的基本原则：在满足零件功能要求（配合要求、装配要求及其他性能要求）前提下，兼顾经济性和检测条件，尽量选用较大的公差。

确定公差值的方法一般有计算法和类比法，无论用哪一种方法都要注意形状公差、位置公差、尺寸公差数值间的协调关系。表 13-11 至表 13-14 可供类比时参考。

对于下列情况，考虑到加工的难易程度和除去主参数外其他参数的影响，在满足零件功能要求下，可适当降低 1～2 级选用。

（1）孔相对于轴。

（2）细长比较大的轴或孔。

（3）距离较大的轴或孔。

（4）宽度较大（一般大于 1/2 长度）的零件表面。

（5）线对线和线对面相对于面对面的平行度和垂直度。

表 13-11　直线度、平面度公差等级应用

| 公差等级 | 应用举例 |
|---|---|
| 5 | 1 级平板，2 级宽平尺，平面磨床的纵导轨、垂直导轨、立柱导轨及工作台，液压龙门刨床和转塔车床床身导轨，柴油机进气、排气阀门导杆 |
| 6 | 普通机床导轨面，如卧式车床、龙门刨床、滚齿机、自动车床等的床身导轨、立柱导轨，柴油机壳体 |
| 7 | 2 级平板，机床主轴箱、摇臂钻床底座和工作台，镗床工作台，液压泵盖，减速器壳体结合面 |
| 8 | 机床传动箱体，挂轮箱体，车床溜板箱体，柴油机汽缸体，连杆分离面，缸盖结合面，汽车发动机缸盖、曲轴箱盖结合面，液压管件和法兰连接面 |
| 9 | 3 级平板，自动车床床身底面，摩托车曲轴箱体，汽车变速箱壳体，手动机械的支撑面 |

表 13-12　圆度、圆柱度公差等级应用

| 公差等级 | 应 用 举 例 |
|---|---|
| 5 | 一般计量仪器主轴、测杆外圆柱面,陀螺仪轴颈,一般机床主轴轴颈及主轴轴承孔,柴油机、汽油机活塞、活塞销,与 E 级滚动轴承配合的轴颈 |
| 6 | 仪表端盖外圆柱面,一般机床主轴及前轴承孔,泵,压缩机的活塞,汽缸,汽油发动机凸轮轴,纺机锭子,减速传动轴轴颈,高速船用柴油机、拖拉机曲轴主轴颈,与 E 级滚动轴承配合的外壳孔,与 G 级滚动轴承配合的轴颈 |
| 7 | 大功率低速柴油机曲轴轴颈、活塞、活塞销,连杆,汽缸,高速柴油机箱体轴承孔,千斤顶或压力油缸活塞,机车传动轴,水泵及通用减速器转轴轴颈,与 G 级滚动轴承配合的外壳孔 |
| 8 | 低速发动机、大功率曲柄轴轴颈,压气机连杆盖、体,拖拉机汽缸、活塞,炼胶机冷铸轴辊,印刷机传墨辊,内燃机曲轴轴颈,柴油机凸轮轴承孔,凸轮轴,拖拉机、小型船用柴油机汽缸套 |
| 9 | 空气压缩机缸体,液压传动筒,通用机械杠杆与拉杆用套筒销子,拖拉机活塞环、套筒孔 |

表 13-13　平行度、垂直度、倾斜度公差等级应用

| 公差等级 | 应 用 举 例 |
|---|---|
| 4,5 | 卧式车床导轨,重要支撑面,机床主轴孔对基准的平行度,精密机床重要零件,计量仪器、量具、模具的基准面和工作面,床头箱体重要孔,通用减速器壳体孔,齿轮泵的油孔端面,发动机轴和离合器的凸缘,汽缸支撑端面,安装精密滚动轴承的壳体孔的凸肩 |
| 6,7,8 | 一般机床的基准面和工作面,压力机和锻锤的工作面,中等精度钻模的工作面,机床一般轴承孔对基准面的平行度,变速器箱体孔,主轴花键对定心直径部位轴线的平行度,重型机械轴承盖端面,卷扬机、手动传动装置中的传动轴,一般导轨,主轴箱体孔,刀架,砂轮架,汽缸配合面对基准轴线,活塞销孔对活塞中心线的垂直度,滚动轴承内、外圈端面对轴线的垂直度 |
| 9,10 | 低精度零件,重型机械滚动轴承端盖,柴油机、煤气发动机箱体曲轴孔,曲轴颈,花键轴和轴肩端面,皮带运输机法兰盘等端面对轴线的垂直度,手动卷扬机及传动装置中的轴承端面、减速器壳体平面 |

　　对于一般机床加工就能保证的形位精度,不必在图样上注出形位公差。图样没有具体注明形位公差值的要素,其形位精度可参照 GB/T 1184—1996 中的规定执行,见表 13-14。

表 13-14　直线度和平面度的未注公差值

| 公差等级 | 基本长度范围 | | | | | |
|---|---|---|---|---|---|---|
| | ≤10 | >10～30 | >30～100 | >100～300 | >300～1 000 | >1 000～3 000 |
| H | 0.02 | 0.05 | 0.1 | 0.2 | 0.3 | 0.4 |
| K | 0.05 | 0.1 | 0.2 | 0.4 | 0.6 | 0.8 |
| L | 0.1 | 0.2 | 0.4 | 0.8 | 1.2 | 1.6 |

习　题

13-1　试解释图 13-12 中注出的各项形位公差(说明被测要素、基准要素、公差带形状、大小和方位)。

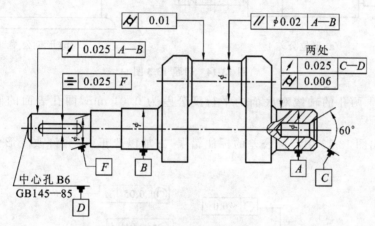

图 13-12　习题 13-1 图

13-2　将下列形位公差要求标注在图 13-13 上。

(1) 圆锥截面圆度公差为 0.006 mm;

(2) 圆锥素线直线度公差为 7 级(L＝50 mm);

(3) $\phi$80H7 遵守包容要求,$\phi$80H7 孔表面的圆柱度公差为 0.005 mm;

(4) 圆锥面对 $\phi$80H7 轴线的斜向圆跳动公差为 0.02 mm;

(5) 右端面对左端面的平行度公差为 0.005 mm;

(6) 其余形位公差要求按 GB/T 1184—1996 中 K 级制造。

13-3　将下列形位公差要求,分别标注在图 13-14 上。

(1) 标注在图 13-14(a)上的形位公差要求。

① $\phi$40$_{-0.03}^{0}$ 圆柱面对两 $\phi$25$_{-0.021}^{0}$ 公共轴线的圆跳动公差为 0.015 mm;

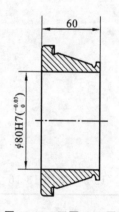

图 13-13　习题 13-2 图

② 两 $\phi$25$_{-0.021}^{0}$ 轴颈的圆度公差为 0.01 mm;

③ $\phi$40$_{-0.03}^{0}$ 左、右端面对两 $\phi$25$_{-0.021}^{0}$ 公共轴线的端面圆跳动公差为 0.02 mm;

④ 键槽 10$_{-0.036}^{0}$ 中心平面对 $\phi$40$_{-0.03}^{0}$ 轴线的对称度公差为 0.015 mm。

(2) 标注在图 13-14(b)上的形位公差要求。

① 底平面的平面度公差为 0.012 mm;

② $\phi$20$_{0}^{+0.021}$ 两孔的轴线分别对它们的公共轴线的同轴度公差为 0.015 mm;

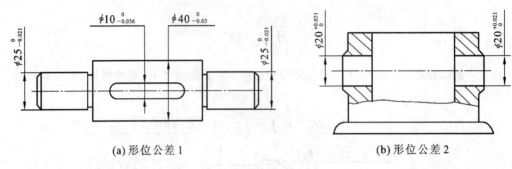

(a) 形位公差1                    (b) 形位公差2

图 13-14   习题 13-3 图

③ $\phi20_0^{+0.021}$ 两孔的轴线对底面的平行度公差为 0.01 mm,两孔表面的圆柱度公差为 0.008 mm。

13-4   指出图 13-15 中形位公差的标注错误,并加以改正(不允许改变形位公差特征符号)。

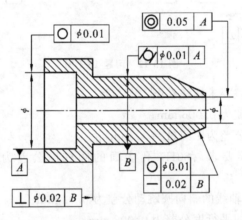

图 13-15   习题 13-4 图

13-5   按图 13-16 上标注的尺寸公差和形位公差填入下表。

| 图样序号 | 采用的公差原则 | 理想边界名称及边界尺寸/mm | 最大实体状态下的位置公差值/mm | 允许的最大位置公差值/mm | 实际尺寸合格范围/mm |
|---|---|---|---|---|---|
| (a) | | | | | |
| (b) | | | | | |
| (c) | | | | | |
| (d) | | | | | |
| (e) | | | | | |
| (f) | | | | | |

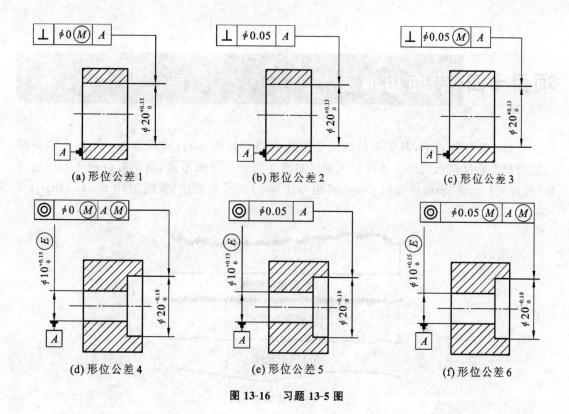

(a) 形位公差 1　　　　(b) 形位公差 2　　　　(c) 形位公差 3

(d) 形位公差 4　　　　(e) 形位公差 5　　　　(f) 形位公差 6

图 13-16　习题 13-5 图

<br/>

## 项目十四　表面粗糙度

经加工的零件表面,其实际轮廓总会存在误差。如图 14-1(a)所示为一个加工表面经过适当放大后反映出的误差情况。根据误差的性质和成因的不同,通常可分解为表面粗糙度(波距<1 mm)、表面波度(1 mm≤波距≤10 mm)和形状误差(波距>10 mm),如图 14-1(b)、(c)、(d)所示。

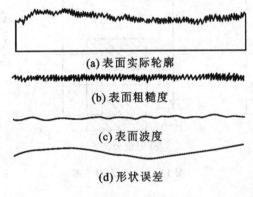

**(a) 表面实际轮廓**

**(b) 表面粗糙度**

**(c) 表面波度**

**(d) 形状误差**

**图 14-1　表面几何形状误差**

表面粗糙度是指加工表面上具有较小间距和微小峰谷所组成的微观几何形状特性。这种情况,是由于在加工过程中,刀具从零件表面上分离材料时的塑性变形、机械振动及刀具与被加工表面的摩擦而产生的,因其起伏甚微,故可称其为微观不平度。这种微观的不平对零件摩擦、磨损、抗疲劳、抗腐蚀,以及零件间的配合性能等有很大影响。不平的程度越大,则零件的表面性能越差;反之,则表面性能越高,但加工费用也必将随之增加。因此,国家标准拟定了零件表面粗糙度的评定参数,以便在保证使用功能的前提下,选用较为经济的评定参数值。

### 14.1　主要术语及评定参数

#### 14.1.1　主要术语

1. 取样长度 $l_r$

取样长度是指用于判别具有表面粗糙度特征的一段基准线长度。它至少包含 5 个轮廓峰和谷,其方向与轮廓总的走向一致,如图 14-2 所示。规定取样长度的目的在于限制和减弱其他几何形状误差,特别是表面波度对测量的影响。表面越粗糙,取样长度就

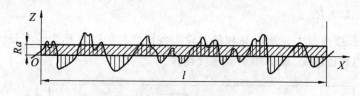

图 14-2 轮廓算术平均偏差 $Ra$

越大。

2. 评定长度 $l_n$

由于加工表面有着不同程度的不均匀性,为了充分合理地反映某一表面的粗糙度特性,规定在评定时所必需的一段表面长度,它包括一个或数个取样长度,称为评定长度。一般取 $l_n=5l$,若被测表面比较均匀,可选 $l_n<5l_r$;若均匀性差,可选 $l_n>5l_r$。轮廓算数平均偏差 $Ra$、轮廓最大高度 $Rz$ 与取样长度 $l_r$ 和评定长度 $l_n$ 数值的关系如表 14-1 所示。

表 14-1  $Ra$ 和 $Rz$ 与 $l_r$ 和 $l_n$ 数值的关系(摘自 GB/T 1031—2009)

| $Ra/\mu m$ | $Rz/\mu m$ | $l_r/mm$ | $l_n/mm(l_n=5l_r)$ |
|---|---|---|---|
| $\geqslant 0.008\sim 0.02$ | $\geqslant 0.025\sim 0.10$ | 0.08 | 0.4 |
| $>0.02\sim 0.10$ | $>0.10\sim 0.50$ | 0.25 | 1.25 |
| $>0.1\sim 2.0$ | $>0.50\sim 10.0$ | 0.8 | 4.0 |
| $>2.0\sim 10.0$ | $>10.0\sim 50.0$ | 2.5 | 12.5 |
| $>10.0\sim 80.0$ | $>50\sim 320$ | 8.0 | 40.0 |

3. 中线

中线是指具有几何轮廓形状,并划分轮廓的基准线。

### 14.1.2　评定参数

反映表面粗糙度大小的特征参数有:最大轮廓峰高 $R_p$,最大轮廓谷深 $R_v$,轮廓最大高度 $Rz$,轮廓点高度 $R_t$,轮廓算术平均偏差 $Ra$ 等。下面介绍常用参数 $Ra$ 和 $Rz$。

1. 轮廓算术平均偏差 $Ra$

在取样长度 $l$ 内,纵坐标值 $Z(x)$ 绝对值的算术平均值称为轮廓算术平均偏差,如图 14-2 所示,$Ra$ 用公式表示为

$$Ra = \frac{1}{l}\int_0^l |Z(x)|\,\mathrm{d}x$$

或近似为

$$Ra = \frac{1}{n}\sum_{i=1}^n |Z_i|$$

$Ra$ 的数值越大,表面越粗糙。$Ra$ 能客观地反映表面微观几何形状特征。

**2. 轮廓最大高度 Rz**

在一个取样长度内最大轮廓峰高和最大轮廓谷深之和的高度称为轮廓最大高度 $Rz$,如图 14-3 所示。$Rz$ 的数值越大,表面加工痕迹就越深。

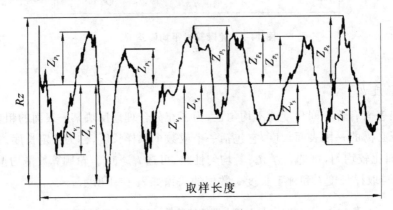

**图 14-3 轮廓最大高度 $Rz$**

国家标准 GB/T 3505—2009 规定,高度特征参数是基本评定参数,而间距和形状特征参数都是附加评定参数。表面粗糙度的评定和表面粗糙度的 $Ra$、$Rz$ 参数值见表 14-2 和表 14-3 所示。

表 14-2 $Ra$ 的数值(摘自 GB/T 1031—2009)  单位:μm

| 基本系列 | 补充系列 | 基本系列 | 补充系列 | 基本系列 | 补充系列 | 基本系列 | 补充系列 |
|---|---|---|---|---|---|---|---|
|  | 0.008 |  | 0.125 |  | 2.0 |  | 32 |
|  | 0.010 |  | 0.160 |  | 2.5 |  | 40 |
| 0.012 |  | 0.20 |  | 3.2 |  | 50 |  |
| 0.025 | 0.016 |  | 0.25 |  | 4.0 |  | 63 |
|  | 0.020 | 0.40 | 0.32 | 6.3 | 5.0 | 100 | 80 |
|  | 0.032 |  | 0.50 |  | 8.0 |  |  |
| 0.050 | 0.040 | 0.80 | 0.63 | 12.5 | 10.0 |  |  |
|  | 0.063 |  | 1.00 |  | 16.0 |  |  |
| 0.100 | 0.080 | 1.60 | 1.25 | 25 | 20 |  |  |

表 14-3　*Rz* 的数值（摘自 GB/T 1031—2009）　　　　　　单位：$\mu m$

| 基本系列 | 补充系列 | 基本系列 | 补充系列 | 基本系列 | 补充系列 | 基本系列 | 补充系列 |
|---|---|---|---|---|---|---|---|
| 0.025 | | 0.80 | | 25 | | 800 | |
| | 0.032 | 1.0 | | 32 | | | 1 000 |
| | 0.040 | | 1.25 | 40 | | | 1 250 |
| 0.050 | | 1.60 | | 50 | | 1 600 | |
| | 0.063 | | 2.0 | 63 | | | |
| | 0.080 | | 2.5 | 80 | | | |
| 0.100 | | 3.2 | | 100 | | | |
| | 0.125 | 4.0 | | 125 | | | |
| | 0.160 | | 5.0 | 160 | | | |
| 0.20 | | 6.3 | | 200 | | | |
| | 0.25 | 8.0 | | 250 | | | |
| | 0.32 | 10.0 | | 320 | | | |
| 0.40 | | 12.5 | | 400 | | | |
| | 0.50 | 16.0 | | 500 | | | |
| | 0.63 | 20 | | 630 | | | |

## 14.2　表面粗糙度对零件功能的影响及其选择

### 14.2.1　对零件功能的影响

1. 对摩擦和磨损的影响

零件实际表面越粗糙，则摩擦系数越大，因摩擦而消耗的能量也就越大。表面越粗糙，配合表面间的实际有效接触面积越小，单位面积压力增大，表面易磨损，从而影响机械传动效率和零件使用寿命。但过于光滑的表面却不利于润滑油的储存，还会增加两表面间的分子吸附作用，磨损也会加剧。

2. 对工作精度的影响

表面粗糙不平，不仅会降低机器或仪器零件运动的灵敏性，而且，由于粗糙表面的实际有效接触面积小，表面层接触刚度变差，还会影响机器工作精度的持久性。

3. 对配合性质的影响

表面粗糙度会影响配合性质的稳定性，对于间隙配合，相对运动的表面因粗糙而迅速磨损，使间隙增大，特别对小尺寸的配合，影响更大。对于过盈配合，表面轮廓峰顶在装配时易被挤平,实际有效过盈减小,降低连接强度。

**4. 对零件强度的影响**

零件表面越粗糙,对应力集中越敏感,特别是在交变载荷作用下,影响更为严重,使零件表面产生裂痕而导致损坏,故在零件的沟槽或圆角处的表面粗糙度应小。

**5. 对抗腐蚀性的影响**

表面越粗糙,凹谷越深,越易积聚含腐蚀性物质,向零件表面层内渗透,使腐蚀加剧。

表面粗糙度对零件其他使用性能,如对结合面的密封性、流体流动的阻力、导电、导热性能及对机器、仪器的外观质量等都有很大影响。

### 14.2.2　表面粗糙度的选择

零件表面粗糙度的选择,主要包括评定参数和参数值的大小选择。选择时,首先应满足零件表面的功能要求,同时还要考虑实际工艺的可能性和经济性。

**1. 评定参数和参数值的选择**

$Ra$、$Rz$ 都是用于评定表面粗糙垂直幅度的高度参数。

$Ra$ 的概念直观,基本上表征了零件表面的轮廓特征,反映轮廓的信息多,在仪器上(如表面粗糙度检查仪)能进行自动测量,测量效率高,测得的数据准确可靠,并能描绘出表面粗糙度曲线。由于受仪器结构和测针的曲率半径的限制,目前,只能测量 $Ra$ 的 $0.02\,\mu m \sim 8\,\mu m$ 的值,故标准推荐在常用数值范围内($Ra$ 为 $0.025\,\mu m \sim 6.3\,\mu m$,$Rz$ 为 $0.100\,\mu m \sim 25\,\mu m$)优先选用评定参数 $Ra$,超出此范围就需选用评定参数 $Rz$。

$Rz$ 在取样长度内只考虑一个最高峰和最低谷,反映轮廓的信息不如 $Ra$ 全面。但 $Rz$ 的测量与计算比较简单可靠,它在评定某些不允许出现较大的加工痕迹的零件表面和小零件表面时,有突出的实用意义。对疲劳强度来说,零件表面只要有深的痕纹,就易于产生疲劳裂纹而导致损坏,对此情况应选用评定参数 $Rz$ 与 $Ra$ 并列使用。

因为高度参数是基本评定参数,所以零件表面都应选择高度参数。只有少数特殊零件的重要表面有特殊使用要求时,才附加选择间距参数和形状特性参数。

表面粗糙度数值愈小即评定参数值愈小,零件的工作性能愈好,使用寿命也愈长。但不可认为表面粗糙度数值愈小愈好,为了获得粗糙度值小的表面,则零件需要经过复杂的工艺过程,加工成本随之急剧增高。因此,在满足使用性能要求的前提下,应尽可能选用较大的粗糙度数值。高度参数值应优先选用表 14-2 和表 14-3 所示的基本系列。

**2. 表面粗糙度的选择方法**

与公差、配合的选择方法相类似,表面粗糙度的选择方法也分为计算法、实验法和类比法三种。常用的是类比法。类比法是参考实践证明为合理的类似零件作依据,经分析比较具体使用要求及工作条件后,确定设计零件表面粗糙度的有关评定参数的允许值。表 14-4 可供设计时参考。

表 14-4　表面粗糙度的表面特征、经济加工方法及应用举例

| 表面微观特性 | | $Ra/\mu m$ | $Rz/\mu m$ | 加工方法 | 应 用 举 例 |
|---|---|---|---|---|---|
| 粗糙表面 | 微见刀痕 | ≤20 | ≤80 | 粗车、粗刨、粗铣、钻、毛锉、锯断 | 半成品粗加工过的表面,非配合的加工表面,如轴端面、倒角、钻孔、齿轮和带轮侧面、键槽底面、垫圈接触面 |
| 半光表面 | 微见加工痕迹 | ≤10 | ≤40 | 车、刨、铣、镗、钻、粗铰 | 轴上不安装轴承,齿轮处的非配合表面,紧固件的自由装配表面,轴和孔的退刀槽 |
| 半光表面 | 微见加工痕迹 | ≤5 | ≤20 | 车、刨、铣、镗、磨、拉、粗刮、滚压 | 半精加工表面,箱体、支架、盖面、套筒等和其他零件结合而无配合要求的表面,需要发蓝的表面等 |
| 半光表面 | 看不清加工痕迹 | ≤2.5 | ≤10 | 车、刨、铣、镗、磨、拉、刮、压、铣齿 | 接近于精加工表面,箱体上安装轴承的镗孔表面,齿轮的工作面 |
| 光表面 | 可辨加工痕迹方向 | ≤1.25 | ≤6.3 | 车、镗、磨、拉、刮、精铰、磨齿、滚压 | 圆柱销、圆锥销、与滚动轴承配合的表面,卧式车床导轨面,内、外花键定心表面 |
| 光表面 | 微辨加工痕迹方向 | ≤0.63 | ≤3.2 | 精铰、精镗、磨、刮、滚压 | 要求配合性质稳定的配合表面,工作时受交变应力的重要零件,较高精度车床的导轨面 |
| 光表面 | 不可辨加工痕迹方向 | ≤0.32 | ≤1.6 | 精磨、珩磨、研磨、超精加工 | 精密机床主轴锥孔、顶尖圆锥面、发动机曲轴、凸轮轴工作表面,高精度齿轮齿面 |
| 极光表面 | 暗光泽面 | ≤0.16 | ≤0.8 | 精磨、研磨、普通抛光 | 精密机床主轴轴颈表面,一般量规工作表面,汽缸套内表面,活塞销表面 |
| 极光表面 | 亮光泽面 | ≤0.08 | ≤0.4 | 超精磨、精抛光、镜面磨削 | 精密机床主轴轴颈表面,滚动轴承的滚珠,高压油泵中柱塞和柱塞套配合表面 |
| 极光表面 | 镜状光泽面 | ≤0.04 | ≤0.2 | 超精磨、精抛光、镜面磨削 | 精密机床主轴轴颈表面,滚动轴承的滚珠,高压油泵中柱塞和柱塞套配合表面 |
| 极光表面 | 镜面 | ≤0.01 | ≤0.05 | 镜面磨削、超精研 | 高精度量仪、量块的工作表面,光学仪器中的金属镜面 |

3. 表面粗糙度的选择原则

（1）同一零件上,工作表面的粗糙度应比非工作表面要求严。

（2）对于摩擦面,速度愈高,单位面积压力愈大,则表面粗糙度值应愈小,尤其是对滚动摩擦表面,要求更严。

（3）受交变载荷时,特别是在零件圆角、沟槽处表面粗糙度要求应严。

（4）同一公差等级时,轴比孔的表面粗糙度要严。

（5）要求配合性质稳定可靠时,表面粗糙度要求要严。

（6）在确定零件配合表面的粗糙度时,应与尺寸公差、形位公差相协调,一般是尺寸公差＞形位公差＞表面粗糙度值 $Rz$。

此外,还应考虑其他一些特殊因素和要求。

## 14.3 表面粗糙度代号及其注法

GB/T 131—2006 对表面粗糙度的符号、代号及其标注作了规定,现就其基本内容作简要介绍。

### 14.3.1 表面粗糙度符号

图样上所标注的表面粗糙度符号、代号是该表面完工后的要求。有关表面粗糙度的各项规定应按功能要求给定。若仅需要加工(采用去除材料的方法或不去材料的方法)但对表面粗糙度的其他规定没有要求时,允许只注表面粗糙度符号,见表 14-5。

表 14-5　表面粗糙度符号(摘自 GB/T 131—2006)

| 符　号 | 说　明 |
| --- | --- |
|   | 基本图形符号,由两条不等长的与标注面成 60°夹角的直线构成,仅用于简化代号标注,表示表面可用任何方法获得,没有补充说明时不能单独使用 |
|   | 表示表面是用去除材料的方法获得。例如车、铣、钻、磨、剪切、抛光、腐蚀、电火花加工、气割等 |
|   | 表示表面是用不去除材料的方法获得,例如铸、锻、冲击变形、热轧、冷轧、粉末冶金等,或者是用于保持原供应状况的表面(包括保持上道工序的状况) |
| 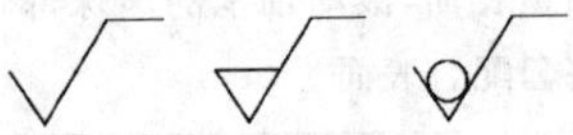  | 表示完整图形符号,在上述三个符号的长边上均可加一横线,用于标注表面结构特征的补充信息 |
| 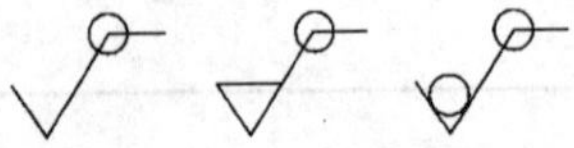  | 在上述三个符号上,均可加一个小圆,表示所有表面具有相同的表面粗糙度要求 |

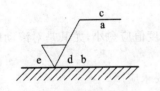

**图 14-4　表面粗糙度代号注法**

a—注写表面结构的单一要求;
b—注写第二个表面结构要求;
c—注写加工方法;
d—注写表面纹理和方向;
e—注写加工余量

### 14.3.2 表面粗糙度的代号及其标注

表面粗糙度数值及其有关规定在符号中注写的位置如图 14-4 所示。

**1. 高度参数的标注**

表面粗糙度高度参数是基本参数,$Ra$ 值的标注在代号中用数值表示,参数值前可不标注参数代号,$Rz$ 的参数值前需标注出相应的代号,见表 14-6。

表 14-6　表面粗糙度高度参数的标注(摘自 GB/T 131—2006)

| 代　号 | 意　义 | 代　号 | 意　义 |
|---|---|---|---|
| $\sqrt{Ra3.2}$ | 用任何方法获得的表面粗糙度，$Ra$ 的上限值为 3.2 $\mu m$ | $\sqrt{Ra3.2}$ | 用不去除材料方法获得的表面粗糙度，$Ra$ 的上限值为 3.2 $\mu m$ |
| $3.2 / Ra3.2$ | 用去除材料方法获得的表面粗糙度，$Ra$ 的上限值为 3.2 $\mu m$ | $\sqrt{\frac{Rz3.2_{max}}{Rz1.6_{min}}}$ | 用去除材料方法获得的表面粗糙度，$Rz$ 的最大值为 3.2 $\mu m$，最小值为 1.6 $\mu m$ |

　　表面粗糙度参数的"上限值"(或"下限值")和"最大值"(或"最小值")的含义是有区别的。"上限值"表示所有实测值中，允许 16% 的测得值超过规定值；"最大值"表示不允许任何测得的值超过规定值。

　　2. 表面粗糙度其他项目的标注

　　取样长度和评定长度一般按国家标准推荐(表 14-1)选取，在图样上可省略标注取样长度值。当有特殊要求不能选用标准推荐值时，应在相应位置标出取样长度值。

　　若某表面粗糙度要求按指定的加工方法获得，可用文字标注，如图 14-5(a)所示。

　　若需要标注加工余量，应将其标注在图 14-4 规定之处。

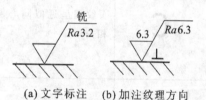

(a) 文字标注　　(b) 加注纹理方向

图 14-5　表面粗糙度其他项目的标注

　　若需要控制表面加工纹理方向时，可在规定之处加注纹理方向符号，如图 14-5(b)所示。国家标准规定了常见的加工纹理方向符号，见表 14-7。

表 14-7　加工纹理方向符号(摘自 GB/T 131—2006)

| 符　号 | 解释和示例 | |
|---|---|---|
| = | 纹理平行于视图所在的投影面 | 纹理方向 |
| ⊥ | 纹理垂直于视图所在的投影面 | 纹理方向 |

| 符　　号 | 解释和示例 |
|---|---|
| **X** | 纹理呈两斜向交叉且与视图所在的投影面相交 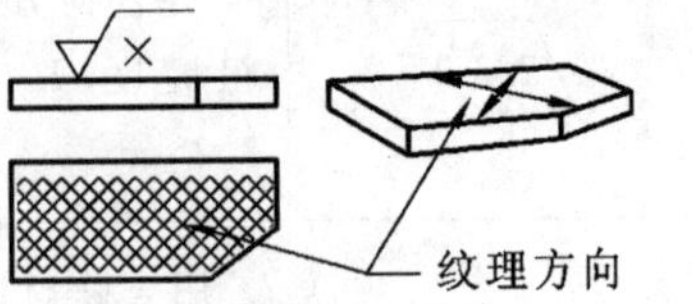 |
| **M** | 纹理呈多方向 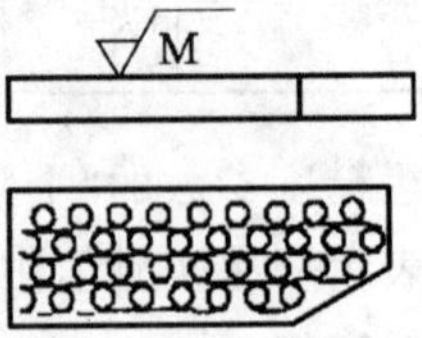 |
| **C** | 纹理呈近似同心圆且圆心与表面中心相关 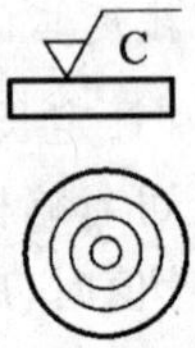 |
| **R** | 纹理呈近似放射状且与表面圆心相关  |
| **P** | 纹理呈微粒、凸起,无方向 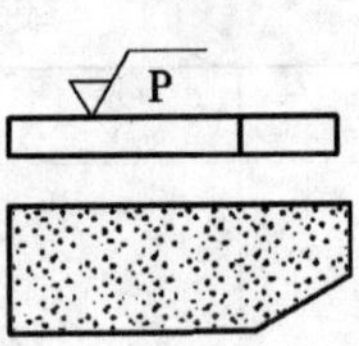 |

注:如果表面纹理不能清楚地用这些符号表示,必要时,可以在图样上加注说明。

### 14.3.3　图样上的标注方法

表面粗糙度符号、代号一般标注在可见轮廓线、尺寸界线、引出线或它们的延长线上。符号的尖端必须从材料外指向表面,表面粗糙度的代号数字及符号的方向可参照图14-6进行标注。

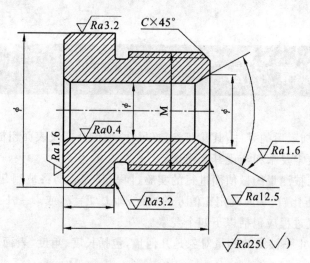

图 14-6　表面粗糙度代号、符号在图样上标注

## 习　题

14-1　表面粗糙度的含义是什么？它与形状误差和表面波度有何区别？

14-2　为什么要规定取样长度和评定长度？两者之间的关系如何？

14-3　评定表面粗糙度的高度特征参数有哪些？分别论述其含义和代号。

14-4　选择表面粗糙度参数值的一般原则是什么？选择时应考虑些什么问题？

14-5　将图 14-7 所示轴承套标注的表面粗糙度的错误之处改正过来。

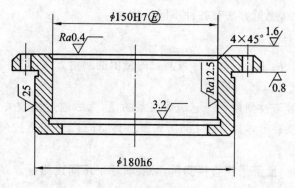

图 14-7　习题 14-5 图

## 项目十五　测量方法

在机械制造中,加工后的零件,其几何参数(尺寸、形位公差及表面粗糙度等)需要测量,以确定它们是否符合技术要求和实现其互换性。

测量是指为确定被测量的量值而进行的实验过程,其实质是将被测几何量 $L$ 与复现计量单位 $E$ 的标准量进行比较,从而确定比值 $q$ 的过程,即 $L/E=q$,或 $L=qE$。

一个完整的测量过程应包括以下四个要素。

(1) 测量对象。本书涉及的测量对象是几何量,包括长度、角度、表面粗糙度、形状和位置误差等。

(2) 计量单位。在机械制造中常用的单位为 mm。

(3) 测量方法。测量方法是指测量时所采用的测量原理、计量器具及测量条件的总和。

(4) 测量精确度。测量精确度是指测量结果与真值的一致程度。

测量是互换性生产过程中的重要组成部分,是保证各种公差与配合标准贯彻实施的重要手段,也是实现互换性生产的重要前提之一。为了实现测量的目的,必须使用统一的标准量,采用一定的测量方法和运用适当的测量工具,而且要达到必要的测量精确度,以确保零件的互换性。

### 15.1　测量方法

按照不同的出发点,测量方法有各种不同的分类。

#### 1. 直接测量和间接测量

直接测量是指直接从计量器具获得被测量的量值的测量方法,如用游标卡尺、千分尺或比较仪测量轴径。

间接测量是指测量与被测量有一定函数关系的量,然后通过函数关系算出被测量的测量方法。如测量大尺寸圆柱形零件直径 $D$ 时,先测出其周长 $L$,然后再按公式 $D=L/\pi$ 求得零件的直径 $D$。

为减少测量误差,一般都采用直接测量,必要时才采用间接测量。

#### 2. 绝对测量和相对测量

绝对测量是指被测量的全值从计量器具的读数装置直接读出,如用测长仪测量零件,尺寸由刻度尺上直接读出。

相对测量是指计量器具的示值仅表示被测量对已知标准量的偏差,而被测量的量值为计量器具的示值与标准量的代数和。如用比较仪测量时,先用量块调整仪器零位,然后测量被测量,所获得的示值就是被测量相对于量块尺寸的偏差。

一般说来,相对测量的测量精度比绝对测量的测量精度高。

3. 单项测量和综合测量

单项测量是指分别测量工件的各个参数的测量,如分别测量螺纹的中径、螺距和牙型半角。

综合测量是指同时测量工件上某些相关的几何量的综合结果,以判断综合结果是否合格。如用螺纹通规检验螺纹的单一中径、螺距和牙型半角实际值的综合结果,即作用中径。

单项测量的效率比综合测量低,但单项测量结果便于工艺分析。

4. 接触测量和非接触测量

接触测量是指计量器具在测量时,其测头与被测表面直接接触的测量,如用卡尺、千分尺测量工件。

非接触测量是指计量器具的测头与被测表面不接触的测量,如用气动量仪测量孔径和用显微镜测量工件的表面粗糙度。

接触测量有测量力,会引起被测表面和计量器具有关部分产生弹性变形,因而影响测量精度,非接触测量则无此影响。

5. 在线测量和离线测量

在线测量是指在加工过程中对工件的测量。其测量结果用来控制工件的加工过程,决定是否需要继续加工或调整机床,可及时防止废品的产生。

离线测量是指在加工后对工件进行的测量,主要用来发现并剔除废品。

在线测量使检测与加工过程紧密结合,以保证产品质量,因而是检测技术的发展方向。

6. 等精度测量和不等精度测量

等精度测量是指决定测量精度的全部因素或条件都不变的测量。如由同一人员,使用同一台仪器,在同样的条件下,以同样的方法和测量次数,同样仔细地测量同一个量的测量。

不等精度测量是指在测量过程中,决定测量精度的全部因素或条件可能完全改变或部分改变的测量。如上述的测量当改变其中之一或几个甚至全部条件或因素的测量。

一般情况下都采用等精度测量。不等精度测量的数据处理比较麻烦,只运用于重要的科研实验中的高精度测量。

## 15.2 常用量具及仪器

### 15.2.1 计量器具的分类

计量器具可按用途、结构和工作原理分类。

1. 按用途分类

(1) 标准计量器具。标准计量器具是指测量时体现标准量的测量器具。通常用来校对和调整其他计量器具,或作为标准量与被测几何量进行比较,如线纹尺、量块、多面棱体等。

(2)通用计量器具。通用计量器具指通用性大、可用来测量某一范围内各种尺寸(或其他几何量),并能获得具体读数值的计量器具,如千分尺、千分表、测长仪等。

(3)专用计量器具。专用计量器具是指用于专门测量某种或某个特定几何量的计量器具,如量规、圆度仪、基节仪等。

2. 按结构和工作原理分类

(1)机械式计量器具。机械式计量器具是指通过机械结构实现对被测量的感受、传递和放大的计量器具,如机械式比较仪、百分表和扭簧比较仪等。

(2)光学式计量器具。光学式计量器具是指用光学方法实现对被测量的转换和放大的计量器具,如光学比较仪、投影仪、自准直仪和工具显微镜等。

(3)气动式计量器具。气动式计量器具是指靠压缩空气通过气动系统时的状态(流量或压力)变化来实现对被测量的转换的计量器具,如水柱式和浮标式气动量仪等。

(4)电动式计量器具。电动式计量器具是指将被测量通过传感器转变为电量,再经变换而获得读数的计量器具,如电动轮廓仪和电感测微仪等。

(5)光电式计量器具。光电式计量器具指利用光学方法放大或瞄准,通过光电元件再转换为电量进行检测,以实现几何量的测量的计量器具,如光电显微镜、光电测长仪等。

### 15.2.2　常用量具

1. 量块

量块是没有刻度的、截面为矩形的平面平行的端面量具。量块用特殊合金钢制成,具有线膨胀系数小、不易变形、硬度高、耐磨性好、工作面粗糙度值小及研合性好等特点。如图 15-1(a)所示,量块上有两个平行的测量面,其表面光滑平整,两个测量面间具有精确的尺寸,另外还有四个非测量面。从量块一个测量面上任意一点(距边缘 0.5 mm 区域除外)到与此量块另一个测量面相研合的面的垂直距离称为量块长度 $L_i$;从量块一个测量面上中心点到与此量块另一个测量面相研合的面的垂直距离称为量块的中心长度 $L$。量块上标出的尺寸称为量块的标称长度。

为了能用较少的块数组合成所需要的尺寸,量块应按一定的尺寸系列成套生产供应。国家标准共规定了 17 种系列的成套量块。表 15-1 列出了其中两套量块的尺寸系列。

根据不同的使用要求,量块做成不同的精度等级。划分量块精度有两种规定:按"级"划分和按"等"划分。

国标 GB/T 6093—2001 按制造精度将量块分为 00,0,1,2,(3) 级共五级,精度依次降低。量块按"级"使用时,是以量块的标称长度为工作尺寸的,该尺寸包含了量块的制造误差,它们将被引入到测量结果中,但因不需要加修正值,故使用较方便。

表 15-1　成套量块的尺寸(摘自 GB/T 6093—2001)

| 序 | 总块数 | 级别 | 尺寸系列/mm | 间隔/mm | 块数 |
|---|---|---|---|---|---|
| 1 | 83 | 0,1,2 | 0.5 | — | 1 |
| | | | 1 | — | 1 |
| | | | 1.005 | — | 1 |
| | | | 1.01,1.02,…,1.49 | 0.01 | 49 |
| | | | 1.5,1.6,…,1.9 | 0.1 | 5 |
| | | | 2.0,2.5,…,9.5 | 0.5 | 16 |
| | | | 10,20,…,100 | 10 | 10 |
| 2 | 46 | 0,1,2 | 1 | — | 1 |
| | | | 1.001,1.002,…,1.009 | 0.001 | 9 |
| | | | 1.01,1.02,…,1.09 | 0.01 | 9 |
| | | | 1.1,1.2,…,1.9 | 0.1 | 9 |
| | | | 2,3,…,9 | 1 | 8 |
| | | | 10,20,…,100 | 10 | 10 |

国家计量局标准 JJG 100—2001《量块检定规程》按检定精度将量块分为 1～6 等,精度依次降低。量块按"等"使用时,不再以标称长度作为工作尺寸,而是用量块经检定后所给出的实测中心长度作为工作尺寸,该尺寸排除了量块的制造误差,仅包含检定时较小的测量误差。

量块在使用时,常常用几个量块组合成所需要的尺寸,如图 15-1(b)所示。组合量块时,为减少量块组合的累积误差,应力求使用最少的块数获得所需要的尺寸,一般不超过 4 块。可以从消去尺寸的最末位数开始,逐一选取。例如,使用 83 块一套的量块组,从中选取量块组成

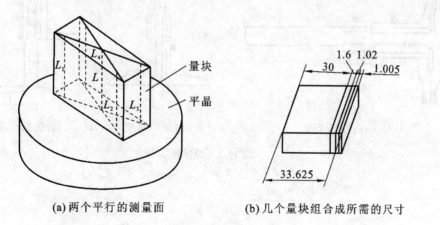

(a) 两个平行的测量面　　　　　(b) 几个量块组合成所需的尺寸

图 15-1　量块

33.625 mm。查表 15-1,可按如下步骤选择量块尺寸。

$$
\begin{array}{ll}
33.625 & \cdots\cdots\cdots\cdots \quad \text{量块组合尺寸} \\
-\ \ 1.005 & \cdots\cdots\cdots\cdots \quad \text{第一块量块尺寸} \\
\hline
32.620 & \\
-\ \ 1.02 & \cdots\cdots\cdots\cdots \quad \text{第二块量块尺寸} \\
\hline
31.60 & \\
-1.6 & \cdots\cdots\cdots\cdots \quad \text{第三块量块尺寸} \\
\hline
30.00 & \cdots\cdots\cdots\cdots \quad \text{第四块量块尺寸}
\end{array}
$$

量块除了作为长度基准的传递媒介以外,也可以用来检定、校对和调整计量器具,还可以用于测量工件、精密画线和精密调整机床。

2. 游标尺

游标尺按其用途可分为游标卡尺、游标深度尺和游标高度尺,如图 15-2 所示。游标的读数原理如图 15-3 所示。主尺刻度间距 $r=1$ mm,游标刻度间距 $r'=0.9$ mm,两者之差 $i=r-r'=0.1$ mm。当主尺与游标的零线对齐时,两者的第一条刻线相距 $i$,第二条刻线相距 $2i$……将游标向右移动 $i$ 后则两者的第一条线相重合,移动 $2i$ 后两者的第二条线相重合……因此,测量时判别主尺与游标刻线最接近重合的是第几条线(N),即可读出毫米的小数部分($N\times 0.1$ mm)。高精度游标尺,可取 $i=0.02$ mm。

目前,有一种数显卡尺代替了游标尺应用于生产。它利用电测方法测出位移量,由液晶显示读数,使用比较方便。

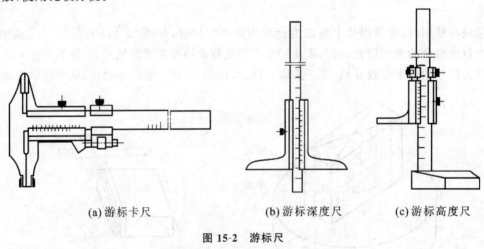

(a) 游标卡尺　　　　　　(b) 游标深度尺　　　(c) 游标高度尺

图 15-2　游标尺

图 15-3　主尺和游标的刻线

**3. 千分尺**

常用千分尺有外径千分尺、内径千分尺和深度千分尺,如图 15-4 所示。千分尺的工作原理是应用测微螺旋副将微小直线位移变为较大的角位移。一般,螺距 $p=0.5$ mm,转筒上刻有 50 个刻度,即每转一格表示轴向位移为 0.01 mm。

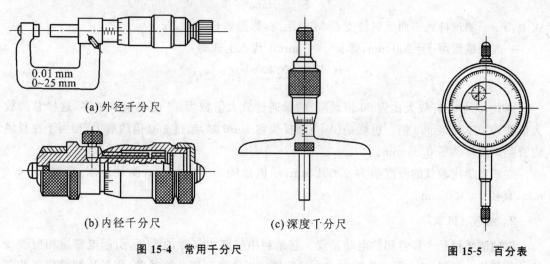

<table>
<tr><td>(a) 外径千分尺</td><td></td></tr>
<tr><td>(b) 内径千分尺</td><td>(c) 深度千分尺</td></tr>
</table>

图 15-4  常用千分尺

图 15-5  百分表

**4. 百分表**

百分表的主要用途是测量形位误差或用比较法测量外尺寸。其工作原理是采用齿轮传动或杠杆齿轮传动机构,将测杆的线位移变为指针的回转运动,如图 15-5 所示。

### 15.2.3  精密量具

**1. 立式光学比较仪**

立式光学比较仪是一种用相对法进行测量的精度比较高、结构简单的常用光学量仪。

立式光学比较仪采用了光学杠杆放大原理。如图 15-6 所示,玻璃标尺位于物镜的焦平面上,$C$ 为标尺的原点。当光源发出的光照亮标尺时,标尺相当于一个发光体,其光束经物镜产生一束平行光。光线前进遇到与主光轴垂直的平面反射镜,则仍按原路反射回来,经物镜后,光线会聚在焦点 $C'$ 上,$C'$ 与 $C$ 重合,标尺的影像仍在原处。当测杆有微量位移 $S$

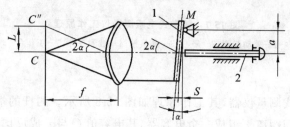

图 15-6  立式光学比较仪

时,使平面反射镜对主光轴偏转 $\alpha$ 角,于是,由反射镜反射的光线与入射光线之间偏转 $2\alpha$ 角,标尺上 $C$ 点的影像移到 $C''$ 点。只要把位移 $L$ 测量出来,就可求出测量杆的位移量 $S$ 值。从图上可知,$L=f\tan2\alpha$,$f$ 是物镜的焦距,而 $S=a\tan\alpha$,因 $\alpha$ 很小,故放大比为

$$K=\frac{L}{S}=\frac{f\tan2\alpha}{a\tan\alpha}\approx\frac{2f}{a} \tag{15-1}$$

式中:$a$——测量杆到平面反射镜支点 $M$ 的距离,称为臂长。

一般物镜焦距 $f=200$ mm,臂长 $a=5$ mm。代入上式得

$$K=\frac{2\times200}{5}=80$$

因此,光学杠杆放大比为 80 倍,标尺的像通过放大倍数为 12 的目镜来观察,这样总的放大倍数为 $12\times80=960$ 倍。也就是说,当测杆位移 $1\ \mu m$ 时,经过 960 倍的放大,相当于在目镜内看到刻线移动了 0.96 mm。

立式光学比较仪的分度值为 0.001 mm;示值范围为 $\pm0.1$ mm,测量范围:高度 $0\sim180$ mm,直径 $0\sim150$ mm。

2. 电感测微仪

电感测微仪是一种常用的电动量仪。它是利用磁路中气隙的改变,引起电感量相应改变的一种量仪。如图 15-7 所示为数字式电感测微仪工作原理图。测量前,用量块调整仪器的零位,即调节测量杆 3 与工作台 5 的相对位置,使测量杆 3 上端的磁心处于两只差动线圈 1 的中间位置,数字显示为零。测量时,若被测尺寸相对于量块尺寸有偏差,测量杆 3 带动磁心 2 在差动线圈 1 内上下移动,引起差动线圈电感量的变化,通过测量电路,将电感量的变化转换为电压(或电流)信号,并经放大和整流,由数字电压表显示,即显示被测尺寸相对于量块的偏差。数字显示可读出 $0.1\ \mu m$ 的量值。

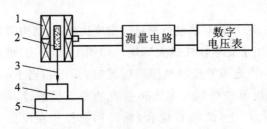

**图 15-7 数字式电感测微仪工作原理**
1—差动线圈;2—磁心;3—测量杆;4—被测零件;5—工作台

3. 电容式比较仪

这是一种非接触式测量仪器,其工作原理如图 15-8 所示。测杆的端部是一个电容极板,与被测表面(金属)之间距离 $x$ 组成一个电容器,其电容值 $C$ 与 $x$ 成反比,仪器内部的电路将 $C$

值的变化量转换为电量,并折合成 $x$ 的读数,通过表头显示出来。

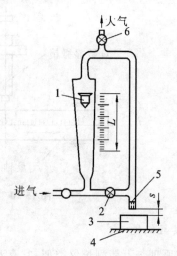

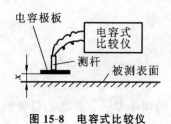

图15-8　电容式比较仪

图15-9　浮标式气动量仪的工作原理

1—浮标;2—倍率调整阀;3—工件

4—工作台;5—测量喷嘴;6—零位调整阀

### 4. 浮标式气动量仪

浮标式气动量仪是一种常用的气动量仪,其基本工作原理如图15-9所示。清洁、干燥的压缩空气从稳压器输出,分两路流向测量喷嘴5。一路从锥形玻璃管下端进入,在此气流作用下,将玻璃管内的浮标1托起,并悬浮在玻璃管内某一高度位置上,压缩空气从浮标和玻璃管内壁之间的环形间隙流过,经玻璃管上端后,一部分从零位调整阀6逸入大气,另一部分进入测量喷嘴5,经间隙 $s$ 流入大气;另一路压缩空气经倍率调整阀2到测量喷嘴,从间隙 $s$ 流入大气。当工作压力保持恒定,同时倍率调整阀和零位调整阀在一定的开度时,被测工件尺寸不同,测量喷嘴与工件间的间隙必然不同,流过喷嘴的气体流量也不同,于是浮标的悬浮位置就不同。间隙 $s$ 愈大,空气流量也就愈大,浮标在玻璃管内的位置也愈高,于是浮标与锥形玻璃管的环形间隙也愈大,直到气流作用和浮标的重力平衡时才使浮标停止上升。这样,可由浮标的位置在标尺上读出工件的尺寸偏差。它也是用比较测量法,将被测尺寸所形成的浮标高度与相应的标准尺寸所形成的浮标高度进行比较,确定工件是否合格。

浮标式气动量仪分度值可达 $0.000\,5$ mm。

### 5. 万能测长仪

万能测长仪的读数原理如图15-10所示,测量轴上的刻度由读数显微镜读出。测量前,将测量轴颈顶紧测量砧,读出第一个读数;工件放入后,读出第二个读数,两读数之差即为工件尺寸。

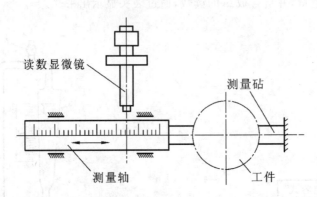

图 15-10　万能测长仪工作原理

### 6. 工具显微镜

其读数原理与万能测长仪类似,它有互相垂直可独立滑移的两个滑台。其移动量分别由两个显微镜读出,故能在两个坐标方向测量。

### 7. 投影仪

投影仪是利用光学系统将被测零件轮廓外形放大后,投影到仪器影屏上进行测量的一种光学仪器。它主要用于测量形状复杂的小型零件,如钟表零件、曲线样板、成型刀具、小模数齿轮等。在投影仪上可利用直角坐标或极坐标进行绝对测量或事先画好的放大图像比较,以判断零件是否合格。

### 8. 光学分度头

这是一种精密测角仪器,其测量原理如图 15-11 所示。被测工件安装在主轴顶尖和尾座之间,可随主轴一起回转,借助光栅或光干涉原理,由光学分度盘指示出转动角度。

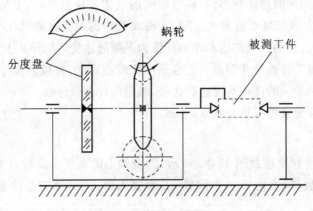

图 15-11　光学分度头

## 15.3　测量误差及其处理

### 15.3.1　测量误差的概念

任何测量过程,由于受到计量器具和测量条件的影响,不可避免地会产生测量误差。所谓测量误差,是指测得值 $x$ 与真值 Q 之差,即

$$\delta = x - Q \qquad (15\text{-}2)$$

由式(15-2)所表达的测量误差,反映了测得值偏离真值的程度,也称绝对误差。由于测得值 $x$ 可能大于或小于真值 Q,因此测量误差可能是正值或负值。若不计其符号正负,则可用绝对值表示为

$$|\delta| = |x - Q| \qquad (15\text{-}3)$$

这样,真值 Q 可用下式表示为

$$Q = x \pm \delta \qquad (15\text{-}4)$$

式(15-4)表明,可用测量误差来说明测量的精度。当测量误差的绝对值愈小,说明测得值愈接近于真值,测量精度也愈高;反之,测量精度就愈低。但这一结论只适于测量尺寸相同的情况下。因为测量精度不仅与绝对误差的大小有关,而且还与被测量的尺寸大小有关。为了比较不同尺寸的测量精度,可应用相对误差的概念。

相对误差 $\varepsilon$ 是指绝对误差的绝对值 $|\delta|$ 与被测量真值之比,即

$$\varepsilon = \frac{|\delta|}{Q} \approx \frac{|\delta|}{x} \times 100\% \qquad (15\text{-}5)$$

相对误差是一个无量纲的数值,通常用百分数(%)表示。例如,某两个轴颈的测得值分别为 $x_1 = 500$ mm, $x_2 = 50$ mm; $\delta_1 = \delta_2 = 0.005$ mm,则其相对误差分别为 $\varepsilon_1 = 0.005/500 \times 100\% = 0.001$, $\varepsilon_2 = 0.005/50 \times 100\% = 0.01\%$,由此可看出,前者的测量精度要比后者高。

### 15.3.2　测量误差的来源

产生测量误差的原因很多,通常可归纳为以下几个方面。

#### 1. 计量器具误差

计量器具误差是指计量器具本身在设计、制造和使用过程中造成的各项误差。

设计计量器具时,为了简化结构而采用近似设计,或者设计的计量器具不符合阿贝原则等因素,都会产生测量误差。例如,杠杆齿轮比较仪中测杆的直线位移与指针的角位移不成正比,而表盘标尺却采用等分刻度,由于采用了近似设计,测量时就会产生测量误差。

阿贝原则是指在设计计量器具或测量工件时,将被测长度与基准长度沿测量轴线成直线排列。例如,千分尺的设计是符合阿贝原则的,即被测两点间的尺寸线与标尺(基准长度)在一条线上,从而提高了测量精度。而游标卡尺的设计则不符合阿贝原则,如图 15-12 所示,被测长度与基准刻线尺 $s$ 平行配置,在测量过程中,卡尺活动量爪倾斜一个角度 $\varphi$,此时产生测量误差

$$\delta = x - x' = s\tan\varphi \approx s\varphi \qquad (15\text{-}6)$$

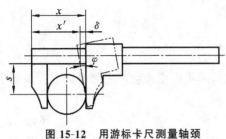

**图 15-12  用游标卡尺测量轴颈**

计量器具零件的制造和装配误差也会产生测量误差。如游标卡尺刻线不准确,指示盘刻度线与指针的回转轴的安装有偏心等。

计量器具的零件在使用过程中的变形,滑动表面的磨损等,也会产生测量误差。

此外,相对测量时使用的标准器,如量块、线纹尺等的误差,也将直接反映到测量结果中。

**2. 测量方法误差**

测量方法误差是指测量方法不完善所引起的误差,包括计算公式不准确、测量方法选择不当、测量基准不统一、工件安装不合理,以及测量力等引起的误差。例如测量大圆柱的直径 $D$,先测量周长 $L$,再按 $D=L/\pi$ 计算直径,若取 $\pi=3.14$,则计算结果会代入 $\pi$ 取近似值的误差。

**3. 测量环境误差**

测量环境误差是指测量时的环境条件不符合标准条件所引起的误差。环境条件是指湿度、温度、振动、气压和灰尘等。

其中,温度对测量结果的影响最大。在长度计量中,规定标准温度为 20 ℃。若不能保证在标准温度 20 ℃条件下进行测量,则引起的测量误差为

$$\Delta L=L[\alpha_2(t_2-20)-\alpha_1(t_1-20)] \tag{15-7}$$

式中:$\Delta L$——测量误差;

$L$——被测尺寸;

$t_1, t_2$——计量器具和被测工件的温度,℃;

$\alpha_1, \alpha_2$——计量器具和被测工件的线膨胀系数。

**4. 人员误差**

人员误差是指测量人员的主观因素(如技术熟练程度、分辨能力、思想情绪等)引起的误差。例如,测量人员眼睛的最小分辨能力和调整能力、量值估读错误等。

总之,造成测量误差的因素很多,有些误差是不可避免的,有些误差是可以避免的。测量时应采取相应的措施,设法减小或消除它们对测量结果的影响,以保证测量的精度。

### 15.3.3  测量误差的种类和特性

测量误差按其性质分为随机误差、系统误差和粗大误差(过失或反常误差)。

**1. 随机误差**

随机误差是指在一定测量条件下,多次测量同一量值时,其数值大小和符号以不可预定的方式变化的误差,它是由于测量中的不稳定因素综合形成的,是不可避免的。例如,测量过程中温度的波动、振动、测量力的不稳定、量仪的示值变动、读数不一致等。对于某一次测量结果

无规律可循,但如果进行大量、多次重复测量,随机误差分布则服从统计规律。

**2. 系统误差**

系统误差是指在一定测量条件下,多次测量同一量时,误差的大小和符号均不变或按一定规律变化的误差。前者称为定值(或常数)系统误差,如千分尺的零位不正确而引起的测量误差;后者称为变值系统误差。按其变化规律的不同,变值系统误差又可分为以下三种类型。

(1)线性变化的系统误差是指在整个测量过程中,随着测量时间或量程的增减,误差值成比例增大或减小的误差。例如,随着时间的推移,温度在逐渐均匀变化,由于工件的热膨胀,长度随着温度而变化,所以在一系列测得值中就存在着随时间而变化的线形系统误差。

(2)周期性变化的系统误差是指随着测得值或时间的变化呈周期性变化的误差。例如,百分表的指针回转中心与刻度盘中心有偏心,指针在任一转角位置的误差,按正弦规律变化。

(3)复杂变化的系统误差是按复杂函数变化或按实验得到的曲线图变化的误差。例如,由线性变化的误差与周期性变化的误差叠加形成复杂函数变化的误差。

**3. 粗大误差**

粗大误差是指由于主观疏忽大意或客观条件发生突然变化而产生的误差,正常情况下,一般不会产生这类误差。例如,由于操作者的粗心大意,在测量过程中看错、读错、记错及突然的冲击振动而引起的测量误差。通常情况下,这类误差的数值都比较大。

## 15.4 形位误差测量方法

形位误差的测量方法很多。这里仅介绍一些例子,用以说明如何应用前节中的评定原理解决实际问题。

### 15.4.1 直线度误差测量

用光学自准直仪测量长导轨面的直线度误差。如图 15-13 所示。在导轨面上放置带有反射镜的桥板,按照桥板两端支点节距 $L$,将导轨分成若干段,由光学自准直仪射出的平行光线模拟理想直线与导轨面进行比较。将桥板依次放在导轨各段上,测出各段导轨相对于理想光线的倾角 $a_i$,然后转换成相邻两节点之间的高度差 $h_i$,用累加值 $H_i = h_i$ 作出与导轨面近似的轮廓线,按最小包容区域法,作出两条平行的包容直线,取其包容区宽度 $f$ 作为被测导轨的直线度误差,如图 15-14 所示。

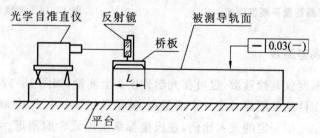

**图 15-13 长导轨面的直线度误差测量**

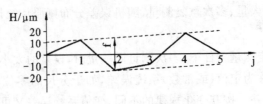

图 15-14　直线度误差图

### 15.4.2　平面度误差测量

如图 15-15 所示为用光学平晶测量平面度误差的情形。将光学平晶置于被测实际表面上,形成干涉条纹,如干涉条纹弯曲,表示被测表面不平,其平面度误差按下式计算

$$f = \frac{a}{b} \cdot \frac{\lambda}{2}$$
(15-8)

式中:$a$——干涉带的弯曲量;

$b$——相邻干涉带的间距;

$\lambda$——光波波长(白光波长 $\lambda = 0.54\ \mu m$)

用平晶测量时,要求被测表面的粗糙度小,且为小平面(见图 15-15)。

如图 15-16 所示为用测微计测量平面度误差的情形。将被测平板支承在大平板上,调整被测平面上的两对角处高度,即使 $Z_1 = Z_4$ 和 $Z_2 = Z_3$。平稳地移动表架,测微计指示器在被测表面上的最大、最小读数之差可近似地作为平面度误差。

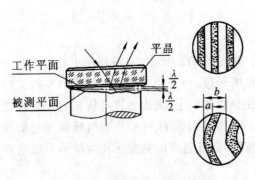

图 15-15　平晶测量平面度误差

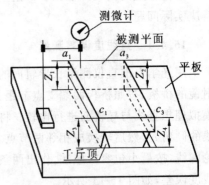

图 15-16　测微计测量平面度误差

### 15.4.3　圆度误差测量

圆度误差可用圆度仪直接读数,也可在光学分度头上测量,如图 15-17 所示,测量时,利用光学分度盘将被测工件的外圆周分成 $n$ 个测量点,被测件每转一个 $\theta(\theta = 360°/n)$,由测微计读出相对读数 $\Delta r_i$,将 $\Delta r_i$ 按一定的放大比例,在极坐标纸上绘成轮廓图形。根据图形即可评出圆度误差。

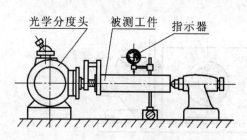

**图 15-17　光学分度头测量圆度误差**

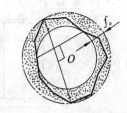

**图 15-18　最小区域法求圆度误差**

用最小区域法求圆度误差的方法:在被测工件轮廓上找出两个最外点和两个最内点,连接成两交叉线,作两线的中垂线,它们的交点 $O$ 即为最小区域的中心。以其为圆心,分别以内、外两点到圆心的距离为半径,画两个同心的包容圆,量出两包容圆之间的径向宽度值,乘以放大倍数的倒数,即得圆度误差 $f_o$,如图 15-18 所示。

### 15.4.4　平行度误差测量

如图 15-19 所示为测量箱体左右表面之间的平行度误差的情形。图 15-19(a)为测量示意图;图 15-19(b)为误差放大分析图。测量时,用平板模拟定向基准,平稳地移动表架,指示器在被测表面上的最大读数与最小读数之差则为平行度误差 $f_{/\!/}$(下标$/\!/$表示平行度)。

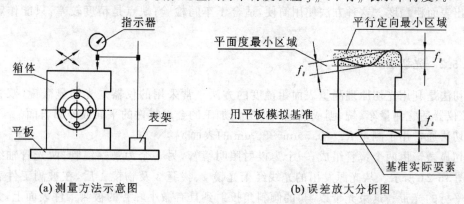

(a)测量方法示意图　　　　　　　(b)误差放大分析图

**图 15-19　平行度误差测量**

由图 15-19(b)可见,平行度误差为定向最小包容区域的宽度 $f_{/\!/}$,它大于平面度最小包容区域的宽度 $f$,因此,平面度误差包含在平行度误差之中。

### 15.4.5　垂直度误差测量

如图 15-20 所示为测量箱体侧面对底面之间的垂直度误差的情形。将箱体侧面与底面之间的角度与直角尺比较,以此确定垂直度误差。用平板模拟底面基准,将表架指示器靠上角尺,对准和调整指示器零位(图 15-20(a));再将表架移至箱体侧面,与侧面平稳接触,并前后平稳移动表架,注意表架左端面要始终与箱体侧面接触(图 15-20(b))。读取指示器最大读数与最小读数。将指示器向上或向下调整高度,同样地校对零件并测出最大读数与最小读数。取

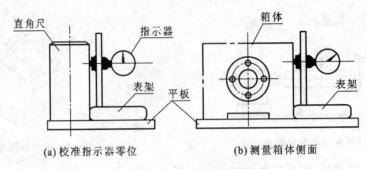

(a) 校准指示器零位　　　　　　　(b) 测量箱体侧面

**图 15-20　垂直度误差测量**

最大读数中的最大值与最小读数中的最小值作为垂直度误差 $f_\perp$。

## 15.5　表面粗糙度的检测

表面粗糙度的检测方法主要有比较法、光切法、针触法和干涉法。

### 15.5.1　比较法

比较法就是将被测零件表面与粗糙度样板用肉眼或借助放大镜和手摸感触进行比较,从而估计出表面粗糙度。这种方法使用简便,适合于车间检验;缺点是精度较差,只能作定性分析比较。

### 15.5.2　光切法

光切法是利用光切原理测量表面粗糙度的方法。常采用的仪器是光切显微镜(双管显微镜)。该仪器适宜测量车、铣、刨或其他类似方法加工的金属零件的平面或外圆表面。

光切法通常用于测量 $Rz = 0.5~\mu m \sim 80~\mu m$ 的表面。

光切显微镜由两个镜管组成,一个为投射照明镜管,另一个为观察镜管,两光管轴线互成 $90°$,如图 15-21 所示。从光源发出的光线经聚光镜 2、狭缝 3 及物镜 4 后,在被测工件表面形成一束平行的光带。这束光带以 $45°$ 的倾斜角投射到具有微小峰谷的被测工件表面上,并分别在被测表面波峰 $S$ 和波谷 $S'$ 处产生反射。通过观察镜管的物镜,分别成像在分划板 5 上的 $a$ 与 $a'$ 点,从目镜中就可以观察到一条与被测表面相似的弯曲亮带。通过目镜分划板与测微器,在垂直于轮廓影像的方向上,可测出 $aa'$ 之间的距离 $N$,则被测表面的微观不平度的峰至谷的高度 $h$ 为

$$h = \frac{N}{V}\cos 45° = \frac{N}{\sqrt{2}\,V} \tag{15-9}$$

式中:$V$——观察镜管的物镜放大倍数。

### 15.5.3　针触法

针触法是通过针尖感触被测表面微观不平度的截面轮廓的方法,它实际上是一种接触式

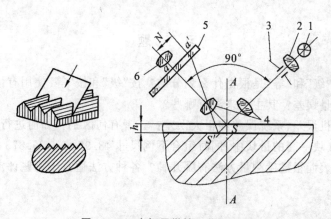

**图 15-21　光切显微镜工作原理图**

1—光源；2—聚光镜；3—狭缝；4—物镜；5—分划板；6—目镜

电测量方法，所用测量仪器为轮廓仪，测定范围 $Ra＝(0.025～5)\ \mu m$。该方法测量范围广、快速可靠、操作简便，并易于实现自动测量和微机数据处理，但被测表面易被触针划伤。

　　如图 15-22(a)所示为电感式轮廓仪的原理示意框图，图 15-22(b)为传感器结构原理图。传感器测杆上的触针 1 与被测表面接触，当触针以一定速度沿被测表面移动时，由于工件表面的峰谷使传感器杠杆 3 绕其支点 2 摆动，使电磁铁芯 5 在电感线圈 4 中运动，引起电感量的变化，从而使测量电桥输出电压引起相应变化，经过放大、滤波等处理，可驱动记录装置画出被测的轮廓图形，也可经过计算器驱动指示表读出 $Ra$ 数值。

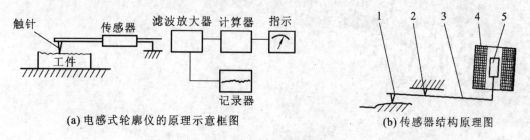

(a) 电感式轮廓仪的原理示意框图　　　　　　　(b) 传感器结构原理图

**图 15-22　针触法测量原理框图**

1—触针；2—支点；3—传感器杠杆；4—电感线圈；5—电磁铁芯

### 15.5.4　干涉法

　　干涉法是利用干涉原理来测量表面粗糙度的方法。常用的仪器是干涉显微镜，适宜于用 $Rz$ 值来评定表面粗糙度，测量范围 $Rz＝(0.05～0.8)\ \mu m$。

　　实际检测中，常常会遇到一些表面不便使用上述仪器直接测量的情况，如工件上的一些特殊部位和某些内表面。评定这些表面的粗糙度时，常采用印模法。它是利用一些无流动性和弹性的塑性材料，贴合在被测表面上，将被检测的表面轮廓复制成模，然后测量印模，以评定被测表面的粗糙度。

253

## 习　题

15-1　量块的"级"和"等"是根据什么划分的？按"级"和按"等"使用有何不同？

15-2　何为测量误差？其主要来源有哪些？

15-3　何为随机误差、系统误差和粗大误差？三者有何区别？如何进行处理？

15-4　试从 83 块一套的量块中，同时组合下例尺寸 48.98 mm，29.875 mm，10.56 mm。

15-5　常用的表面粗糙度测量方法有哪几种？各种方法适宜于哪些评定参数？

# 项目十六 尺寸链

## 16.1 尺寸链的基本概念

### 16.1.1 尺寸链的定义及特性

在机器装配或零件加工过程中,由相互连接的尺寸形成的封闭尺寸组,称为尺寸链。

如图 16-1(a)所示为一装配图的局部示意图,当各零件的结构尺寸 $A_1 \sim A_5$ 确定后,轴与轴套端面的间隙量 $A_0$ (回转轴的轴向游动量)也就确定了,虽 $A_1 \sim A_5$ 这几个尺寸不在同一零件上,但它们构成了一个封闭的尺寸线,形成尺寸链,如图 16-1(b)所示。

又如图 16-1(c)所示为一个零件在加工过程中,以 $B$ 面为定位基准获得尺寸 $A_1$、$A_2$,$A$ 面到 $C$ 面的距离 $A_0$ 也就随之确定,尺寸 $A_1$、$A_2$ 和 $A_0$ 构成一个封闭尺寸组,形成尺寸链。

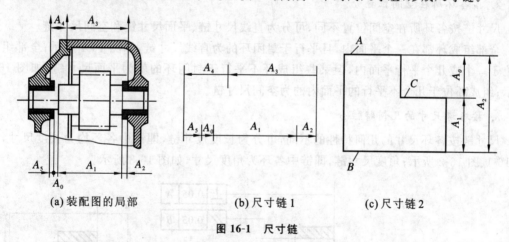

(a)装配图的局部  (b)尺寸链1  (c)尺寸链2

图 16-1 尺寸链

综上所述可知,尺寸链具有如下两个特性。

(1) 封闭性。组成尺寸链的各个尺寸按一定顺序构成一个封闭系统。

(2) 相关性。其中一个尺寸变动将影响其他尺寸变动。

### 16.1.2 尺寸链的组成

尺寸链中的所有尺寸均称为尺寸链的环。尺寸链的环又分封闭环、增环、减环,其中增环和减环统称为组成环。

### 1. 封闭环

加工或在装配过程中最后自然形成的那个尺寸。图 16-1(a)中的尺寸 $A_0$。封闭环的实际尺寸要受到尺寸链中其他尺寸的影响,一般在图样上不标出。

### 2. 组成环

尺寸链中除封闭环以外的其他环。根据它们对封闭环影响的不同,又分为增环和减环。与封闭环同向变动的组成环称为增环,即当该组成环尺寸增大(或减小),其他组成环不变时,封闭环将随之增大(或减小),图 16-1(a)中的尺寸 $A_3$、$A_4$ 都为增环;与封闭环反向变动的组成环称为减环,即当该组成环尺寸增大(或减小),其他组成环不变时,封闭环的尺寸将随之减小(或增大),图 16-1(a)中的 $A_1$、$A_2$、$A_5$ 都为减环。

#### 16.1.3 尺寸链的分类

##### 1. 按应用场合分

尺寸链按应用场合不同,可分为设计尺寸链(图 16-1(a))和工艺尺寸链(图 16-1(b)),其中设计尺寸链又分为零件类设计尺寸链和装配类设计尺寸链。工艺尺寸链是零件在加工过程中形成的。

##### 2. 按各环所在空间位置分

尺寸链按各环所在空间位置不同,可分为直线尺寸链、平面尺寸链和空间尺寸链。

全部组成环都在一个平面内,且平行于封闭环的为直线尺寸链,如图 16-1 所示;全部组成环位于一个或几个平行平面内,但某些组成环不平行于封闭环的就为平面尺寸链,如图 16-2 所示;组成环位于几个不平行的平面内的为空间尺寸链。

##### 3. 按各环尺寸的几何特性分

尺寸链按各环尺寸的几何特性的不同,可分为长度尺寸链,即链中各环均为长度尺寸,如图 16-1、图 16-2 所示;角度尺寸链,即链中各环为角度尺寸,如图 16-3 所示。

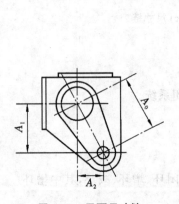

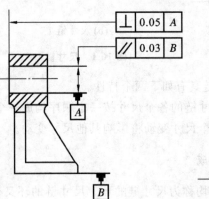

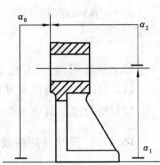

**图 16-2　平面尺寸链**　　　　　　　　　　　**图 16-3　角度尺寸链**

### 16.1.4 零件设计尺寸链的建立与尺寸链图

**1. 确定封闭环**

装配尺寸链的封闭环是在装配之后形成的,往往是机器上有装配精度要求的尺寸,如保证机器可靠工作的相对位置尺寸或保证零件相对运动的间隙等。在着手建立尺寸链之前,必须查明在机器装配和验收的技术要求中规定的所有几何精度要求项目。这些项目往往就是某些尺寸链封闭环。

零件尺寸链的封闭环一般为公差等级要求最低的环,一般在零件图上不进行标注,以免引起加工中的混乱。一个尺寸链中只有一个封闭环。

**2. 查找组成环**

组成环是对封闭环有直接影响的那些尺寸,与此无关的尺寸要排除在外。一个尺寸链的环数应尽量少。在查找装配尺寸链的组成环时,先从封闭环的任意一端开始,找相邻零件的尺寸,然后找与第一个零件相邻的第二个零件的尺寸,这样一环接一环,直到封闭环的另一端为止,从而形成封闭的尺寸组。一个尺寸链中最少要有两个组成环。组成环中,可能只有增环没有减环,但不可能只有减环没有增环。

**3. 画尺寸链线图**

为清楚表达尺寸链的组成,通常不需要画出零件或部件的具体结构,也不必按照严格的比例,只需将链中各尺寸依次画出,形成封闭的图形即可,这样的图形称为尺寸链线图。如图 16-1(b)所示。在尺寸链线图中,常用带单箭头的线段表示各环,箭头仅表示查找尺寸链组成环的方向。与封闭环箭头方向相同的环为减环,与封闭环箭头方向相反的环为增环。如图 16-1(b)中的尺寸 $A_3$、$A_4$ 都为增环,$A_1$、$A_2$、$A_5$ 都为减环。

如图 16-4(a)为一套类零件示意图。从设计角度要求,需保证 $A_0 = (40 \pm 0.08)$ mm 的尺寸,但 $A_0$ 这样的尺寸不便测量,所以,要由相关的尺寸间接予以保证,故应从设计角度建立尺寸链。尺寸 $A_0$ 为封闭环,组成环可以从 $A_0$ 的一端开始找,便能找出相关的尺寸 $A_1$、$A_2$、$A_3$,可画出如图 16-4(b)所示的尺寸链图,从图中可以看出,尺寸 $A_1$、$A_3$ 为减环,$A_2$ 为增环。为了达到由尺寸 $A_1 \sim A_3$ 间接保证尺寸 $A_0$ 的目的,应由 $A_0$ 的极限偏差及公差求出组成环 $A_1 \sim A_3$ 的极限偏差及公差。这样,只要尺寸 $A_1 \sim A_3$ 加工合格,尺寸 $A_0$ 就能得到保证。

## 16.2 尺寸链的解算

尺寸链的解算法有很多种,如完全互换法(极值法)、大数互换法(概率法)、分组互换法、修配法和调整法等。其中,完全互换法是尺寸链计算中最基本的方法。

完全互换法是从尺寸链各环的最大与最小极限尺寸出发进行尺寸链计算,不考虑各环实际尺寸的分布情况。按此法计算出来的尺寸加工各组成环,装配时各组成环不需挑选或辅助加工,装配后即能满足封闭的公差要求,即可实现完全互换。

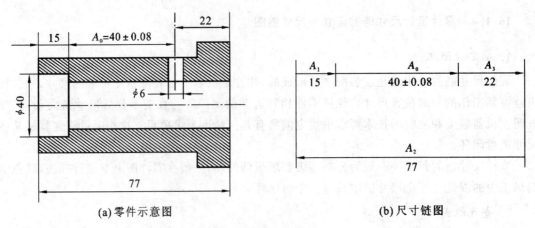

(a) 零件示意图　　　　　　　　　　(b) 尺寸链图

图 16-4　零件尺寸链

### 16. 2. 1　基本公式

设尺寸链的组成环数为 $m$，其中 $n$ 个增环，$m-n$ 个减环，$A_0$ 为封闭环的公称尺寸，$A_i$ 为组成环的公称尺寸，则对于直线尺寸链有如下公式。

1. 封闭环的公称尺寸

$$A_0 = \sum_{i=1}^{n} A_i - \sum_{i=n+1}^{m} A_i \tag{16-1}$$

即封闭环的公称尺寸等于所有增环的公称尺寸之和减去所有减环的公称尺寸之和。

2. 封闭环的极限尺寸

$$A_{0\max} = \sum_{i=1}^{n} A_{i\max} - \sum_{i=n+1}^{m} A_{i\min} \tag{16-2}$$

$$A_{0\min} = \sum_{i=1}^{n} A_{i\min} - \sum_{i=n+1}^{m} A_{i\max} \tag{16-3}$$

即封闭环的最大极限尺寸等于所有增环的最大极限尺寸之和减去所有减环最小极限尺寸之和；封闭环的最小极限尺寸等于所有增环的最小极限尺寸之和减去所有减环的最大极限尺寸之和。

3. 封闭环的极限偏差

$$\mathrm{ES}_0 = \sum_{i=1}^{n} \mathrm{ES}_i - \sum_{i=n+1}^{m} \mathrm{EI}_i \tag{16-4}$$

$$\mathrm{EI}_0 = \sum_{i=1}^{n} \mathrm{EI}_i - \sum_{i=n+1}^{m} \mathrm{ES}_i \tag{16-5}$$

即封闭环的上极限偏差等于所有增环上极限偏差之和减去所有减环下极限偏差之和；封

闭环的下极限偏差等于所有增环下极限偏差之和减去所有减环上极限偏差之和。

4. 封闭环的公差

$$T_0 = \sum_{i=1}^{m} T_i \qquad (16\text{-}6)$$

即封闭环的公差等于所有组成环公差之和。

### 16.2.2 校核计算

校核计算的步骤是根据装配要求确定封闭环;寻找组成环;画尺寸链线图;判别增环和减环;由组成环的公称尺寸和极限偏差验算封闭环的公称尺寸和极限偏差。

**【例 16-1】** 如图 16-5 所示的结构,已知各零件的尺寸:$A_1 = 30_{-0.13}^{\phantom{-}0}$ mm,$A_2 = A_5 = 5_{-0.075}^{\phantom{-}0}$ mm,$A_3 = 43_{+0.02}^{+0.18}$ mm,$A_4 = 3_{-0.04}^{\phantom{-}0}$ mm,设计要求间隙 $A_0$ 为 0.1 mm~0.45 mm,试做校核计算。

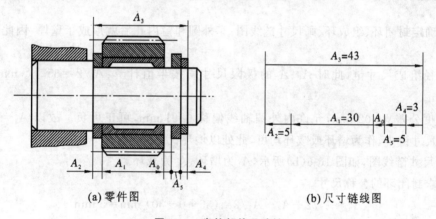

(a) 零件图　　　　　　　　　(b) 尺寸链线图

**图 16-5　齿轮部件尺寸链**

**解:**

(1) 确定封闭环为要求的间隙 $A_0$;寻找组成环,并画出尺寸链线图,如图 16-5(b)所示;判断 $A_3$ 为增环,$A_1$、$A_2$、$A_4$ 和 $A_5$ 为减环。

(2) 按式(16-1)计算封闭环的公称尺寸。

$$A_0 = A_3 - (A_1 + A_2 + A_5) = [43 - (30 + 5 + 3 + 5)] \text{ mm} = 0$$

(3) 按式(16-4)、式(16-5)计算封闭环的极限偏差。

$$\mathrm{ES}_0 = \mathrm{ES}_3 - (\mathrm{EI}_1 + \mathrm{EI}_2 + \mathrm{EI}_4 + \mathrm{EI}_5)$$
$$= [+0.18 - (-0.13 - 0.075 - 0.04 - 0.075)] \text{ mm} = +0.50 \text{ mm}$$

$$\mathrm{EI}_0 = \mathrm{EI}_3 - (\mathrm{ES}_1 + \mathrm{ES}_2 + \mathrm{ES}_4 + \mathrm{ES}_5) = [+0.02 - (0 + 0 + 0 + 0)] \text{ mm} = +0.02 \text{ mm}$$

(4) 按式(16-6)计算封闭环的公差。

$$T_0 = T_1 + T_2 + T_3 + T_4 + T_5 = (0.13 + 0.075 + 0.16 + 0.075 + 0.04) \text{ mm} = 0.48 \text{ mm}$$

经核算,封闭环的尺寸 $A_0 = 0_{+0.02}^{+0.50}$ mm,公差为 0.48 mm,而所要求的间隙为 0.1~0.45 mm,所以不能满足设计要求,必须调整组成环的极限偏差。

**【例 16-2】** 如图 16-6（a）所示圆筒，已知外圆 $A_1 = \phi 70 \left( \begin{smallmatrix} -0.04 \\ -0.12 \end{smallmatrix} \right)$ mm，内孔的尺寸 $A_2 = \phi 60 \left( \begin{smallmatrix} +0.06 \\ 0 \end{smallmatrix} \right)$ mm，又已知内、外圆轴线的同轴度误差最大为 0.02 mm，求壁厚 $A_0$。

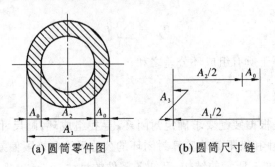

(a) 圆筒零件图　　　　(b) 圆筒尺寸链

图 16-6　圆筒尺寸链

**解：**

（1）确定封闭环、组成环、画尺寸链线图；车外圆和镗内孔后就形成了壁厚，因此，壁厚 $A_0$ 是封闭环。

取半径组成尺寸链，此时 $A_1$、$A_2$ 的极限尺寸均按半值计算：$A_1/2 = 35 \begin{smallmatrix} -0.02 \\ -0.06 \end{smallmatrix}$ mm、$A_2/2 = 30 \begin{smallmatrix} +0.03 \\ 0 \end{smallmatrix}$ mm。

同轴度公差 $\phi 0.02$ mm，允许内外圆轴线偏移 0.01 mm，可正可负。故以 $A_3 = 0 \pm 0.01$ mm 加入尺寸链中，作为增环或减环均可，此处以增环代入。

画出尺寸链线图，如图 16-6(b)所示，$A_1$ 为增环、$A_2$ 为减环。

（2）求封闭环的公称尺寸。

$$A_0 = A_1/2 + A_3 - A_2/2 = (35 + 0 - 30) \text{ mm} = 5 \text{ mm}$$

（3）求封闭环的上、下极限偏差。

$$\text{ES}_0 = \text{ES}_1 + \text{ES}_3 - \text{EI}_2 = (-0.02 + 0.01 - 0) \text{ mm} = -0.01 \text{ mm}$$

$$\text{EI}_0 = \text{EI}_1 + \text{EI}_3 - \text{ES}_2 = (-0.06 - 0.01 - 0.03) \text{ mm} = -0.1 \text{ mm}$$

所以，壁厚 $A_0 = 5 \begin{smallmatrix} -0.01 \\ -0.10 \end{smallmatrix}$ mm。

### 16.2.3　设计计算

设计计算是根据封闭环的极限尺寸和组成环的公称尺寸确定各组成环的公差和极限偏差，最后再进行校核计算。

在具体分配各组成环的公差时，可采用"等公差法"或"等精度法"。

当各环的公称尺寸相差不大时，可将封闭环的公差平均分配给各组成环。如果需要，可在此基础上进行必要的调整，这种方法称"等公差法"，即

$$T_i = \frac{T_0}{m} \tag{16-7}$$

实际工作中，各组成环的公称尺寸一般相差较大，按"等公差法"分配公差，从加工工艺上

讲不合理,为此,可用"等精度法"。

所谓"等精度法",就是各组成环公差等级相同,即各环公差等级系数相等,设其值均为 $\alpha$,则

$$\alpha_1 = \alpha_2 = \cdots = \alpha_m = \alpha \tag{16-8}$$

按 GB/T 1800.1—2009 规定,公称尺寸≤500 mm,在 IT5～IT18 公差等级内,标准公差的计算式为 $T = \alpha i$,其中,标准公差因子 $i = 0.45\sqrt[3]{D} + 0.001D$,为应用方便,将公差等级系数 $\alpha$ 的值和标准公差因子 $i$ 的数值列见表 16-1 和表 16-2。

表 16-1　公差等级系数 $\alpha$ 的数值

| 公差等级 | IT8 | IT9 | IT10 | IT11 | IT12 | IT13 | IT14 | IT15 | IT16 | IT17 | IT18 |
|---|---|---|---|---|---|---|---|---|---|---|---|
| 系数 $\alpha$ | 25 | 40 | 64 | 100 | 160 | 250 | 400 | 640 | 1 000 | 1 600 | 2 500 |

表 16-2　标准公差因子 $i$ 的数值

| 尺寸段 $D$/mm | 1～3 | >3 ～6 | >6 ～10 | >10 ～18 | >18 ～30 | >30 ～50 | >50 ～80 | >80 ～120 | >120 ～180 | >180 ～250 | >250 ～315 | >315 ～400 | >400 ～500 |
|---|---|---|---|---|---|---|---|---|---|---|---|---|---|
| 标准公差因子 $i$/μm | 0.54 | 0.73 | 0.90 | 1.08 | 1.31 | 1.56 | 1.86 | 2.17 | 2.52 | 2.90 | 3.23 | 3.54 | 3.89 |

由式(16-6)可得

$$\alpha = \frac{T_0}{\sum\limits_{i=1}^{m} i_i} \tag{16-9}$$

计算出 $\alpha$ 后,按标准查取与之相近的公差等级系数,进而查表确定各组成环的公差。

各组成环的极限偏差确定方法是先留一个组成环作为调整环,其余各组成环的极限偏差按"入体原则"确定,即包容尺寸的基本偏差为 H,被包容尺寸的基本偏差为 h,一般长度尺寸用 js。

进行公差设计计算时,最后必须进行校核,以保证设计的正确性。

**【例 16-3】**　如图 16-1(a)所示齿轮箱,根据使用要求,应保证间隙 $A_0$ 在 1 mm～1.75 mm 之间。已知各零件的公称尺寸为:$A_1 = 140$ mm,$A_2 = A_5 = 5$ mm,$A_3 = 101$ mm,$A_4 = 50$ mm。用"等精度法"求各环的极限偏差。

**解:**

(1) 由于间隙 $A_0$ 是装配后得到的,故为封闭环;尺寸链线图如图 16-1(b)所示,其中 $A_3$、$A_4$ 为增环,$A_1$、$A_2$、$A_5$ 都为减环。

(2) 计算封闭环的公称尺寸。

$$A_0 = (A_3 + A_4) - (A_1 + A_2 + A_5) = [(101 + 50) - (140 + 5 + 5)] \text{ mm} = 1 \text{ mm}$$

故封闭环的尺寸为 $1^{+0.75}_{0}$ mm。$T_0 = 0.75$ mm。

（3）计算各环的公差。

由表 16-2 可查各组成环的标准公差因子：$i_1 = 2.52, i_2 = i_5 = 0.73, i_3 = 2.17, i_4 = 1.56$。

按式（16-9）得各组成环的公差等级系数

$$\alpha = \frac{T_0}{i_1 + i_2 + i_3 + i_4 + i_5} = \frac{750}{2.52 + 0.73 + 2.17 + 1.56 + 0.73} \, \mu m = 97$$

查表 16-1 可知，$\alpha = 97$ 在 IT10 级和 IT11 级之间。

根据实际情况，箱体零件尺寸大，难加工，衬套尺寸易控制，故选 $A_1$、$A_3$、$A_4$ 为 IT11 级，$A_2$ 和 $A_5$ 为 IT10 级。

查标准公差表得组成环的公差：$T_1 = 0.25$ mm，$T_3 = 0.22$ mm，$T_4 = 0.16$ mm，$T_2 = T_5 = 0.048$ mm。

校核封闭环公差为

$$T_0 = \sum_{i=1}^{5} T_i = (0.25 + 0.048 + 0.22 + 0.16 + 0.048) \text{ mm} = 0.726 \text{ mm} < 0.75 \text{ mm}$$

故封闭环为 $1^{+0.726}_{0}$ mm。

（4）确定各组成环的极限偏差。

根据"入体原则"，由于 $A_1$、$A_2$ 和 $A_5$ 相当于被包容尺寸，故取其上极限偏差为零，即 $A_1 = 140^{0}_{-0.25}$ mm，$A_2 = A_5 = 5^{0}_{-0.048}$ mm。$A_3$ 和 $A_4$ 均为同向平面间距离，留 $A_4$ 作调整环，取 $A_3$ 的下极限偏差为零，即 $A_3 = 101^{+0.22}_{0}$ mm。

根据式（16-5）有

$$0 = (0 + \text{EI}_4) - (0 + 0 + 0)$$

解得 $\text{EI}_4 = 0$。

由于 $T_4 = 0.16$ mm，故 $A_4 = 50^{+0.16}_{0}$ mm。

校核封闭环的上极限偏差

$$\begin{aligned} \text{ES}_0 &= (\text{ES}_3 + \text{ES}_4) - (\text{EI}_1 + \text{EI}_2 + \text{EI}_5) \\ &= [(+0.22 + 0.16) - (-0.25 - 0.048 - 0.048)] \text{ mm} \\ &= +0.726 \text{ mm} \end{aligned}$$

经校核结果符合要求。最后结果为 $A_1 = 140^{0}_{-0.25}$ mm；$A_2 = 5^{0}_{-0.048}$ mm；$A_3 = 101^{+0.22}_{0}$ mm；$A_4 = 50^{+0.16}_{0}$ mm；$A_5 = 5^{0}_{-0.048}$ mm；$A_0 = 1^{+0.726}_{0}$ mm。

## 习　　题

16-1　什么是尺寸链？它有什么特点？

16-2　尺寸链中增环，减环如何判别？

16-3　在尺寸链中，是否既要有增环、也要有减环？

16-4　如图 16-7 所示，有两种不同的尺寸标注方法。其中 $A_0 = {}^{+0.221}_{0}$ mm 为封闭环。试从尺寸链角度考虑，哪一种标注方法更合理？

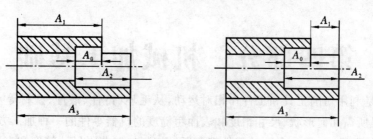

图 16-7 习题 16-4 图

16-5 如图 16-8 所示的零件,按设计要求,需保证尺寸 $S_0 = 140 \pm 0.10$ mm,尺寸标注如图,试求 $S_1$、$S_2$ 两尺寸为多少,才能保证尺寸 $S$ 的要求?

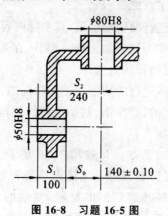

图 16-8 习题 16-5 图

# 第四部分 机械加工基础

切削加工是利用切削工具和工件作相对运动，从毛坯（铸件、锻件、型材等）上切去多余部分材料，以获得所需几何形状、尺寸精度和表面粗糙度的机器零件的一种加工方法。

在现代机械制造中，绝大多数的零件都要通过切削加工获得尺寸精度和表面质量的要求，切削加工在机械制造中占有十分重要的地位。切削加工在一般的生产中占机械制造总工作量的 40%～60%。切削加工的先进程度直接影响着产品的质量和数量。

切削加工分为钳工和机械加工两部分。

钳工一般是由工人手持工具进行的切削加工，其主要内容有画线、錾削、锯削、锉削、刮研、钻孔、铰孔、攻丝和套丝等。钳工作为切削加工的一部分，在某些情况下不仅方便、经济，而且质量容易保证，在机械制造中占有独特的地位。

机械加工是通过工人操作机床进行的切削加工。切削加工按所用切削工具的类型又可分为两类：一类是利用刀具进行加工的，如车削、钻削、镗削、刨削、铣削等；另一类是用磨料进行加工的，如磨削、珩磨、研磨、超精加工等。

随着科学技术的发展，新的加工方法日益增多，并朝着少切削、无切削的方向发展，如精铸、精锻、冷挤等。又如电火花加工、超声波、激光等特种加工方法，已突破传统的依靠机械能进行加工的范畴，可以加工各种难切削的材料，复杂的型面和某些具有特殊要求的零件，在一定范围内取代了切削加工。但是，目前切削加工仍是机械制造加工中的主要加工方法。

掌握切削加工中所用的机床、刀具的相关知识，将为今后的专业学习打下坚实的基础。

## 项目十七　金属切削加工基础知识

### 17.1　切削加工的运动分析和切削要素

#### 17.1.1　零件表面的形成

机器零件的形状虽然多种多样，但加以分析，都是由外圆面、内圆面（孔）、平面和曲面等组成。外圆面和内圆面是以一直线作母线，作旋转运动所形成的表面；平面是以一条直线为母线，作直线平移运动所形成的表面；曲面是以一曲线作为母线，作旋转或平移运动所形成的表面。形成这些表面所需的母线及其运动，均由机床上的工件和刀具作相对运动来实现的，图

17-1 所示是刀具和工件作不同的相对运动来完成各种表面的加工方法。

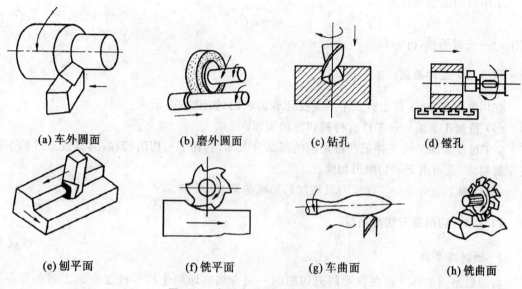

| (a) 车外圆面 | (b) 磨外圆面 | (c) 钻孔 | (d) 镗孔 |
|---|---|---|---|

| (e) 刨平面 | (f) 铣平面 | (g) 车曲面 | (h) 铣曲面 |
|---|---|---|---|

**图 17-1　各种表面加工时的切削运动**

### 17.1.2　切削运动

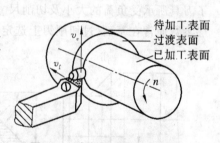

　　金属切削加工，是利用金属切削刀具，从工件表面上切除多余的金属层，以获得所要求的尺寸、形状和表面质量的一种加工技术。以外圆车削为例，如图 17-2 所示，要切除工件表面多余金属层，刀具与工件间必须有相对运动，即工件作回转运动，刀具作直线运动。依其作用的不同，可把切削运动分为主运动与进给运动。

**图 17-2　车削运动和加工表面**

1. 主运动

　　切削时最主要的运动称为主运动。一般来说，这个运动的速度最高，消耗功率最大。车削加工时，主运动是工件的回转运动。主运动的速度即为切削速度，记作 $v_c$，单位是 m/min。即

$$v_c = \frac{n\pi d}{1\,000} \tag{17-1}$$

式中：$n$——主轴转速 r/min；

　　$d$——工件最大外圆直径，mm，如果是钻削或铣削，则 $d$ 为刀具最大直径，mm。

2. 进给运动

　　使新的金属层不断投入切削，以便切除工件表面上全部余量的运动称进给运动。进给运动加上主运动，即可不断地或连续地切除金属，形成切屑，获得所需的已加工表面。一般情况下，此运动的速度较低，消耗功率较小。用进给速度 $v_f$(mm/min)表示，或进给量 $f$(mm/r)

表示。

车削时的进给速度为

$$v_{\mathrm{f}} = nf \tag{17-2}$$

式中:$f$——进给量,mm/r。

### 17.1.3 工件表面

在切削过程中,工件上有三个不断变化着的表面,如图 17-2 所示。

(1) 待加工表面——工件有待被切除的表面。

(2) 过渡表面——工件正在被切削的那部分表面,它在下一切削行程,刀具或工件的下一转里被切除,或者由下一切削刃切除。

(3)已加工表面——工件经刀具切削后形成的新表面。

### 17.1.4 切削层与切削用量

#### 1. 切削层参数

切削层是指工件上正在被切削刃切削的一层金属。即两个相邻过渡表面之间的那层材料。如图 17-3 所示,外圆车削时,工件转一转,车刀从位置Ⅰ移动到位置Ⅱ,前进了一个进给量 $f$,所切下来的金属层(阴影部分)即为切削层。其截面尺寸的大小即为切削层参数,它决定了刀具所承受负荷的大小及切削尺寸,还影响切削力、刀具磨损、表面质量和生产效率。切削层参数通常在基面(过切削刃上选定点,垂直于主运动方向的平面)内测量。

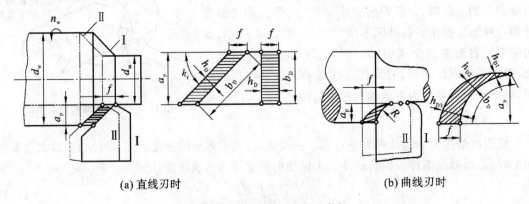

(a) 直线刃时     (b) 曲线刃时

**图 17-3 外圆纵车时切削层参数**

(1) 切削层公称厚度 $h_{\mathrm{D}}$。切削层公称厚度是在基面内垂直于过渡表面测量的切削层的尺寸,单位为 mm。其计算公式为

$$h_{\mathrm{D}} = f \sin k_{\mathrm{r}} \tag{17-3}$$

可见,$h_{\mathrm{D}}$ 随 $f$、$k_{\mathrm{r}}$ 的增大而增大。当切削刃为直线时,切削刃上各点处的 $h_{\mathrm{D}}$ 相等,如图 17-3(a)所示;切削尺寸为曲线时,切削刃上各点的 $h_{\mathrm{D}}$ 是变化的,如图 17-3(b)所示。

（2）切削层公称宽度 $b_D$。切削层公称宽度是在基面内沿过渡表面测量的切削层尺寸,单位为 mm。其计算公式为

$$b_D = \frac{a_p}{\sin \kappa_r} \qquad (17\text{-}4)$$

可见,$a_p$ 越大,$b_D$ 越宽。

（3）切削层公称横截面面积 $A_D$。$A_D$ 是在基面内,切削层截面的面积,单位为 $mm^2$。其计算公式为

$$A_D = h_D b_D = f a_p \qquad (17\text{-}5)$$

**2. 切削用量**

切削用量是用于表示主运动、进给运动和切入量参数。它包括切削速度 $v_c$、进给量 $f$ 和背吃刀量 $a_p$,合称为切削用量三要素。背吃刀量是指在通过切削刃基点并垂直于工作平面（垂直于进给方向）的方向上测量的切削层的参数,以 $a_p$ 表示,单位为 mm。如图 17-4 所示。

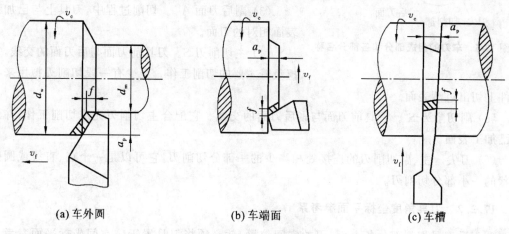

（a）车外圆　　　　　　　　　　（b）车端面　　　　　　　　　　（c）车槽

图 17-4　切削用量

就车外圆工序而言,其计算公式为

$$a_p = \frac{d_w - d_m}{2} \qquad (17\text{-}6)$$

式中:$d_w$——待加工表面直径,mm;

　　$d_m$——已加工表面直径,mm。

**3. 材料切除率**

材料切除率是指单位时间内刀具所切除的工件材料的体积,用符号 $Q_z$ 表示,单位为 $mm^3/s$。是衡量切削效率高低的一个指标。计算公式为

$$Q_z = 1\,000 v_c a_p f \qquad (17\text{-}7)$$

由上式可知,提高 $v_c$、$a_p$ 和 $f$ 中的任何一个参数,均可提高切削效率。

## 17.2 切削刀具基本定义

金属切削的刀具种类繁多,形状各异,但从刀具切削部分的几何特征来看,却具有共性。外圆车刀的切削部分的形态可看成是各种刀具切削部分的基本形态。

### 17.2.1 车刀切削部分的组成

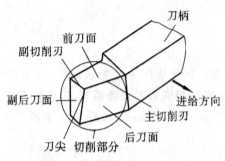

**图 17-5 车刀的组成部分和各部分名称**

图 17-5 所示是常见的直头外圆车刀,它由刀柄和刀头(刀体和切削部分)组成。

切削部分由不同刀面和切削刃构成,定义如下。

(1) 前刀面 $A_\gamma$。刀具上切屑流经的刀面。

(2) 后刀面 $A_\alpha$。切削过程中,刀具上与过渡表面相对的刀面。

(3) 副后刀面 $A'_\alpha$。切削过程中,刀具上与已加工表面相对的刀面。

(4) 主切削刃 $S$。刀具前刀面与后刀面的交线,它担负着主要的切削工作。至少有一段切削刃拟用来在工件上切出过渡表面。

(5) 副切削刃 $S'$。刀具前刀面与副后刀面的交线。它配合主切削刃完成切削工作,并形成已加工表面。

(6) 刀尖。主、副切削刃的连接处相当少的一部分切削刃,它可以是一个点、直线或圆弧形状的一小部分切削刃。

### 17.2.2 刀具角度坐标平面参考系

要表示刀具切削部分各个面、刃的空间位置,就必须将刀具置于一空间坐标平面参考系内。该参考系包括参考坐标平面和测量坐标平面。

1. 参考坐标平面

(1) 基面 $p_r$。通过切削刃上选定点,垂直于主运动方向的平面。

(2) 切削平面 $p_s$。过切削刃上选定点,包括切削刃或切于切削刃(曲线刃)且垂直于基面的平面。

2. 测量坐标平面

正交平面 $p_o$。通过切削刃上选定点并同时垂直于基面和切削平面的平面。

法平面 $p_n$。通过切削刃上选定点并垂直于切削刃的平面。

3. 坐标平面参考系

(1) 正交平面参考系。由 $p_r$、$p_s$、$p_o$ 组成的平面参考系,如图 17-6(a)所示。

(2) 法平面参考系。由 $p_r$、$p_s$、$p_n$ 组成的平面参考系,如图 17-6(b)所示。

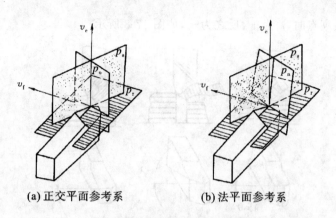

(a) 正交平面参考系       (b) 法平面参考系

**图 17-6　刀具标注角度参考系**

### 17.2.3　刀具的标注角度

刀具的标注角度是刀具设计,制造,刃磨和测量的依据。下面简要介绍在正交平面参考系中的刀具标注角度,如图 17-7 所示。

**1. 基面 $p_r$ 内测量的角度**

主偏角 $\kappa_r$——主切削刃在基面 $p_r$ 上的投影与进给方向之间的夹角。

副偏角 $\kappa_r{}'$——副切削刃在基面 $p_r$ 上的投影与进给方向之间的夹角。

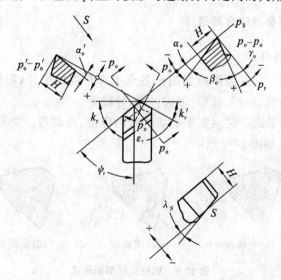

**图 17-7　外圆车刀正交平面参考系标注角度**

**2. 切削平面 $p_s$ 内测量的角度**

刃倾角 $\lambda_s$——在主切削平面 $p_s$ 内测量的主切削刃 S 与基面 $p_r$ 间的夹角;有正负之分,刀尖位于切削刃的最高点时,$\lambda_s$ 为 $+$,反之为 $-$,如图 17-8 所示。

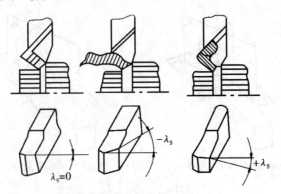

图 17-8 车刀的刃倾角

**3. 正交平面 $p_o$ 内测量的角度**

前角 $\gamma_o$——在正交平面 $p_o$ 内测量的前刀面 $A_\gamma$ 与基面 $p_r$ 间的夹角;有正负之分,前刀面 $A_\gamma$ 位于基面之上时,$\gamma_o$ 为 $-$,反之为 $+$。

后角 $\alpha_o$——在正交平面 $p_o$ 内测量的后刀面 $A_\alpha$ 与切削平面 $p_s$ 间的夹角。

上述五个角度就确定了主切削刃及前、后刀面的方位,其中,$\gamma_o$、$\lambda_s$ 确定前刀面方位,$\kappa_r$、$\alpha_o$ 确定后刀面方位,$\kappa_r$、$\lambda_s$ 确定主切削刃的方位。

### 17.2.4 刀具几何参数的合理选择

**1. 刀具几何参数的内容**

(1) 切削刃的形状。它直接影响切削刃各点工作角度的变化,影响切削刃的受力状况。以车刀为例,有直线、折线、圆弧、波形、刀尖过渡、分段等。

(2) 切削刃区剖面形式。它主要影响切削时的温度、振动等。主要有锋刃、负倒棱刃、消振棱、倒圆刃、刃带等。如图 17-9 所示。

(a) 锋刃　　　(b) 负倒棱　　　(c) 消振棱　　　(d) 倒圆刃　　　(e) 刃带

图 17-9 切削刃区剖面形式

(3) 刀面形式。它影响切屑的变形、卷屑和断屑,对切削力、切削热及刀具的磨损都有影响。常见的刀面形式有:前刀面上的卷屑槽(如图 17-10 所示)、断屑槽、后刀面的双重刃磨、铲背及波形刀面等。

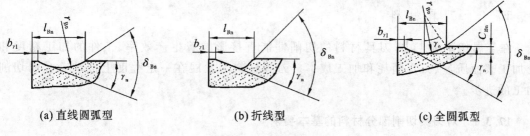

(a) 直线圆弧型　　　　　　(b) 折线型　　　　　　(c) 全圆弧型

图 17-10　卷屑槽形式

（4）刀具几何角度。即刀具的基本角度 $\gamma_{o}$、$\alpha_{o}$、$\kappa_{r}$、$\kappa_{r}'$、$\lambda_{s}$ 等，它对保证零件的加工质量和提高生产效率是十分重要的。

**2. 刀具角度的选择**

（1）前角 $\gamma_{o}$。增大前角，切屑易流出，可使切削力降低，切削轻快，但前角过大时，会削弱刀刃强度及散热能力，使刀具的寿命降低。当加工塑性材料、工件材料硬度较低、刀头材料韧度较高或精加工时，前角值可取大些；当加工脆性材料、工件材料硬度较高、刀头材料韧度较低或粗加工时，前角值可取小些。加工各种材料的前角参考值约为铝合金 $25°\sim35°$、铜合金 $35°$、低碳钢 $20°\sim25°$、不锈钢 $15°\sim25°$、中等硬度钢如 45 钢、40Cr 钢取 $10°\sim20°$、高碳钢取 $-5°$、灰铸铁取 $15°$。

（2）后角 $\alpha_{o}$。增大后角，可减少刀具后面与工件之间的摩擦，但后角过大时，刀刃强度将降低，散热条件变差，刀具容易损坏。一般，当加工塑性材料和精加工时，后角可取大些。通常，用高速钢制成的车刀，其后角约为 $6°\sim15°$；用硬质合金制成的车刀在强力切削时，其后角为 $3°\sim6°$、精车时为 $8°\sim12°$。

（3）主偏角 $\kappa_{r}$。在切削深度和进给量不变的情况下，增大主偏角，可使切削力沿工件轴向力加大，径向力减小，有利于加工细长轴并减小振动。但是，由于主刀刃参加切削工作的长度减小，刀刃单位长度上切削力加大，散热性能下降，刀具磨损加快。通常，当加工细长轴时，主偏角选取 $75°\sim90°$；强力切削时选取 $60°\sim75°$；加工硬材料时，选取 $10°\sim30°$。

（4）刃倾角 $\lambda_{s}$。增大刃倾角有利于提高刀具承受冲击的能力。当刃倾角为正值时，切屑向待加工面方向流动；为负值时，切屑向已加工面方向流出，如图 17-11 所示。通常，精车时，刃倾角值取 $0°\sim4°$；粗车时取 $-10°\sim-5°$。

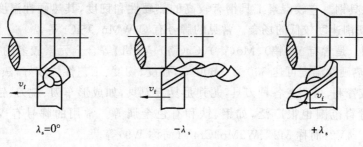

$\lambda_{s}=0°$　　　　　　$-\lambda_{s}$　　　　　　$+\lambda_{s}$

图 17-11　刃倾角对排屑的影响

## 17.3　刀具材料

在金属切削加工中，刀具材料的切削性能直接影响着生产效率、工件的加工精度和已加工表面质量、刀具消耗和加工成本。刀具材料的发展在一定程度上推动着金属切削加工的进步。

### 17.3.1　对刀具切削部分材料的基本要求

刀具切削部分在切削过程中，承受很大的切削力和冲击力，并且在很高的温度下进行工作，摩擦十分剧烈。为保证切削的进行，刀具切削部分材料必须具备以下基本要求。

（1）高硬度。刀具材料的硬度必须高于被切工件的硬度，常温硬度必须在 62HRC 以上。

（2）高耐磨性。耐磨性是表示刀具材料抵抗磨损的能力。它取决于材料本身的硬度、化学成分和金相组织。一般说，刀具材料硬度越高，耐磨性就越好。金相组织中碳化物越多、颗粒越细、分布越均匀，其耐磨性也越好。

（3）足够的强度和韧度。一般用刀具材料的抗弯强度表示它的强度大小；用冲击韧度表示其韧性的大小，它反映刀具材料抗脆性断裂、崩刃的能力。

（4）高的热硬性。是指刀具在高温下仍能保持高硬度的性能，通常用红硬性表示。热硬性越好，允许的切削速度越高，因此，它是衡量刀具材料性能的重要指标。

（5）良好的工艺性和经济性。为便于制造刀具，要求刀具材料具有良好的工艺性能。如锻造、磨削、热处理、焊接等性能。同时，价格要求低廉。

### 17.3.2　常用刀具材料性能的比较

刀具材料的种类主要有工具钢、硬质合金、陶瓷、超硬材料四大类，目前使用最多的是高速钢和硬质合金。

**1. 工具钢**

（1）优质碳素工具钢。它淬火后有较高的硬度，容易磨得锋利，但其热硬性差，在 200 ℃～250 ℃时，硬度就明显下降，因此，仅用于一些手工或切削速度较低的刀具。常见的牌号有 T10A、T12A 等。

（2）合金工具钢。它较碳素工具钢有较高的热硬性和韧度，其热硬性温度约为 300 ℃～350 ℃，仅用于切削速度较低的场合。常见的牌号有 CrWMn、9SiCr 等。

（3）高速钢。是含有 W（钨）、Mo（钼）、Cr（铬）、V（钒）等合金元素较多的工具钢，俗称白钢、风（锋）钢。热硬性温度可达 550 ℃～600 ℃，强度、韧度、工艺性均较好，热处理变形小，刃磨后切削刃比较锋利，可制造各种刀具，尤其是复杂刀具，如成形车刀、铣刀、钻头、拉刀、齿轮刀具等。加工材料范围也很广泛，如钢、铁和有色金属等。常用的牌号有 W18Cr4V（简称W18）、W6Mo5Cr4V2（简称 M2）、W9Mo3Cr4V（简称 W9）等。

### 2. 硬质合金

硬质合金是由硬度和熔点都很高的金属碳化物（如 WC、TiC、TaC、NbC 等）和金属黏结剂（如 Co、Ni、Mo 等）研制成粉末，按一定比例混合、压制成型，在高温高压下烧结而成。常用的切削工具用硬质合金牌号按使用领域的不同分为 P、M、K、N、S、H 六类。

由于硬质合金中含有大量金属碳化物，其硬度、熔点都很高，化学稳定性也好，因此硬质合金的硬度、耐磨性、耐热性都很高，硬度可达 89 HRA～93 HRA（相当于 68 HRC 以上），热硬性温度高达 800 ℃～1 000 ℃。用硬质合金制成的刀具，允许的切削速度比高速钢高 4～7 倍，刀具寿命可提高几倍到几十倍。但硬质合金的缺点是抗弯性和冲击韧度较高速钢低，抗振性差。

硬质合金由于切削性能优良，已成为主要的刀具材料，一般制成各种形状的刀片焊接或夹固在刀体上使用。一些形状复杂的刀具如麻花钻、齿轮滚刀、铰刀、拉刀等也日益广泛采用此材料。

### 3. 陶瓷刀具材料

陶瓷刀具材料主要有两大类，即氧化铝（$Al_2O_3$）基陶瓷材料和氮化硅（$Si_3N_4$）基陶瓷材料。

陶瓷刀具的硬度达 91 HRA～95 HRA，超过硬质合金，其耐磨性为一般硬质合金的 5 倍。耐热性高，在 1 200 ℃时仍保持 80 HRA，而且化学稳定性好，与钢不易亲和，抗黏结、抗扩散能力较强；又具有较低的摩擦因数。但陶瓷刀的最大的缺点是抗弯强度低、抗冲击性能差，刀片易破损。

陶瓷刀具主要用于高速精加工和半精加工冷硬铸铁、淬硬钢等。

### 4. 超硬材料

（1）人造金刚石。人造金刚石是在高温高压下由石墨转化而成的，其硬度接近于 10 000 HV，是目前人工制成的硬度最高的刀具材料。但人造金刚石的耐热性差，切削温度超过 800 ℃时就会失去切削能力，而且高温时金刚石极易氧化、碳化，与铁发生化学反应，导致刃口破裂，故不适合加工铁族材料。目前，主要可用于高速精加工有色金属及合金、非金属硬脆材料及用作牙科磨具和磨料。

（2）立方氮化硼。立方氮化硼（CBN）是由六方 BN（hBN）在高温高压下加入氮化剂转变而成。其硬度高达 8 000～9 000 HV，耐磨性好，耐热性高达 1 400 ℃，可以用来制造砂轮、或制成以硬质合金为基体的复合刀片，主要用于对高硬度、高强度淬火钢和耐热钢、冷硬铸铁进行半精加工和精加工，也适用于有色金属的精加工。

## 17.4　切削过程中的物理现象

### 17.4.1　金属的切削过程与三个变形区

金属的切削过程是刀具在切削运动中，从工件表面切下多余的金属、而形成已加工表面的过程。揭示切削过程的变化规律,是研究切削力、切削热、刀具磨损及加工表面质量的基础,对合理使用与设计刀具、保证加工质量、提高生产效率、降低生产成本等,都具有十分重要的意义。

下面以切削塑性金属材料的切屑形成过程为例,分析金属切削层的变形及其规律。在刀具切削刃附近的切削层,传统上将其分为三个变形区域,如图 17-12 所示。

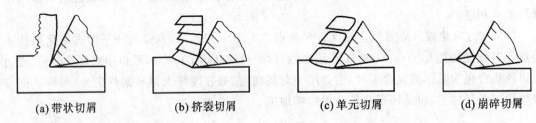

图 17-12 三个变形区

### 1. 第一变形区Ⅰ

从 OA 开始到 OM 线之间是切削层的塑性变形区,是切削变形的主要区域,又称基本变形区。该区的变形量最大,消耗大部分切削功率,并产生大量的切削热。常用它来说明切削过程的变化情况。

### 2. 第二变形区Ⅱ

切屑沿前刀面排出时受到前刀面推挤与摩擦,进一步产生塑性变形,使得靠近前刀面处的金属纤维化,纤维化的方向基本与前刀面平行。切屑与前刀面相接触的靠近刀面的极薄的一层区域称为第二变形区,或称为前刀面上内摩擦变形区。

### 3. 第三变形区Ⅲ

刀具与已加工表面的表层金属在主切削刃及后刀面的挤压、摩擦作用下,与后刀面接触的区域将产生塑性变形,造成纤维化和加工硬化,与切削刃钝圆部分和后刀面相接触的已加工表面区域称为第三变形区,或称为已加工表面变形区。

综上所述,金属切削过程的实质就是被切金属连续受刀具的挤压和摩擦,产生弹性变形、塑性变形,最终使被切金属与母体分离形成切屑的过程。

### 17.4.2 切屑的形态

由于工件材料、切削条件的不同,因此产生的切屑种类也不一样。按其机理可分为四大类,如图 17-13 所示。

(a) 带状切屑　　　　(b) 挤裂切屑　　　　(c) 单元切屑　　　　(d) 崩碎切屑

图 17-13 切屑种类

### 1. 带状切屑

带状切屑是底面光滑,上表面呈毛茸状的连续状切屑。通常,用较大前角刀具高速、小切削厚度切削塑性材料时易产生带状切屑。形成带状切屑时,切削过程平稳,波动小,已加工表面粗糙度值小,但切屑连续不断,会缠绕在刀具或工件上,不够安全,故需采取断屑措施。

**2. 挤裂切屑**

挤裂切屑又称节状切屑,是底面光滑,有时出现裂纹,上表面呈锯齿状的连续带状切屑。这种切削过程有轻微的振动,已加工表面粗糙度值较前者大。其产生条件与前者相比切削速度、刀具前角均有减小,切削厚度有所增加。

**3. 单元切屑**

单元切屑又称粒状切屑,其形状呈粒状,裂纹贯穿切屑。这种切削过程不平稳,产生较大振动,使已加工表面粗糙度值增大,切削力波动大。其产生条件与前者相比切削速度、前角进一步减小,切削厚度进一步增加,是在加工塑性材料时较少见的一种切屑形态。

**4. 崩碎切屑**

在加工铸铁和黄铜等脆性材料时,切削层金属未经明显的塑性就突然崩碎,而形成崩碎屑、粉状屑、片状屑、针状屑等。其切削过程振动较大,切削力集中作用在刀刃处,已加工表面粗糙度值较大。

切屑的形状、断屑和卷屑的难易,主要受工件材料性能的影响,通过认识各类切屑形成的规律,适当改变切削条件,就可以使切屑的变形到控制,得到预期的切屑形状。

### 17.4.3 积屑瘤

在一定的切削的切削速度下加工塑性材料时,在刀具的前刀面上靠近刀刃的部位,常发现黏附着一小块很硬的金属,它包围切削刃,覆盖刀具的部分前面,这块金属称为积屑瘤,如图 17-14 所示。其组织和性质既不同于工件材料,又不同于刀具材料,硬度很高,处于稳定状态时,能代替切削刃进行切削。

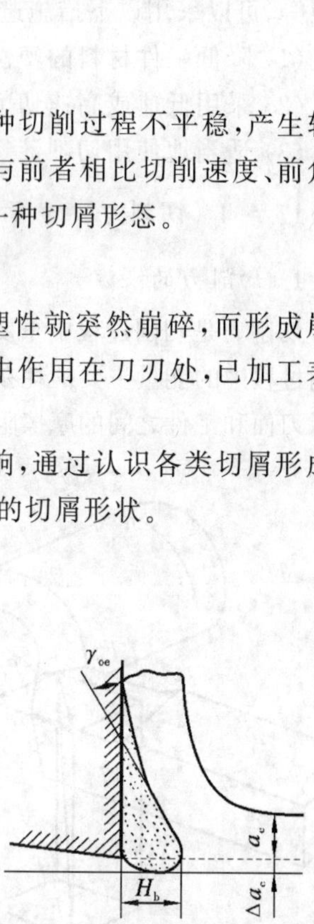

**1. 积屑瘤的形成**

切削加工时,在切屑流经前刀面过程中,由于极大的变

**图 17-14 积屑瘤对刀具前角的影响**

形产生的高温和极大的压力使切屑在前刀面上流动速度变慢而导致"滞流",当滞流层冷作硬化后,形成了能抵抗切削力作用而不从刀面上脱落的刀瘤核,滞流层在刀瘤核上不断地堆积,形成了刀瘤。当刀瘤长到一定的程度时,不再继续生长,便形成了一个完整的积屑瘤。

**2. 积屑瘤对切削加工的影响**

(1) 对刀具强度的影响。由于积屑瘤的硬度很高(约为工件硬度的 2～3.5 倍),附着在切削刃及前刀面上,可代替切削刃进行切削,起到了保护刀面、减少刀具磨损、增强切削刃的作用。

(2) 对切削力的影响。积屑瘤黏结在前刀面上,增大了刀具的实际前角,可使切削力减小,因此,在粗加工中,可利用它来保护切削刃。

（3）对已加工表面的影响。由于积屑瘤顶部的不稳定性，时生时灭，会造成切削厚度的波动，这将影响工件的尺寸精度，而且其碎片随机性散落，可能会黏附在已加工表面上，从而会使已加工表面变得粗糙。因此，在精加工时应避免形成积屑瘤。

**3. 避免产生积屑瘤的措施**

当工件材料一定时，影响积屑瘤形成的主要因素有切削速度、进给量、刀具材料、前角及切削液等，可以采用以下措施避免产生积屑瘤。

（1）降低工件材料的塑性，提高硬度，以减少滞流层的形成。

（2）采用低速或高速切削、减小进给量、增大刀具前角可减少积屑瘤的形成。

（3）适当地使用切削液，以降低切削温度，也有利于防止积屑瘤的产生。

### 17.4.4 切削力

**1. 切削力的来源**

切削力是切削过程中重要的物理现象，它直接影响工件质量、刀具寿命和机床动力消耗等。切削过程中的能量主要消耗在克服切削变形时产生的抗力、克服刀具前刀面和切屑之间，以及刀具后刀面和工件之间的摩擦阻力。这些抗力和阻力构成了切削过程中的总切削力，用 $F$ 表示。

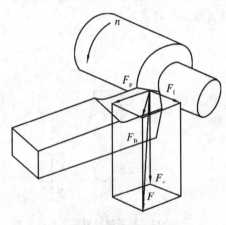

**图 17-15  切削合力与分力**

**2. 切削力的分解**

为了便于分析，可以把作用在刀具上的总切削力 $F$ 分解成三个相互垂直的切削分力，如图 17-15 所示。

（1）主切削力 $F_c$。垂直于基面且与切削主运动速度方向一致，是计算机床动力的主要依据，消耗功率 95% 以上。

（2）背向力 $F_p$。在基面内，与切削进给速度方向垂直。其反作用于工件上，容易使工件变形，同时还会引起振动，使工件的表面粗糙度值增大。

（3）进给力 $F_f$。在基面内，与进给速度方向平行。它作用于机床进给机构上，是验证进给系统零件强度和刚度的依据。由图 17-15 可知

$$F^2 = F_c^2 + F_p^2 + F_f^2 \tag{17-8}$$

**3. 切削功率**

切削功率是指同一瞬间切削刃基点的工作力与合成切削速度的乘积，用 $P_c$ 表示。因背向力 $F_p$ 不消耗机床功率，所以切削功率是切削力 $F_c$ 与进给力 $F_f$ 消耗的功率之和。由于进给力 $F_f$ 消耗的功率仅占总消耗功率的 $1\% \sim 5\%$，可忽略不计，所以切削功率 $P_c$(kw) 的计算公式为

$$P_c = \frac{F_c v_c \times 10^{-3}}{60} \tag{17-9}$$

式中:$F_c$——主切削力,N;

$v_c$——切削速度,m/min。

根据切削功率 $P_c$ 可以计算机床主电机的功率 $P_E$(kw),计算公式为

$$P_E = \frac{P_c}{\eta_m}$$ (17-10)

式中:$\eta_m$——机床传动效率,一般取 $0.75 \sim 0.85$。

**4. 影响切削力的大小的因素**

(1)工件材料的影响。一般来说,工件材料的强度、硬度愈高,韧度、塑性愈好,愈难切削,切削力也愈大。

(2)切削用量的影响。当背吃刀量 $a_p$ 和进给量 $f$ 增加时,切削力也将增大。在车削加工时,当 $a_p$ 加大一倍,$F_c$ 也增大一倍;而 $f$ 加大一倍,$F_c$ 只增大 $68\% \sim 86\%$,因此,从切削力角度考虑,加大进给量比加大背吃刀量有利。而切削速度对切削力的影响不显著。

(3)刀具几何参数的影响。前角和后角对切削力的影响最大,前角愈大,切屑变形小,切削力也小,后角愈大,刀具后刀面与工件加工表面间的摩擦也就愈小。改变主偏角的大小,可以改变轴向力与径向力的比例。特别是加工细长工件时,经常采用较大的主偏角以使径向力减小。

### 17.4.5 切削热与切削温度

切削热和由它产生的切削温度是切削过程中的另一重要物理现象。切削时所消耗的功约有 $98\% \sim 99\%$ 转换为切削热。当切削温度过高时,会使刀头软化,磨损加剧,寿命下降;最终影响零件的加工精度及表面粗糙度。特别是在加工细长轴、薄壁套时,更应注意热变形的影响。

**1. 切削热的产生与传导**

切削热主要来源于三方面:一是正在加工的工件表面和已加工表面发生的弹性变形和塑性变形会产生大量的热,是切削热的主要来源;二是切屑与刀具前刀面之间的摩擦产生的热;三是工件与刀具后刀面之间的摩擦产生的热。

切削热主要来源于三个变形区,约 $75\%$ 的切削热通过切屑传出;$20\%$ 通过刀具传出;$4\%$ 通过工件传出,余下的 $1\%$ 由空气传出。

**2. 影响切削温度的因素与控制措施**

切削速度对切削温度的影响最明显,因此,在选择切削用量时,一般选用大的背吃刀量或进给量,比选用大的切削速度更有利于降低切削温度。合理选择刀具材料及几何参数,可以减少切削热的产生和加快热量的导出。在生产实践中,为了有效地降低切削温度,经常使用切削液,切削液能带走大量的热,对降低切削温度的效果显著,同时,还能起到润滑、清洗和防锈的作用。常见的切削液如下。

(1)切削油。切削油主要是指各种矿物油、动植物油和加入油性、极压添加剂的混合油。其润滑性能好,但冷却性能较差,主要用来减少磨损和降低工件的表面粗糙度,一般用于低速精加工,如铣削加工和齿轮加工等。

（2）水溶液。水溶液主要成分是水，加入防锈剂、表面活性剂或油性添加剂。其热导率高、流动性好，主要起冷却作用，同时还具有防锈、清洗等作用。

（3）乳化液。由乳化油加水稀释而成，液体呈乳白色或半透明状，有良好的流动性和冷却作用，也有一定的润滑性能，是应用最广泛的切削液。低浓度的乳化液用于粗车、磨削；高浓度乳化液用于精车、钻孔和铣削等。在乳化液中加入硫、磷等有机化合物，可提高润滑性。适用于螺纹、齿轮等精加工。

但应当注意如下几点。

① 在加工铸铁时一般不用切削液，因为铸铁中所含的石墨成分，可以起到润滑作用。

② 当采用硬质合金刀具加工工件时，一般不用切削液，因硬质合金的热硬性好，能耐高温，用切削液时却可能使它产生裂纹，导致刀具失效。

③ 在切削铜料时不宜用含硫的切削液，因硫能腐蚀铜。

### 17.4.6　刀具磨损和寿命

在切削过程中，一方面，刀具从工件上切下金属，另一方面，刀具本身也逐渐被工件和切屑磨损。磨损在加工中的表现为：一把新刃磨的刀具，经过一段时间的切削后，工件的已加工表面粗糙度值增大，尺寸超差，切削温度升高，切削力增大，并伴有振动，此时，刀具已磨损。

**1. 刀具磨损的形态**

刀具失效有正常磨损和非正常磨损两类。

（1）正常磨损。分前刀面磨损（月牙洼磨损）和后刀面磨损（图 17-16 为车刀磨损示意图。图中 $KT$ 表示前刀面被磨损的月牙洼深度，$VB$ 表示后刀面被磨损的高度。）

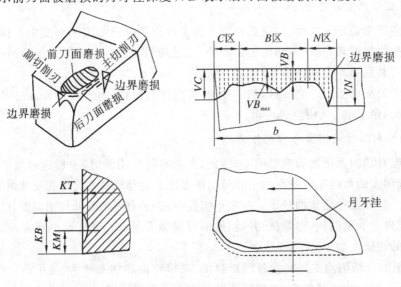

**图 17-16　刀具的磨损**

（2）非正常磨损。指生产中突然出现崩刃、卷刃或刀片破裂的现象。

**2．刀具磨损的三个阶段**

（1）初期磨损阶段。如图 17-17 所示，磨损过程较快，时间短，这是由于新刃磨的刀具表面有高低微观不平，造成尖峰很快被磨损。

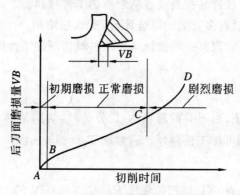

**图 17-17　刀具磨损的三个阶段**

（2）正常磨损阶段。刀具表面经过初期磨损，表面变得光洁，摩擦力减少，使磨损速度减慢，刀具的磨损量基本与时间成正比。

（3）剧烈磨损阶段。刀具经正常磨损后，切削刃已变钝，切削力、切削温度急剧升高，刀具性能急剧下降，加工质量显著恶化。

在生产中，为合理使用刀具，保证加工质量，刀具磨损应避免到达剧烈磨损阶段，在这个阶段到来之前，就应及时更换刀具（或切削刃）。一般规定，用便于测量的后刀面的磨损量（VB 数值）作为刀具磨钝的标准。

**3．刀具的寿命**

刀具寿命是指新刃磨的刀具，从开始切削至达到刀具磨钝标准所经过总的净切削时间，以 $T_c$（min）表示。影响刀具寿命的因素很多，主要有工件材料、刀具材料及几何角度、切削用量以及是否使用切削液等，而切削用量中以切削速度对刀具的寿命 $T_c$ 影响最大。

在实际生产中，确定合理的刀具寿命的原则有两种：一种是使生产率达到最高的刀具寿命；一种是使生产成本降到最低的刀具寿命。一般情况下，都使用最低成本刀具寿命，即切削速度较低，生产率较低，刀具寿命延长。如果在产品供不应求或生产环节出现不平衡，或生产任务紧急时，才使用最高生产率刀具寿命，即提高切削速度，生产率提高，刀具寿命下降。

## 17.5　工件材料的可加工性

工件材料的可加工性，是指在一定的条件下，对某种材料进行加工的难易程度。可加工性是一个相对的概念。如低碳钢，从切削力和切削功率方面来衡量，则可加工性好；如果从已加工表面粗糙度方面来衡量，则可加工性不好。

### 17.5.1　衡量工件材料切削加工性的指标

一般工件材料良好的可加工性是指在相同的切削条件下,刀具寿命 $T_c$ 较长,或在一定的寿命 $T_c$ 下所允许的切削速度 $v_T$ 较高;在相同的切削条件下,切削力较小,切削温度较低;容易获得好的表面质量;切屑形状容易控制或容易断屑的工件材料。

由于切削加工性是对材料多方面的综合评价,所以很难用一个简单的物理量来精确规定和测量。在生产和实验中,常取某一项指标来反映材料切削加工性的某一具体方面,最常用的是 $v_T$ 和 $K_r$。

1. $v_T$ 的含义

指在一定的切削条件下,当刀具的寿命为 $T_c$ 分钟时,切削某种材料所允许的最大的切削速度。$v_T$ 越高,表示材料的可加工性越好。通常取 $T_c = 60 \text{ min}$,则 $v_T$ 可写作 $v_{60}$。

2. $K_r$ 的含义

$K_r$ 称为相对加工性,一般以切削抗拉强度 $R_m = 0.735 \text{ GPa}$ 的 45 钢,刀具寿命 $T_c = 60 \text{ min}$ 时的切削速度 $v_{60}$ 为基准,然后,将其他各种材料的 $(v_{60})_j$ 与之相比所得的比值。当 $K_r > 1$ 时,表示该材料比 45 钢容易切削;反之,则比 45 钢难切削。常用工件材料的相对加工性可分为八级,见表 17-1。

**表 17-1　常见材料相对加工性及其分级**

| 加工性等级 | 工件材料分类 | | 相对加工性 $K_r$ | 典型材料 |
|---|---|---|---|---|
| 1 | 很容易切削的材料 | 一般有色金属 | >3.00 | ZCuSn5Pb5Zn5,铝青铜,铝镁合金 |
| 2 | 容易切削的材料 | 易切削钢 | 2.50~3.00 | 退火 15Cr,自动机钢 |
| 3 | | 较易切削钢 | 1.60~2.50 | 正火 30 钢 |
| 4 | 普通材料 | 一般钢及铸铁 | 1.00~1.60 | 45 钢,灰口铸铁、结构钢 |
| 5 | | 稍难切削材料 | 0.65~1.0 | 调质 2Cr13,85 钢 |
| 6 | 难切削材料 | 较难切削材料 | 0.50~0.65 | 调质 65 Mn,调质 45Cr |
| 7 | | 难切削材料 | 0.15~0.50 | 调质 50CrV,1Cr18Ni9Ti(未淬火),某些钛合金 |
| 8 | | 很难切削材料 | <0.15 | 某些钛合金,铸造镍基高温合金,Mn13 高锰钢 |

### 17.5.2　影响材料可加工性的因素及改善措施

1. 影响工件材料可加工性的主要因素

(1) 硬度、强度。一般来讲,材料的硬度、强度愈高,则切削力愈大,消耗切削功率愈多,切削温度愈高,刀具磨损愈快,因此,其可加工性差。

（2）塑性。材料的塑性愈大，则切削变形愈大，刀具容易发生磨损。在较低的切削速度下加工塑性材料还容易出现积屑瘤，使加工表面粗糙度值增大，且断屑困难，故可加工性不好。但材料塑性太差时，得到崩碎切屑，切削力和切削热集中在切削刃附近，刀具易产生崩刃，可加工性也较差。

（3）材料的热导率、化学成分、金相组织等都对材料的可加工性有一定的影响。

2. 改善材料可加工性的主要措施

（1）调整材料的化学成分。在钢中加入 S、P、Pb、Ca 等元素能起到一定的润滑作用并增加材料的热脆性，提高刀具寿命，从而改善其可加工性。

（2）对工件材料进行适当的热处理。利用热处理可改善低碳钢和高碳钢的可加工性。例如，对低碳钢进行正火处理，可降低塑性，提高硬度，使其可加工性得到改善；对高碳钢和工具钢进行球化退火，使网状、片状的渗碳体组织球状渗碳体，降低了材料的硬度，使切削加工较易进行；对于出现白口组织的铸件，可在 950 ℃～1 000 ℃下进行长时间退火，降低硬度，达到改善可加工性的目的。

## 17.6　常用切削刀具

### 17.6.1　车刀

1. 车刀的种类和用途

车刀的种类很多，具体可按用途和结构分类。

（1）按用途分类。车刀可分为外圆车刀、内孔车刀、端面车刀、切断车刀、螺纹车刀等。如图 17-18 所示。

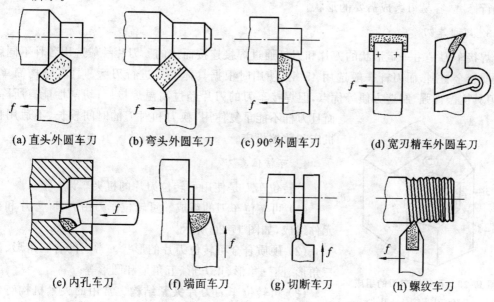

(a) 直头外圆车刀　　(b) 弯头外圆车刀　　(c) 90°外圆车刀　　(d) 宽刃精车外圆车刀

(e) 内孔车刀　　(f) 端面车刀　　(g) 切断车刀　　(h) 螺纹车刀

**图 17-18　常用车刀类型**

（2）按结构分类。车刀可分为整体车刀、焊接车刀、机夹车刀、可转位车刀和成形车刀。如图 17-19 所示。

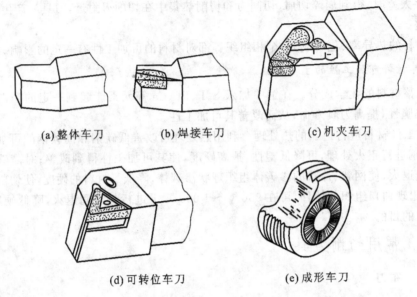

(a) 整体车刀　　　(b) 焊接车刀　　　(c) 机夹车刀

(d) 可转位车刀　　　(e) 成形车刀

**图 17-19　车刀结构分类**

**2．整体车刀**

整体车刀主要是高速钢车刀，俗称"白钢刀"，截面为正方形或矩形，使用时可根据不同用途进行修磨，容易刃磨成需要的形状。

**3．焊接车刀**

焊接车刀是由一定形状的刀片和刀杆通过焊接连接而成的。刀片一般选用各种不同牌号的硬质合金材料，而刀杆一般选用 45 钢，使用时根据具体需要进行刃磨。具有结构简单、紧凑、刀具抗振性强、制造方便等优点，但焊接车刀的刀片经过高温焊接后，切削性能有所降低，而且刀杆不能重复使用，换刀和对刀的时间较长，不适用自动机床和数控机床。

**4．可转位车刀**

可转位车刀是使用可转位刀片的机夹车刀。

（1）可转位车刀的组成。可转位车刀由刀杆、刀片和夹紧元件组成，如图 17-20 所示。

（2）硬质合金可转位刀片的形状。常用的有三角形、偏 8° 三角形、凸三角形、正方形、五角形和圆形等。

（3）可转位车刀刀片夹紧结构。常用的夹紧机构有偏心式、杠杆式、杠销式、楔销式和上压式等。

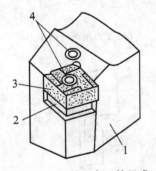

**图 17-20　可转位车刀的组成**

1—刀杆；2—刀垫；3—刀片；

4—夹紧元件

（4）可转位车刀的特点。

① 刀片不经焊接、刃磨，可避免脱焊、裂纹等缺陷，提高了刀片的寿命，而且刀杆可以重复使用。

② 可以为工业化大生产提供先进的、合理的刀具几何参数。

③ 刀片可转位使用，切削刃全用钝后，只需更换相同规格的刀片即可，效率提高，适合于大批量生产。而且，可转位车刀的几何角度完全由刀片和刀槽的几何角度决定，切削性能稳定，在数控机床、自动线上尤为重要。

④ 有利于标准化设计和大量生产，有利于采用先进的涂层刀片。

### 17.6.2　孔加工刀具

孔加工方法很多，机械加工中最常见的是在车床、钻床和镗床上进行孔的加工。孔加工刀具分为两类：一类是在实体上加工出孔的刀具；主要有扁钻、麻花钻、中心钻及深孔钻等。另一类是对工件上已有孔进行再加工的刀具；主要有扩孔钻、锪钻、铰刀及镗刀等。

**1. 麻花钻**

麻花钻由柄部、颈部和工作部分所组成，如图 17-21 所示。

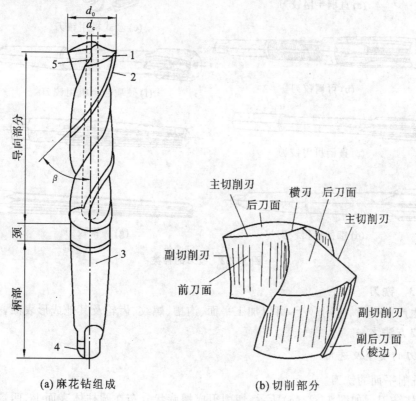

(a) 麻花钻组成　　　(b) 切削部分

**图 17-21　麻花钻的结构**

1—刃瓣；2—棱边；3—莫氏锥柄；4—扁尾；5—螺旋槽

283

（1）柄部。柄部用于装夹并传递钻削力和转矩。

（2）颈部。颈部主要用来连接柄部和工作部分。

（3）工作部分。工作部分由导向部分和切削部分组成。

① 导向部分。导向部分即钻头的螺旋槽部分，它的径向尺寸决定了钻头的直径 $d_0$。螺旋槽是排屑的通道，两条棱边起导向作用，导向部分也是钻头的备磨部分。

② 切削部分（见图 17-21（b））。切削部分由两个螺旋形前刀面、两个经刃磨获得的后刀面、两个圆柱形的副后刀面（棱边）组成。前刀面与后刀面的交线形成两条主切削刃，前刀面与棱边交线形成两条副切削刃，两后刀面交线形成横刃。

2. 铰刀

铰刀用于中小直径孔的半精加工与精加工，因铰削加工余量小，铰刀齿数多，铰刀刚性和导向性好，工作平稳，加工精度可达 IT7～IT6，表面粗糙度 $Ra$ 达 $1.6\ \mu m$～$0.4\ \mu m$。铰刀的种类如图 17-22 所示。

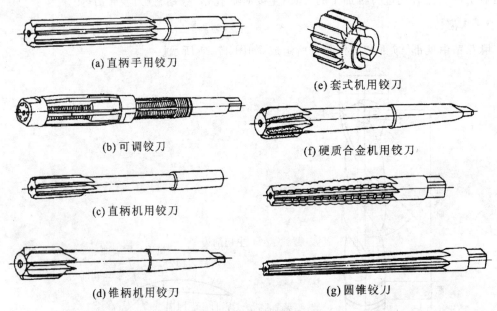

(a) 直柄手用铰刀

(e) 套式机用铰刀

(b) 可调铰刀

(f) 硬质合金机用铰刀

(c) 直柄机用铰刀

(d) 锥柄机用铰刀

(g) 圆锥铰刀

图 17-22 铰刀的种类

### 17.6.3 铣刀

铣削生产效率高、应用广泛，可以加工平面、沟槽、螺纹、齿轮及其他成形表面，是金属切削加工的主要方法之一。

1. 铣刀的类型及选用

（1）铣削平面的铣刀。

① 圆柱铣刀。如图 17-23（a）所示，切削刃成螺旋状分布在圆柱体表面上，两端无切削刃。常用来加工平面，铣削平稳，生产效率高。

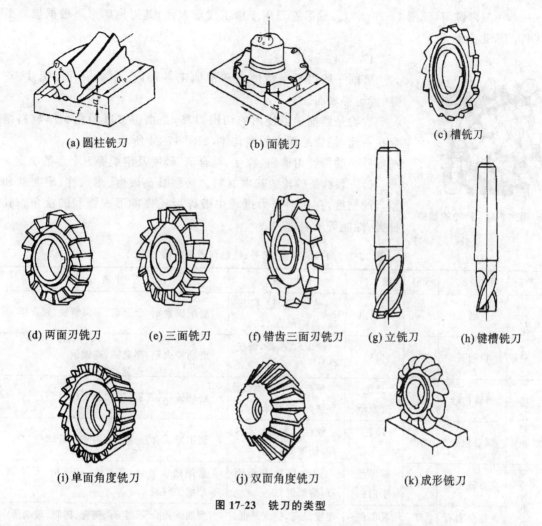

(a) 圆柱铣刀　　　　　(b) 面铣刀　　　　　　　　　(c) 槽铣刀

(d) 两面刃铣刀　　(e) 三面铣刀　　(f) 错齿三面刃铣刀　　(g) 立铣刀　　(h) 键槽铣刀

(i) 单面角度铣刀　　　　(j) 双面角度铣刀　　　　(k) 成形铣刀

图 17-23　铣刀的类型

② 硬质合金面铣刀。如图 17-23(b)所示，面铣刀的切削刃分布在铣刀端面。铣刀轴线垂直于被加工表面，多用于立式铣床上加工平面。

(2) 铣沟槽铣刀。

① 盘形铣刀。盘形铣刀主要有槽铣刀(图 17-23(c))、两面刃铣刀(图 17-23(d))、三面刃铣刀(图 17-23(e))、错齿三面刃铣刀(图 17-23(f))等，常用于加工台阶面、沟槽等。

② 键槽铣刀。键槽铣刀如图 17-23(h)所示，是铣键槽的专用铣刀，使用时先轴向进给切入工件，然后沿键槽方向进给铣出全槽。

③ 立铣刀。立铣刀如图 17-23(g)所示，其圆柱面上的螺旋刃是主切削刃，端面上的切削刃是副切削刃。一般不能作轴向进给，可加工平面、台阶面、沟槽等。

(3) 角度铣刀。角度铣刀可分为单角度铣刀(图 17-23(i))和双角度铣刀(图 17-23(j))，主要用于铣削沟槽和斜面。

（4）成形铣刀（见图17-23（k））。成形铣刀用于加工成形表面，其刀齿廓形需根据被加工工件的廓形来确定。

### 17.6.4　砂轮

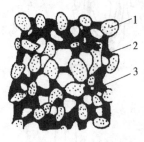

**图17-24　砂轮的结构**
1—磨粒；2—结合剂；3—气孔

磨削一般用于半精加工和精加工各种内、外圆、平面、螺纹、花键、齿轮等表面。

砂轮是磨削加工使用的切削刀具，是由很多磨粒用黏结材料结合在一起，经烧结而成的多孔体，如图17-24所示。

砂轮的特性由磨料、粒度、结合剂、硬度及组织等五个参数决定。

（1）磨料是砂轮的基本材料。必须具高硬度、耐热性、耐磨性和相当的韧度，在切削受力过程中破碎后还要能形成锋利的棱角。其种类、性能等见表17-2。

**表17-2　磨料的种类、代号、性能和适用范围**

| 类别 | 名　称 | 代号 | 颜　色 | 性　能 | 适　用　范　围 |
|---|---|---|---|---|---|
| 氧化物系 | 棕刚玉 | A | 棕褐色 | 硬度较低、韧度高、价格便宜 | 磨削碳素钢、合金钢、可锻铸铁、硬青铜 |
| | 白刚玉 | WA | 白色 | 硬度较A高，韧度较低 | 磨削淬火钢、高速钢、高碳钢 |
| 碳化物系 | 黑碳化硅 | C | 黑色带光泽 | 硬度较刚玉类高，导热好、韧度低 | 磨削铸铁、黄铜、铝和耐火材料 |
| | 绿碳化硅 | GC | 绿色带光泽 | 硬度比C高，导热好、韧度低 | 磨削硬质合金、宝石、陶瓷和玻璃 |
| 高硬度磨料 | 立方氮化硼 | CBN | 棕黑色（淡白色） | 硬度仅次于金刚石，耐磨性好 | 磨削硬质合金、高速钢、高钴钢、不锈钢等难加工材料 |
| | 人造金刚石 | D | 乳白色 | 硬度最高，韧度最低 | 磨削硬质合金、宝石、陶瓷、树脂、玻璃等 |

（2）粒度是指磨料颗粒尺寸的大小程度。

（3）结合剂的作用是将磨料粘合成具有一定强度和形状的砂轮。砂轮的强度、抗冲击性、耐热性及耐腐蚀性主要取决于结合剂的性能。

（4）砂轮的硬度是指砂轮表面的磨粒在外力作用下脱落的难易程度。若磨粒容易脱落，则称砂轮软，硬度低；反之，则称砂轮硬、硬度高。由此可见，砂轮的硬度和磨料的硬度是两个不同的概念。砂轮的硬度取决于结合剂的黏结能力与其在砂轮中所占比例的大小，而与磨料的硬度无关。

当磨削硬材料时，磨料容易磨钝，应选择较软的砂轮；磨削软材料时，磨粒不易变钝，应采用较硬的砂轮，以充分利用磨粒的切削能力，延长砂轮的寿命。磨削导热性差的材料（如不锈钢、硬质合金）及薄壁件时，为避免工件烧伤或变形，应选软砂轮；精磨或成型磨削时，为了在较长时间内，能保持砂轮的形状，就选较硬的砂轮。

（5）组织是指砂轮中磨粒、结合剂和孔隙三者体积的比例关系。磨粒在砂轮总体积中所占比例越大，孔隙越小，砂轮的组织越紧密；反之，则组织疏松，见图 17-25。

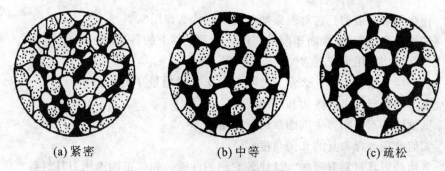

$$\text{(a) 紧密} \qquad \text{(b) 中等} \qquad \text{(c) 疏松}$$

图 17-25　砂轮的组织

一般，磨削区面积大的或薄壁件磨削时，为利于容屑，防止变形及工件烧伤，应采用组织疏松的砂轮。有色金属韧度高，砂轮孔隙易被磨屑堵塞，一般不宜磨削。

（6）砂轮的形状、用途。为了适应在不同类型的磨床上磨削各种不同形状和尺寸工件的需要，砂轮需制成不同的形状和尺寸，表 17-3 中列出了砂轮的名称、代号和用途。

表 17-3　常用砂轮名称、代号、断面简图和用途

| 砂轮名称 | 代号 | 断面简图 | 基本用途 | 砂轮名称 | 代号 | 断面简图 | 基本用途 |
|---|---|---|---|---|---|---|---|
| 平形砂轮 | 1 | | 可用于外圆磨、内圆磨、平面磨、无心磨、工具磨、螺纹磨合砂轮机上 | 筒形砂轮 | 2 | | 用于立式平面磨床上 |
| 双斜边砂轮 | 4 | | 主要用于磨齿轮齿面和单线螺纹 | 杯形砂轮 | 6 | | 主要用其端面刃磨刀具，也可用圆周磨平面和内孔 |
| 双面凹一号砂轮 | 7 | | 主要用于外圆磨合刃磨刀具、无心磨 | 碗形砂轮 | 11 | | 通常用于刃磨刀具，也可用于导轨磨上磨机床导轨 |
| 薄片砂轮 | 41 | | 主要用于切断和开槽 | 碟形一号砂轮 | 12a | | 适于磨铣刀、铰刀、拉刀等，大尺寸的砂轮一般用于磨齿轮的齿面 |

## 习　题

17-1　什么是切削运动？它对表面加工成形有什么作用？

17-2　试说明外圆车削、端面车削的切削运动及工件上的各表面。

17-3　什么是切削用量三要素？

17-4　切削层参数指的是什么？与背吃刀量 $a_p$ 和进给量 $f$ 有何关系？

17-5　车刀切削部分由哪些面和刃组成？

17-6　试画图表示切断刀主剖面系的标注角度。

17-7　如何合理选择刀具的几何角度？

17-8　常用的刀具材料有哪些？试比较它们的性能。如何正确选用刀具材料？

17-9　切屑是如何形成的？不同的切屑对加工表面粗糙度有何影响？

17-10　什么是积屑瘤？它对切削加工有何影响？为避免积屑瘤的产生，可以采取哪些措施？

17-11　背吃刀量 $a_p$ 和进给量 $f$ 对切削力的影响有何不同？

17-12　切削热是如何产生的？切削温度对加工有何影响？对切削温度影响最大在切削用量是什么？

17-13　在生产中如何有效地降低切削温度？

17-14　切削加工中，主要的切削液有哪几类？应该怎样合理选择切削液？

17-15　刀具的磨损分哪几个阶段？试述各阶段磨损的特征及原因。

17-16　何谓刀具的寿命，切削用量中对刀具寿命影响最大的是什么？

17-17　什么是工件材料的切削加工性？常用的衡量切削加工性的指标有哪些？

17-18　试述如何改善工件的切削加工性。

17-19　试比较整体车刀、焊接车刀、可转位车刀的优缺点。

17-20　常见的孔加工刀具有哪些，各用于什么场合？

17-21　铰刀主要用于孔的什么加工？

17-22　铣刀主要有哪些类型？各用于什么表面加工？

17-23　常用的砂轮磨料有哪几类？各适用于加工什么材料？

17-24　砂轮硬度与磨料的硬度有何异同？在加工中如何正确选择砂轮的硬度？

# 项目十八 各种表面的加工

机械零件虽然多种多样，但不管其结构如何复杂，不外乎是由外圆、内孔、平面及各种成形面所组成的。各种机械零件形状、尺寸和表面不同，则加工设备和加工方法也各不相同，金属切削机床是进行切削加工的主要设备，在各类机器制造的技术装备中，机床占有相当大比重，一般在50%以上，在国民经济现代化建设中起着重大的作用。下面简要介绍几种表面的加工设备和加工方法及特点。

## 18.1 金属切削机床

金属切削机床是用切削刀具将金属加工成具有一定形状、尺寸和表面质量的机械零件的机器，它是制造机器的机器，又称为“工作母机”或“工具机”，习惯上简称为机床。

在切削加工时，安装在机床上的工件和刀具是两个执行件，按加工要求相对运动并相互作用，切下金属材料，最终形成加工表面。

### 18.1.1 机床的分类

金属切削机床的分类很多，主要是按加工性质和所用刀具进行分类，根据我国机床型号编制方法(GB/T 15375—2008)，目前将机床分11大类：车床、钻床、镗床、磨床、齿轮加工机床、螺纹加工机床、铣床、刨插床、拉床、锯床和其他机床。图18-1为几种常见机床的外形图。

同类型的机床可按其工艺范围分类。

1. 通用机床

这类机床可以加工多种零件的不同工序，具有加工范围广，通用性大的优点，但结构比较复杂，主要适用于单件、小批量生产。

2. 专门化机床

这类机床专门用来加工某一类或几类零件的某一道(或几道)特定工序，其工艺范围较窄，如曲轴机床、齿轮机床等。

3. 专用机床

这类机床只能用于加工某一零件的某一道特定的工序，其适用性最窄，但生产效率高，故适用于大批量的生产。如加工机床主轴的专用镗床、加工车床导轨的专用磨床等。

按机床的加工精度可分为普通精度机床、精密精度机床和高精度机床。按机床的自动化程度可分为手动机床、机动机床、半自动机床和自动机床。按机床的质量不同可分为仪表机床、中型机床、大型机床和重型机床。

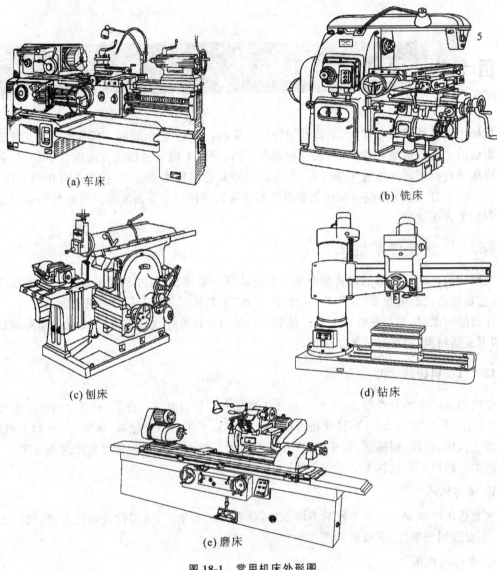

(a) 车床

(b) 铣床

(c) 刨床

(d) 钻床

(e) 磨床

图 18-1　常用机床外形图

### 18.1.2　通用机床型号的编制方法

机床型号是机床产品的代号,能反映出该机床的种类、主要规格、使用及结构特性等。我国现行的规定是按国家标准 GB/T 15375—2008《金属切削机床型号编制方法》执行。下面简要介绍通用机床的型号表示方法。

1. 机床型号的表示方法

机床型号由基本部分和辅助部分组成,中间用"/"隔开。前者需统一管理,后者由企业自

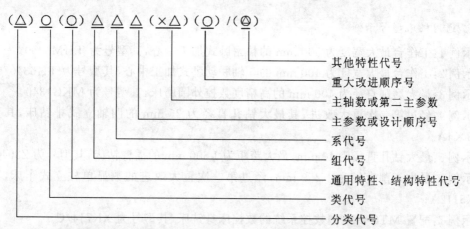

注：1. 有"（ ）"的代号或数字，当无内容时，则不表示。若有内容则不带括号。

2. 有"○"符号者，为大写的汉语拼音字母。

3. 有"△"符号者，为阿拉伯数字。

4. 有"⊿"符号者，为大写的汉语拼音字母或阿拉伯数字或两者兼而有之。

定。型号的构成如下。

2. 机床的类代号

机床的类代号，用大写的汉语拼音字母表示，必要时每类又可分为若干分类，分类代号在类代号之前，作为型号的首位，用阿拉伯数字表示。分类代号为"1"时省略，第"2"、"3"时则应表示出来。机床的类代号和分类代号见表 18-1。

表 18-1　机床的类和分类代号

| 类别 | 车床 | 钻床 | 镗床 | 磨床 | | | 齿轮加工机床 | 螺纹加工机床 | 铣床 | 刨插床 | 拉床 | 锯床 | 其他机床 |
|---|---|---|---|---|---|---|---|---|---|---|---|---|---|
| 代号 | C | Z | T | M | 2M | 3M | Y | S | X | B | L | G | Q |
| 读音 | 车 | 钻 | 镗 | 磨 | 二磨 | 三磨 | 牙 | 丝 | 铣 | 刨 | 拉 | 割 | 其 |

3. 机床的通用特性代号

机床的通用特性代号见表 18-2。

表 18-2　机床通用特性代号

| 通用特性 | 高精度 | 精密 | 自动 | 半自动 | 数控 | 加工中心（自动换刀） | 仿形 | 轻型 | 加重型 | 柔性加工单元 | 数显 | 高速 |
|---|---|---|---|---|---|---|---|---|---|---|---|---|
| 代号 | G | M | Z | B | K | H | F | Q | C | R | X | S |
| 读音 | 高 | 密 | 自 | 半 | 控 | 换 | 仿 | 轻 | 重 | 柔 | 显 | 速 |

机床的统一名称和组、系划分，以及型号中主参数的表示方法，见 GB/T 15375—2008《金属切削机床型号编制方法》中类、组、系划分表。

**4．通用机床型号示例**

示例1：工作台最大宽度为500 mm的精密卧式加工中心，其型号为THM6350。

示例2：工作台最大宽度为400 mm的5轴联动卧式加工中心，其型号为TH6340/5L。

示例3：最大磨削直径为400 mm的高精度数控外圆磨床，其型号为MKG1340。

示例4：经过第一次重大改进，其最大钻孔直径为25 mm的四轴立式排钻床，其型号为Z5625×4A。

示例5：最大钻孔直径为40 mm，最大跨距为1 600 mm的摇臂钻床，其型号为Z3040×16。

示例6：最大车削直径为1 250 mm，经过第一次重大改进的数显单柱立式车床，其型号为CX5112A。

示例7：配置MTC-2 M型数控系统的数控床身铣床，其型号为XK714/C。

示例8：最大磨削直径为320 mm的半自动万能外圆磨床，结构不同时，其型号为MBE1432。

### 18.1.3　机床的基本构造

机床的种类虽然多种多样，但其基本的组成结构可归纳为以下几个部分。

（1）主传动部件。主传动部件用来实现机床的主运动，如车床、铣床、和钻床的主轴箱，磨床的磨头、刨床的滑枕等。

（2）进给运动部件。进给运动部件用来实现机床的进给运动、退刀及快速运动等，如车床的进给箱、溜板箱，铣床、钻床的进给箱，磨床的液压传动装置等。

（3）动力源。动力源为机床提供动力，如电动机等。

（4）刀具的安装装置。刀具的安装装置用来安装刀具，如车床、刨床的刀架，立式铣床、钻床的主轴，磨床磨头的砂轮轴等。

（5）工件的安装装置。工件的安装装置用来安装工件，如普通车床的卡盘和尾架，铣床、钻床的工作台等。

（6）支承件。支承件用来支承和连接机床各零部件，如各类机床的床身、立柱、底座等，是机床的骨架。

## 18.2　外圆表面加工

具有外圆表面的典型零件为轴类零件，此外还有套筒类和圆盘类零件。外圆表面加工方法以车削、磨削加工使用较广。

### 18.2.1　外圆车削加工

车削加工是在车床上利用工件的旋转运动和刀具的移动来加工工件的。

**1．工件的装夹**

车削加工时，最常见的工件装夹方法见表18-3。

表 18-3　车削加工中常见的工件装夹方法及应用

| 名　　称 | 装 夹 简 图 | 装 夹 特 点 | 应　　用 |
|---|---|---|---|
| 三爪自定心卡盘 | | 三个卡爪同时移动,自动对中 | 长径比小于 4、截面为圆形、六方形的中、小型工件的加工 |
| 四爪单动卡盘 | | 卡爪独立移动,安装工件需找正 | 长径比小于 4、截面为方形、长方形的中、椭圆形工件的中、小加工 |
| 花盘 | | 盘面上多通槽和 T 形槽,使用螺钉、压板装夹、装夹前需找正 | 形状不规则工件、孔或外圆与定位基面垂直的工件的加工 |
| 双顶尖 | | 定心准确,装夹稳定 | 长径比为 4～20 的实心轴类的零件 |
| 双顶尖中心架 | | 支爪可调,增加工件刚性 | 长径比大于 15 的细长轴工件粗加工 |
| 一夹一顶跟刀架 | | 支爪随刀具一起运动,无接刀痕 | 长径比大于 15 的细长轴工件半精加工、精加工 |

**2. 外圆车刀的种类和装夹**

外圆车刀有直头和弯头两种。直头车刀主要用于车削没有台阶或台阶要求不严格的外圆,常采用高速钢制成。弯头车刀常用硬质合金制成,主偏角有 45°、75°、90°等。

车刀在刀架上的安装高度,一般应使刀尖在与工件旋转轴线等高的地方。安装时可用尾架顶尖作为标准,或先在工件端面上车一印痕,就可知道轴线位置,把车刀调整安装好。

车刀在刀架上的位置,一般应垂直于工件旋转的轴线,否则会引起主偏角的变化,还可能使刀尖扎入已加工表面或影响工件表面的质量。

**3. 车削外圆的形式和加工精度**

车削外圆的主要形式见图 18-2。一般分为粗车、半精车和精车。

(1)粗车外圆。粗车外圆适用于毛坯件的加工,粗车后工件表面精度可达 IT13～IT11,

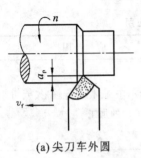
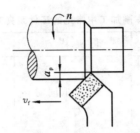
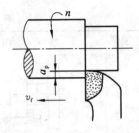

| (a) 尖刀车外圆 | (b) 45°弯头车刀车外圆 | (c) 90°弯头车刀车外圆 |

图 18-2　车外圆的形式

表面粗糙度 $Ra$ 值为 50 $\mu$m～12.5 $\mu$m。

（2）半精车外圆。在粗车的基础上进行，通常作为只有中等精度要求的零件表面的终加工，也可作为精车或精磨工件之前的预加工。半精车工件表面的精度为 IT10～IT9，表面粗糙度 $Ra$ 值为 6.3 $\mu$m～3.2 $\mu$m。

（3）精车外圆。在半精车的基础上进行，其目的在于使工件获得较高的精度和表面质量。精车在高精度车床上进行，先用较小的切削深度切去一层金属，观察粗糙度情况，再调整切深，直至达到最后尺寸，常作为有色金属零件上高精度外圆面的终加工。精车后工件表面精度可达 IT7～IT6，表面粗糙度 $Ra$ 值为 1.6 $\mu$m～0.8 $\mu$m。

### 18.2.2　磨削加工

**1. 磨削及其刀具**

磨削加工主要在磨床上进行，是用砂轮作为刀具，以较高的线速度对工件表面进行加工，它是外圆表面精加工的主要方法之一。

磨削加工所用的切削刀具是砂轮，磨削也是一种切削。砂轮表面上的每一颗磨粒的单独工作可以与一把车刀相比拟。而整个砂轮可看成是具有极多刀齿的铣刀。刀齿是由许多分散的尖棱组成。这些尖棱均随机排列在砂轮表面上，且几何形状差别很大，其中较锋利和凸出的磨粒，可以获得较大的切削厚度，能起到切削作用切出切屑，不太凸出或磨钝的磨粒只能在工件表面上刻画出细小的沟纹，将工件材料挤向两旁而隆起。比较凹下的磨粒既不切削也不刻画工件，只是在工件表面产生滑擦。由此而知，砂轮的磨削过程，实际上是切削、刻画和划擦三种作用的综合，如图 18-3 所示。

| (a) 切削 | (b) 刻画 | (c) 划擦 |

图 18-3　磨粒的磨削状态

2. 磨削的工艺特点

(1) 背向磨削力 $F_p$ 大。由于多数磨粒切削刃具有极大的负前角和较大的刃口钝圆半径,致使背向磨削力远大于切向磨削力 $F_c$(见图18-4),加剧工艺系统变形,造成实际磨削背吃刀具常小于名义磨削背吃刀量,影响加工精度和磨削过程的稳定性。

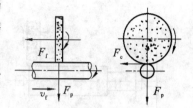

图 18-4　磨削的切削分力

(2) 磨削温度高。一般磨削的速度都很高,在 30 m/s～50 m/s,是车、铣削速度的 10～20 倍,因此,切削温度很高,瞬时温度可达 1 000 ℃,将引起加工表面物理力学性能改变,甚至产生烧伤和裂纹。

(3) 冷硬程度大、能量消耗大。磨粒的切削刃和前后面的形状极不规则,顶角在 105°左右,前角为很大负值,且后角很小,会使工件表层材料经受强烈挤压变形。特别是磨粒磨钝后和进给量很小时,金属变形更为严重,因而磨削单位截面积所消耗的能量较一般切削加工高得多,冷硬程度也大。

(4) 磨粒有自锐作用。磨粒在磨削力作用下,会产生开裂和脱落,形成新的锐利刃,称为磨粒的自锐作用,有利于磨削的进行。

(5) 精度高、表面粗糙度值小。磨削时,砂轮表面有切削刃,并且较锋利,能够切下一层很薄的金属,切削厚度可小到数微米,同时,磨床具有精度高、刚性好的特点,因而,磨削可以达到高的精度和小的表面粗糙度。一般可达到 IT7～IT6,表面粗糙度 $Ra$ 值为 0.2 μm～0.8 μm。

3. 磨削外圆的常见的磨削方法

外圆磨削通常作为半精车后的精加工,在外圆磨床或万能外圆磨床上进行。

(1) 纵磨法。如图 18-5(a)所示,砂轮高速旋转起切削作用,工件旋转并和工作台一起作纵向进给运动。工作台每往复一次,砂轮沿磨削深度方向完成一次横向进给,每次磨削深度很小,全部磨削余量是在多次往复行程中磨去的。由于每次的磨削深度小,故切削力小,散热好,在工件接近最后尺寸时,可作几次无横向进给的光磨行程,直到火花消失为止。其适应性强,可以用一个砂轮加工不同直径和长度的工件,但其生产效率低,故广泛用于单件、小批量生产和精磨。

(2) 横磨法。如图 18-5(b)所示,磨削外圆时,工件不作纵向往复运动,而砂轮以缓慢的速度连续断续地向工件作横向进给运动,直到磨去全部余量。横磨时,工件与砂轮的接触面积大,磨削力大,发热大,磨削温度高,工件易发生变形和烧伤,故仅适合加工表面不太宽且刚性较好的工件。横磨法生产率高,适应于成批或大量生产。

(3) 深磨法。如图 18-5(c)所示,磨削时用较小的纵向进给量(一般取 1 mm/r～2 mm/r),在一次走刀中磨去全部磨削余量(一般为 0.3 mm),是一种比较先进的方法,适应于大批大量生产中,加工刚度较大的短轴。

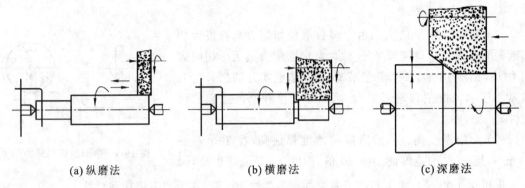

(a) 纵磨法      (b) 横磨法      (c) 深磨法

图 18-5 外圆磨削方法

### 18.2.3 外圆表面加工方案的分析

对于一般的钢铁零件,外圆表面加工的主要方法是车削和磨削。要求精度高、粗糙度小时,往往还要进行研磨、超级光磨等光整加工。对于某些精度要求不高,仅要求光亮的表面,可以通过抛光来获得,但在抛光前要达到较小的粗糙度。对于塑性较大的有色金属(如铜、铝合金等)零件,由于其精加工不宜用磨削,则常采用精细车削。

表 18-4 给出了外圆表面的加工方案,可作为拟订加工方案的依据和参考。

表 18-4 外圆表面的加工方案

| 序号 | 加 工 方 案 | 尺寸公差等级 | 表面粗糙度 $Ra$ 值/$\mu m$ | 适 用 范 围 |
|---|---|---|---|---|
| 1 | 粗车 | IT13~IT11 | 50~12.5 | 适用于各种金属(经过淬火的钢材除外) |
| 2 | 粗车—半精车 | IT10~IT9 | 6.3~3.2 | |
| 3 | 粗车—半精车—精车 | IT7~IT6 | 1.6~0.8 | |
| 4 | 粗车—半精车—磨削 | IT7~IT6 | 0.8~0.4 | 适用于淬火钢、未淬火钢、铸铁等,不宜加工韧度高的有色金属 |
| 5 | 粗车—半精车—粗磨—精磨 | IT6~IT5 | 0.4~0.2 | |
| 6 | 粗车—半精车—粗磨—精磨—高精度磨 | IT5~IT3 | 0.1~0.008 | |
| 7 | 粗车—半精车—粗磨—精磨—研磨 | IT5~IT3 | 0.1~0.008 | |
| 8 | 粗车—半精车—精车—研磨 | IT6~IT5 | 0.4~0.025 | 适用于有色金属 |

## 18.3 内圆表面加工

### 18.3.1 内孔加工的特点

内圆表面(即内孔)也是组成零件的基本表面之一,与外圆相比,孔的加工条件较差,如所用的刀具尺寸(直径、长度)受到被加工孔本身尺寸的限制,孔内排屑、散热、冷却、润滑等条件都较差,故在一般情况下,加工孔比加工同样尺寸、精度的外圆面较为困难。

零件上常见的孔有以下几种。

(1) 紧固孔,如螺钉、螺栓孔等。

(2) 回转体零件上的孔,如套筒、法兰盘及齿轮上的孔等。

(3) 箱体零件上的孔,如床头箱体上主轴及传动轴的轴承孔等。

(4) 深孔。一般 L/D≥10 的孔,如炮筒、空心轴孔等。

(5) 圆锥孔。此类孔常用来保证零件间配合的准确性,如机床的锥孔等。

孔加工可以在车、钻、镗、拉、磨床上进行。选择加工方法时,应考虑孔径大小、深度、精度、工件形状、尺寸、重量、材料、生产批量及设备等具体条件。常见的加工方法有钻孔、扩孔、铰孔、镗孔、拉孔和磨孔等。

### 18.3.2　钻削

钻孔通常是在实体材料上加工孔的方法,主要在钻床上进行,如图 18-6(a)所示。钻床还用于扩孔、铰孔等。常用的钻床有台式钻床、立式钻床和摇臂钻床等。

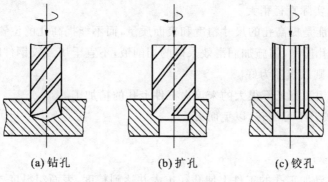

(a) 钻孔　　　　　(b) 扩孔　　　　　(c) 铰孔

**图 18-6　孔加工工序**

#### 1. 钻孔

单件生产时,先在工件上画线,打洋冲眼确定孔的中心位置,然后将工件装夹在虎钳上或直接装夹在工作台上。大批生产时,通常采用钻床夹具,即钻模装夹工件,利用夹具上的导向套引导钻头在正确位置上钻孔,以提高效率,如图 18-7 所示。

钻孔用的刀具是钻头,麻花钻是应用最广的钻头,钻削时,加工过程是半封闭的,切削量大,孔径小,冷却条件差,切削温度高,从而限制了切削速度,影响生产率的提高。

钻削时,钻孔切屑较宽,而容屑槽尺寸受限,故排屑困难,常出现切屑与孔壁的挤压摩擦,孔的表面常被划伤,使工件表面粗糙度值增高。

钻孔属粗加工,精度只能达到 IT13～IT11,表面粗糙度值 $Ra$ 为

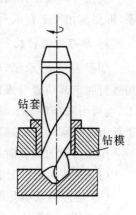

钻套

钻模

**图 18-7　利用钻模钻孔**

12.5 $\mu m \sim 32.5$ $\mu m$。对要求精度高、粗糙度值小的孔,还要在钻孔后进行扩孔、铰孔或镗孔。

**2. 扩孔**

扩孔是用扩孔钻对工件上已有的孔进行扩大加工,可以校正孔的轴线偏差,使其获得较正确的几何形状与较小的表面粗糙度值。

扩孔是铰孔前的预加工,也可以是钻孔加工的最后工序。

扩孔如图18-6(b)所示,用的刀具是扩孔钻与麻花钻相似,通常有3~4个切削刃,没有横刃,钻芯大,刚度好。

**3. 铰孔**

铰孔如图18-6(c)所示,是应用较普遍的孔的精加工方法之一,常用作孔的加工最后工序。

手用铰刀切削部分较长,导向作用较好,手铰孔径一般为 $\phi 1$ mm $\sim \phi 50$ mm。

机铰刀多为锥柄,装在钻床或车床上进行铰孔。机铰刀直径范围为 $\phi 10$ mm $\sim \phi 80$ mm。

铰孔应注意的事项。

(1)用铰刀加工出孔的直径不等于铰刀的实际尺寸,一般情况下,用高速钢铰刀时,铰出的工件孔径比铰刀实际直径稍大。

(2)铰削的功能是提高孔的尺寸精度和表面质量,而不能提高孔的位置精度。

(3)为提高铰孔质量,需施加润滑效果好的切削液,不宜干切。铰钢件时用浓度较高的乳化液;铰铸铁件时,则以煤油为好。

(4)铰孔广泛用于直径不很大的未淬火工件上孔的精加工。

(5)铰削时,铰刀不可倒转,以免崩刃。

### 18.3.3 镗削

镗孔是镗刀在已加工孔的工件上使孔径扩大并达到精度、表面粗糙度要求的加工方法。

镗孔可以在多种机床上进行,回转体零件上的孔,多用车床加工。而箱体零件上的孔或孔系(即要求相互平行或垂直的若干孔),则常在镗床上加工。

**1. 单刃镗刀镗孔**

如图18-8(a)所示,单刃镗刀是将与车刀相似的小刀(刀头)装夹于刀杆中,根据孔径大小,用螺钉固定其位置组成的镗杆镗刀。小刀齿的横截面有圆形和方形两种。可用它进行粗加工,也可用来半精加工或精加工。镗孔时,可以校正预加工孔轴线歪斜或小的位置偏差,但由于单刃镗刀刚性较低,只能用较小的切削用量,生产率较扩孔或铰孔低。

用单刃镗刀镗孔时应注意。

(1)刀头在镗杆上的悬伸量不宜过大,以免刚度不足。

(2)应注意要有足够的容屑空间。

(3)刀头在镗杆上的安装位置有两种。一种是刀头垂直于镗杆安装,只能用于加工通孔。一种是刀头倾斜安装,可用来加工不通孔。

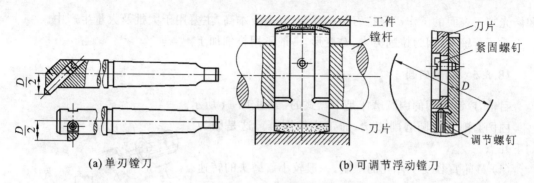

(a) 单刃镗刀　　　　　　　　　　(b) 可调节浮动镗刀

图 18-8　镗刀结构

### 2. 多刃镗刀镗孔

如图 18-8(b)所示，多刃镗刀为一种可调浮动镗刀片。由于镗刀片在加工过程中的浮动，可抵偿刀具安装或镗杆偏摆误差，能提高加工精度，公差等级为 IT7～IT6，表面粗糙度 $Ra$ 值为 $0.8\ \mu m \sim 0.2\ \mu m$，而且其生产率较单刃镗刀要高，但结构较复杂，刃磨要求高，不能加工孔径 20 mm 以下的孔。应该注意的是，浮动镗刀加工时，与铰孔一样，不能纠正孔的直线度误差和位置偏差，所以要求的加工孔的直线度误差要小。

多刃镗刀镗孔主要用于批量生产、精加工箱体零件上直径较大的孔。

### 18.3.4　拉削

在拉床上用拉刀可以加工各种型孔，如图 18-9 所示。当然，拉削还可以加工平面、半圆弧面和其他组合表面。

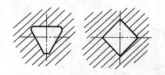 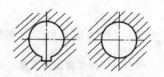 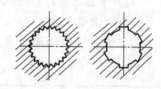

图 18-9　适于拉削的各种型孔

拉孔时，工件一般不需夹紧，只以工件的端面支承。因此，孔的轴线与端面之间应有一定的垂直度要求，如果垂直度误差太大，则需将工件的端面贴紧在一个球面垫圈上，如图 18-10 所示。

拉削加工的孔径通常为 10 mm～100 mm，孔的深度与直径之比不应超过 3。被拉削的圆孔一般不需精确的预加工，在钻削或粗镗后就可以进行拉削加工。

由此可知，拉削加工生产率高，拉刀在一次行程中就能切除加工表面的全部余量，并能完成校准

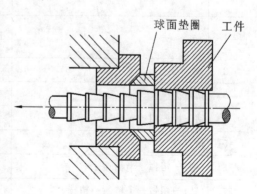

图 18-10　拉圆孔方法

和修光加工表面的工作。但拉刀结构复杂,制造成本高,主要用于大批及大量生产中。

对于薄壁孔,因为拉削力大,易变形,一般不用拉削加工。

### 18.3.5　磨削内圆

目前,广泛应用的内圆磨床是卡盘式的,如图 18-11 所示。

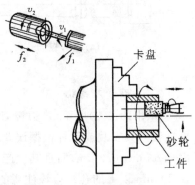

内圆磨削与外圆磨削相比,加工比较困难。这是因为如下几点。

(1) 砂轮直径受工件孔的限制,一般较小。磨头的转速不能太高。

(2) 砂轮轴的直径小、悬伸长、刚度差,易产生弯曲变形,因而内圆磨削的精度低于外圆磨削,一般为 IT8～IT6。

(3) 砂轮直径小、磨损快、易堵塞,需经常修整和更换,增加了辅助时间,降低了生产率。

内圆磨削主要用于淬硬工件孔的精加工,磨孔的适应性较好,使用同一砂轮,可加工一定范围内不同孔径的工件,在单件、小批量生产中应用较多。

**图 18-11　内圆磨削**

### 18.3.6　内圆表面加工方案分析

孔加工与外圆加工相比,虽然在切削机理上有许多共同点,但是,在具体的加工条件上,却有很大差异。孔加工刀具的尺寸,受到加工孔的限制,一般呈细长状,刚度差。加工孔时,散热条件差,切屑不易排除,切削液难以进入切削区。因此,加工同样精度和表面粗糙度的孔,要比加工外圆面困难得多,成本也高。

表 18-5 给出了内圆面的加工方案,可作为拟定加工方案的依据和参考。

**表 18-5　内圆面加工方案**

| 序号 | 加工方案 | 尺寸公差等级 | 表面粗糙度 $Ra$ 值/$\mu$m | 适用范围 |
|---|---|---|---|---|
| 1 | 钻 | IT13～IT11 | 12.5 | 用于加工除淬火钢以外的各种金属的实心工件 |
| 2 | 钻—铰 | IT9 | 3.2～1.6 | 同上,但孔径 $D < 10$ mm |
| 3 | 钻—扩—铰 | IT9～IT8 | 3.2～1.6 | 同上,但孔径 $D$ 为 $\phi 10$ mm～$\phi 80$ mm |
| 4 | 钻—扩—粗铰—精铰 | IT7 | 1.6～0.4 | |
| 5 | 钻—拉 | IT9～IT7 | 1.6～0.4 | 用于大批、大量生产 |
| 6 | (钻)—粗镗—半精镗 | IT10～IT9 | 6.3～3.2 | 用于除淬火钢以外的各种材料 |
| 7 | (钻)—粗镗—半精镗—精镗 | IT8～IT7 | 1.6～0.8 | |

| 序号 | 加工方案 | 尺寸公差等级 | 表面粗糙度 $Ra$ 值$/\mu m$ | 适用范围 |
|---|---|---|---|---|
| 8 | （钻）－粗镗－半精镗－磨 | IT8～IT7 | 0.8～0.4 | 用于淬火钢、不淬火钢和铸铁件、但不宜加工硬度低、韧度高的有色金属 |
| 9 | （钻）－粗镗－半精镗－粗磨－精磨 | IT7～IT6 | 0.4～0.2 | |
| 10 | 粗镗－半精镗－精镗－珩磨 | IT7～IT6 | 0.4～0.025 | |
| 11 | 粗镗－半精镗－精镗－研磨 | IT7～IT6 | 0.4～0.025 | 用于加工钢件、铸件和有色金属 |

# 18.4　平面加工

平面是基体类零件（如床身、工作台、立柱、横梁、箱体及支架等）的主要表面，也是回转零件的重要表面之一（如端、台肩面等）。平面加工的方法有车削、铣削、刨削、磨削、拉削、研磨、刮磨等，应根据工件的技术要求、毛坯种类、原材料状况及生产规模等不同条件进行合理选用。

### 18.4.1　铣削加工

铣削是平面加工的主要方法之一。它可以加工水平面、垂直面、斜面、沟漕、成形表面、螺纹和齿轮等，也可以用来切断材料。因此，铣削加工的范围是相当广泛，如图 18-12 所示。铣床的种类很多，常用的是升降台卧式铣床（见图 18-1（b））和立式铣床。

1. 铣削加工特点

（1）生产率较高。铣刀是典型的多齿刀具，铣削有几个刀齿同时参加工作，总的切削宽度较大。铣削时的主运动是铣刀的旋转，有利于采用高速铣削，故铣削的生产率高。

（2）刀齿散热条件好。铣刀刀齿在切离工件的一段时间内，可以得到一定的冷却，散热条件较好。但是，在切入和切出时，热和力的冲击，会加速刀具的磨损，甚至可能引起硬质合金刀片的碎裂。

（3）铣削过程不平稳。由于铣刀的刀齿在切入和切出时产生冲击，使工作的刀齿数有增有减，同时，每个刀齿的切削厚度也是变化的，这就引起切削面积和切削力的变化，因此，铣削过程不平稳，容易产生振动。

2. 铣平面的方式

同样是铣削平面，可以用端铣法，也可以用周铣法；同一种铣削方法，又有不同的铣削方式（如顺铣和逆铣）。在选用铣削方式时，应考虑它们各自的特点和适用场合，以保证加工质量和提高效率。

（1）周铣法。用圆柱形铣刀的刀齿加工平面，称为周铣法（见图 18-12（a））。它可分为逆铣和顺铣，如图 18-13 所示，铣刀旋转方向和工件进给方向相反时，为逆铣；反之，为顺铣。

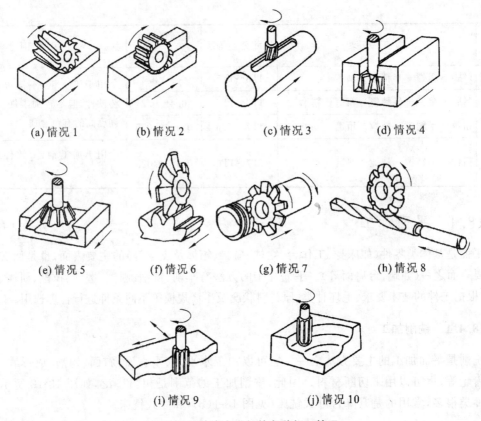

(a) 情况 1　　　(b) 情况 2　　　(c) 情况 3　　　(d) 情况 4

(e) 情况 5　　　(f) 情况 6　　　(g) 情况 7　　　(h) 情况 8

(i) 情况 9　　　(j) 情况 10

图 18-12　铣床上进行的各种加工情况

逆铣和顺铣比较有如下一些特点。

① 逆铣时，每齿切削厚度由零到最大，刀刃在开始时不能立刻切入工件，而是在冷硬了的加工表面上滑行一小段距离后才能切入工件。这样不仅使加工表面质量下降，而且会加剧刀具磨损，刀具耐用度下降。

顺铣时，每齿切削厚度由最大到零，刀具易于切入工件。一般来说刀具的耐用度较高。

② 逆铣时，每齿铣削力垂直向上，有将工件抬离工件台的趋势，使机床工作台和导轨之间形成间隙，易引起振动，影响铣削过程的稳定性。

顺铣时，刀齿对工件的切削分力是向下的，有利于工件夹紧，因而铣削过程稳定。

③ 逆铣时，铣削刀力的水平分力与进给方向相反，使得铣床上的进给丝杠和螺母之间的接触面始终压紧，因而进给平稳，无窜动现象，有利于提高表面质量及防止打刀。

顺铣时，切削刀的水平分力与进给方向相同，当水平分力大于工作台的摩擦阻力时，由于进给丝杠与螺母之间有间隙（见图 18-13(a)），会使工作台窜动，窜动的大小随切削力的变化时大时小，时有时无，造成进刀不平稳，影响工件表面粗糙度，严重时会引起啃刀、打刀事故。

目前，一般铣床尚无消除工作台丝杠与螺母之间间隙的机构，故在生产中仍多采用逆

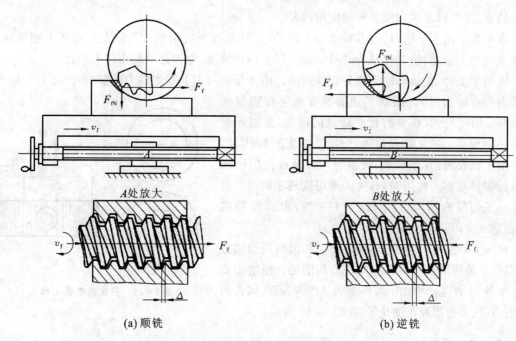

**图 18-13　顺铣和逆铣及其对进给机构的影响**

铣法。

（2）端铣法。用端铣刀的端面刀齿加工平面，称为端铣法（见图 18-14）。此时的铣刀回转轴线与被加工表面垂直。

用端铣刀加工平面较圆柱铣刀为优，首先，圆柱铣刀是装夹在细而长的刀杆上工作的，而端铣刀则直接装夹在刚性很高的主轴上工作，故端铣刀可用较大的切削用量；其次，圆柱铣刀作逆铣时，刀齿在切入工件前有滑行现象，从而加剧刀具磨损；同时，其工作刀齿只用一个主刀刃来切削工作，当主刀刃略有磨损时，便使已加工表面质量恶化；而端铣时，刀齿切入工件时的切削厚度不等于零，不存在加剧刀具磨损的滑行现象；再者，其刀齿带有可

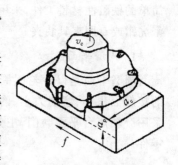

**图 18-14　端铣法**

用作修光表面的过渡刃和副刀刃，当主刀刃略有磨损时，一时也不会使加工表面恶化。因此，端铣已成为加工平面的主要方式之一。

### 18.4.2　刨削加工

刨削也是平面加工的主要方法之一。它是在刨床上使用刨刀对工件进行切削加工的。常见的刨床类机床有牛头刨床（见图 18-1(c)）和龙门刨床等，前者用于中小工件加工，后者用于大型工件加工。刨床的结构比车床、铣床等简单，成本低，调整和操作比较简便。使用的单刃刨刀与车刀基本相同，形状简单，制造、刃磨合安装均较方便，所以，刨削特别适合单件、小批生

产的场合,在维修车间和模具车间应用较多。

在牛头刨床上刨削时,刨刀移动为主运动,工件移动为进给运动。在龙门刨床上刨削时,工件移动为主运动,刨刀移动为进给运动。以上两种情况,吃刀运动均由刨刀担任。

刨削加工时,主运动均为往复直线运动。由于反向时刀具受惯性力的影响,加之刀具切入和切出时有冲击,因此限制了切削速度和空行程速度的提高,同时,还存在空行程所造成的损失,故刨削生产率一般较低,在大批大量生产中常被铣削所代替。但在加工狭长表面(如导轨、长槽等),以及在龙门刨床上进行多件或多刀加工时,其生产率可能高于铣削。

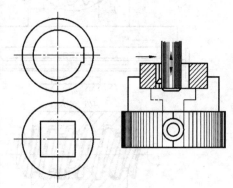

图 18-15  插床的主要工作

一般刨削的精度可达 IT9～IT7 级,表面粗糙度 $Ra$ 值达 $6.3 \mu m \sim 1.6 \mu m$。

插床实际上是一种立式刨床,插削和刨削的切削方式相同,只是插削是在沿直方向进行切削的。插削主要用于单件、小件生产中加工零件上的某些内表面,如孔内键槽、方孔、多边形和花键孔等,如图 18-15 所示。

### 18.4.3  磨削加工

高精度平面及淬火零件的平面加工,大多数采用平面磨削方法,在磨床上进行。对于形状简单的铁磁性材料工件,采用电磁吸盘装夹,对于形状复杂或非铁磁性材料的工件,可采用精密虎钳或专用夹具装夹。

1. 周磨平面

周磨平面是以砂轮圆周面磨削平面的方法,如图 18-16(a)所示。磨削时,砂轮与工件的接触面积小、磨削力小、磨削热少、冷却和排屑条件好、砂轮的磨损也均匀。生产中经常采用卧轴矩台平面磨削,主要用于磨削齿轮等盘套类零件的端面,以及各种板条状中、小型零件。

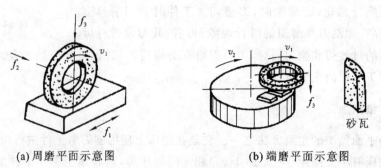

(a)周磨平面示意图          (b)端磨平面示意图

图 18-16  磨削平面示意图

#### 2. 端磨平面

端磨平面是以砂轮端面磨削平面的方法,如图 18-16(b)所示。磨削时,砂轮与工件的接触面积大、磨削力大、磨削热多、冷却和排屑条件也较差、工件受热变形大。此外,砂轮端面径向各点的圆周速度也不相等,砂轮的磨损不均匀,因此,加工精度不高。一般用于磨削加工精度要求不高的平面,也可用于代替刨削和铣削加工。

生产中常采用立轴圆台平面磨床。这种磨床的砂轮轴悬伸长度短,刚性好,可采用较大的磨削用量,生产效率高,故适用粗加工。

### 18.4.4　平面加工方案分析

根据平面的技术要求及零件的结构形状、尺寸、材料和毛坯种类,结合具体加工条件,平面可分别采用车、铣、刨、磨、拉等方法加工;要求更高的精密平面,可以用刮研、研磨等进行光整加工;回转体表面的端面,可采用车削和磨削加工;其他类型的平面,以铣削或刨削为主,但淬硬的平面则必须用磨削加工。

表 18-6 中给出了平面的加工方案,可以作为拟订加工方案的依据和参考。

表 18-6　平面的加工方案

| 序号 | 加工方案 | 尺寸公差等级 | 表面粗糙度 $Ra$ 值/$\mu m$ | 适用范围 |
|---|---|---|---|---|
| 1 | 粗车—半精车 | IT10~IT9 | 6.3~3.2 | 用于加工回转体零件的端面 |
| 2 | 粗车—半精车—精车 | IT7~IT6 | 1.6~0.8 | |
| 3 | 粗车—半精车—磨削 | IT9~IT7 | 0.8~0.2 | |
| 4 | 粗铣(粗刨)—精铣(精刨) | IT9~IT7 | 6.3~1.6 | 用于加工不淬火钢、铸铁、有色金属等材料 |
| 5 | 粗铣(粗刨)—精铣(精刨)—刮研 | IT6~IT5 | 0.8~0.1 | |
| 6 | 粗铣(粗刨)—精铣(精刨)—宽刀细刨 | IT6 | 0.8~0.2 | |
| 7 | 粗铣(粗刨)—精铣(精刨)—磨削 | IT6 | 0.8~0.2 | |
| 8 | 粗铣(粗刨)—精铣(精刨)—粗磨—精磨 | IT6~IT5 | 0.4~0.1 | 用于加工不淬火钢、铸铁、有色金属等材料 |
| 9 | 粗铣—精铣—磨削—研磨 | IT5~IT4 | 0.4~0.025 | |
| 10 | 拉削 | IT9~IT6 | 0.8~0.2 | 用于大批大量生产除淬火钢以外的各种金属材料 |

## 18.5　螺纹加工

在机械制造工业中,带螺纹的零件应用很广,也是零件上常见的表面之一。

按螺纹形式可将螺纹分为圆柱螺纹和圆锥螺纹;按用途分可分为传动螺纹和紧固螺纹。传动螺纹多用于传递力、运动和位移,如丝杆和测微螺杆的螺纹,其牙型多为梯形或锯齿形;紧固螺纹用于零件的固定连接,常用的有普通螺纹和管螺纹等,牙型多为三角形。

螺纹的加工方法很多,工作中应根据生产批量、形状、用途、精度等不同要求合理选择。这里仅简要介绍几种常见的螺纹加工方法。

### 18.5.1　车削螺纹

车螺纹是螺纹加工的基本方法,它可以使用通用设备,刀具简单,不同种类的螺纹,车削方法略有不同,故适应性广。

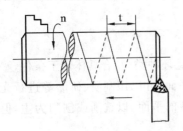

**图 18-17　车螺纹时刀具与工件的关系**

在车床上车螺纹应保证:工件每转一转,刀具应准确而均匀地进给一个导程,如图 18-17 所示。

螺纹车削是成形面车削的一种,刀具形状应和螺纹牙型槽相同,车刀刀尖必须与工件中心等高,车刀刀尖角的等分线必须垂直于工件回转中心线。

车螺纹的生产率较低,加工质量取决于工人的技术水平以及机床、刀具本身的精度,所以,主要用于单件、小批量生产。当生产批量较大时,为了提高生产率,常用螺纹梳刀进行车削。螺纹梳刀实质上是一种多齿形的螺纹车刀,只要走刀一次就能切出螺纹,所以生产率高。但是,一般螺纹梳刀加工精度不高,不能加工精密螺纹,此外,螺纹附近有轴肩的工件,也不能用螺纹梳刀加工。图 18-18 所示为几种常见的螺纹梳刀。

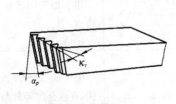
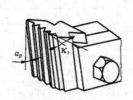

(a) 平体螺纹梳刀　　　　　(b) 棱体螺纹梳刀　　　　(c) 圆体螺纹梳刀

**图 18-18　螺纹梳刀**

### 18.5.2　铣螺纹

在铣床上铣削螺纹与车螺纹原理基本相同。铣螺纹可以用单排螺纹铣刀或多排螺纹铣刀(又称梳形螺纹铣刀)。

单排螺纹铣刀如图 18-19(a)所示,铣刀上有一排环形刀齿,铣刀倾斜安装,倾斜角大小等于螺旋角。开始,在工件不动的情况下,铣刀向工件作径向进给至螺纹全深,然后,工件慢速回转,铣刀作纵向运动,直至切完螺纹长度。可以一次铣至螺纹深度,也可以分粗铣和精铣。此法多用于大导程或多头螺纹加工。

梳形螺纹铣刀有几排环形刀齿,是在专用的螺纹铣床上进行的,如图 18-19(b)所示,刀齿

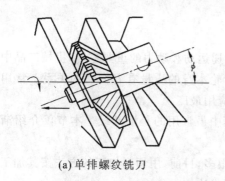

(a) 单排螺纹铣刀

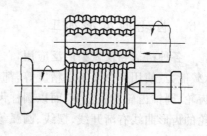

(b) 梳形螺纹铣刀

图 18-19　螺纹铣刀

垂直于轴线,梳刀宽度稍大于螺纹长度,并与工件轴线平行。在工件不转动时,铣刀向工件进给到螺纹全深,然后工件缓慢转动 1.25 圈,同时,回转的梳刀也纵向移动 1.25 个导程,即可加工完毕。梳刀主要适用于大直径、小螺距的短螺纹加工。

### 18.5.3　磨螺纹

高精度的螺纹及淬硬螺纹通常用磨削加工。一般采用的磨削的方法如下。

（1）用成形砂轮轴向进给磨削。此法相当于车螺纹,只是用成形砂轮代替了螺纹车刀,如图 18-20 所示。

（2）用梳刀形砂轮径向进给磨削。此法与梳状螺纹铣刀铣螺纹相似。

（3）无心磨削。主要用于加工无头螺纹。因为无头螺纹没有中心孔定位,也没有地方用卡盘装卡,所以,用无心磨削法加工最为合适。

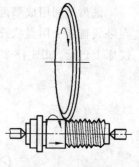

图 18-20　螺纹磨削

### 18.5.4　攻丝与套丝

攻丝与套丝是应用较广泛的螺纹加工方法。用丝锥在工件内孔表面上加工出内螺纹的工序称为攻丝,对于小尺寸的内螺纹,攻丝几乎是唯一有效的加工方法,如图 18-21 所示。单件小批量生产中,可以用手用丝锥手工攻螺纹;当批量较大时,则应在车床、钻床或攻丝机上使用机丝锥加工。用板牙在圆杆上切出外螺纹的工序称为套丝,套丝的螺纹直径不超过 16 mm,也可在机床上进行,在攻丝和套丝时,每转过 1～1.5 转后,均应适当反转倒退,以免切屑挤塞,造成工件螺纹的破坏。

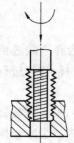

图 18-21　攻螺纹

由于攻丝和套丝的加工精度较低,主要用于加工精度要求不高的普通螺纹。

## 18.6　齿轮的齿形加工

齿轮在各种机械和仪表中广泛应用,它是传递运动和动力的重要零件,机械产品中的工作性能、承载能力、使用寿命及工作精度等,都与齿轮本身的质量有着密切的关系。常用的齿轮有圆柱齿轮、圆锥齿轮及涡轮等,而以圆柱齿轮应用最广。

齿轮的齿形曲线有渐开线、摆线、圆弧等,其中最常用的是渐开线。本节仅介绍渐开线圆柱齿轮齿形的加工方法。

在齿轮的齿坯上加工出渐开线齿形的方法很多,目前,用切削加工的方法按其加工原理的不同,可分为两种类型,一种是成形法,一种是范成法。

### 18.6.1　成形法加工齿形

成形法加齿轮齿形的原理是用于被加工齿轮齿廓形状相符的成形刀具,在齿轮的齿坯上加工出齿形的方法,这种方法制造出来的齿轮精度较低,只能用于低速传动。最常用的方法是铣齿。

#### 1.铣齿

铣齿是利用成形齿轮铣刀,在万能铣床上加工齿轮形的方法。当齿轮模数 $m<8$ 时,一般在卧式铣床上用盘状铣刀铣削,如图 18-22(a)所示。当齿轮模数 $m \geqslant 8$ 时,用指状铣刀在立式铣床上进行,如图 18-22(b)所示。

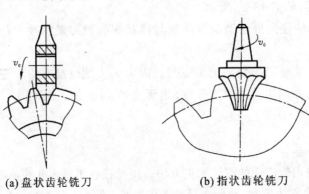

(a) 盘状齿轮铣刀　　　　　　　　　(b) 指状齿轮铣刀

**图 18-22　成形法铣削齿轮**

铣削时,均将工件安装在铣床的分度头上,模数铣刀作旋转主运动,工作台作直线进给运动。当加工完一个齿间后,退出刀具,按齿数 $z$ 进行分度,再铣下一个齿间。这样,逐齿进行铣削,直至铣完全部齿间。

模数相同而齿数不同的齿轮,其齿轮渐开线的形状是不同的。从理论上讲,同一模数每种齿数的齿轮,都应该用专门的铣刀加工,但这在生产中既不经济,也不便于管理。为减少同一模数铣刀的数量,在实际生产中,将同一模数的铣刀,按渐开线齿形的弯曲度相近的齿数,一般只做出 8 把或 15 把。对标准模数铣刀，当模数 $m \leqslant 8\ \text{mm}$ 时，每种模数由 8 把（8 个刀号）组成一套，当 $m > 8\ \text{mm}$ 时，则 15 把组成一套，每把刀号的铣刀用于加工一定范围齿数的齿轮（见表 18-7）。

表 18-7　齿轮铣各刀号及加工齿数范围

| 铣刀号码 | | 1 | $1\frac{1}{2}$ | 2 | $2\frac{1}{2}$ | 3 | $3\frac{1}{2}$ | 4 | $4\frac{1}{2}$ | 5 | $5\frac{1}{2}$ | 6 | $6\frac{1}{2}$ | 7 | $7\frac{1}{2}$ | 8 |
|---|---|---|---|---|---|---|---|---|---|---|---|---|---|---|---|---|
| 加工齿数 | $m \leqslant 8\ \text{mm}$ 8 把一套 | 12～13 | — | 14～16 | — | 17～20 | — | 21～25 | — | 26～34 | — | 35～54 | — | 55～134 | — | ≥135 |
| | $m > 8\ \text{mm}$ 15 把一套 | 12 | 13 | 14 | 15～16 | 17～18 | 19～20 | 21～22 | 23～25 | 26～29 | 30～34 | 35～41 | 42～54 | 55～79 | 80～134 | ≥135 |

**2．铣齿加工的特点**

（1）生产成本低。在普通铣床上，即可完成齿形加工。齿轮铣刀结构简单，制造容易，因此生产成本低。对于缺乏专用齿轮加工设备的工厂较为方便。

（2）加工精度低。铣齿时，由于一把铣刀要加工几种不同齿数的齿轮，因此有齿形误差，而且加工时有分度误差，故其加工精度较低。

（3）生产率低。铣齿时，由于每铣一个齿间都要重复进行切入、切出、退出和分度的工作，辅助时间和基本工艺时间增加，因此，生产率低。

**3．铣齿加工的应用**

成形法铣齿常用于单件小批生产和修配精度要求不高的齿轮。

### 18.6.2　范成法（展成法）加工齿形

范成法加工齿轮的基本原理是利用一对齿轮的啮合运动实现的，即一个具有切削能力的齿轮刀具，另一个是被切的工件，通过专用齿轮加工机床按展成法切制出齿形。滚齿和插齿是范成法中最常见的两种加工方法。

**1．滚齿**

滚齿主要用于加工外啮合的直齿或螺旋齿圆柱齿轮，同时也可用于加工涡轮。

滚齿的工作原理相当于蜗杆与涡轮的啮合原理，如图 18-23 所示。滚刀的形状相当于一个蜗杆，为了形成刀刃，在垂直于螺旋线的方向开出沟槽，并磨出刀刃，形成切削刃和前、后角，于是就变成滚刀。齿条与同模数的任何齿数的渐开线齿轮都能正确啮合，即滚刀刀齿侧面运动轨迹的包络线为渐开线齿形，在与工件啮合的过程中，形成齿面，如图 18-24 所示。因此，同一把滚刀可以加工模数、压力角相同而齿数不同的齿轮。

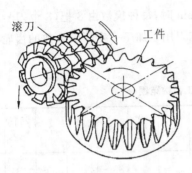

图 18-23 滚齿加工示意图

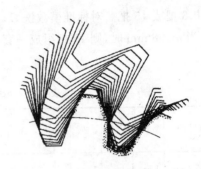

图 18-24 滚齿原理

(1) 滚齿时,滚刀与工件之间的运动有如下几种。

① 主运动。主运动即滚刀的旋转运动。

② 分齿运动。分齿运动是指滚刀与齿坯之间保持严格速比关系的运动。若工件的齿数为 $z$,则当单头滚刀转一圈时,被切工件应转 $1/z$ 圈;头数为 $k$ 的多头滚刀转一转时,被切工件应转 $k/z$ 转。滚刀与工件之间的速比关系由机床传动来保证。

③ 轴向进给运动。为了加工出齿轮的全部齿长,滚刀沿被切齿轮的轴向作直线进给运动。

(2) 滚齿的工艺特点。

① 加工精度高。因范成法滚齿不存在成形法铣齿的那种齿形曲线理论误差,所以分齿精度高,一般可加工 IT8~IT7 级精度的齿轮。

② 生产率高。滚齿加工属于连续切削,无辅助时间损失,一般情况下,生产率比铣齿、插齿要高。

在齿轮齿形加工中,滚齿应用最广泛,它不但能加工直齿圆柱齿轮,还可以加工斜齿圆柱齿轮、涡轮等。但一般不能加工内齿轮、扇形齿轮和相距很近的齿轮。

2. 插齿

插齿是利用插齿刀在插齿机上加工内、外齿轮或齿条等齿面的方法。

插齿是按一对圆柱齿轮相啮合的原理进行加工的,插齿刀相当一个在轮齿上磨出前角和后角,具有切削刃的齿轮,而齿轮坯则作为另一个齿轮,工作时,就是利用刀具上的切削刃来进行切削。工件和插齿刀的运动形式如图 18-25 所示。

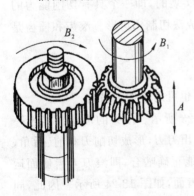

图 18-25 插齿原理

(1) 插齿时,插齿刀与工件的运动有如下几种。

① 主运动。插齿刀的上下往复运动 $A$。

② 分齿运动。插齿刀和工件齿坯之间强制严格保持一对齿轮副的啮合运动关系(即插齿刀以 $B_1$、工件以 $B_2$ 的相对运动关系转动)。

③径向进给运动。为了使插齿刀逐渐切至全齿深,插齿

刀每上下往复一次应具有向工件中心的径向进给运动。

④ 让刀运动。为了避免插齿刀向上返回退刀时,造成后刀面的磨损和擦伤已加工表面,工件应离开刀具作让刀运动,当插齿刀向下切削加工时,工件应恢复原位。

(2)插齿的工艺特点如下。

① 加工精度较高。插齿刀的制造、刃磨和检验均较滚刀简便,易保证制造精度,但插齿机的分齿传动链较滚齿机复杂,传动误差较大。插齿的精度高于铣齿,与滚齿差不多,一般可加工 IT7 以下的齿轮。

② 齿面粗糙度值 $Ra$ 较小。插齿时,由于插齿刀是沿轮齿全长连续地切下切屑,所形成齿形包络线的切线数目也一般比滚齿时多,因此,插齿加工的齿面粗糙度优于滚齿和铣齿,表面粗糙度 $Ra$ 值可达 $1.6~\mu m$。

③ 生产率较低。由于插齿时插齿刀作直线往复运动,速度的提高受到一定的限制,故生产率低于滚齿。

在单件、小批量生产和大量生产中,广泛采用插齿来加工各种未淬火齿轮,尤其是内齿轮和多联齿轮。

### 18.6.3 齿轮精加工简介

铣齿、滚齿和插齿均属齿形的成形加工,通常只能获得一般精度等级的齿轮。对于精度超过 IT7 级或齿面需要淬火处理的齿轮,在铣齿、滚齿和插齿后,尚需进行精加工。

齿轮的精加工方法主要有剃齿、珩齿和磨齿。

#### 1. 剃齿

剃齿是用剃齿刀在专用剃齿机上对齿轮齿形进行精加工的一种方法,专门用来加工未经淬火(35HRC 以下)的圆柱齿轮,如图 18-26(a)所示。剃齿加工精度可达 IT7~IT6 级,齿面的表面粗糙度 $Ra$ 值可达 $0.8~\mu m \sim 0.4~\mu m$。

剃齿加工时工件与刀具的运动形式如图 18-26(b)所示。

剃齿在原理上属范成法加工。剃齿刀的形状类似螺旋齿轮,齿形做得非常准确,在齿面上制作出许多小沟槽,以形成切削刃。当剃齿刀与被加工齿轮啮合运转时,剃齿刀齿面上的众多切削刃将从工件齿面上剃下细丝状的切屑,使齿形精度和齿面粗糙度得以提高。

剃齿加工时,工件安装在心轴上,由剃齿刀带动旋转。由于剃齿刀刀齿是倾斜的(螺旋角为 $\beta$),为使它能与工件正确啮合,必须使其轴线相对于工件轴线倾斜一个 $\beta$ 角。此时,剃齿刀在 $A$ 点的圆周速度 $v_A$ 可分解为沿工件切向的速度 $v_{AB}$。$v_{AB}$ 使工件旋转,$v_{At}$ 为齿面相对滑动速度,即剃削速度。为了剃削工件的整个齿宽,工件应由工作台带动作往复运动,并且在工作台每次往复行程的终了时,工件相对于剃齿刀作垂直进给运动,使工件齿面每次被剃去一层约 $0.007~mm \sim 0.03~mm$ 的金属。在剃削过程中,剃齿刀时而正转,剃削轮齿的一个侧面;时而反转,剃削轮齿的另一个侧面。

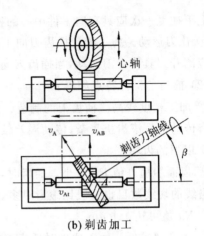

心轴

$v_A$   $v_{AB}$

剃齿刀轴线

$\beta$

$v_{At}$

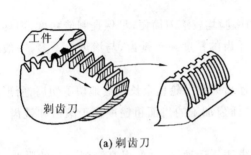

(a) 剃齿刀

(b) 剃齿加工

图 18-26　剃齿刀和剃齿加工

剃齿加工主要用于提高齿形精度和齿向精度，降低齿面的表面粗糙度。剃齿加工多用于成批、大量生产。

2. 桁齿

当工件硬度超过 35 HRC 时，使用桁齿代替剃齿。桁齿与剃齿的原理完全相同，是用珩磨轮在桁齿机上对齿轮进行精加工的一种方法。

珩磨轮是用金刚砂及环氧树脂等浇注或热压而成，它的硬度极高，能除去剃齿刀刮不动的淬火齿面氧化皮。珩磨过程具有磨、剃、抛光等几种精加工的综合作用。

桁齿对齿形精度改善不大，主要用于改善热处理后的轮齿表面粗糙度。

3. 磨齿

磨齿是用砂轮在专用磨齿机上进行，专门用来精加工已淬火齿轮。按加工原理可分为成形法和范成法两种。

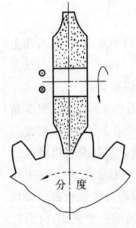

（1）成形法磨齿。砂轮截面形状修整成与被磨齿轮齿间一致，磨齿时与盘状铣刀铣齿相似，如图 18-27 所示。磨齿时的分齿运动是不连续的，在磨完一个齿后必须分度，再磨下一个齿，轮齿是逐个加工出来的，但砂轮一次就能磨削出整个渐开线齿面，因此，生产率较高。

（2）范成法磨齿。是将砂轮的磨削部分修整成锥面，以构成假想齿条的齿面。工作时，砂轮作高速旋转运动（主运动），同时沿工件轴向作往复运动。砂轮与工件除具有切削运动外，还保持一对齿轮的啮合运动副关系，按范成法原理，完成对工件一个轮齿两侧面的加工。磨好一个齿，必须在分度后，才能磨下一个齿，如此自动进行下去，直至全部齿间磨削完毕。假想齿条可以由两个碟形砂轮构成（见

分　度

图 18-27　成形法磨齿

图 18-28(a)），也可由一个砂轮的两侧构成（即锥形砂轮，见图 18-28(b)）。为切制出全齿深，砂轮与工件之间应有沿工件齿间方向的往复直线运动。

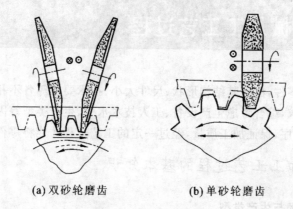

(a) 双砂轮磨齿　　　　　　(b) 单砂轮磨齿

**图 18-28　范成法磨齿**

随着技术的发展，齿形加工也出现了一些新工艺，例如精冲或电解加工微型齿轮、热轧中型圆柱齿轮、精锻圆锥齿轮、粉末冶金法制造齿轮、电解磨削精度较高的齿轮等。

## 习　题

18-1　同类机床按其工艺范围可分为哪几类？各适合于什么场合？

18-2　说出下列机床的名称，并说明它们有何通用特性。CM6132、C1336、Z3040×16、T6112、XK5040。

18-3　机床是由哪些基本结构组成的？

18-4　在外圆车削时，最常见的工件装夹方法有哪些？各用于什么场合？

18-5　与车削外圆相比，磨削加工有何特点？

18-6　为什么内圆表面加工比外圆表面加工生产率低、成本高？（假设工件尺寸、加工精度和表面粗糙度相同）

18-7　试述铰孔时应注意的事项。

18-8　试述单刃镗刀镗孔和多刃镗刀镗孔加工的优缺点。

18-9　试述平面加工的方法有在哪些？

18-10　试分析比较铣削和刨削加工的工艺特点和应用。

18-11　试比较顺铣和逆铣的优缺点。

18-12　螺纹加工的主要方法有哪些？

18-13　按加工原理不同，齿轮齿形加工可以分为哪两大类？各有何优缺点？

18-14　齿轮的精加工的方法有哪些？各用于什么场合？

# 项目十九 机械加工工艺过程

各种类型的机械零件,由于其结构形状、尺寸大小、技术要求等各不相同,在实际生产中常需根据零件的具体要求,综合考虑生产设备、工人技术水平、生产类型等因素,采用不同的加工方法,合理安排加工顺序,保证加工质量,经过一定的工艺过程才能将零件制造出来。

## 19.1 机械加工工艺过程的基本知识

### 19.1.1 生产纲领与生产类型

**1. 生产纲领**

生产纲领是指企业在计划期内生产的产品产量。计划期通常定为 1 年,机器制造中零件的生产纲领除了机器所需的数量以外,还要包括一定的备品和废品,计算公式为

$$N=Qn(1+a)(1+b) \tag{19-1}$$

式中:$N$—零件的年生产纲领,件/年;

$Q$—产品的年生产纲领,台/年;

$n$—每台产品中该零件的数量,件/台;

$a$—该零件的备品率,%;

$b$—该零件的废品率,%;

**2. 生产类型**

机械制造生产一般可分为三种不同类型,即单件生产,成批生产(小批、中批、大批)和大量生产。生产类型的划分见表 19-1,不同机械产品的零件质量型别见表 19-2,工艺特征见表 19-3。

表 19-1 生产类型的划分

| 生产类型 | | 零件的年产量/件 | | |
| --- | --- | --- | --- | --- |
| | | 重型(>2 000 kg) | 中型(100 kg~2 000 kg) | 轻型(<100 kg) |
| 单件生产 | | <5 | <10 | <100 |
| 成批生产 | 小批 | 5~100 | 10~200 | 100~500 |
| | 中批 | 100~300 | 200~500 | 500~5 000 |
| | 大批 | 300~1 000 | 500~5 000 | 5 000~50 000 |
| 大量生产 | | >1 000 | >5 000 | >50 000 |

表 19-2 不同机械产品的零件质量型别 单位:kg

| 机械产品类型 | 质量型别 | | |
|---|---|---|---|
| | 轻型零件 | 中型零件 | 重型零件 |
| 电子机床 | ≤4 | 4～30 | ＞30 |
| 机床 | ≤15 | 15～50 | ＞50 |
| 重型机床 | ≤100 | 100～2 000 | ＞2 000 |

表 19-3 各种生产类型的特征

| 生产类型 | 单件生产 | 成批生产 | 大量生产 |
|---|---|---|---|
| 机床设备 | 通用机械 | 通用机床或部分专用机床 | 广泛采用高效率专用机床 |
| 工艺装备 | 一般刀具、通用量具和万能夹具 | 广泛采用专用夹具,部分采用专用刀具和量具 | 广泛采用高效率专用夹具、专用刀具和量具 |
| 加工对象 | 经常变换 | 周期性变换 | 固定不变 |
| 毛坯 | 木模铸造或自由锻 | 部分采用金属模造型或模锻 | 采用机器造型、模锻及少、无切削等高生产率的毛坯制造方法 |
| 对工艺规程的要求 | 编制线路卡片 | 详细编制工艺卡 | 编制详细工艺规程和各种工艺文件 |
| 对工人的技术要求 | 需要技术熟练的工人 | 需要技术比较熟练的工人 | 调整工作要求技术高,操作工要求技术不高 |

### 19.1.2 生产过程和工艺过程

（1）生产过程。在进行机器制造时,将原材料（或半成品）转变为成品的各有关劳动过程的总和称为生产过程。它包括生产准备、毛坯制造、零件的切削加工及热处理、产品装配、质量检验及调试、油漆、包装、运输、储藏等。

（2）工艺过程。所谓"工艺",就是制造产品的方法。机械加工工艺过程指的是用机械（切削或磨削）的方法,直接改变毛坯或半成品的形状、尺寸、表面之间相对位置和性质等,使其成为成品零件的过程。机械产品的工艺过程可分为铸造、锻造、冲压、焊接、机械加工、热处理、电镀、装配等工艺过程,它是生产过程中的主要部分。

工艺过程的有关内容,在生产中需用工艺文件的形式固定下来,即规定出产品或零部件制造的工艺过程和操作方法。这些工艺文件称为工艺规程,是指导生产的主要技术文件,是进行生产准备、计划、调度、配备设备及人员、制订定额、核算成本的依据,即组织和管理生产的依据。

### 19.1.3 机械加工工艺过程的组成

机械加工工艺过程是由一个或若干个顺序排列的工序组成的。每个工序又可分为一个或若干个安装、工位、工步或走刀。

(1) 工序。工序是指一个(或一组)工人,在一个固定的工作地点对一个(或一组)工件从加工开始直到加工下一个工件之前所连续完成的那部分工艺过程。划分工序的主要依据是工作地点(或机床)是否变动和加工是否连续。工序是工艺过程的基本组成部分,是安排生产计划的基本单元,毛坯依次通过若干个工序的加工而变为零件。如图 19-1 所示为台阶轴,当加工数量较少时,其工序划分按表 19-4 进行;当加工数量较大时,其工序划分按表 19-5 进行。

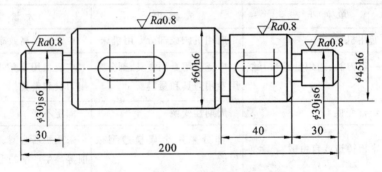

**图 19-1 台阶轴**

**表 19-4 单件小批量生产的工艺过程**

| 工 序 号 | 工 序 内 容 | 设 备 |
|---|---|---|
| 1 | 车端面,钻中心孔 | 车床 |
| 2 | 车外圆,车槽和倒角 | 车床 |
| 3 | 铣键槽,去毛刺 | 铣床 |
| 4 | 磨外圆 | 磨床 |

**表 19-5 大批量生产的工艺过程**

| 工 序 号 | 工 序 内 容 | 设 备 |
|---|---|---|
| 1 | 两边同时铣端面,钻中心孔 | 铣床 |
| 2 | 车一端面外圆,车槽和倒角 | 车床 |
| 3 | 车另一端面外圆,车槽和倒角 | 车床 |
| 4 | 铣键槽 | 铣床 |
| 5 | 去毛刺 | 钳工台 |
| 6 | 磨外圆 | 磨床 |

从以上加工轴的工序安排可以看出,同一零部件生产数量不同,其加工工艺是不同的,在大批量生产过程中,为了提高生产率,保证批量生产的质量,降低产品时对工人操作技能的要求,常可以把工件加工工序安排得细一些。在质量关键的工序上,配置较好的设备和技术工人,就能保证正常生产。

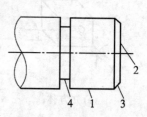

**图 19-2　工步示意图**

(2) 工步。工步是指在工件的加工表面,切削刀具和切削用量中的转速和进给量均保持不变时,所连续完成的那部分工艺过程。一个工序可以只有一个工步,也可以包括几个工步。表 19-4 中的工序 1,车端面及钻中心孔有多个工步。表 19-5 中的工序 4 只有一个工步。

如图 19-2 所示的零件加工过程如下:车外圆 1,车端面 2,倒角 3,切槽 4。每一项加工内容为一个工步,共分四个工步。

(3) 走刀。走刀是指在一个工步内,如果被加工表面需切去的金属层很厚,一次切削无法完成,则应分几次切削,那么刀具对工件同一表面每切削一次,就是一次走刀。

(4) 安装。在进行机械加工时,必须把工件放在机床或夹具上,使其占有一个正确的位置(即为定位),然后为了使其在加工过程中始终保持正确的位置,不因外力(重力、惯性力和切削力等)而改变,还需要把它压紧夹牢(即为夹紧),工件从定位到夹紧的整个过程称为安装。安装的正确与否,直接影响加工精度。安装的方法与迅速程度又影响加工辅助时间的长短,从而影响加工的生产率,因此,工件在加工中,应尽量减少安装次数。

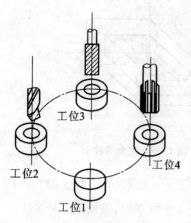

**图 19-3　多工位加工**

工位 1—装卸工件;工位 2—钻孔;
工位 3—扩孔;工位 4—铰孔

(5) 工位。在批量生产中,为了提高劳动生产率,减少安装次数、时间,常采用回转夹具、回转工作台或其他移位夹具,使工件在一次安装中先后处于不同的位置对其进行加工。工件在机床上所占据的每一个待加工位置称为工位。如图 19-3 所示为利用回转工作台或转位夹具,在一次安装中顺利完成装卸工件、钻孔、扩孔、铰孔 4 个工位加工。

### 19.1.4　工件安装的定位方法

#### 1. 工件的定位原理

一个不受任何约束的物体,在空间直角坐标系中均有 6 个自由度,即沿 3 个互相垂直坐标轴的移动(用 $\vec{X}$、$\vec{Y}$、$\vec{Z}$ 表示)和绕 3 个互相垂直坐标轴的转动(用 $\hat{X}$、$\hat{Y}$、$\hat{Z}$ 表示),如图 19-4 所示。要使工件在机床或夹具中占有正确的位置,就必须限制 6 个自由度。

(1) 六点定则。工件在夹具中定位时,用适当分布的 6 个支承点来限制 6 个自由度,从而确定工件位置,这种定位方法称为工件的六点定则。如图 19-5 所示为在夹具的 3 个互相垂直的平

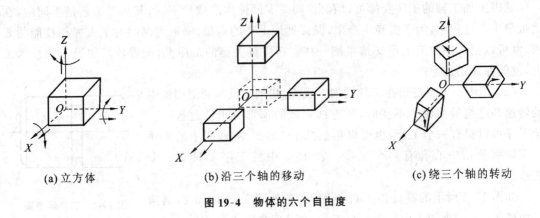

|   |   |   |
|---|---|---|
| (a) 立方体 | (b) 沿三个轴的移动 | (c) 绕三个轴的转动 |

**图 19-4  物体的六个自由度**

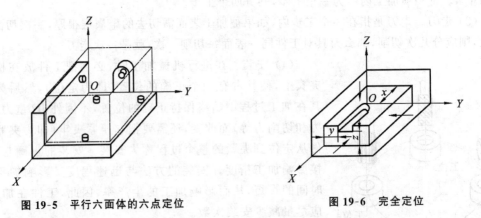

**图 19-5  平行六面体的六点定位**　　　　　　　**图 19-6  完全定位**

面内,布置了 6 个支承点,其中 $XOY$ 平面上的三个支承点限制了 $\overset{\curvearrowright}{X}$、$\overset{\curvearrowright}{Y}$ 和 $\overset{\curvearrowright}{Z}$ 3 个自由度;$XOZ$ 平面上的 2 个支承点,限制了工件 $\overset{\curvearrowright}{Z}$ 和 $\overset{\curvearrowright}{Y}$ 2 个自由度;$YOZ$ 平面上 1 个支承点,限制了工件 $\overset{\curvearrowright}{X}$ 最后 1 个自由度。

(2) 完全定位、不完全定位与过定位。工件在夹具中定位时,采用限制工件 6 个自由度的方法,称为完全定位。如图 19-6 所示,在铣床上铣削一批工件的沟槽时,为了保证每次安装中工件的正确位置,保证 3 个尺寸 $x$、$y$、$z$,就必须限制 6 个自由度。

工件在夹具中定位时,不需要限制工件 6 个自由度的方法,称为不完全定位。如图 19-7 所示,在铣床上给一批工件铣台阶,需保证 2 个尺寸 $y$、$z$,只要限制工件 5 个自由度,$\overset{\curvearrowright}{X}$ 未加限制,并不影响零件的加工精度。

工件在夹具定位时,有 2 个或 2 个以上的定位件重复(或同时)限制同一个自由度的定位,称为过定位(或超定位)。如图 19-8 所示,在车削光轴外圆时,若用前后顶尖和三爪自定心卡盘(卡住工件较短的一段)安装,前后顶尖已限制了 $\overset{\curvearrowright}{X}$、$\overset{\curvearrowright}{Y}$、$\overset{\curvearrowright}{Z}$、$\overset{\curvearrowright}{X}$、$\overset{\curvearrowright}{Z}$ 5 个自由度,而卡盘也限制了 $\overset{\curvearrowright}{X}$、$\overset{\curvearrowright}{Z}$ 2 个自由度,这样,在 $\overset{\curvearrowright}{X}$、$\overset{\curvearrowright}{Z}$ 2 个方向的定位点重复了,这种情况称为过定位。由于三爪自定心卡盘的夹紧力,会使顶尖或工件变形,增加了加工后的误差。

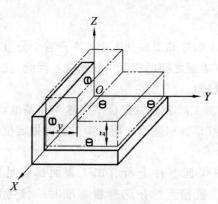

**图 19-7 不完全定位**

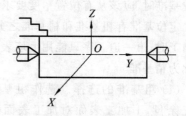

**图 19-8 过定位**

2. 工件的基准

在零件和部件的设计、制造和装配过程中,必须根据一些指定的点、线或面,来确定其他点、线或面的位置,这些作为根据的点、线或面称为基准。按照作用的不同,基准可分为设计基准和工艺基准两类。

(1)设计基准。设计基准是零件设计图纸上标注尺寸所根据的点、线或面。如图 19-9 所示,齿轮的内孔、外圆和分度圆的设计基准是齿轮的轴线,轴向设计基准是端面 A。

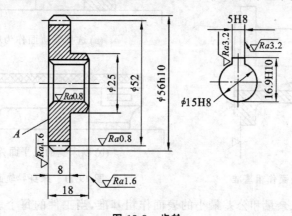

**图 19-9 齿轮**

(2)工艺基准。工艺基准是制造零件和装配机器的过程中所使用的基准。按其用途的不同,可分为定位基准、测量基准和装配基准。

① 定位基准。定位基准是工件在机床或夹具中定位时所用的基准。如图 19-9 中的齿轮,在切齿时,孔和端面就是定位基准。

② 测量基准。测量工件尺寸和表面相对位置时所依据的点、线或面。如图 19-9 所示齿轮,在测量齿轮径向跳动时,其孔是测量基准。

③ 装配基准。装置基准是用来确定零件或部件在机器中的位置所用的基准。如 19-9 所示齿轮,在装配时,仍是以齿轮孔作为装配基准。

### 3. 定位基准的选择

合理地选择定位基准,对保证加工精度、安排加工顺序和提高加工生产率有着十分重要的影响。从定位基准作用来看,它主要是为了保证加工表面之间的相互位置精度。因此,在选择定位基准时,应该从有位置精度要求的表面中进行选择。

定位基准有粗基准和精基准之分。用没有经过加工的表面做定位基准称为粗基准,如毛坯加工时,第一道工序只能用毛坯表面定位,这种基准即为粗基准。用已加工表面做定位基准则称为精基准。

(1) 粗基准的选择。选作粗基准的表面,应该保证零件上所有加工表面都有足够的加工余量,不加工表面对加工表面都具有一定的位置精度。在选择粗基准时应该考虑如下几点。

① 取工件上的不加工表面作粗基准,如图 19-10 所示,是以不需要加工的外圆表面作为粗基准,这样,可以保证各加工表面与外圆表面有较高的同轴度和垂直度。若几个表面均不需加工,则应选择其中与加工表面间相互位置精度要求较高的表面作为粗基准。

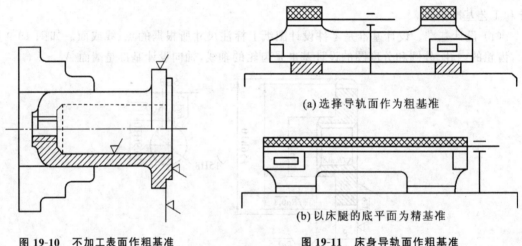

(a) 选择导轨面作为粗基准

(b) 以床腿的底平面为精基准

**图 19-10　不加工表面作粗基准**　　　　**图 19-11　床身导轨面作粗基准**

② 取工件上加工余量和公差最小的表面作粗基准,当工件的每个表面均需加工时,如图 19-11 所示,机床床身的加工,由于床身的导轨面耐磨性要好,希望在加工时只切去较薄而均匀的一层金属,使其表面层保留均匀的金相组织,有较好的耐磨性和较高的硬度,因此,应首先选择导轨面作为粗基准,加工床腿底平面,如图 19-11(a)所示。然后,以床腿的底平面为精基准,再加工导轨面,如图 19-11(b)所示。

③ 选择粗基准的表面应尽可能平整、光洁、不应有飞边、浇口、冒口或其他缺陷,要有足够大的表面,使定位稳定、夹紧可靠。

④ 应尽量避免重复使用。因为粗基准的表面精度很低,不能保证每次安装中位置一致,对于相互位置精度要求较高的表面,常常容易造成位置超差使零件报废,因此,粗基准一般只能使用一次,以后则应以加工过的表面作定位基准。

（2）精基准的选择。选择精基准时，应保证工件的加工精度和装夹方便可靠，主要考虑以下几点。

① 尽可能选用设计基准为定位基准（基准重合原则），这样可以避免因定位基准与设计基准不重合而引起的误差。如图 19-12(a)所示，尺寸 A 和 B 的设计基准是表面 1，表面 1 和 3 都是已加工表面。图 19-12(b)是给一批工件加工表面 2，保证尺寸 B。现以表面 1 作定位基准加工表面 2，则定位基准与设计基准重合，避免了基准不重合误差。此时，尺寸 B 的误差只与本身的加工误差有关，该误差只需控制在尺寸 B 的公差以内即可保证加工精度，但这样的定位和夹紧方法，既不可靠，也不方便。实际上，不得不采用如图 19-12(c)所示的定位和夹紧方法，这样装夹方便可靠，但定位和设计基准不重合，尺寸 B 的误差除了本身的加工误差外，还包括尺寸 A 的误差（即基准不重合误差，其最大值等于尺寸 A 的公差）。

**图 19-12　定位基准选择与基准不重合误差的关系**

② 加工相互位置精度要求较高的某些表面时，应尽可能选用同一个精基准（即基准统一原则），这样，就可以保证各表面之间具有较高的位置精度。

③ 应选精度较高、安装稳定可靠的表面作精基准，而且所选的基准，应使夹具结构简单，安装和加工工件方便。

在实际工作中，精基准的选择不一定能完全符合上述原则，因此，应根据具体情况进行分析，选出最有利的定位基准。

## 19.2　工艺规程的制定

工艺规程是指导生产的技术文件，它的内容包括排列加工工序（包括热处理工序），选择各工序所用的机床、装夹方法、加工方法、测量方法；确定加工余量、切削用量、工时定额等。

不同的零件有不同的加工工艺，同一种零件，由于生产类型、机床设备、工艺装备等不同，其加工工艺也不同。在一定生产条件下，零件的机械加工工艺通常可以有几种方案，但其中总有一种相对更为合理，因此，在制订零件的加工工艺时，要从实际出发，为保证产品质量，制定出最经济合理的工艺方案。制订工艺规程的步骤如下。

（1）对零件进行工艺分析。

（2）选择毛坯类型。

（3）制定零件工艺路线。

（4）选择或设计、改装各工序所使用的设备。

（5）选择或设计各工序所使用的刀具、量具、夹具及其他辅助工具。

（6）确定工序的加工余量、工件尺寸及公差。

（7）确定各工序的切削用量、时间定额等。

现就上述几项内容进行分析讨论。

### 19.2.1　对零件进行工艺分析

工艺分析首先要分析零件图,零件工作图是反映工件结构形状、尺寸大小及技术要求的重要文件,是制定工艺规程的基本资料。在制订工艺规程前,应结合产品装配图,了解零件用途、性能、结构特点、工作条件及各种技术要求,确定主要表面的加工方法和加工顺序,为制定工艺路线打下基础。

### 19.2.2　制定零件工艺路线

工艺路线是制定工艺规程中最重要的内容,除合理选择定位基准外,还应考虑以下因素。

**1. 表面加工方法的选择**

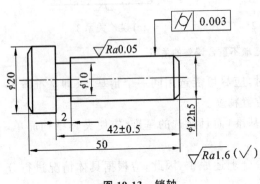

**图 19-13　销轴**

加工方法的选择与零件的结构形状、技术要求、材料、毛坯类型、生产类型等因素有关。选择加工方法时,应首先选定主要表面(零件的工作面或定位基准)的最后加工方法,然后,再确定最后加工以前的一系列准备工序的加工方法和顺序。如图 19-13 所示为一销轴(材料为渗碳钢),其外圆表面为主要配合面,尺寸精度和几何形状精度以及表面粗糙度均要求很高,因此,最后工序采用研磨,其准备工序为粗车、半精车、粗磨、半精磨。

**2. 加工阶段的划分**

加工阶段的划分应有利于保证加工质量和合理使用设备,并及时发现毛坯缺陷,避免浪费工时。对于加工精度要求较高、表面粗糙度要求较好的零件,其工艺过程常分三个阶段进行。

（1）粗加工阶段。切除大部分加工余量,使毛坯在形状和尺寸上接近于成品。

（2）半精加工阶段。完成一些次要表面的加工,并为精加工做准备。

（3）精加工阶段。经过最后精加工使其主要表面达到零件图纸的要求。

对于加工精度要求很高、表面粗糙度要求极好的零件,可增添光整加工阶段。

**3. 加工顺序安排**

（1）基准先行。作为精基准的表面一般应首先加工,以便用它定位加工其他表面。例如,轴类零件的中心孔、箱体工件的底平面、齿轮的基准孔和端面等,一般应安排在第一道工序中加工完毕。

（2）先粗后精。先粗后精即按加工阶段划分，先进行粗加工，再进行精加工。

（3）先主后次。先安排零件的主要表面和装配基面的加工，后安排次要表面的加工，如键槽、紧固用的光孔和螺孔等。由于这些次要表面加工工作量比较小，且往往和主要表面有相互位置的要求，因此，一般是在主要表面加工结束之后或穿插进行加工，但又要在精加工前进行。

（4）合理安排热处理、表面处理和辅助工序。热处理对改善材料的切削加工性能，减少内应力和提高力学性能起着重要作用。同时，热处理也会使工件产生变形，使工件表面产生明显的缺陷层（如脱碳、氧化等），因此，热处理应按照该工序的目的，与机械加工工序穿插安排。如退火和正火的目的是改善切削性能、消除毛坯制造时的内应力，应安排在粗加工之前进行；淬火是为了提高材料的强度和硬度，应安排在粗加工之后、精加工之前；对有些经常承受交变载荷、冲击载荷和摩擦、磨损的零件，要求表面具有高的硬度、疲劳强度和耐磨性，而中心则有足够的强度、韧度，可以采用表面热处理和化学热处理（如渗碳），这些也应该安排在精加工前进行；淬火时，工件可能发生少量变形和表面氧化，对要求较高的工件，事后要安排磨削工序加以清除。热处理工序在加工顺序中的安排，如图 19-14 所示。

**图 19-14　热处理工序的安排**

表面处理是为了提高零件表面的抗蚀性、耐磨性和电导率等，是在零件表面附上金属镀层、非金属涂层或产生氧化膜层等的工艺。金属镀层有镀铬、镀镍、镀铜、镀锌等；非金属涂层有油漆、喷涂陶瓷等；氧化膜层有钢的发蓝、铝合金的阳极化、镁合金的氧化等。表面处理工序一般均安排在工艺过程的最后，因为它们基本上不影响零件尺寸精度和表面粗糙度，零件上不需要进行表面处理的部位，可以采取局部保护措施。此外，还要考虑安排检验和其他辅助工序，如去毛刺、倒棱边、清洗、涂防锈油等。检验必须认真进行，除了每道工序中的操作者进行自检外，还须在下列情况下安排检验工序。

① 各加工阶段（如粗加工、半精加工）结束之后。

② 零件转换车间时应进行检验，以便确定质量问题的原因和责任。

③ 零件全部加工完毕要进行总检。

④ 根据加工过程的需要和图纸要求，安排一些特种检验，如磁力探伤、超声波探伤、X 线检验、荧光检验等。

### 19.2.3 确定各工序的加工余量、工序尺寸及公差

为了保证零件的加工质量,一般对被加工表面要进行若干次加工。这样,留给每一道工序的切除的金属层称为工序的工序余量。从毛坯到成品加工表面上被切除的全部金属层厚度,即各工序的工序余量之和称为总余量。加工余量是工序余量和总余量的统称。

工序尺寸是加工过程中各工序应保证的加工尺寸,其公差即工序尺寸公差,应按各种加工方法的经济精度选定。在工序图和工艺卡上要标注的工序尺寸往往不是采用零件上的尺寸,而是要根据已确定的余量及定位基准转换的情况进行计算,有关计算方法在后续课程《机械制造工艺学》中介绍。

## 习 题

19-1 什么是生产纲领?

19-2 生产类型分为哪几类? 比较不同生产类型的工艺特征。

19-3 何谓生产过程、工艺过程?

19-4 什么是工序? 什么是工步? 什么是走刀?

19-5 什么是工位? 采用多工位加工有什么意义?

19-6 什么是安装?

19-7 什么是定位? 什么是六点定则?

19-8 什么是完全定位、不完全定位和过定位?

19-9 工件的工艺基准如何确定?

19-10 简述制定工艺规程的步骤。

19-11 举例说明工艺规程的作用。

19-12 对于加工精度要求较高、表面粗糙度要求较好的零件,其工艺过程通常可以分为哪几个阶段?

# 第五部分　现代制造技术

现代制造技术是在传统制造技术的基础上,不断吸收机械、电子、信息、材料、能源及现代管理等最新技术成果,并将其综合应用于产品设计、制造、检测、管理、售后服务等机械制造全过程,以实现优质、高效、低耗、清洁、灵活生产,从而提高了对动态多变的产品市场的适应能力和竞争能力。先进制造技术主要表现在以下两个方面:一是以提高加工效率和加工精度为特点,向纵深方向发展,如精密加工、微型机械、特种加工、新型表面技术、快速激光造型技术及超高速切削和磨削等;二是以机械制造与设计一体化、机械制造与微电子一体化、机械制造与管理一体化为特征,向综合化方向发展,如成组技术(GT)、数控加工技术、柔性制造系统(FMS)、计算机辅助制造(CAM)、计算机集成制造系统(CIMS)、智能制造技术(IMI)、工业工程(IE)、精益生产(LP)、独立制造技术等。

## 项目二十　精密加工与特种加工

### 20.1　精密加工和超精密加工

精密加工和超精密加工代表了加工精度发展的不同阶段,在不同的时期有不同的理解,随着科技的进步,精密加工和超精密加工所能达到的精度将逐步提高。

当前,精密加工是指加工精度为 $1\ \mu m\sim 0.1\ \mu m$、加工表面粗糙度 $Ra$ 值为 $0.1\ \mu m\sim 0.01\ \mu m$ 的各种加工方法。超精密加工是指加工精度高于 $0.1\ \mu m$,表面粗糙度 $Ra$ 值小于 $0.01\ \mu m$ 的加工技术,又称为微米级加工。目前,超精密加工已进入纳米级,并称为纳米加工及相应的纳米技术。

超精密加工是尖端技术产品发展中不可缺少的关键加工手段,不管是军事工业,还是民用工业都需要这种先进的加工技术。例如,关系到现代飞机、潜艇、导弹性能和命中率的惯导仪表的精密陀螺,激光核聚变用的反射镜,大型天体望远镜的反射镜和多面棱镜,大规模集成电路的硅片,计算机磁盘及复印机的磁鼓等都需要超精密加工。超精密加工技术的发展也促进了机械、液压、电子、半导体、光学、传感器和测量技术及材料科学的发展。从某种意义上说,超精密加工担负着支持最新科学技术进步的重要使命,也是衡量一个国家科学技术水平的重要标志。

#### 20.1.1　精密加工和超精密加工的特点

1. 加工方法

根据加工方法的机理和特点,精密和超精密加工方法可以分为切削加工、磨削加工、特种加工和复合加工四大类。

（1）切削加工。切削加工包括精密切削、微量切削和超精密切削等。

（2）磨削加工。磨削加工包括精密磨削、微量磨削和超精密磨削等。

（3）特种加工。特种加工包括电火花加工、电解加工、激光加工、电子束加工、离子束加工等。

（4）复合加工。复合加工指将几种加工方法复合在一起的加工方法，如机械化学研磨、超声磨削、电解抛光等。

在精密加工和超精密加工中，特种加工和复合加工方法应用得越来越多。

2．加工原则

一般加工时，机床的精度总是高于被加工零件的精度，这一规律称为"蜕化"原则。而在精密加工和超精密加工时，有时可利用低于工件精度的设备、工具，通过工艺手段和特殊的工艺装备，加工出精度高于"母机"的工作母机或工件。这种方法称为"进化"加工。

3．加工设备

加工设备的几何精度向亚微米级靠近。关键元件，如主轴、导轨、丝杆等广泛采用液体静压或空气静压元件。定位机构中采用电致伸缩、磁致伸缩等微位移结构。设备广泛采用计算机控制、适应控制、在线检测与误差补偿等技术。

4．切削性能

当精密切削的切深在 $1\ \mu m$ 以下时，切深可能小于工件材料的晶粒尺寸，因此切削就在晶粒内进行，这样切削力一定要超过晶粒内部非常大的原子结合力才能切除切屑，于是刀具上的切应力就变得非常大，刀具的切削刃必须能够承受这个巨大的切应力和由此产生的很大的热量，这对于一般的刀具或磨粒材料是无法承受的。这就需要找到能够满足加工精度要求的刀具材料和结构。

5．加工环境

精密加工和超精密加工环境必须满足恒温、防振、超净三个方面对环境提出的要求。

6．工件材料

用于精密加工和超精密加工的材料要特别注重其加工性。工件材料必须具有均匀性和性能的一致性，不允许存在内部或外部的微观缺陷。

7．加工与检测一体化

精密测量是进行精密加工和超精密加工的必要条件。不具备与加工精度相适应的测量技术，就无法判断被加工件的精度。在精密加工和超精密加工中广泛采用精密光栅、激光干涉仪、电磁比较仪、圆度仪等精密测量仪器。

### 20.1.2　精密加工和超精密加工方法简介

1．金刚石精密切削

金刚石具有非常高的硬度，是一种最佳的切削刀具材料。金刚石精密切削是指用金刚石车刀加工工件表面,获得尺寸精度为 $0.1~\mu m$ 数量级和表面粗糙度 $Ra$ 值为 $0.01~\mu m$ 的超精加工表面的一种精密切削方法。实现金刚石精密切削的关键问题是如何均匀、稳定地切除如此微薄的金属层。

(1) 金刚石超精密切削的机理。金刚石超精密切削属微量切削,切削层非常薄,常在 $0.1~\mu m$ 以下,切削常在晶粒内进行,要求切削力大于原子、分子间的结合力,切应力高达 13 000 MPa。由于切削力大,应力大,刀尖处会产生很高的温度,使一般刀具难以承受。而金刚石刀具不仅有很好的高温强度和高温硬度,而且因其材料本身质地细密,刀刃可以刃磨得很锋利(一般以刃口圆角半径 $\rho$ 的大小表示刀刃的锋利程度,$\rho$ 越小,刀具越锋利,切除微小余量就越顺利)。如图 20-1 所示,在加工余量很小的情况下,当 $\rho$ 较小时(图 20-1(a)),切屑变形小,厚度均匀。当刃口半径 $\rho$ 较大时(图 20-1(b)),刀具无法在工件表面切下材料。因此,在加工余量只有几微米,甚至小于 $1~\mu m$ 时,$\rho$ 也应精研至微米级的尺寸,并要求刀具有足够的耐用度,以维持其锋利程度。理论上,金刚石刀具的刃口圆角可达 1 nm,实际仅到 5 nm。

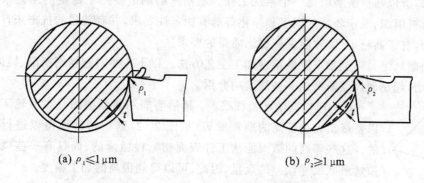

(a) $\rho_1 \leqslant 1~\mu m$        (b) $\rho_2 \geqslant 1~\mu m$

图 20-1 刀具刃口半径对切削的影响

在超精密切削加工过程中,必须防止切屑擦伤已加工表面。最常用的方法主要有:①采用吸屑器,及时吸走切屑。②加工时,用煤油或橄榄油进行润滑和冲洗。

目前,最精密的测量技术的测量极限是 $0.01~\mu m$。因此,超精密加工的精度极限只能达到 $0.1~\mu m$ 左右。

(2) 影响金刚石超精密切削的主要因素。

① 加工设备要求具有高精度、高刚度、良好的稳定性与抗振性,以及数控功能等。

② 金刚石刀具的刃磨是一个关键技术。金刚石刀具通常在铸铁研磨盘上进行研磨,研磨时应使金刚石的晶向与主切削刃平行,并使刃口圆角半径尽可能小。理论上,金刚石刀具的刃口圆角半径可达 1 nm,实际仅到 5 nm。

③ 由于金刚石精密切削的切深很小,因此要求被加工材料组织均匀,无微观缺陷。

④ 工作环境要求恒温、恒湿、净化和抗振。

(3) 金刚石精密切削的应用。目前金刚石超精密切削主要用于切削铜、铝及其合金。如高密度硬磁盘的铝合金片基,表面粗糙度值可达 $0.003~\mu m$,平面度可达 $0.2~\mu m$。切削铁金属时,由于碳元素的亲和作用,会使金刚石刀具产生“碳化磨损”,从而影响刀具寿命和加工质量。

2. 精密与超精密磨削加工

精密与超精密磨削是目前对钢铁材料和半导体等脆硬材料进行精密加工的主要方法之一,在现代化的机械和电子设备制造技术中占有十分重要的地位。其磨削特点如下。

(1) 精密和超精密磨床是超精密磨削的关键。精密和超精密磨削在精密和超精密磨床上进行,其加工精度主要决定于机床。由于超精密磨削的精度要求越来越高,磨床精度已经进入纳米量级。

(2) 精密和超精密磨削是微量、超微量切除加工。精密和超精密磨削是一种极薄切削,其去除的余量可能与工件所要求的精度数量级相当,甚至于小于公差要求,因此在加工机理上与一般磨削加工是不同的。在超精密磨削时一般多采用人造金刚石、立方氮化硼等超硬磨料砂轮。

(3) 精密和超精密磨削是一个系统工程。影响精密和超精密磨削的因素很多,各因素之间相互关联,所以超精密磨削是一个系统工程。超精密磨削需要一个稳定的工艺系统,对力、热、振动、材料组织、工作环境的温度和净化等都有稳定性要求,并有较强的抗击来自系统内外干扰的能力,有了高稳定性,才能保证加工质量的要求。

精密磨削加工是一类很重要的精密加工工艺方法。以下主要对超精密磨削、镜面磨削、砂带磨削、珩磨、超精研以及研磨做一些简要的介绍。

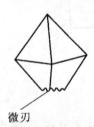

微刃

**图 20-2 磨粒微刃**

(1) 超精磨削和镜面磨削。超精磨削和镜面磨削是靠砂轮工作面上可以整修出大量等高的磨粒微刃(见图 20-2)这一特性而得以进行精密加工的。这些等高的微刃能从工件表面切除极微薄的、尚具有一些微量缺陷和微量形状尺寸误差的余量,因此,可以得到很高的加工精度。

这些等高微刃是大量的,如果磨削用量适当,在加工表面上能留下大量的、极微细的切削痕迹,所以可得到很低的粗糙度,表面更为光洁。

如图 20-2 所示的磨粒等高微刃,是靠用锋利的金刚石工具,以很小而均匀的进给量,精细地修整砂轮而获得。一般情况下,即使粗粒度($46^{\#}$ ～ $80^{\#}$)的砂轮,经过精细修整,进行超精磨削,也可使加工表面的粗糙度 $Ra$ 值达到 $0.050\,\mu m$ ～ $0.025\,\mu m$。要实现镜面磨削,应选用粒度号为 $600^{\#}$ ～ $800^{\#}$ 的细粒度砂轮。经过精细修整,并增加光磨时间以充分发挥磨粒微刃的切削作用和抛光压光作用,可以使表面粗糙度 $Ra$ 值低于 $0.012\,\mu m$。

这种加工方法,显然工时较长,但与其他获得镜面的加工方法比较,如研磨和抛光,镜面磨削的生产率还算是很高的。

机械制造工业中,要求镜面磨削的情况并不多,大多数情况下,采用粗粒度砂轮进行超精磨削,具有更重大的生产实际意义。

超精磨削加工时应注意的主要事项如下。

① 合理选用砂轮、磨削用量,并应满足精密加工的环境条件(恒温、超净、防振)。

② 修整砂轮的工具(金刚石笔)要锋利。当修整工具使用一段时间后,应转动一个角度,

让新的锋利刃尖工作,使修整更加精细。

安装金刚笔时,应使笔尖略低于砂轮中心约 1 mm～2 mm,笔杆倾斜 10°～15°以防振动,导致砂轮划伤或金刚笔尖崩裂,如图 20-3 所示。

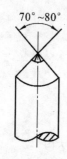
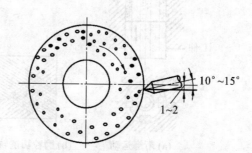

图 20-3　金刚石笔的安装示意图

③ 砂轮修整用量应小而均匀,这是修出微刃的必要条件。

④ 加工时,冷却润滑液要严格过滤,确保洁净,防止切屑和磨料碎粒等杂物擦伤工件表面。

(2) 砂带磨削。砂带磨削是用粘满砂粒的带状砂布(即砂带)作为切削工具的一种加工方法,其加工精度与同类型砂轮磨床(例如平面磨床、无心磨床、内圆磨床等)所能达到的精度相接近。图20-4为叶片型面的砂带磨削示意图。

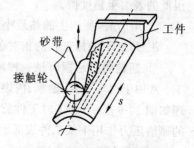

图 20-4　叶片型面的砂带磨削

砂带磨削与砂轮磨削加工相比,具有其独特的优点。

① 在同一台砂带磨床上更换不同粒度的砂带可获得不同的表面粗糙度,甚至达到镜面,这在砂轮磨床上难以做到。

② 砂带磨削的应用范围很广,几乎可以加工所有金属和非金属材料。

③ 能加工砂轮磨削难以加工的高精度大平面、高精度低粗糙度值的复杂型面(如燃气轮机的叶片)、长径比很大的管件、轴类件的内孔或外圆等。

④ 生产率一般高于砂轮磨削。

因此,近 30 多年来,砂带磨削获得了很大的发展和广泛的应用。

(3) 珩磨、超精研和研磨加工。珩磨、超精研和研磨加工是生产中应用范围很广的三种常用精密加工方法。

① 珩磨。珩磨是一种在大批大量和成批生产中应用极为普遍的、孔的精加工方法,其工作原理如图 20-5 所示,珩磨头上的珩磨砂条有三个运动,即旋转运动、往复运动和垂直加工表面的径向进给运动。前两种运动是珩磨砂的合成使加工表面上的磨粒切削轨迹呈交叉而不相重复的网纹。径向进给运动就是砂条在压力作用下,随着金属层的被切除而作的径向运动。压力愈大,切削量愈大,径向进给量也愈大。

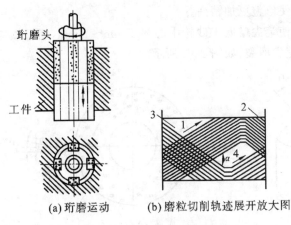

(a) 珩磨运动　　(b) 磨粒切削轨迹展开放大图

**图 20-5　砂条磨粒在孔表面上的轨迹**

珩磨加工的特点。

a. 切削速度较低,一般为 100 m/min～300 m/min,远较磨削为低,因而珩磨的功率小。

b. 其径向压强低,只及磨削时 1/50～1/100,因而加工表面的变形层很薄、切深小,能达到很低的表面粗糙度值。

c. 珩磨时,所产生的热量小,而且切削油能使工件得到充分冷却,不易产生烧伤现象。

d. 珩磨不能修正孔的相对位置误差,因此,孔的位置精度必须在前面的工序中得到保证。

② 超精研。超精研是一种降低零件表面粗糙度、延长零件使用寿命的高生产率光整加工。常用于汽车零件、轴承、内燃机和精密量具等的一些低表面粗糙度表面的加工。其工作原理如图 20-6 所示,加工时工件旋转,磨头带着砂条在加工表面上作轴向低频振动运动,在一定的研磨压力作用下从工件表面磨去极薄的一层金属。

超精研加工的特点。

a. 应用范围广,不但能用于轴类零件,而且还能加工平面、锥面、孔和球面。

b. 所用的磨具是细粒度、低硬度的砂条,切削速度低,研磨压强小,在工件表面上留下的磨痕非常浅,能获得很小的表面粗糙度值。

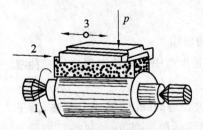

**图 20-6　超精研外圆的基本运动**

1—工件旋转;2—磨头的进给运动;
3—磨条低频往复振动;p—压力

c. 磨痕呈网状,有利于油膜的形成而使零件在工作时能有较好的润滑,从而使零件的耐磨性得到提高。

d. 超精研磨机床简单,可以方便地用普通机床进行改装,而不必购置专用的超精研磨机。

e. 超精研磨对零件的几何形状误差和尺寸误差的修正效果不明显,零件的必要精度一般要求前面的工序来保证。

③ 研磨。研磨是一种简便可靠的光整加工方法,在研具精度足够高和情况下,研磨表面的尺寸、形状误差可以小到 0.1 $\mu$m～0.3 $\mu$m,表面粗糙度 Ra 值可达 0.025 $\mu$m～

0.01 μm。在现代工业中,往往采用研磨作为加工最精密和最光洁的零件的终加工方法。

　　a. 研磨的工作原理。研磨时,研具在一定的压力下与加工面作复杂的相对运动,研具上和工件之间的磨粒和研磨剂在相对运动中,分别起机械作用和物理、化学作用,使磨粒能从工件表面上切去极微薄的一层材料。如图 20-7(a)所示,在研磨塑性材料时,磨粒的滚动和刮擦时起的切削作用。如图 20-7(b)所示,研磨脆性材料时,磨粒在压力作用下,首先使加工面产生裂纹,随着磨粒运动的进行,裂纹不断地扩大、交错,从而形成切屑,最后脱离工件。

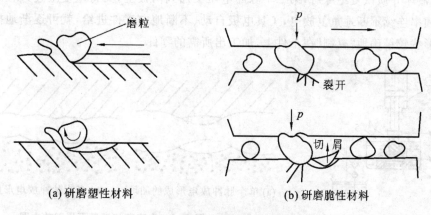

(a) 研磨塑性材料　　　　　　(b) 研磨脆性材料

**图 20-7　研磨时磨粒的切削作用**

　　b. 研磨的应用范围。研磨可以加工平面、外圆柱面、内孔、球面、半球面等表面。

　　在机械制造中,研磨法主要用于制造精密量规、钢球、轧辊、滑阀、精密齿轮等;在光学仪器制造中,研磨成为精加工透镜、棱镜、光学平晶等光学仪器零件的主要方法;在电子工业中,研磨法可用于加工石英晶体、半导体晶体和陶瓷元件的精密表面。

## 20.2　特种加工

　　传统的切削加工是利用刀具通过机械运动切去工件上多余材料完成加工的,因而刀具的硬度必须高于被加工工件的硬度,否则加工无法进行。而特种加工的切削主要不是依靠机械能,而是利用电、化学、光、声、热等能量来去除金属材料,可以用硬度低的工具加工硬度很高工件,而且加工过程中,工具和工件之间不存在显著的机械切削力。在现代制造业中,特种加工应用日益广泛。下面主要介绍几种常用的特种加工方法:电火花加工、电解加工、超声波加工和激光加工。

### 20.2.1　电火花加工

#### 1. 电火花加工的原理

　　电火花加工是在一定的介质中,通过工具电极和工件电极之间产生脉冲性的火花放电,靠放电时产生的局部、瞬间高温把金属蚀除下来的一种加工方法。

电火花加工原理如图 20-8 所示。工件 1 与工具 4 分别与脉冲电源 2 的两输出端相连接，自动进给调节装置 3（此处为液压油缸及活塞）使工具和工件间始终保持一很小的放电间隙，当脉冲电压加到两极之间，使工具与工件间的"相对最近点"（微观不平的凸点之间）处或绝缘强度最低处的介质被击穿，产生局部火花放电，瞬间高温可达 10 000 ℃左右，使工件表面局部金属被溶化，甚至蒸发气化而形成一个小凹坑。如图 20-9（a）所示表示单个脉冲放电后的电蚀坑，图 20-9（b）表示多次脉冲放电后的电极表面。脉冲放电结束后，经过一段间隔时间（即脉冲间隔）使液体介质恢复绝缘后，第二个脉冲电压又加到两极上，又将重复上述过程。如此以相当高的频率连续不断地重复放电，工具电极自动、不断地向工件进给，就可逐渐地把工具电极的轮廓形状较精确地"复制"在工件上，加工出所需的零件。

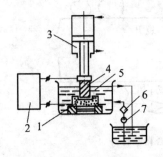

**图 20-8 电火花加工原理示意图**

1—工件；2—脉冲电源；3—自动进给装置；
4—工具；5—液体介质；6—过滤器；7—泵

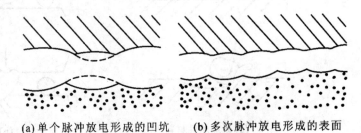

(a) 单个脉冲放电形成的凹坑　　(b) 多次脉冲放电形成的表面

**图 20-9 电火花加工表面局部放大图**

**2. 电火花加工的主要特点**

（1）可以加工传统切削加工方法难以加工或无法加工的导电材料。

（2）因放电能量集中在极小尺寸内，加工精度较高，精加工时，尺寸精度可达为 0.1 mm，表面粗糙度 $Ra$ 值可达 1.6 $\mu m$～0.8 $\mu m$

（3）工具电极可使用较软的紫铜、石墨等材料，电极容易制造成型，能加工表面形状复杂的零件。

（4）工件几乎不受热影响，而且，加工时，工具电极与工件不直接接触，两者之间无"切削力"，工件无机械变形，可加工细长、薄、脆性大的零件。

（5）电火花加工的运动简单，易于实现自动加工。

**3. 电火花加工方法及应用**

电火花加工的方法主要有电火花成形、电火花线切割及其他电火花加工（如金属电火花表面强化、电火花刻字）方法等。

（1）电火花成形加工。电火花成型加工是利用火花放电蚀除金属的原理，用工具电极对工件进行复制加工的工艺方法。其应用范围可归纳如下。

$$
电火花成型加工
\begin{cases}
穿孔加工
\begin{cases}
冲模（包括凸凹模及卸料板、固定板）\\
粉末冶金模\\
挤压模（型孔）\\
型孔零件\\
小孔（\phi0.01\,mm\sim\phi3\,mm\,小圆孔和异形孔）
\end{cases}\\
型腔加工
\begin{cases}
型腔（锻模、压铸模、塑料模、胶木模等）\\
型腔零件
\end{cases}\\
切断加工
\end{cases}
$$

（2）电为花线切割加工。电火花线割加工是电火花成形加工基础上发展起来的一种新的工艺方式，是利用工具电极对工件材料进行脉冲放电去除金属，切割工件。由于所采用的电极是线状电极（铜丝或钼丝），故称为电火花线切割，简称线切割。

如图 20-10 为电火花切割加工及装置示意图。贮丝筒 7 使电极丝作正反向交替移动，加工能源由脉冲电源 3 供给，在电极丝 4 与工件 2 之间浇上工作液介质，当电极丝与工件（分别接脉冲电源负极与正极）接近到一定距离时，便发生火花放电而蚀除金属。工作台在水平面两个坐标方向上按预定的控制程序作伺服进给移动，从而合成各种曲线轨迹，把工件切割成型。

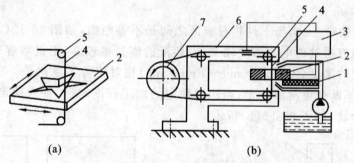

**图 20-10　电火花线切割原理**

1—绝缘底板；2—工件；3—脉冲电源；4—钼丝或铜丝；5—导向轮；6—支架；7—储丝筒

电火花线切割机床按线电极移动速度分为快速走丝（8 m/s～10 m/s）和慢速走丝（0.01 m/s～0.1 m/s）两大类，快速走丝的电极丝采用直径为 $\phi0.02\,mm\sim\phi0.03\,mm$ 的高强度细丝（如钼丝、钨丝），可反复使用，具有结构简单、排屑容易、加工速度较高等特点，但提高加工精度和改善表面粗糙度都较困难，$Ra$ 值可达 $1.25\ \mu m$。慢速走丝的电极丝采用黄铜丝，放电加工后便不可重复使用。加工中电极丝单向运行，工作平稳、均匀、不抖动，因此，加工精度较高，$Ra$ 值可达 $0.32\ \mu m$，但加工速度较低。

电火花线切割由于省掉了成型的工具电极，切缝窄，只对工件材料进行图形的轮廓加工，因而蚀除量小，材料利用率高，加工成本低，适合于加工微细异形孔、窄缝和复杂形状的工件。目前，这类线切割机床多采用微机数控，对于不同轮廓的图形只需编制不同程序，即可实现高自动化加工。

(3) 其他电花切割加工。随着科学技术和生产的发展,除上述两种方法外,还出现了许多其他方式的电火花加工方法,主要包括以下几种。

① 利用工具电极相对工件以不同的运动方式相组合,可实现包括齿轮和螺纹加工及电火花磨削等。如微机控制的五坐标数控电火花机庆,可把各种运动方式和成型、穿孔加工组合在一起。

② 工具电极和工件在气体介质是进行放电的电火花加工方法,如金属电火花表面强化,电火花刻字等。

③ 工件为非金属材料的加工方法,如半导体与高阻抗材料的加工等。

### 20.2.2 电解加工

#### 1. 电解加工的原理

电解加工是利用金属在电解液中的"电化学阳极溶解"原理应用于金属加工,加工原理如图 20-11 所示。加工时,工件 5 接直流电源 1(电压为 6 V～24 V,电流密度为 10 A/cm² ～100 A/cm²)的阳极,工具 3 接电源的阴极,进给机构控制工具向工件缓慢进给,使两极之间保持小的间隙(0.1 mm～1 mm),电解液泵 4 使电解液以一定的压力(0.5 MPa～2 MPa)和速度(5 m/s～50 m/s)从间隙中流过,这时阳极工件的金属被逐渐电解腐蚀,电解产物被高速流过的电解液带走。

在加工刚开始时,工具与工件相对表面之间是不等距的,如图 20-12(a)所示,阴极与阳极距离较的地方通过的电流密度较大,电解液的流速也较高,阳极溶解速度也就较快。随着工具以一定的速度(0.5 mm/min～3 mm/min)相对工件不断进给,工件表面逐渐被电解,电解产物不断被电解液冲走,当达到预定的加工深度时,工件表面形成与工具工作面基本相似的形状,如图 20-12(b)所示。

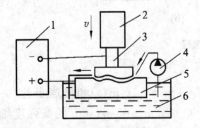

**图 20-11 电解加工原理示意图**

1—直流电源;2—进给机构;3—工具;

4—电解液泵;5—工件;6—电解液

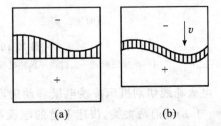

**图 20-12 电解加工成型原理**

#### 2. 电解加工的特点

电解加工方法与其他加工方法相比较,具有以下特点。

(1) 加工范围广。电解加工不受金属材料本身硬度和强度的限制,可加工硬质合金,淬火钢、耐热合金等高硬度、高强度及韧度金属材料。

（2）由于阴极工具材料硬度较小，电极的成型方便，因此，可加工各种复杂型面工件，如叶片、复杂摸具等。

（3）生产率较高，约为电火花加工的 5～10 倍。在某些情况下，比切削加工的生产率还高，且加工生产率不直接受加工精度和表面粗糙度的限制。

（4）影响加工因素多，加工间隙难以控制，工件表面的加工精度不高，为 0.2 mm，表面粗糙度值 $Ra$ 为 0.8 $\mu m$～0.2 $\mu m$，但不产生毛刺。

（5）加工中无热作用及机械切削力的作用，加工面不会产生应力、变形及变质层。

（6）从理论上讲，加工中阴极工具不会损耗，可长期使用。

（7）电解加工机床需有足够的刚性和防腐蚀性能，附属设备多，占地面积较大，而且电解产物需进行妥善处理，否则将污染环境。

3. 电解加工的应用

电解加工在机械制造业中已广泛应用于下述几方面。

（1）深孔的扩孔加工。深孔的扩孔加工按工具的运动方式可分为固定式和移动式，用这两种形式很容易实现如枪炮的镗线、花键孔等零件表面的加工。

（2）叶片加工。叶片是喷气发动机、汽轮机中的重要零件，叶片型面形状复杂，精度要求高，采用传统切削加工方法加工困难较大，生产率低，加工周期长。而采用电解加工，则不受材料硬度和韧度的限制，一次行程中就可以加工出复杂的叶片型面，生产率高、表面粗糙度值较低，如图 20-13 所示为电解加工的叶片型面。

图 20-13　电解加工的叶片型面

（3）套料加工。有些异型零件为二维空间曲面（即横截面在纵向不变），可以采用套料法电解加工（阴极是二维空间曲面叶片结构），加工零件的尺寸精度由阴极片内腔口尺寸保证，阴极片更换方便，加工出来的一批零件的精度可控制在 0.02 mm～0.04 mm 范围内，粗糙度 $Ra$ 值可达 1.25 $\mu m$～0.32 $\mu m$。这种方法常用来加工等截面的喷气发动式汽轮机或汽轮机的叶片。

（4）电解倒棱去毛刺。切削加工中去除毛刺的工作量很大，尤其是去除硬而韧的金属毛刺，需要占用很多人力，电解倒棱去毛刺可以大大提高工效和节省费用。

（5）电解抛光。电解抛光是利用金属在电解液中的"电化学阳极溶解"作用，对工件表面凸起部分发生选择性溶解以形成平滑表面的方法，是一种表面光整加工，用于降低工件的表面粗糙度，改善表面物理力学性能，而不用于对工件进行形状和尺寸加工。

### 20.2.3　超声加工

超声波区别于普通声波，其特点是频率高、波长短、能量大，传播过程中反射、折射、共振、损耗等现象显著。超声加工就是利用这种能量来进行加工的。

**1. 超声加工的工作原理**

超声加工也称为超声波加工。超声波是指频率 $f$ 在 16 000 Hz 以上的振动波。超声波和声波一样,可以在气体、液体和固体介质中传播,但由于超声波频率高、波长短、能量大,所以传播时反向、折射、共振及损耗现象更显著,可对传播方向上的障碍物施加很大的压力。

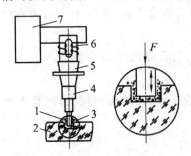

**图 20-14 超声加工原理示意图**

1—工具;2—工件;3—磨料悬浮液;
4、5—变幅杆;6—换能器;7—超声发生器

超声加工是利用工具端面作超声频振动,通过磨料悬浮液加工,使工件成型的一种方法。工作原理如图 20-14 所示。加工时,在工具 1 和工件 2 之间加入液体(水或煤油等)和磨料混合的悬浮液 3,并使工具以很小的力 $F$ 轻轻压在工件上。超声发生器 7 将工频交流电能转变为有一定功率输出的超声频电振荡,通过换能器 6 将超声频电振荡转变为超声机械振动,其振幅很小,一般只有 0.005 mm～0.01 mm,再通过一个上粗下细的变幅杆 4、5,使振幅增大到 0.01 mm～0.15 mm,固定在变幅杆上的工具即产生超声振动(频率在 16 000 Hz～25 000 Hz)。迫使工作液中悬浮的磨粒高速不断地撞击、抛磨被加工表面,把加工区域的材料粉碎成很细的微粒,从材料上被打击下来。虽然每次打击下来的材料很少,但由于每秒钟打击的次数多达 16 000 次以上,所以仍有一定的加工速度。与此同时,工作液受工具端面超声振动作用而产生的高频、交变的液压正负冲击波和"空化"作用,促使工作液钻入被加工材料的微裂缝处,加剧了机械破坏作用。加工中的振荡还强迫磨料液在加工区工件和工具间的间隙中流动,使变钝了的磨粒能及时更新。随着工具沿加工方向以一定速度移动,实现有控制的加工,逐渐将工具的形状"复制"在工件上,加工出所要求的形状。

**2. 超声加工的特点**

(1)适合于加工各种硬脆材料,特别是不导电的非金属材料,例如玻璃、陶瓷(氧化铝、氮化硅)、石英、锗、硅、石墨、玛瑙、宝石、金刚石等。对于导电的硬质金属材料,如淬火钢、硬质合金等,也能进行加工,但加工生产率低。

(2)由于工具可用较软的材料,可以制成较复杂的形状,工具和工件之间的运动简单,因而超声加工机床的结构比较简单,操作、维修方便。

(3)由于去加工材料是靠极小磨料瞬时局部的撞击作用,故工件表面的宏观切削力很小,切削应力、切削热很小,不会引起变形及烧伤,表面粗糙 $Ra$ 值可达 0.4 μm～0.1 μm,加工精度可达 0.01 mm～0.02 mm,而且可以加工薄壁、窄缝、低刚度零件。

**3. 超声加工的应用**

(1)超声加工目前在各部门中主要用于对脆硬材料加工圆孔、型孔、型腔、套料、微细孔等。

(2)用普通机械加工切割脆硬的半导体材料十分困难,但超声切割则较为有效。

（3）超声加工还可以用于清洗、焊接和探伤等。

（4）超声加工可以和其他加工方法结合进行的复合加工，如超声电火花加工、超声电解加工、超声调制激光打孔、超声振动切削加工等。这些复合加工方法，由于把两种或两种以上加工方法的工作原理结合在一起，起到取长补短的作用，使生产率、加工精度及工件表面质量都有显著提高，因而应用越来越广泛。

### 20.2.4　激光加工

#### 1．激光的特性

激光也是一种光，具有一般光的共性（如光的反射、折射、绕射以及光的干涉等），也有它的特性。激光是由于处于激发状态的原子、离子或分子受激辐射而发出的得到加强的光，与普通光比较，激光具有以下几个基本特性。

（1）强度高。红宝石脉冲激光器的亮度比高压脉冲氙灯高 370 亿倍，比太阳表面的亮度也要高 $10^{10}$ 倍。

（2）单色性好。激光是一种波长范围（谱线宽度）非常小的光。

（3）相干性好。激光源先后发出的两束光波，在空间产生干涉现象的时间或所经过的路程（相干长度）很长。某些单色性很好的激光器所发出的光，其相干长度可达几十公里。而单色性很好的氪灯所发出的光，相干长度仅为 78 cm。

（4）方向性好。激光束的发射角小，几乎是一束平行光。

#### 2．激光加工的工作原理

如图 20-15 所示，激光加工的基本设备包括电源、激光器、光学系统及机械系统四部分。电源系统包括电压控制、储能电容组、时间控制及触发器等，它为激光器提供所需的能量。激光器是激光加工的主要设备，它把电能转变成光能，产生所需要的激光束。激光加工目前广泛采用的是二氧化碳气体激光器及红宝石、钕玻璃、YAG（掺钕钇铝石榴石）等固体激光器。光学系统将光束聚焦并观察和调整焦点位置，包括显微镜瞄准、激光束聚焦及加工位置在投影仪上显示等。机械系统主要包括床身、能在三坐标范围内移

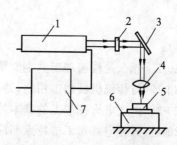

图 20-15　激光加工的工作原理示意图
1—激光器；2—光阑；3—反射镜；
4—聚焦镜；5—工件；6—工作台；7—电源

动的工作台及机电控制系统等。加工时，激光器产生激光束，通过光学系统把激光束聚焦成一个极小的光斑（直径仅有几微米到几十微米），获得 $10^8$ W/cm² ～ $10^{10}$ W/cm² 能量密度以及 10 000 ℃ 以上的高温，从而能在千分之几秒甚至更短的时间内使材料熔化和气化，以蚀除被加工表面，通过工作台与激光束间的相对运动来完成对工件的加工。

3. 激光加工的特点

(1) 激光加工是非接触加工,加工速度快,热影响区小,加工精度高,其加工尺寸精度为 0.02 mm～0.05 mm,表面粗糙度 $Ra$ 值为 0.1 μm～0.4 μm。

(2) 由于激光的功率密度高,几乎能加工所有的材料,如各种金属材料,以及陶瓷、石英、玻璃、金刚石及半导体等。如果是透明材料,需采取一些色化和打毛措施方可加工。

(3) 由于激光光点的直径可达 1 μm 以下,能进行非常微细的加工,如加工深而小的微孔和窄缝(最小孔径可达 φ0.001 mm,深度与直径之比可达 50 以上),也可加工异形孔,而且打孔速度极高,如在钟表宝石上打一个 φ0.12 mm～0.18 mm 的孔,采用机械加工需几分钟,而采用激光加工,1s 大约可加工 10 个。

(4) 不需要加工工具,所以不存在工具损耗问题,适宜自动化生产系统。

(5) 通用性好,同一台激光加工装置,可作多种加工用,如打孔、切割、焊接等都可以在同一台机床上进行。

4. 激光加工的应用

随着激光技术与电子计算机数控技术的密切结合,激光加工技术的广泛应用于一般加工方法难以实现其工艺要求的零件,如火箭发动机喷嘴、柴油机喷嘴、人造纤维喷丝头,尺寸在 1 μm～20 μm 左右的精密仪表上的宝石轴承以及正向纳米级发展的超大规模集成电路中的元件等。激光能对各种材料进行打孔、切断、画线、焊接、表面处理等加工。激光技术的发展正在改变着很多领域的生产方式。我们深信,激光加工的新用途将会不断的涌现出来,并且随着激光器的改进而得到更大的发展。

# 习　题

20-1　什么是精密加工? 主要精密加工方法有哪些?

20-2　与传统机械加工相比,特种加工的主要特点是什么?

20-3　试述电火花加工的基本原理。其加工的特点是什么? 主要应用于哪些场合?

20-4　试述电解加工的特点与应用。

20-5　超声波加工的原理是什么? 有何加工特点? 有哪些用途?

20-6　激光加工的原理是什么? 有何加工特点? 主要应用于什么场合?

# 项目二十一 机械制造自动化

随着现代科学技术的迅速发展,机械制造领域发生了深刻而广泛的变化。纵观近 200 年中制造技术的发展,科学技术的每次革命,必然引起制造技术的不断发展,也就推动了机械制造业的进步。在市场需求不断变化的驱动下,机械制造业的规模沿着"小批量、少品种大批量、多品种变批量"的方向发展;机械制造业的资源配置沿着"劳动密集、设备密集、信息密集、知识密集"的方向发展,生产方式沿着"手工－机械化－单机自动化－刚性流水自动化－柔性自动化－智能自动化"的方向发展。现代机械制造技术已发展成为集机械、电子、信息、材料和管理技术为一体的新型交叉学科,向机械制造与设计一体化、机械制造与微电子一体化、机械制造与管理一体化为特征的方向发展。本项目主要介绍计算机辅助制造和计算机集成制造系统、数控加工技术、柔性制造系统等。

## 21.1 计算机辅助设计与制造(CAD/CAM)

### 21.1.1 计算机辅助设计(CAD)概述

计算机辅助设计(computer aided design,CAD)是指工程技术人员在计算机硬件与软件的支撑下,通过对产品的描述、造型、系统分析、优化、仿真和图形处理的研究,利用计算机辅助完成产品的全部设计过程。

1. CAD 系统的基本功能

完整的 CAD 系统具有图形处理、几何建模、工程分析,仿真模拟及工程数据库的管理与共享等功能见表 21-1。

表 21-1 CAD 系统的基本功能

| 功　　能 | 功　能　说　明 |
| --- | --- |
| 图形处理 | 完成图形绘制、编辑、图形变换、尺寸标注及技术文档生成等 |
| 几何建模 | 几何建模指在计算机上对一个三维物体进行完整几何描述,几何建模是实现计算机辅助设计的基本手段,是实现工程分析、运动模拟及自动绘图的基础 |
| 工程分析 | 是对设计的结构进行分析计算和优化。应用范围最广、最常用的分析是利用几何模型进行质量特性和有限元分析。质量特性分析提供被分析物体的表面积、体积、质量、重心、转动惯量等特性。有限元分析可对设计对象进行应力和应变分析及动力学分析、热传导、结构屈服、非线性材料蠕变分析,利用优化软件,可对零部件或系统设计任务建立最优化问题的数字模型,自动解出最优设计方案 |

续表

| 功　能 | 功　能　说　明 |
|---|---|
| 仿真模拟 | 在产品设计的各个阶段,对产品的运动特性,动力学特性进行数值模拟从而得到产品的结构、参数、模型对性能等的影响情况,并提供设计依据 |
| 数据库的管理与共享 | 数据库存放产品的几何数据、模型数据、材料数据等工程数据,并提供对数据模型的定义、存取、检索、传输、转换 |

**2. CAD 系统的类型**

**1) CAD 系统的软件类型**

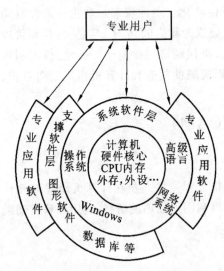

**图 21-1　CAD 软件的层次结构**

CAD 系统的软件分为三个层次:系统软件,支撑软件和应用软件,其关系见图 21-1。系统软件与硬件的操作系统环境相关,支撑软件主要指各种工具软件;应用软件指以支撑软件为基础的各种面向工程应用的软件。

**2) CAD 系统的配置类型**

CAD 系统常以其硬件组成特征分类,按主机功能等级,CAD 系统可分为大中型机系统、小型机系统、工程工作站和微型机系统。

**3. CAD 系统的几何建模技术**

**1) 几何建模过程**

在传统的机械设计与加工中,技术人员通过二维工程图纸交换信息。应用计算机辅助设计后,所有工程信息,如几何形状、尺寸、技术要求等都是以数字形式进行存取和交换的。

对于现实世界中的物体。从人们的想象出发,到完成它的计算机内部表示的这一过程称之为建模。建模步骤如图 21-2 所示,实质上,建模过程就是一个产生、存储、处理,表达现实世界的过程。建模技术是 CAD/CAM 系统的核心技术,是实现计算机辅助制造的基本手段。

**2) 几何建模方法**

计算机内部的模型可以是二维模型,$2\frac{1}{2}$ 维模型和三维模型,这主要取决于应用场合和目的。根据描述的方法及存储的几何信息和拓扑信息的不同,又可将三维几何建模分为如图 21-3 所示的三种类型。

(1) 线框(线素)几何模型。线框模型是 CAD/CAM 技术发展过程中最早应用的三维模

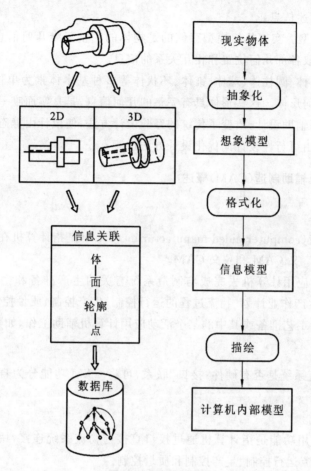

图 21-2　建模过程

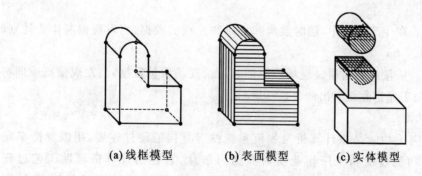

(a) 线框模型　　　(b) 表面模型　　　(c) 实体模型

图 21-3　三维建模系统的类型

型,这种模型表示的是物体的棱边,由物体上的点、直线和曲线组成。

（2）表面(面素)几何模型。表面模型除了存储有线框几何模型的线框信息外,还存储了各个外表面的几何描述信息。

（3）实体几何模型。实体几何模型存储的是物体的完整三维几何信息，它可区别物体的内部和外部，可以提取各部几何位置和相互关系的信息。

实体造型以立方体、圆柱体、球体、锥体、环状体等多种基本体素为单位元素，通过集合运算，生成所需要的几何形体。这些形体具有完整的几何信息，是真实而唯一的三维物体。

采用计算机进行辅助设计，改变了传统的经验设计方法，使设计由静态和线性分析向动态和非线性分析过渡，由可行性设计向优化设计方法过渡。

### 21.1.2　计算机辅助制造(CAM)概述

**1. CAM 的定义**

计算机辅助制造(computer aided manufacturing,CAM)是指计算机在产品制造方面有关应用的统称，可分为广义 CAM 和狭义 CAM。

广义 CAM 是指应用计算机去完成与制造系统有关的生产准备和生产过程等方面的工作，包括工艺准备、生产作业计划、物流过程的运行控制、生产控制、质量控制等工作。

狭义 CAM 常指工艺准备或其中的某个活动应用计算机辅助工作，如数控程序编制。

**2. CAM 的功能**

按计算机与物流系统是否有硬件"接口"联系，可将 CAM 功能分为直接应用功能和间接应用功能。

1）直接应用功能

CAM 的直接应用功能是指计算机通过接口直接与物流系统连接，用以控制、监视、协调物流过程，它包括物流运行控制、生产控制和质量控制。

（1）物流运行控制。根据生产作业计划的生产进度信息控制、监视和协调物料的流动过程。

（2）生产控制。在生产过程中，随时收集和记录物流程的数据，当发现偏离作业计划时，即予以协调与控制。

（3）质量控制。质量控制指通过现场检测随时记录现场质量数据，当发现偏离或即将偏离预质量指标时，向工序作业级发出命令，予以校正。

2）间接应用功能

CAM 的间接应用功能是指计算机与物流系统没有直接的硬件连接，用以支持车间的制造活动，并提供物流过程和工序作业所需数据与信息，它包括计算机辅助工艺过程设计(CAPP)、计算机辅助数控程序编制、计算机辅助工装设计及计算机辅助编制作业计划。

（1）计算机辅助工艺过程设计。其本质就是用计算机模拟人工编制工艺规程的方法编制工艺文件。

（2）计算机辅助数控程序编制。它是指根据 CAPP 所指定的工艺路线和所选定的数控机床，用计算机编制数控机床的加工程序，即通常所说的自动数控编程。

（3）计算机辅助工装设计。用计算机辅助包括专用夹具、刀具的设计与制造。

（4）计算机辅助编制作业计划。用计算机根据数据库中人员、设备、资源的情况以及生产计划和工艺设计的数据，编制出详细的生产作业计划，确定在哪台设备，由谁何时进行何种作业以及完工时间，以作为车间的生产命令。

### 21.1.3 CAD/CAM 集成系统

#### 1. CAD/CAM 集成技术的产生和发展

CAD/CAM(computer aided design/computer aided manufacturing)，即计算机辅助设计与计算机辅助制造，是一门基于计算机技术而发展起来的、与机械设计和制造技术相互渗透相互结合的、多学科综合性的技术，它随着计算机技术的迅速发展、数控机床的广泛应用及CAD/CAM 软件的日益完善，在电子、机械、航空、航天、轻工等领域得到了广泛的应用。1989年，美国国家工程科学院对 1965—1989 年的 25 年间当代十项杰出工程技术成就进行评选，CAD 技术名列第四。美国国家科学基金会曾在一篇报告中指出，CAD/CAM 对直接提高生产率比电气化以来的任何发展都具有更大的潜力，应用 CAD/CAM 技术，将是提高生产率的关键。

CAD/CAM 技术为什么能在短短的 40 余年间发展如此迅速呢？归根到底是因为它几乎推动了整个领域的设计革命，大大提高了产品开发速度，缩短了产品从开发到上市的周期；同时，由于市场竞争的日益激烈，用户对产品的质量、价格、生产周期、服务、个性化等要求越来越高，对于产品开发商来说，为了立足市场，必须使用先进设计制造技术，以缩短产品的设计开发周期、提高产品质量，最终提升产品的市场竞争力，CAD/CAM 技术便是首选之一。因此，作为先进制造技术重要组成部分的 CAD/CAM 技术，它的发展及应用水平已成为衡量一个国家的科学技术进步和工业现代化的重要标志之一，尤其是模具 CAD/CAM 技术对于现代大批量优质生产更具有重要意义。

#### 2. CAD/CAM 系统集成方式

把计算机辅助设计和计算机辅助制造集成在一起，称为 CAD/CAM 系统；把计算机辅助设计、计算机辅助制造和计算机辅助工程集成在一起，称为 CAD/CAE/CAM 系统。现在很多CAD 系统逐渐添加了 CAM 和 CAE 功能，所以工程界习惯上把 CAD/CAE/CAM 称为 CAD系统或 CAD/CAM 系统。一个产品的设计制造过程往往包括产品任务规划、方案设计、结构设计、产品试制、产品试用、产品生产等阶段，而计算机只是按用户给定的算法完成产品设计制造全过程中某些阶段或某个阶段中的部分工作，如图 21-4 所示。

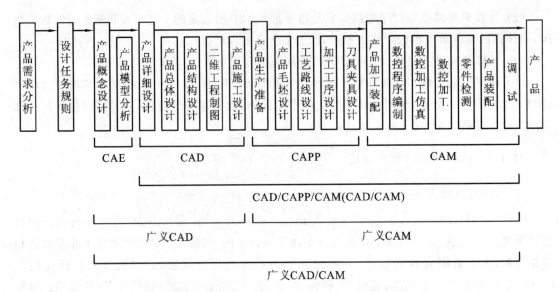

图 21-4　产品开发过程及 CAD、CAE、CAM 的范围

## 21.2　计算机辅助工艺规程设计(CAPP)

工艺设计是生产技术准备工作的第一步,也是连接产品设计与产品制造之间的桥梁。工艺规程是进行工装设计制造和决定零件加工方法与加工路线的主要依据,对组织生产、保证产品质量、提高劳动生产率、降低成本、缩短生产周期及改善劳动条件等都有直接的影响,是生产中的关键工作。

传统手工设计工艺规程存在以下几个问题。

(1) 每个工艺人员的经验有限,习惯不同,技术水平也不一样,因此,由人工设计工艺规程一致性差、质量不易稳定。

(2) 手工设计工艺规程效率低,存在大量的重复劳动。

(3) 手工设计工艺规程不便于计算机进行统一管理和维护。

(4) 手工设计工艺规程不便于将工艺专家的经验和知识集中起来加以充分利用。

### 21.2.1　计算机辅助工艺设计的基本概念

计算机辅助工艺设计(computer aided process planning,CAPP)是根据产品设计所给出的信息进行产品的加工方法和制造过程的设计。一般认为,CAPP 系统的功能包括毛坯设计、加工方法选择、工序设计、工艺路线制定和工时定额计算等。

高速发展的计算机科技为工艺设计的自动化奠定了基础。计算机能有效地管理大量的数据,进行快速、准确的计算,进行各种形式的比较和选择、自动绘图、编制表格文件和提供便利的编辑手段等。计算机的这些优势正是工艺设计所需要的,于是计算机辅助工艺设计(CAPP)便应运而生。

### 21.2.2 CAPP 系统的基本结构

尽管 CAPP 系统的种类很多,但其基本的结构都离不开零件信息的输入、工艺决策、工艺数据/知识库、人机界面与工艺文件输出/编辑等五大部分。

**1. 零件信息的输入**

零件信息是系统进行工艺设计的对象和依据,计算机目前还不能像人一样识别零件图上的所有信息,所以在计算机内部必须有一个专门的数据结构来对零件信息进行描述,如何输入和描述零件信息是 CAPP 最关键的问题之一。

**2. 工艺决策**

工艺决策是系统的控制指挥中心,它的作用是:以零件信息为依据,按预先规定的顺序或逻辑,调用有关工艺数据或规则,进行必要的比较、计算和决策,生成零件的工艺规程。

**3. 工艺数据/知识库**

工艺数据/知识库是系统的支撑工具,它包含了工艺设计所要求的所有工艺数据(如加工方法、余量、切削用量、机床、刀具、夹具、量具、辅具及材料、工时、成本核算等多方面的信息)和规则(包括工艺决策逻辑、决策习惯、经验等众多内容)。如何组织和管理这些信息并便于使用、扩充和维护,使之适用于各种不同的企业和产品,是当今 CAPP 系统需要迫切需要解决的问题。

**4. 人机界面**

人机界面是用户的工作平台,包括系统菜单、工艺设计的界面、工艺数据/知识的输入和管理界面,以及工艺文件的显示、编辑与管理界面等。

**5. 工艺文件管理与输出**

一个系统可能有成百上千个工艺文件,如何管理和维护这些文件是 CAPP 系统的重要内容。包括工艺文件的格式化显示、存盘、打印等。

### 21.2.3 CAPP 现状和发展趋势

我国对 CAPP 的研究始于 20 世纪 80 年代初,近年来,特别是在国家 863/CIMS 计划的资助和推动下,取得了很大的成绩。但还存在一些问题有待解决或完善。其中,主要表现在以下几个方面。

**1. CAPP 系统零件信息的描述与输入问题**

实践证明,在 CAD(计算机辅助设计)系统绘出图纸后,由 CAPP 系统使用者对照已有零件图再次输入零件信息的方法十分繁琐、费时。实际上,就是要解决 CAD 与 CAPP 的集成的问题。

**2. CAPP 系统的通用性问题**

工艺设计是一项个性很强的工作,各个工厂甚至一个工厂的不同车间,由于产品不同,零件批量不同,加工环境不同,工艺设计方法都可能不一样。另外,由于工艺决策问题本身的复杂性,其制约因素太多且不易把握,致使 CAPP 的应用受到很大的限制。

3. 工艺决策数据与知识的获取、表达和相应数据库与知识库的建造问题

工艺决策所用的数据有加工方法、余量、切削用量、机床、刀具、量具、辅具以及材料、工时、成本核算等多方面的信息,因此,CAPP 系统所需的工艺知识等众多内容的收集与整理是建立 CAPP 专家系统最基本和最重要的工作之一。

4. 工序尺寸的自动确定和工序图自动生成问题

工序间尺寸的计算与确定(包括毛坯尺寸的确定),以及参数化的基于特征的工序图生成方法,也是当今 CAPP 要解决的重要问题。

面临这么多的问题,CAPP 系统的完善和推广还有很多工作要做,目前,CAPP 系统主要朝着集成化(与 CAD、CAM 集成)、通用化及智能化方向发展。

## 21.3 成组技术(GT)

由于社会需求日趋多样化,产品更新周期日益缩短,多品种和小批量生产成为现代机械制造业的基本特征。用传统的生产方式制造产品,不但工艺手段落后、制造周期长,而且生产效率很低、生产成本很高,已不能满足现代加工的要求。

成组技术(group technology,GT)就是首先为解决这一问题而发明的高效的生产技术。成组技术发展至今,已突破了工艺的范畴,扩展成为综合性的成组技术,被系统地运用到产品设计、制造工艺、生产管理及企业的其他领域,并成为现代数控技术、柔性制造系统和高度自动化集成制造系统的基础。

### 21.3.1 成组技术的基本概念

成组技术虽然是一门涉及多学科和多部门的综合性技术,然而其核心仍然是成组工艺。因此,在介绍成组技术的概念时,仍然以成组工艺为基础。

从广义讲,成组技术遵循事物的相似性,把许多具有相似信息的问题汇归成组(族)。例如,一个能生产 10 000 种不同零件的工厂可以将其分类归纳成 50 或 60 个零件族,以求用相似的方法解决,达到节省时间、提高效率的目的。而成组工艺就把相似的零件组成一个零件组(族),按零件组制定统一的加工方案,从而扩大了批量,就可以采用高效率的生产方法。所谓相似零件是指一些几何形状相似,尺寸相近,因而加工工艺也相似的零件。加工工艺的相似又表现在三个方面,即采用相同的加工方法进行加工,采用相似的夹具进行安装和采用相似的测量工具进行测量。成组工艺的基本原理如图 21-5 所示。

### 21.3.2 零件组的划分

成组工艺就是把相似的零件组成一个零件组,按零件组制订统一的工艺规程,以扩大工艺批量。目前,零件组分方法有目测法、生产流程分析法、编码分类法和模式识别法等几种。

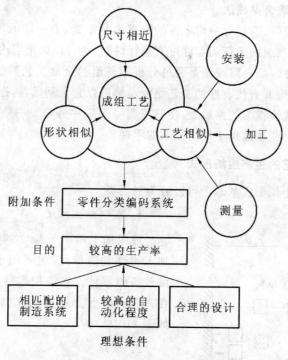

图 21-5 成组工艺的基本原理

目测法是根据零件的结构特征和工艺特征,直观地凭经验判断零件的相似性,对零件进行分类成组。如把零件划分成轮盘类、轴类、异形件类等。目测法用于粗分类是有效的,但要做较细的分组就较困难,目前已很少应用。

生产流程分析法是一种按工艺特征相似性划分的方法。首先可根据每种零件现正采用的工艺路线卡,然后通过对生产流程的分析、归纳、整理,将工艺路线相似的编为一组,这种方法应用很普遍。

编码分类法就是在根据零件编码法对零件进行编码后,再按照一定的相似性准则将零件进行分组。零件的分类编码是用来标志零件相似性的手段。所谓分类,是指把零件分配到预先制定的类别的等级中去。编码就是用数字来描述零件的几何形状、尺寸大小和工艺特征,也就是零件特征的数字化。这种分类编码的规则和方法称为零件分类编码系统。

零件经过编码,实现了很细的分类,但仅仅把代码完全相同的零件分为一组,则每组零件的数量往往很少,达不到采用成组工艺增大成组批量的目的。因此,在零件组划分时,对零件结构特征的相似性的要求要适度,应主要依据工艺相似性,并考虑其加工经济性,以使其组数和成组批量适当。

### 21.3.3 成组工艺规程

零件分类成组后,就可以制定适合于组内各零件的成组工艺规程。编制成组工艺的方法有两种:综合零件法和综合路线法。

综合零件又称主样件,它包含一组零件的全部形状要素,有一定的尺寸范围,它可能是组内的一个实际零件,而当组内无任何零件可充当样件时,也可以以把组内零件的全部形状要素叠加成一个假想的零件。综合路线法是通过分析零件组的全部工艺路线,从中选出一个工序最多,加工过程安排合理并有代表性的工艺路线。然后以它为基础,再把组内其他零件特有的工序按合理顺序加到代表性工艺路线上,使其成为一个工序齐全、安排合理、适用于组内每一个零件的加工。综合路线法适用于结构复杂的零件。

### 21.3.4 成组工艺的生产组织形式

成组工艺的生产组织形式基本上可以分为三大类。

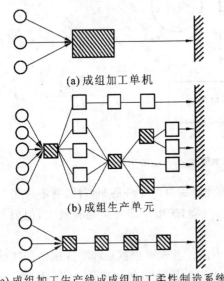

(a) 成组加工单机

(b) 成组生产单元

(c) 成组加工生产线或成组加工柔性制造系统

**图 21-6 成组工艺的生产组织形式**

○ 零件  ▨ 成组加工机床  □ 普通机床

**1. 成组加工单机**

成组加工单机是独立的成组加工机床或成组加工柔性制造单元,主要用于形状较简单、相似程度较高的零件。它能把零件组内全部零件的加工在一台机床上完成,是成组加工的初级组织形式,如图 21-6(a)所示。

**2. 成组生产单元**

成组生产单元是成组加工和一般加工的混合生产线,主要用于形状较复杂、相似程度较低的零件。它需要多台机床才能完成零件组的全部工序,在这些机床中,既有进行成组加工的成组加工机床,也有通用机床,甚至还有专用机床。这种生产系统是工厂充分利用现有设备进行技术改造的一种有效的组织形式,如图 21-6(b)所示。

**3. 成组加工生产线或成组加工柔性制造系统**

成组加工生产线或成组加工柔性制造系统是严格按照零件组的加工的工艺过程组织起来的。零件组的工序全部由成组加工机床完成,其自动化程度和生产效率大大提高,是成组工艺的最高形式,如图 21-6(c)所示。

## 21.4 数控加工(NC)

数控,即数字控制(numerical control,NC),数控加工技术是为了实现机床控制自动化要求而发展的。它是指用代码化的数字、字母及符号表示加工要求、零件尺寸及其参数、加工步骤等,通过控制介质,输入到控制装置,经过微机进行处理与计算,发出各种控制信号与数据,控制机床各轴自动运动工作,从而实现自动加工的技术。

采用数字控制的机床或装备了数控系统的机床统称为数控机床。

### 21.4.1　数控系统的组成

系统的基本结构如图 21-7 所示。各部分的组成及功用如下。

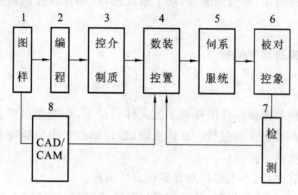

**图 21-7　数控系统基本结构框图**

1. 图样

图样为数控加工的原始依据,是被加工的零件的图样及其几何数据和工艺数据。

2. 编程

编程即根据图样及其他数据进行程序编制,有手工编程、计算机自动编程两种方法。

3. 控制介质

控制介质主要有穿孔带、磁带和磁盘等,用来记载程序加工信息,是人与机器之间的媒介。随着技术的进步,目前在 CAD/CAM 系统中,经过计算机辅助设计及程序编制和后置处理后,可直接与数控装置连接,不需要控制介质。

4. 数控装置

数控装置一般使用多个微处理器,以程序化的软件形式实现数控功能。它的作用是接收输入装置输入的加工信息,完成数值计算、逻辑判断、输入/输出控制等功能。一般由运算器、输入/输出设备、存储器等部分组成,同时还可按需要备有磁带机、打印机、绘图机和显示器等外部设备。

5. 伺服系统

伺服系统包括驱动装置和执行机构两大部分。驱动装置将来自数控装置的指令信息进行功率放大,然后驱动执行机构进行旋转或平移,实现对加工轨迹的控制。目前,数控机床大都采用直流或交流伺服电动机作为执行机构。

6. 被控对象

被控对象是指机床上的工作台、刀架、主轴、机动夹具、冷却系统等受控部分。

7. 检测装置

检测装置主要是将数控机床各坐标轴的位移指令值检测出来并经反馈系统输入到机床的数控装置中,数控装置对反馈回来的实际位移与设定值进行比较。按有无检测装置,可将数控机床分为闭环控制数控机床(有检测装置,加工精度较高)和开环控制数控机床(无检测装置,加工精度较低)。

### 21.4.2 数控机床的程序编制

1. 程序编制

程序编制是指编程者根据零件图样和工艺文件的要求,编制出可在数控机床上运行以完成规定加工任务的一系列指令的过程。具体来说,数控编程是由分析零件图样和工艺要求开始到程序检验合格为止的全部过程。

程序编制的方法有两种:手工编程和计算机自动编程。

由分析零件图样,制订工艺规程,计算刀具运动轨迹,编写零件加工程序单,制作控制介质直到程序校核,整个的过程都是由人工完成的,这种编程方法称作手工编程。

手工编程经济、便捷,适用于机器制造中的简单工件,而有些工件轮廓为复杂曲线或表面为空间曲面时,手工编程费时,甚至无法胜任,此时就需借助于计算机进行编程,这种编程方法称计算机自动编程。自动编程需要购置自动编程软件(计算机辅助设计与制造 CAD/CAM 软件),目前,这种软件已广泛应用于数控机床加工中,大大提高了编程效率。

几种常用的 G 功能和 M 功能如表 21-2 所示。

**表 21-2　几种常用的 G 功能和 M 功能**

| 准备功能字 | 功　　能 | 辅助功能字 | 功　　能 |
|---|---|---|---|
| G00 | 快速点定位 | M00 | 程序停止 |
| G01 | 直线插补 | M02 | 程序结束 |
| G02 | 顺时针方向圆弧插补 | M03 | 主轴正转 |
| G03 | 逆时针方向圆弧插补 | M04 | 主轴反转 |
| G04 | 暂停 | M05 | 主轴停止 |
| G33 | 螺纹切削、等螺纹 | M07 | 2# 切削液开 |
| G40 | 取消刀具补偿 | M08 | 1# 切削液开 |
| G90 | 绝对值编程 | M09 | 切削液关 |
| G91 | 增量值编程 | M10 | 夹紧 |
| G92～G99 | 不指定 | M11 | 松开 |

2. 程序代码

在数控加工的工序中,是用各种 G 指令和 M 指令来描述工艺过程的各种操作和运动特征。ISO 标准中,准备功能字由字母 G 和两位数字组成,从 G00 到 G99,共有 100 种,它命令机床将作何种加工操作。辅助功能字由 M 及其后两位数字组成,从 M00 到 M99,也有 100 种。它表示机床的各辅助动作及其状态。表 21-2 中列出其中几种常用 G 功能和 M 功能。

此外,还规定有进给速度功能字 F、主轴转速功能字 S、刀具选择和刀具补偿功能字 T 等。

一个完整的加工程序由若干程序段构成,而程序段是由一个或若干个字组成,每个字又由字母(地址)和数字组成。例如程序段:

N001 G01 X10 Z25 F50 S600 T01 NL

N001 表示第一程序段;G01 定义为直线插补;X10　Z25 表示终点坐标值 X 为 10,Z 为 25;F50 表示进给量为 50 mm/min;S600 表示主轴转速 600 r/min;T01 表示一号刀;NL(或 CR)表示程序段结束。

### 21.4.3　数控机床加工的特点及应用

数控机床加工与普通机床加工相比,具有以下特点。

(1) 加工精度高。目前数控机床的加工精度普遍达到了 0.001 mm,且重复精度高,有效避免了人为的干扰因素,加工质量稳定。

(2) 对加工对象的适应性强。数控机床上改变加工零件时,只需重新编制(更换)程序即可实现对新的工件的加工。

(3) 自动化程度高,劳动强度低,生产率高。

(4) 具有良好的经济效益。

(5) 有利于现代化的管理。

数控机床具有一般机床所不具备的许多优点,应用范围在不断扩大,但它并不能完全代替普通机床,也不能以解决机械加工中的所有问题。数控机床最适合于加工具有以下特点的零件。

(1) 多品种小批量生产的零件。

(2) 形状结构比较复杂的零件。

(3) 需要频繁改型的零件。

(4) 价值昂贵,不允许报废的关键零件。

(5) 需要最少周期的急需零件。

(6) 批量较大、精度要求高的零件。

## 21.5　快速成形技术

快速成形制造技术(rapid prototyping & manufacturing,RPM)综合机械、电子、光学、材料等学科,能够自动、直接、快速、精确地将设计思想转化为具有一定功能的原型或直接制造零件/模具,它是当前世界上先进的产品开发与快速工具制造技术,这种技术在逆向工程技术中占有十分重要的地位。

**1. RPM 技术的产生与发展**

快速成形技术理念最早由日本的 Kodama 于 1980 年提出,20 世纪 80 年代末至 90 年代初得到较快发展。快速成形技术突破了传统的加工模式,不需机械加工设备即可快速地制造形状极为复杂的工件,有效地缩短了产品的研究开发周期,被认为是近 30 年制造技术领域的一次重大突破,有人称之为继数控技术之后的制造领域又一场技术革命。

**2. RPM 技术原理**

传统的零件加工过程是先制造毛坯,然后经切削加工,从毛坯上去除多余的材料得到零件的形状和尺寸,这种方法统称为材料去除制造。

快速成形技术彻底摆脱了传统的"去除"加工法,而基于"材料逐层堆积"的制造理念,将复杂的三维加工分解为简单的材料二维的组合,它能在 CAD 模型的直接驱动下,快速制造任意复杂形状的三维实体,其工艺流程如图 21-8 所示。

图 21-8 快速成型工艺流程

1) 建立产品的三维 CAD 模型

设计人员可以应用各种三维 CAD 造型系统,包括 Solidworks、Solidedge、UG、Pro/E、Ideas 等进行三维实体造型,将设计人员所构思的零件概念模型转换为三维 CAD 数据模型。也可通过三坐标测量仪、激光扫描仪、核磁共振图像、实体影像等方法对三维实体进行反求,获取三维数据,以此建立实体的 CAD 模型。

2) 三维模型的近似处理

由三维造型系统将零件 CAD 数据模型转换成一种可被快速成型系统所能接受的数据文件,如 STL、IGES 等格式文件。

3) 三维模型的 Z 向离散化(即分层处理)

将三维实体沿给定的方向切成一个个二维薄片的过程,薄片的厚度可根据快速成型系统制造精度在 0.05 mm~0.5 mm 之间选择。

4) 逐层堆积制造

快速成型系统根据层片几何信息,生成层片加工数控代码,用以控制成型机的加工运动。在计算机的控制下,根据生成的数控指令,RP 系统中的成型头(如激光扫描头或喷头)在 X—Y 平面内按截面轮廓进行扫描,固化液态树脂(或切割纸、烧结粉末材料、喷射热熔材料),从而堆积出当前的一个层片,并将当前层与已加工好的零件部分黏合。然后,成型机工作台面下降一个层厚的距离,再堆积新的一层。如此反复进行,直到整个零件加工完毕。

5) 后处理

对完成的原型进行处理,如深度固化、去除支撑、修磨、着色等,使之达到要求。

**3. 典型的 RPM 工艺方法**

自从 1988 年世界第一台快速成型机问世以来,各种不同的快速成形工艺相继出现,并逐渐成熟。目前快速成形方法有几十种,其中以 SLA、LOM、SLS、FDM 工艺使用最为广泛和成熟。下面简要介绍几种典型的快速成形工艺的基本原理。

1) 光敏液相固化法(stereo lithography apparatus,SLA)

光敏液相固化法又称为立体印刷或立体光刻。该工艺是基于液态光敏树脂的光聚合原理工作的,这种液态材料在一定波长和功率的紫外光照射下能迅速发生光聚合反应,分子量急剧增大,材料就从液态转变成固态。

图 21-9 为 SLA 工艺原理图,液槽中盛满液态光敏树脂,氦-镉激光器或氩离子激光器发出的紫外激光束在偏转镜作用下,能在液体表面进行扫描,扫描的轨迹及光线的有无均按零件的各分层截面信息由计算机控制。成型开始时,工作平台在液面下一个确定的深度,聚焦后的光斑在液面上按计算机的指令逐点扫描,一层扫描完成后,光点扫描到的地方,光敏树脂液体被固化,而未被照射的地方仍是液态树脂。然后工作台下降一个层厚的高度,重新覆盖一层液态树脂,然后,刮刀将黏度较大的树脂液面刮平,再进行下一层的扫描加工,新固化的一层牢固地粘在前一层上,如此重复,直到整个零件制造完毕,得到一个三维实体原型。

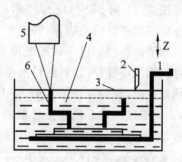

**图 21-9　SLA 工艺原理图**
1—升降台;2—刮平器;3—液面;
4—光敏树脂;5—紫外激光器;6—成型零件

SLA 方法的工艺特点:①可成形任意复杂形状的零件;②成形精度高,可达到±0.1 mm 的制造精度;③材料利用率高,性能可靠。

SLA 方法主要用于产品外形评估、功能试验、快速制造电极和各种快速模具;不足之处是所需设备及材料价格昂贵,光敏树脂有一定毒性,不符合绿色制造趋势。

2) 叠层实体制造法(laminated object manufacturing,LOM)

叠层实体制造法,又称分层实体制造,该工艺是利用背面带有黏胶的箔材或纸材相互黏结成型的。

图 21-10 为 LOM 工艺原理图。单面涂有热熔胶的纸卷套在供纸辊上,并跨过支撑辊缠绕在收纸辊上。伺服电

**图 21-10　LOM 工艺原理图**
1—供纸辊;2—料带;3—控制计算机;
4—热压辊;5—CO₂激光器;
6—加工平面;7—升降工作台;8—收纸辊

动机带动收纸辊转动,使纸卷沿图中箭头所示的方向移动一定距离。工作台上升至与纸面接触,热压辊沿纸面自右向左滚压,加热纸背面的热熔胶,并使这一层纸与基板上的前一层纸黏合。$CO_2$激光器发射的激光束跟踪零件的二维截面轮廓数据进行切割,并将轮廓外的废纸余料切割出方形小格,以便于成型过程完成后的剥离。每切割完一个截面,工作台连同被切出的轮廓层自动下降至一定高度,重复下一次工作循环,直至形成由一层层横截面黏叠的立体纸质原型零件。然后剥离废纸小方块,即可得到性能似硬木或塑料的"纸质模样产品"。LOM工艺成型速度快,成型材料便宜,无相变,无热应力,形状和尺寸精度稳定,但成型后废料剥离费时。适合于航空、汽车等行业中体积较大的制件。

3)选择性激光烧结法(selective laser sintering,SLS)

选择性激光烧结工艺是利用粉末状材料在激光照射下烧结的原理,在计算机控制下层层堆积成型的。

图21-11为SLS工艺原理图。加工时,将材料粉末铺撒在已成型零件的上表面,并刮平;用高强度的$CO_2$激光器在刚铺的新层上以一定的速度和能量密度按分层轮廓信息扫描出零件截面,材料粉末在高强度的激光照射下被烧结在一起,得到零件的截面,并与下面已成型的部分连接,未扫描过的地方仍然是松散的粉末;当一层截面烧结完后,铺上新的一层材料粉末,选择地烧结下一层截面,如此反复直到整个零件加工完毕,得到一个三维实体原型。

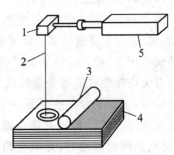

**图21-11 SLS工艺原理图**
1—扫描镜;2—激光束;3—平整辊;
4—粉末;5—激光器

SLS工艺的特点是取材广泛,不需要另外的支撑材料。所用的材料包括石蜡粉、尼龙粉和其他熔点较低的粉末材料。

4)熔融沉积制造法(fused deposition modeling,FDM)

熔融沉积制造工艺是利用热塑性材料的热熔性、黏结性,在计算机控制下层层堆积成型的。

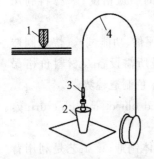

**图21-12 FDM工艺原理图**
1—喷头;2—成型工件;
3—喷头;4—料丝

图21-12为FDM工艺原理图,其所使用的材料一般是蜡、ABS塑料、尼龙等热塑性材料,以丝状供料。材料通过送丝机构被送进带有一个微细喷嘴的喷头,并在喷头内被加热熔化。在计算机的控制下,喷头沿零件分层截面轮廓和填充轨迹运动,同时将熔化的材料挤出。材料挤出喷嘴后迅速凝固并与前一层熔结在一起。一个层片沉积完成后,工作台下降一个层厚的距离,继续熔喷沉积下一层,如此反复直到完成整个零件的加工。

FDM工艺无需激光系统,因而设备简单,运行费用便宜,尺寸精度高,表面表面光洁度好,特别适合薄壁零件。但需要支撑,这是其不足之处。

5）三维打印（three dimensional printing，3D-P）

3D 打印工艺是美国麻省工学院 Emanual Sachs 等人研制的，用以制造铸造用的陶瓷壳体和芯子。3D-P 工艺与 SLS 工艺类似，采用粉末材料成形，如陶瓷粉末、金属粉末。所不同的是材料粉末不是通过烧结连接起来的，而是通过喷头用黏接剂（如硅胶）将零件的截面"印刷"在材料粉末上面，如图 21-13 所示。用黏接剂黏结的零件强度较低，还须后处理。先烧掉黏接剂，然后在高温下渗入金属，使零件致密化，提高强度。

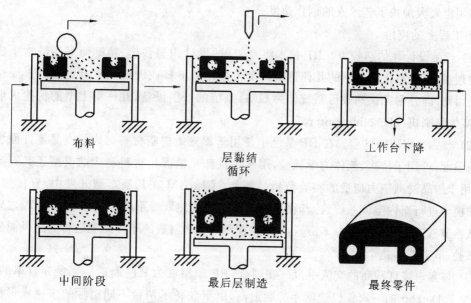

布料　　　　　层黏结循环　　　　　工作台下降

中间阶段　　　　　最后层制造　　　　　最终零件

**图 21-13　三维打印快速成形示意图**

4．RPM 技术的应用

由于快速成形技术的特点，它一经出现即得到了广泛应用。目前已广泛应用于航空航天、汽车、机械、电子、电器、医学、建筑、玩具、工艺晶等许多领域，取得了很大成果。

1）医学

熔融挤压快速成形在医学上具有极大的应用前景。根据 CT 或 MRI 的数据，应用熔融挤压快速成形的方法可以快速制造人体的骨骼（如颅骨、牙齿）和软组织（如肾）等模型，并且不同部位采用不同颜色的材料成形，病变组织可以用醒目颜色。这些人体的器官模型对于帮助医生进行病情诊断和确定治疗方案极为有利，受到医学界的极大重视。在康复工程上，采用熔融挤压快速成形的方法制造人体假肢具有最快的成形速度，假肢和肌体的结合部位能够做到最大限度地吻合，减轻了假肢使用者的痛苦。

2）试验分析模型

快速成型技术还可以应用在计算分析与试验模型上。例如，对有限元分析的结果可以做出实物模型，从而帮助了解分析对象的实际变形情况。

另外,凡是涉及空气动力学或流体力学实验的各种流线型设计均需做风洞等试验,如飞行器、船舶、高速车辆的设计等,采用 RP 原型可严格地按照原设计将模型迅速地制造出来进行测试。对各种具有复杂的空间曲面的设计更能体现 RP 的特点。

3) 建筑等行业

模型设计和制造是建筑设计中必不可少的环节,采用 RP 技术可快速准确地将模型制造出来。此外,RP 技术也逐步应用于考古和三维地图的设计制作等方面;RP 技术在艺术品领域的使用也大大加快了艺术家的创作速度。

4) 工程上的应用

(1) 产品设计评估与校审。RP 技术将 CAD 的设计构想快速、精确而又经济地生成可触摸的物理实体,显然比将三维的几何造型展示于二维的屏幕或图纸上具有更高的直观性和启示性。因此,国外常把快速成形系统作为 CAD 系统的外围设备,并称桌上型的快速成形机为"三维实体印刷机(3D solid printer)"。

(2) 产品工程功能试验。在 RP 系统中使用新型光敏树脂材料制成的产品零件原型具有足够的强度,可用于传热、流体力学试验,用某些特殊光敏固化材料制成的模型还具有光弹特性,可用于产品受载应力应变的实验分析。例如,美国 GM 在其新车型开发中,直接使用 RP 生成的模型进行车内空调系统、冷却循环系统及冬用加热取暖系统的传热学试验,较之以往的同类试验节省费用 40% 以上。Chrysler 则直接利用 RP 制造的车体原型进行高速风洞流体动力学试验,节省成本达 70%。

(3) 与客户或订购商的交流手段。在国外,RP 原型成为某些制造厂家争夺订单的手段。例如,位于 Detroit 的一家仅组建两年的制造商,由于装备了两台不同型号的快速成形机及以此为基础的快速精铸技术,在接到 Ford 公司标书后的 4 个工作日内便生产出了第一个功能样件,因而在众多的竞争者中夺到了为 Ford 公司生产年总产值达 300 万美元发动机缸盖精铸件的合同;另一方面,客户总是更乐意对着实物原型"指手画脚",提出其对产品的修改意见。因此,RP 模型是设计制造商就其产品与客户交流沟通的最佳手段。

(4) 快速模具制造。以 RP 生成的实体模型作模心或模套,结合精铸、粉末烧结或电极研磨等技术可以快速制造出企业生产所需要的功能模具或工装设备,其制造周期较之传统的数控切削方法可缩短 30%～40% 以上,而成本却下降 35%～70%。模具的几何复杂程度愈高,这种效益愈显著。据一家位于美国 Chicago 的模具供应商(仅有 20 名员工)声称,其车间在接到客户 CAD 设计文件后 1 周内可提供任意复杂的注塑模具,而实际上 80% 的模具可在 24 h～48 h 内完工。

(5) 快速直接制造。快速成形技术利用材料累加法可用来制造塑料、陶瓷、金属及各种复合材料零件。

由于 RP 技术给工业界带来了巨大的效益,因而,它被誉为工业界的一项重大(革命性与突破性)的科技发展。精密成形、CAD 推广应用、并行设计和并行工程、敏捷制造、虚拟制造等都与 RP 有关,甚至主要以 RP 作技术支撑。

　　RP 系统可以用于生产复印机、计算机、电话机、飞机部件、汽车仪表板、医用诊断设备等。RP 系统犹如一种润滑剂使企业的产品开发工作变得更加流畅。许多公司也用它来缩短开发周期。作为一种可视化的辅助工具,RP 系统也有助于企业减少在产品开发中失误的可能性。

## 21.6　工业机器人

### 21.6.1　工业机器人的定义

　　工业机器人是一种可重复编程的多自由度的自动控制操作机,是涉及机械学、控制技术、传感技术、人工智能、计算机科学等多学科技术为一体的现代制造业的基础设备。当前国内外对机器人的研究十分活跃,应用领域日益广泛,机器人的研究和应用水平也是衡量一个国家制造业及其工业自动化水平的标志之一。

### 21.6.2　工业机器人的组成与分类

#### 1. 工业机器人的组成

　　图 21-14 所示是一个典型的关节型工业机器人。从图 21-14 可知,工业机器人一般由执行机构、控制系统、驱动系统以及位置检测机构等几个部分组成。

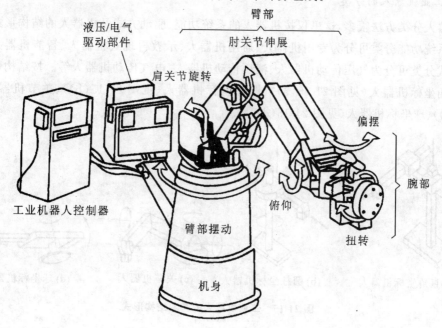

**图 21-14　工业机器人的结构组成**

（1）执行机构。执行机构是一组具有与人手脚功能相似的机械机构，又俗称操作机，通常包括如下的组成部分。

① 手部又称抓取机构或夹持器，用于直接抓取工件或工具。若在手部安装专用工具，如焊枪、电钻、电动螺钉拧紧器等，就构成了专用的特殊手部。工业机器人手部有机械夹持式、真空吸附式、磁性吸附式等不同的结构形式。

② 腕部是连接手部和手臂的部件，用以调整手部的姿态和方位。

③ 臂部是支撑手腕和手部的部件，由动力关节和连杆组成，用以承受工件或工具负荷，改变工件或工具的空间位置，并将它们送至预定的位置。

④ 机身又称立柱，是支撑臂部的部件，用以扩大臂部活动和作业范围。

⑤ 机座及行走机构是支撑整个机器人的基础件，用以确定或改变机器人的位置。

（2）控制系统。控制系统是机器人的大脑，控制与支配机器人按给定的程序动作，并记忆人们示教的指令信息，如动作顺序、运动轨迹、运动速度等，可再现控制所存储的示教信息。

（3）驱动系统。驱动系统是机器人执行作业的动力源，按照控制系统发来的控制指令驱动执行机构完成规定的作业。常用的驱动系统有机械式、液压式、气动式及电气驱动等不同的驱动形式。

（4）位置检测装置。通过附设的力、位移、触觉、视觉等不同的传感器，检测机器人的运动位置和工作状态，并随时反馈给控制系统，以便执行机构以一定的精度和速度达到设定的位置。

2. 工业机器人的分类

机器人分类方法很多，这里仅按机器人的系统功能、驱动方式及机器人的结构形式进行分类。按系统功能分类可分为专用机器人、通用机器人、示教再现式机器人、智能机器人等。按驱动方式分类可分为气压传动机器人、液压传动机器人、电气传动机器人等。按结构形式分可分为直角坐标机器人（见图 21-15（a））、圆柱坐标机器人（见图 21-15（b））、关节机器人（见图 21-15（c））、球坐标机器人（见图 21-15（d））等。

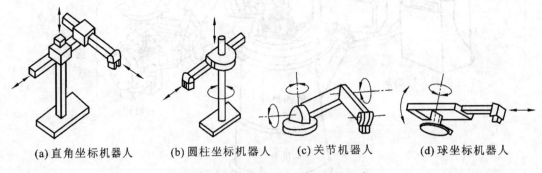

(a)直角坐标机器人 　　(b)圆柱坐标机器人 　　(c)关节机器人 　　(d)球坐标机器人

图 21-15　工业机器人的基本结构形式

### 21.6.3 工业机器人的控制系统组成

控制系统是机器人的重要组成部分,使机器人按照指令要求去完成所希望的作业任务。如图 21-16 所示,机器人控制系统通常包括控制计算机、示教盒、操作面板、存储器、检测传感器、输入输出接口、通信接口等部分。

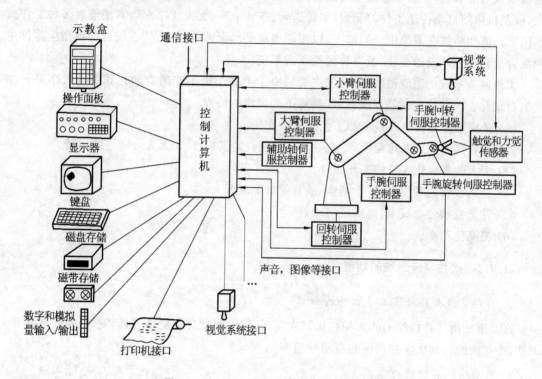

**图 21-16 工业机器人控制系统的组成框图**

### 21.6.4 工业机器人的应用

工业机器人这支"铁领"工人队伍进入人类历史舞台从事各类生产活动已近半个世纪。在这半个世纪内,经历了示教再现型第一代机器人、具有感觉功能的第二代机器人和智能型第三代机器人的发展过程,代替人类完成某些单调、频繁和重复的长时间作业、或是恶劣环境下的作业。其应用已从机械制造应用领域扩展到电子、电器、冶金、化工、轻工、建筑、电力、邮电、军事、海洋、医疗、家庭及服务等行业。由于工业机器人具有一定的通用性和适应性,能适应多品种中、小批量的生产,20 世纪 70 年代起,常与数字控制机床结合在一起,成为柔性制造单元或柔性制造系统的组成部分。

## 21.7 柔性制造系统(FMS)和计算机集成制造系统(CIMS)

### 21.7.1 柔性制造系统概念及加工特点

柔性制造系统(flexible manufacturing system,FMS)是 20 世纪 70 年代末发展起来的先进的机械加工系统,是由一组柔性较大的高效自动化机床组成,加上能自动上下料的工业机器人,以及机床间自动传送工件的装置(如传送带、有轨电车、无人化小车等),便能对多种工件按不同工艺流动路线在系统中进行加工,以便动态地平衡资源的供应,使系统自动地适应零件生产混合变化及生产量的变化,所以称柔性制造系统。

柔性制造系统的适应范围很广,它主要解决了单件小批生产的自动化和中大批多品种生产的自动化。与传统的制造系统比较,具有下列突出的特点。

(1) 适应加工零件生产数量和工艺要求的变化。

(2) 具有高度的自动化程度、稳定性和可靠性。能实现 24 h 无人自动连续运转。

(3) 大大改善操作人员的工作条件。

(4) 提高设备的利用率,减小调整、准备等辅助时间。

(5) 降低直接劳动成本,提高经济效益。

(6) 提高生产率。

### 21.7.2 柔性制造系统的功能

1. 自动完成多品种多工序零件的加工

这是依靠由计算机控制的数控机床群来实现,其中包括自动更换刀具,安装(定位和夹紧)工件,冷却液的自动供应和切屑的自动处理等。

2. 自动输送和储料功能

这是由各种自动输送设备(如环形输送托板、传输装置、无轨小车、工业机器人等)和自动化储料仓库(如毛坯仓库、中间仓库、零件仓库、夹具仓库、刀具仓库等)来实现。

3. 自动诊断功能

自动诊断功能由系统工况监视功能和指令、恢复功能组成。监视功能又称为监控功能,它是通过各种类型的传感器来测量零件的加工精度,从而控制加工尺寸,监视刀具的磨损以便及时换刀等,以保证加工的顺利进行。指令、恢复功能就是计算机发出工作指令来补偿加工精度,更换磨损刀具等功能。

4. 信息处理功能

对所需信息进行综合、控制、包括以下几个方面。

(1) 编制生产计划和生产管理程序,进行可变加工,实现均衡生产。

(2) 编制数控机床输送装置,储料装置及其他设备的工作程序,从而实现自动加工、自动输送和自动储料。

(3)生产、工程信息的论证及其数据库的建立。

如图 21-17 所示为一个柔性制造系统的平面布置图,它可加工多种类型箱体并进行组装。系统中的主要设备有自动铣床 3 台、双面镗床 2 台,数控车削中心 1 台、双面多轴钻床 1 台、单面多轴钻床 1 台、装配机与测量机各 1 台、装配机器人 1 台、物料搬运系统包括主通道和区间通道两种系统。主通道由四轮小车及其拖曳槽沟、传动链等组成;区间通道系统则把工件连同随行夹具一起,从主通道送到机床工作台。

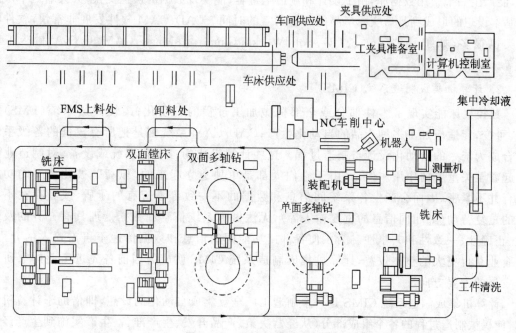

**图 21-17　柔性制造系统实例**

### 21.7.3　计算机集成制造系统(CIMS)

计算机集成制造系统(computer integrated manufacturing system,CIMS)技术开发研究最早的是美国,始于 1977 年。近年来我国已开始在 CIMS 方面进行了研究和探索,研制成功的第一个 CIMS 系统已在试运行阶段。CIMS 包括制造工厂的生产、经营的全部活动,应具有经营管理、工程设计和加工制造等主要功能,其中 CAD/CAM 系统是 CMIS 系统的核心系统,另外还有经营决策管理系统(BDMS)和柔性制造系统(FMS)。

1. CAD/CAM 系统

CAD(computer aided design)系统是一个设计工具,指工程技术人员以计算机为工具,用各自的专业知识,对产品进行总体设计、绘图、分析和编写技术文档等设计活动的总称。机械制造方面的 CAD 软件有很多,如 Auto-CAD、CAXA 二维电子图板、开目 CAD 等。

CAM(computer aided manufacturing)系统一般是指计算机在产品制造方面有关应用的总称。广义的 CAM 一般是指利用计算机辅助从毛坯到产品制造过程中的直接和间接的活动。包括利用计算机制订工艺规程、工装设计与制造、数控编程、确定工时定额和材料定额以及制定生产作业计划、进行生产控制、质量控制等。狭义的 CAM 通常仅指利用计算机进行数控程序的自动编制,包括刀具路径的规划、刀具轨迹仿真以及数控代码的生成等。

CAD/CAM 系统是一个统一的软件系统,其中 CAD 系统在计算机内部与 CAM 系统相连接,能产生一个公用数据库,用于设计和制造全过程,能实现数据的快速交换,大大缩短了从产品基本设想的形成到最后实际产品的制造所需的时间。CAD/CAM 软件发展非常快,软件的种类也很多,如 Pro/Engineer、UG、SolidWorks、Cimatron、MasterCAM、CAXA 制造工程师等。

2. 计算机集成制造系统(CIMS)

数控机床能实现了零件部分或全部机械加工过程的自动化;柔性制造系统(FMS)灵活、可变,能适应加工多种产品的自动化生产;CAD/CAM 系统则是把所有较低的各级手段集合成为统一的自动化设计与制造过程。这些计算机化的自动化系统或设备,对制造业发展起着至关重要的作用。但是,由于它们大都是单独建立起来的"孤岛",彼此之间的功能耦合并不紧密,因而会产生各系统间信息和数据的不一致等不应有的矛盾,或者存在不必要的重复劳动(如相同信息的重复输入等),无法做到系统信息和数据处理具有充分的及时性、正确性、一致性和共享性。为了使各部门功能间的信息和数据传递不再需要人的介入,使企业获得更大的整体效益,计算机集成制造系统 CIMS 就成为当前各先进工业国家研究和发展的主要方向。

计算机集成制造系统 CIMS 是一个制造工厂全盘集成自动化的设想,即借助于计算机技术,使机械制造过程的各个组成部分(从经营决策、产品开发、生产准备、生产实施到生产经营管理全部过程)有机地结合成一个整体,以实现生产的柔性化、优化、自动化和集成化,达到高效率、高质量、低成本和灵活生产的目的。它适应未来市场多品种、小批量的需求,可有效缩短生产同期,强化人、生产和经营管理之间的联系,减少在制品,压缩流动资金,从而提高企业的整体效益。

由于 CIMS 所需投资大,建设周期长,只能总体规划、分步实施。目前,世界上尚无一个真正完善的 CIMS。但普遍认为,CIMS 是 21 世纪工厂自动化的方向,是未来工厂的基本模式。

## 习　题

21-1　什么是现代制造技术?它有哪些主要特征?

21-2　什么是计算机辅助设计与制造?广义和狭义计算机辅助制造指什么?

21-3　什么是 CAD/CAM 集成系统?

思考题

21-4 什么是 CAPP 系统？与传统的手工工艺设计相比，有何特点？

21-5 什么是成组技术？它的基本原理和所起的作用是什么？

21-6 数控机床由哪些基本部分组成？数控机床加工与普通机床加工相比，有何特点？

21-7 什么是快速成形技术？

21-8 快速成型技术的原理是什么？

21-9 典型的 RPM 工艺方法有哪些？

21-10 RPM 主要应用于哪些场合？

21-11 什么是工业机器人？工业机器人由哪些部分组成？

21-12 按结构形式可以将工业机器人分为哪几类？

21-13 柔性制造系统的主要功能是什么？

21-14 什么是计算机集成制造系统？为什么说它是机械工业自动化发展的方向？

# 参考文献

[1]  廖东泉.机械制造基础[M].北京:机械工业出版社,2011.

[2]  苏建修.机械制造基础[M].北京:机械工业出版社,2008.

[3]  袁夫彩.机械制造工艺学[M].北京:科学出版社,2008.

[4]  黎震.先进制造技术[M].北京:北京理工大学出版社,2009.

[5]  韩步愈.金属切削原理与刀具[M].北京:机械工业出版社,2008.

[6]  杜可可.机械制造基础[M].北京:人民邮电出版社,2007.

[7]  孙学强.机械制造基础[M].北京:机械工业出版社,2008.

[8]  张金风.机械工程材料[M].北京:中国劳动社会保障出版社,2006.

[9]  李培根.机械基础[M].北京:机械工业出版社,2006.

[10]  骆莉.机械制造工艺基础[M].武汉:华中科技大学出版社,2006.

[11]  洪惠良.金属切削原理与刀具[M].北京:中国劳动社会保障出版社,2006.

[12]  徐耀信.机械加工工艺及现代制造技术[M].成都:西南交通大学出版社,2006.

[13]  刘杰华,任昭蓉.金属切削与刀具实用技术[M].北京:国防工业出版社,2006.

[14]  张树军.机械制造基础与实践[M].沈阳:东北大学出版社,2006.

[15]  朱为国.工具钳工技师培训教材[M].北京:机械工业出版社,2006.

[16]  邱葭菲.焊工工艺学[M].3版.北京:中国劳动社会保障出版社,2005.

[17]  杨峻峰.机床及夹具[M].北京:清华大学出版社,2005.

[18]  孟庆森.金属材料焊接基础[M].北京:化学工业出版社,2006.

[19]  王平嶂.机械制造工艺与刀具[M].北京:清华大学出版社,2005.

[20]  杨峻峰.机床及夹具[M].北京:清华大学出版社,2005.

[21]  宋玉鸣.金属切削机床[M].北京:中国劳动社会保障出版社,2005.

[22]  唐健.数控加工及程序编制基础[M].北京:机械工业出版社,2005.

[23]  范进桢.数控加工技术与编程[M].北京:清华大学出版社,2005.

[24]  陈海魁.机械制造工艺基础[M].北京:中国劳动社会保障出版社,2008.

[25]  汤习成.机械制造工艺学[M].北京:中国劳动社会保障出版社,2004.

[26]  华茂发.数控机床加工工艺[M].北京:机械工业出版社,2004.

[27]  曾正明.实用工程材料技术手册[M].北京:机械工业出版社,2002.

[28]  俞汉清.金属塑性成形原理[M].北京:机械工业出版社,2003.

[29]  中国机械工业教育协会.机械制造基础[M].北京:机械工业出版社,2002.

[30]  房世荣.工程材料与金属工艺学[M].北京:机械工业出版社,2002.

[31]  太原市金属切削刀具协会.金属切削实用刀具技术[M].北京:机械工业出版社,2002.